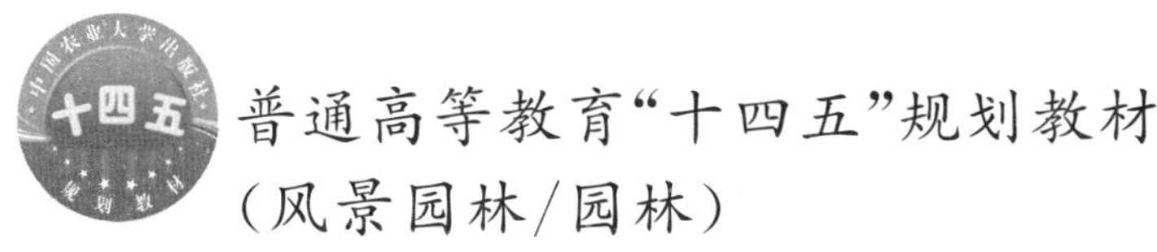

普通高等教育"十四五"规划教材

（风景园林/园林）

园林制图与识图

第 2 版

朱春艳　张　云　叶顶英　主编

中国农业大学出版社

·北京·

内 容 简 介

本书是风景园林专业、园林专业及城市规划等相关专业大学本科教材，依据国家最新修订的有关制图标准，结合相关专业主干课程对园林制图教学的基本要求编写而成。本书内容共10章，包括园林制图基本知识、投影基础、基本几何体的投影、组合体的投影、剖面图与断面图、轴测投影图、透视投影、园林素材的表现、园林工程图、园林建筑工程图等，其中详细论述了园林专业图的作图原理及方法，并结合工程实例系统介绍了主要园林专业图的组成内容及绘制和阅读方法。

图书在版编目(CIP)数据

园林制图与识图/朱春艳，张云，叶顶英主编. --2 版. --北京：中国农业大学出版社，2024.7.
ISBN 978-7-5655-3280-1

Ⅰ. TU986.2

中国国家版本馆 CIP 数据核字第 202494NU65 号

书　　名　园林制图与识图　第2版
　　　　　　Yuanlin Zhitu yu Shitu
作　　者　朱春艳　张　云　叶顶英　主编

策划编辑　梁爱荣　　　　**责任编辑**　梁爱荣
封面设计　郑　川　李尘工作室
出版发行　中国农业大学出版社
社　　址　北京市海淀区圆明园西路2号　　　　**邮政编码**　100193
电　　话　发行部 010-62733489,1190　　　　读者服务部 010-62732336
　　　　　　编辑部 010-62732617,2618　　　　出　版　部 010-62733440
网　　址　http://www.caupress.cn　　　　**E-mail** cbsszs@cau.edu.cn
经　　销　新华书店
印　　刷　涿州市星河印刷有限公司
版　　次　2024年7月第2版　　2024年7月第1次印刷
规　　格　210 mm×260 mm　　16开本　　18.5印张　　488千字
定　　价　58.00元

普通高等教育风景园林/园林系列
“十四五”规划建设教材编写指导委员会

（按姓氏拼音排序）

第2版编写人员

主　编　朱春艳　四川农业大学

张　云　西南林业大学

叶顶英　四川农业大学

副主编　母俊景　新疆农业大学

张淑梅　河南农业大学

吴星杰　西南林业大学

参　编　（按照姓氏拼音为序）

白惠如　成都大学

黄哲玲　西昌学院

李　琪　昆明理工大学

龙梅珍　铜仁学院

马　政　四川农业大学

谭玉丹　青岛腾远设计事务所有限公司

韦丽沙　仲恺农业工程学院

张　琪　昆明理工大学

朱燕蕾　云南农业大学

第1版编写人员

主　编　朱春艳　四川农业大学
　　　　张　云　西南林业大学
　　　　叶顶英　四川农业大学

参　编　（按照姓氏拼音为序）
　　　　白惠如　贵州工程应用技术学院
　　　　黄哲玲　西昌学院
　　　　李　琪　昆明理工大学
　　　　龙梅珍　铜仁学院
　　　　马　政　四川农业大学
　　　　母俊景　新疆农业大学
　　　　张　琪　昆明理工大学
　　　　朱燕蕾　云南农业大学

出版说明

美丽乡村建设、生态文明建设、人们对美好生活的新期待等对风景园林/园林专业提出了新的更高要求，也为风景园林/园林专业高质量发展提供了新的发展机遇，学科内容更加丰富，与人民生活更加密切，社会需求更加广泛。

风景园林学科是规划、设计、保护、建设和管理户外自然和人工境遇的学科，是人居环境学科的三大支柱之一，涉及气候、地理、水文等自然要素，同时也包含了人工建筑物、历史文化、传统风俗及地方色彩等人文元素，是一门涉及多学科、多知识体系、相对复杂的综合应用型学科，协调好人与自然之间的关系是其最重要的基本要求。

在生态文明建设大背景下，基于“四新”融合的新工科建设要求，面对新一轮科技革命和产业变革，风景园林教育应进一步强化与新兴的科技、工程和设计领域深度结合。“工农艺”多元融合是风景园林学科的基本特征，融合了风景园林学、林学、生态学、建筑学、艺术学等多学科知识体系。系统性是多学科融合的基本要求。规划与设计、植物与生态、人文与社会三大模块是课程设置的基础，围绕风景园林学科的核心内涵，相关课程应在统一的大系统上形成整体，内核突出，外延有度。围绕“概念成型-风景园林设计-工程设计-施工图绘制-材料选购-项目概预算-植物种植-施工组织与管理”的流程主线，既注重学科内容的系统性，又注重各个环节的独立性和应用性，将知识传授、能力培养与价值观塑造融为一体，在注重培养学生的发现问题能力、分析问题能力和解决问题能力的同时，更加注重培养学生的创新意识和实践能力，强调跨学科专业合作能力和可持续发展能力。

2022 年 9 月，风景园林学被正式取消一级学科。但同时相应地新增了风景园林专业学位，研究生培养以专业硕士和专业博士为主，更注重对综合实践能力的培养。这一措施的落地，对风景园林学科包括本科教育在内人才培养体系产生了一定的影响。风景园林学科有关专业组织、高等院校等竞相开展积极的研讨活动，为在新的形势下实现风景园林学科健康和可持续发展，为在高质量要求下更好培养符合新时代要求的新型风景园林专业人才开展新的探索和实践活动。“自信自强守初心，创新致远启新程”彰显了风景园林人追求新形势下学科发展的决心和信心。

2023 年 12 月，中国农业大学出版社于 2023 年 9 月在四川农业大学召集近 20 位来自全国不同高校的专家召开的新形势下本科人才培养及系列教材建设研讨会的基础上，又在北京召开了“风景园林/园林专业‘十四五’规划系列教材建设研讨会”。专家代表们对 2017 年前后以面向西南地区高等院校风景园林专业人

才培养的系列教材做了全面回顾和分析总结，立足新的形势和要求在人才培养目标和定位上，在知识结构调整上、在课程体系建设上、在学生综合能力培养上，特别是针对教材建设更好服务学科发展，保障人才培养质量方面展开了深入研讨和论证。会议对新时期、新形势、新要求下的课程教学和教材建设做出如下判断并提出相应要求：

1. 课程教学应立足新的发展要求，更加注重生态文明建设大背景下学科内容新的发展要求，更加注重新时期新形势下本科人才培养新的目标定位，更加注重新的人才培养目标下课程体系与教学内容建设，更加注重人才培养方式与教学方式方法的创新性和适应性。

2. 系列教材应努力处理好夯实专业基础与彰显优势特色之间的关系，在教材内容上特别是案例资源上努力做到品种丰富、特色鲜明、质量优质、适用性强。注重人工智能等新技术在提高教学质量和效率上的积极作用。

3. 系列教材建设应系统谋划、整体运行、立体化建设，统筹好教材内容间的知识衔接，教材内容形成分工明确、边界交叉、结构相连、彼此呼应的格局，构建与课程建设相互关联、联动发展的教材内容以及与能力、素质培养的关系。

4. 教材体系构建从教材内容、课程、科研、实践与教学手段等方面综合形成动态、复合、多元的网络化特点。教材编写同精品课程、数字平台进行建设联动，鼓励各门课程教材编写人员将科研课题的研究内容、方法、结论融入教材，通过实际案例启发学生深入思考，提高发现问题、分析问题和解决问题的能力。

5. 鼓励参编人员主动开展各类、各级教学研究，总结教学中的问题及经验，申报教学成果，并将其转化为教学理论，丰富和指导教材内容组织构架。

6. 系列教材建设要遵循整体要求，保证系列教材体例与形式的合理性和统一性，注重形式与内容的有机融合。注重案例素材的典型性、适用性和高质量，全方位满足高质量教材建设要求。

7. 教材出版形式努力满足风景园林/园林学科的审美要求，在封面、版式以及案例素材等细微之处体现学科特色和对风景园林人心灵深处润物细无声的慰藉。

8. 坚持"大思政课"的理念，站在风景园林/园林专业整体教学与特色的高度整体设计课程思政教学内容，努力构建风景园林/园林专业应有的课程思政教育内容体系。

9. 坚持理论与实践相结合，满足产教融合、科教融汇要求。教材品种和内容与科研、教学、生产及人民生活(行业发展)密切联系。吸收企业人员或用人单位人员加入教材编写队伍。

编写指导委员会

2024 年 7 月

第2版前言

党的二十大报告指出：推动绿色发展，促进人与自然和谐共生。展望新时代新征程，风景园林对美丽中国建设的支撑作用日益重要，每一个风景园林教育工作者对美丽中国建设满怀信心和期待。

为积极响应“四新”学科建设的要求，满足新形势、新要求下的风景园林/园林专业人才培养的需要，本书在总结教学经验基础上，结合实践需求，在教学体系、内容设置、实践训练方面进行了科学合理的安排，重点突出教材的针对性、适用性和科学性。

本书依据国家最新修订的有关制图标准，结合相关专业主干课程对园林制图教学的基本要求编写，具体编写分工如下：第1章、第2章由叶顶英、朱燕蕾、龙梅珍、李琪、张琪编写；第3章、第4章由叶顶英、张淑梅、母俊景、龙梅珍、黄哲玲编写；第5章、第6章由朱春艳、韦丽沙、龙梅珍、朱燕蕾、黄哲玲、白惠如编写；第7章、第8章由朱春艳、母俊景、李琪、张琪、马政、白惠如编写；第9章和第10章由张云、吴星杰、谭玉丹编写。全书由朱春艳、叶顶英统稿。

四川农业大学研究生黄欣欣、王炜、付珊珊、蒋棪诗等参与教材汇总及插图的绘制工作，西南林业大学研究生田瑶、周帅、王可欣、李婉琪、王泳涵参与插图绘制工作，在此表示衷心感谢。同时感谢云南启发温泉设计集团公司提供了大量的示例图形。

本书系统性、实用性和专业性强，可供高等院校风景园林、园林及其相关专业作为教材，也可供风景园林、城市规划、土木建筑等专业工程技术人员参考，或作为相关专业培训参考用书。

由于编者水平所限，书中难免出现错漏或不妥之处，恳请广大读者批评指正。

编　者

2024年5月

第 1 版前言

为积极响应大力提升我国园林(风景园林)专业教材出版的针对性、适用性和科学性的号召,同时在“西南地区园林(风景园林)专业特色系列教材”的建设背景下,本书通过总结教学经验,结合实践需求,在教学内容体系、内容设置及实践训练方面进行了科学合理的安排,力求做到内容精炼、突出专业特点,达到学以致用的目的。

本书依据国家最新修订的有关制图标准,结合相关专业主干课程对园林制图教学的基本要求编写。本书由具有丰富教学和实践经验的园林、风景园林专业课程教师及建筑、工程类课程教师共同编写,具体编写分工如下:第 1 章由叶顶英、朱燕蕾、龙梅珍、李琪、张琪编写;第 2 章由叶顶英、黄哲玲编写;第 3 章由叶顶英、龙梅珍、黄哲玲编写;第 4 章由叶顶英、母俊景编写;第 5 章由叶顶英、朱燕蕾、黄哲玲编写;第 6 章由朱春艳、龙梅珍、叶顶英、白惠如编写;第 7 章由朱春艳、李琪、马政、白惠如编写;第 8 章由李琪、张琪编写;第 9 章和第 10 章由张云、母俊景编写。

本书系统性、实用性和专业性强,可供高等院校风景园林、园林及其相关专业作为教材,也可供风景园林、城市规划、土木建筑等专业工程技术人员参考,或作为相关专业培训参考用书。

由于编者水平所限,书中难免出现错漏或不妥之处,恳请广大读者批评指正。

编　者

2017 年 5 月

目 录

第1章 园林制图基本知识

工程图样被称为“工程界的语言”，是表达设计意图、指导工程施工的依据。园林图纸涉及工具作图及手绘作图两部分，其中工具作图的要求与工程制图的要求一致。工具作图需要专业的绘图工具，并要遵循制图规范，而手绘作图需要按照园林素材的表现方法来手绘表现。

1.1 绘图工具及其使用方法

在绘制园林图样时，一般是借助制图工具来绘制的，因此了解常用绘图仪器与工具的构造和性能，掌握其正确使用的方法，才能提高绘图水平，并保证绘图质量。

1.1.1 图板、丁字尺和三角板

1.1.1.1 图板

图板一般用胶合板制成，用来铺放和固定图纸。其表面平整光洁，侧边光滑平直。图板的两侧短边为工作边(导边)。常用图板可分为0号图板(900 mm×1200 mm)、1号图板(600 mm×900 mm)、2号图板(450 mm×600 mm)三种。其尺寸比同号图纸略大，绘图时应根据图纸幅面的大小选择。普通图板由框架和面板组成，其短边称工作边，面板为工作面。图板(图1-1)板面要求平整、软硬适度；板侧边要求平直，特别是工作边更要平整。因此，应避免在图板面板上乱刻乱划、加压重物或置于阳光下暴晒。

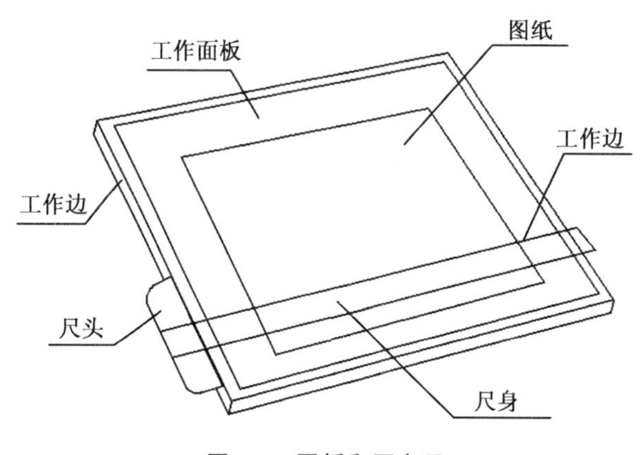

图1-1 图板和丁字尺

1.1.1.2 丁字尺

丁字尺一般用有机玻璃制成，由尺头和尺身组成，尺头和尺身固定成90°丁字尺，分为600、900、1200 mm三种规格。如图1-2所示，尺身上有刻度的一边为工作边，用于画水平线。使用丁字尺画线时，尺头应紧靠图板左边，以左手扶尺头，使尺上下移动。要先对准位置，再用左手压住尺身，然后画线。切勿图省事推动尺身，使尺头脱离图板工作边，也不能将丁字尺靠在图板的其他边画线。画线时自左向右画水平线。

1.1.1.3 三角板

绘图用的三角板常用有机玻璃制成，一副三角板有两块，一块是45°等腰直角三角形，另一块是两

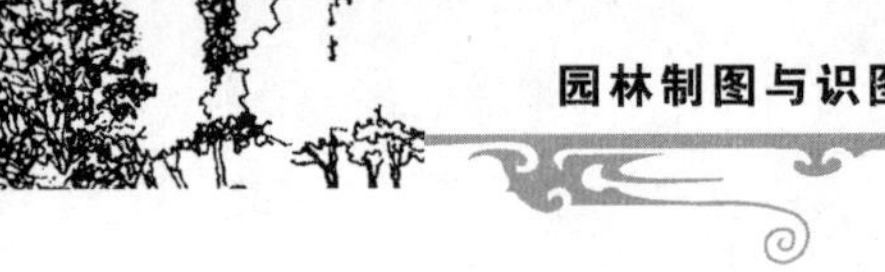

锐角分别为30°和60°的直角三角形。三角板的大小规格较多，绘图时应灵活选用。一般宜选用板面略厚，两直角边上有刻度或量角刻线的三角板。三角板与丁字尺配合使用，可画垂直直线及与丁字尺工作边呈15°、30°、45°、60°、75°等各种斜线。如图1-3所示，两块三角板配合使用，能画出垂直线和各种斜线及其平行线。

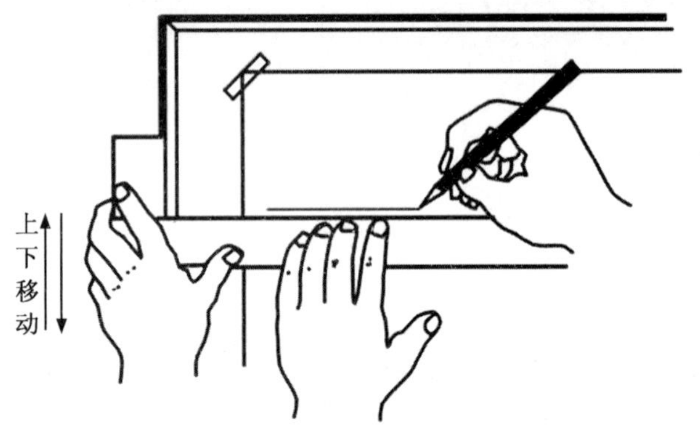

图1-2　丁字尺使用

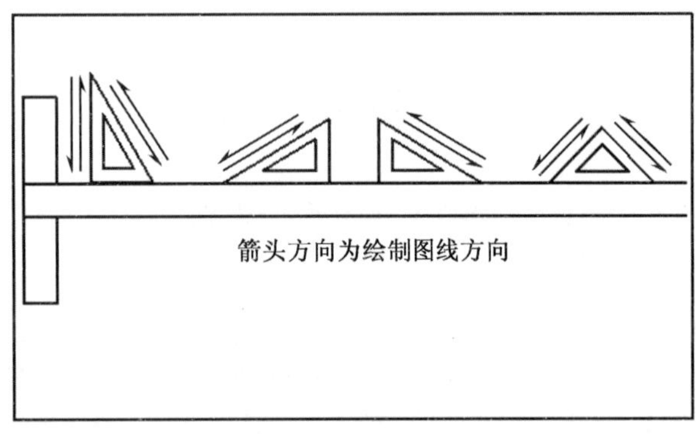

图1-3　丁字尺和三角板配合使用

1.1.2　绘图用纸

图纸分为绘图纸和描图纸两种。绘图纸要求纸面洁白、光滑、纸质坚实，用橡皮擦拭不易起毛，画墨线时不洇透。绘图纸不能卷曲、折叠和压皱。

描图纸是一种半透明状纸，呈灰白色，外观似磨砂玻璃。质量轻，具有良好的耐磨性、耐水性和吸墨性。受潮后的描图纸不能使用，保存时应放在干燥通风处。

1.1.3　绘图用笔

绘图笔有绘图铅笔、针管笔、直线笔、绘图小钢笔、绘图墨水笔等。

1.1.3.1　绘图铅笔

绘图铅笔的标号B、H是表示铅芯的软硬程度。B前的数字越大，表示铅芯越软，绘制的图线颜色越深；H前的数字越大，表示铅芯越硬，绘制的图线颜色越淡。HB表示软硬适中。画粗实线常用2B或B的铅笔；画细实线、细点画线和写字，常用H或HB的铅笔，画底稿线常用2H的铅笔。

削铅笔时应从没有标号的一端开始，以便保留软硬的标号。为了保证同一图样上的同类型粗细一致，除写字用和画起止符号铅笔铅芯部分削成锥形外，其他的可按图线粗细要求削成薄扁、中扁、厚扁形，如图1-4所示。画线时，铅笔应垂直纸面，并向直走笔方向倾斜约60°，边画边转动笔杆。

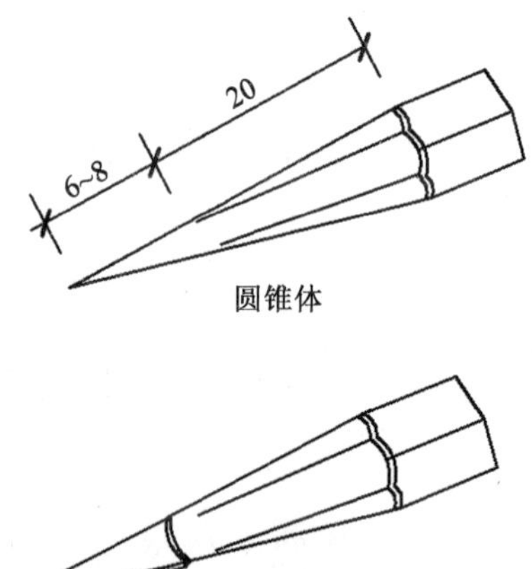

图1-4　绘图铅笔

1.1.3.2　针管笔

绘图墨水笔（又称针管笔）是比较新型的上墨工具，由于使用和携带都很方便，成为广泛使用的绘图工具（图1-5）。除笔尖是钢管针且内有通针外，其余部分的构造与普通钢笔基本相同。笔尖针管有多种规格，包括0.1～1.2 mm不同的型号，可以画出不同线宽的墨线，供绘制图线时选用。使用时如发现流水不畅，可将笔上下晃动，当听到管内有撞击声时，表明管心已通，即可继续使用。

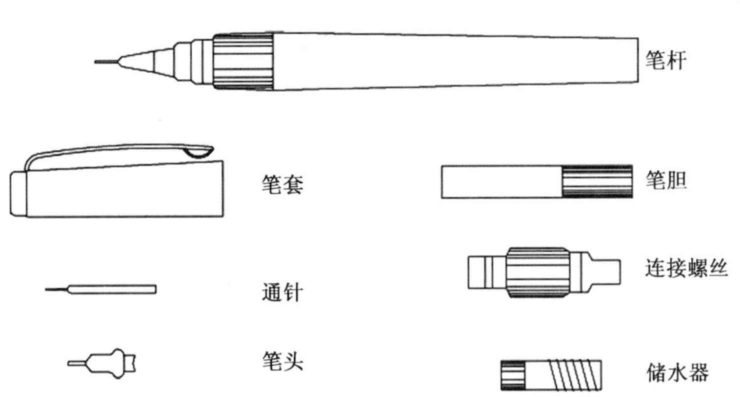

图 1-5　针管笔

使用绘图笔与使用直线笔一样，笔身前后方向与图纸要垂直，让笔头针管管口边缘都接触纸面。

1.1.4　圆规和分规

1.1.4.1　圆规

圆规是画圆和圆弧的专用仪器，一条腿安装针脚，另一条腿可装上铅芯、钢针、直线笔和延伸插腿四种插脚(图 1-6)。

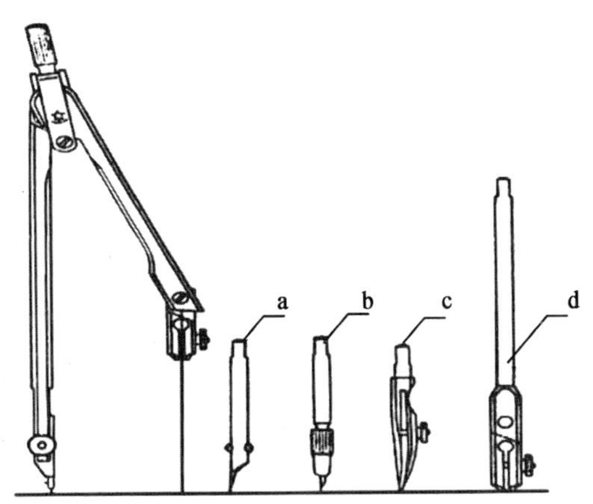

图 1-6　圆规及其附件

a. 分规用针尖插腿；b. 画圆用铅芯插脚

c. 上墨线用直线笔插脚；d. 画大直径圆用延伸杆

圆规通常可分为普通圆规、弹簧圆规和小圈圆规三种。弹簧圆规的规脚间有控制规脚分度的调节螺丝，便于量取半径，但所画圆的大小受到限制。小圈圆规是专门用来做半径很小的圆或圆弧的工具。

用圆规作圆时应按顺时针方向转动圆规，规身略向前倾，如图 1-7 所示，并且尽量使圆规的两个规脚尖端同时垂直于图面。当圆半径过大时，可在圆规规脚上接上延伸杆作圆。当作同心圆或同心圆弧时，应保护圆心，先作小圆，以免圆心扩大后影响准确度。圆规既可作铅线圆，也可作墨线圆。作铅线圆时，铅芯不应削成长锥状，而应削成斜面状，使铅芯磨损相对而言均匀。

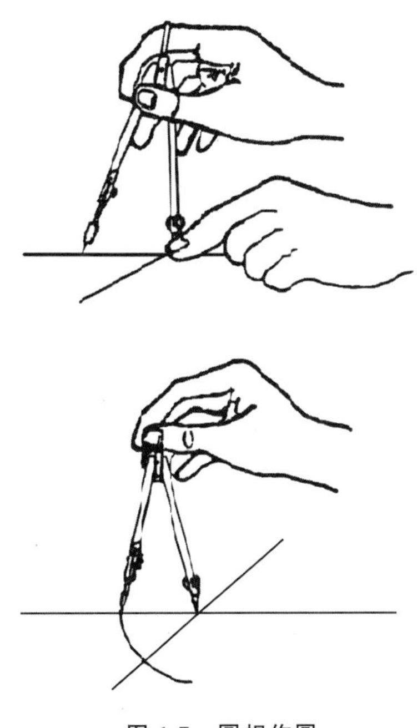

图 1-7　圆规作圆

1.1.4.2　分规

分规是截取线段、量取尺寸和等分直线或圆弧的工具。

分规应不紧不松、容易控制，并能够准确地控制分规规脚的分度，使用方便。用分规截量或等分线段或圆弧时，应使两个针尖准确地落在线条上，不得错开(图 1-8)。

1.1.5 比例尺

比例尺又称三棱尺，根据实际需要和图纸大小，可采用比例尺将物体按比例缩小或放大绘成图样。常见比例尺为三棱尺，如图 1-9 所示。三棱尺上有 6 种比例刻度，一般分为 1:100、1:200、1:300、1:400、1:500、1:600 等，供绘图时量取不同比例的尺寸用。

采用比例尺直接度量尺寸，尺上的比例应与图样上的比例相同，其尺寸不用通过计算，便可直接读出。例如，已知图形的比例是 1:200，想知道图上线段 AB 的实长，就可用比例尺上 1:200 的刻度去度量。将刻度上的零点对准点 A，而点 B 在刻度 12.8 处，则可读得线段 AB 的长度为 12.8，即 12.8 m。1:200 的刻度还可作 1:2，1:20 和 1:200 的比例使用。如果比例改为 1:2时，读数应为 12.8×2/200＝0.128 m；比例改为 1:20 时，读数应为 12.8×20/200＝1.28 m；比例改为 1:2000 时，读数应为 12.8×2000/200＝128 m。

比例尺只用来量取尺寸，不可用来画线，尺的棱边应保持平直，以免影响使用。

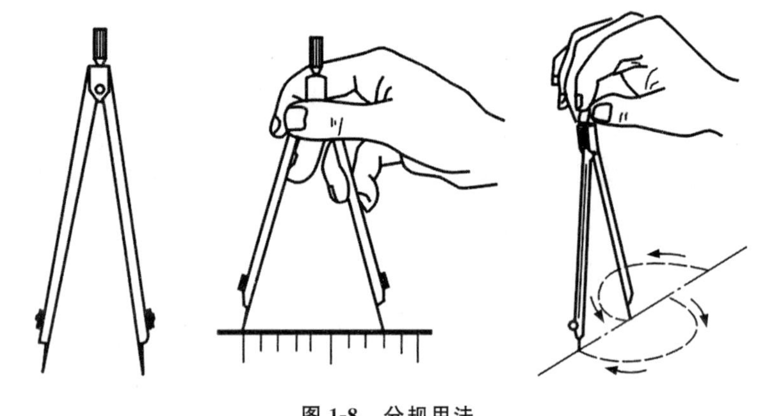

图 1-8 分规用法

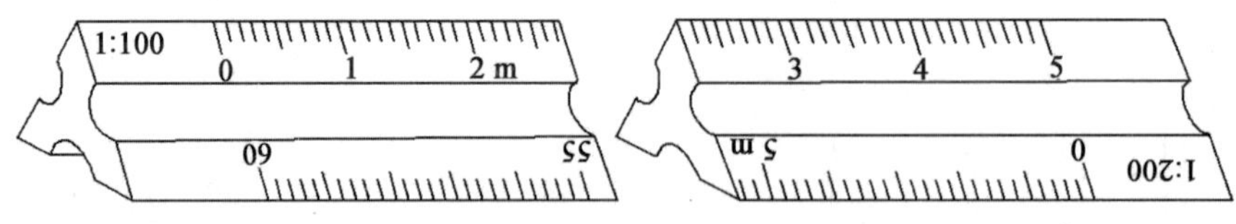

图 1-9 比例尺

1.1.6 曲线板

曲线板是画非圆曲线的专用工具之一，有复式曲线板和单式曲线板两种。

复式曲线板用来画简单曲线(图 1-10)；单式曲线板用来画较复杂的曲线，每套有多块，每块都由一些曲率不同的曲线组成。

使用曲线板时，应根据曲线的弯曲趋势，从曲线板上选取与所画的曲线相吻合的一段描绘。吻合的点越多，所得曲线也就越光滑。每描绘一段曲线应不少于吻合四个点。描绘每段曲线时至少应包含前一段曲线的最后两个点(即与前段曲线应重复一小段)。而在本段后面至少留两个点给下一段描绘(即与后段曲线重复一小段)，这样才能保证连接光滑流畅(图 1-11)。

1.1.7　建筑模板

建筑模板可用来辅助作图，提高工作效率。建筑模板上刻有多种方形孔、圆形孔、建筑图例、轴线号、详图索引号等。可用于直接绘出模板上的各种图样的符号（图 1-12）。

1.1.8　其他绘图工具

除上述工具外，在绘图时，还需要准备量角器、擦图片（用于修改图线的，使用时只要将该擦去的图线对准擦图片上相应的孔洞，用橡皮轻轻擦拭即可）、削笔刀、橡皮、固定图纸用的胶带，以及清理图面用的小刷等（图 1-13）。

图 1-10　曲线板图

图 1-11　曲线绘制

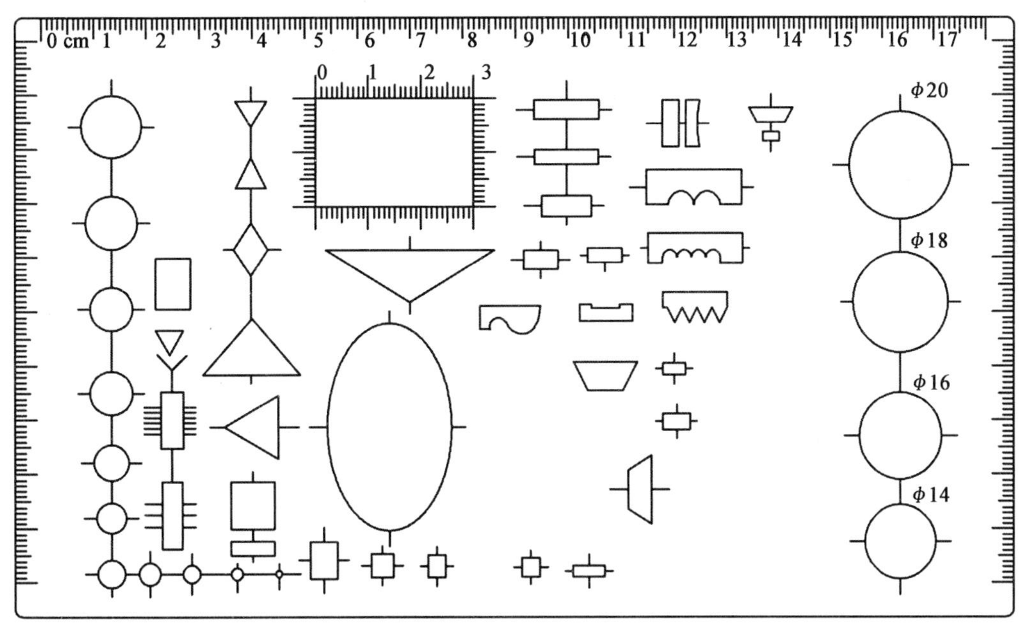

图 1-12　建筑模板

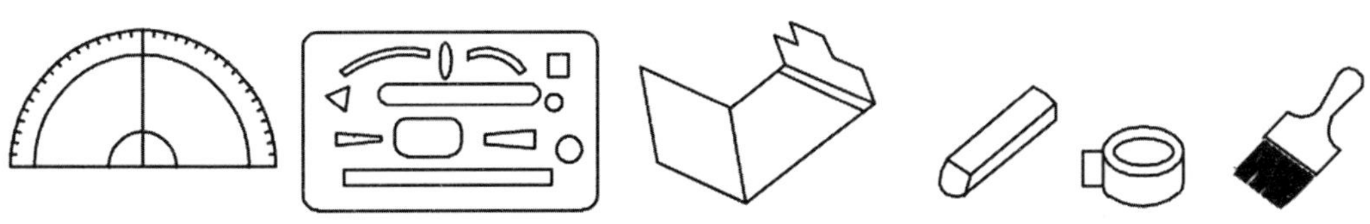

图 1-13　其他绘图工具

1.2 园林制图基本标准

为了统一制图规则，保证制图质量，提高制图效率，符合设计、施工、存档的要求，有关部门制定、颁布了各种制图标准，其中有国家标准(简称国标，代号 GB)、部颁标准及地区行业标准等。

在园林工程图中，主要依据技术制图标准和有关建筑工程制图方面的标准以及园林专业行业标准。本节主要介绍《房屋建筑制图统一标准》(GB/T 50001—2017)、现行《技术制图》标准以及《风景园林制图标准》(CJJ/T 67—2015)等相关有关内容。

1.2.1 图纸幅面

1.2.1.1 图幅、图框

为合理使用图纸和便于装订管理，国标对绘制工程图样的图纸幅面及图框尺寸做了具体规定，表 1-1 为图纸基本幅面的尺寸。图样中的所有内容均须绘制在图线框以内。

图纸的使用一般分为横式和立式两种，以短边作为垂直边的称为横式，以长边作为垂直边的称为立式。一般 A0～A3 图纸宜横式使用，必要时，也可立式使用，图纸的格式如图 1-14 所示。

图纸幅面的长边与短边的比例 $l:b\approx\sqrt{2}:1$。A0 号图纸的面积为 1 m^2。绘图时可以根据需要加长图纸长边的尺寸，但短边一般不应加长。长边加长后的尺寸应符合表 1-2 的规定。

为便于图纸管理和交流，一项工程设计中，每个专业所使用的图纸，除用作目录和表格的 A4 号图纸外，一般不宜多于两种规格的幅面。

1.2.1.2 标题栏与会签栏

正式的工程图样中都应有工程名称、图名、图纸编号、设计单位，以及设计人员、审核人员的签字等栏目，将这些栏目集中列成表格形式就是图纸的标题栏，简称图标。标题栏按图 1-15 所示，根据工程需要确定其尺寸、格式及分区。签字区应包括实名列和签名列，放置在图纸幅面的右下角。

学生作业阶段因不涉及具体实际项目，标题栏采用图 1-16 格式。

表 1-1 图幅及图框尺寸 mm

尺寸代号	幅面代号				
	A0	A1	A2	A3	A4
$b\times l$	841×1189	594×841	420×594	297×420	210×297
c	10			5	
a	25				

表 1-2 图纸长边加长尺寸 mm

幅面代号	长边尺寸	长边加长后的尺寸
A0	1189	1486(A0+1/4l) 1635(A0+3/8l) 1783(A0+1/2l) 1932(A0+5/8l) 2080(A0+3/4l) 2230(A0+7/8l) 2378(A0+1l)
A1	841	1051(A1+1/4l) 1261(A1+1/2l) 1471(A1+3/4l) 1682(A1+1l) 1892(A1+5/4l) 2102(A1+3/2l)
A2	594	743(A2+1/4l) 891(A2+1/2l) 1041(A2+3/4l) 1189(A2+1l) 1338(A2+5/4l) 1486(A2+3/2l) 1635(A2+7/4l) 1783(A2+2l) 1932(A2+9/4l) 2080(A2+5/2l)
A3	420	630(A3+1/2l) 841(A3+1l) 1051(A3+3/2l) 1261(A3+2l) 1471(A3+5/2l) 1682(A3+3l) 1892(A3+7/2l)

注：有特殊需要的图纸，可采用 $b\times l$ 为 841 mm×891 mm 与 1189 mm×1261 mm 的幅面。

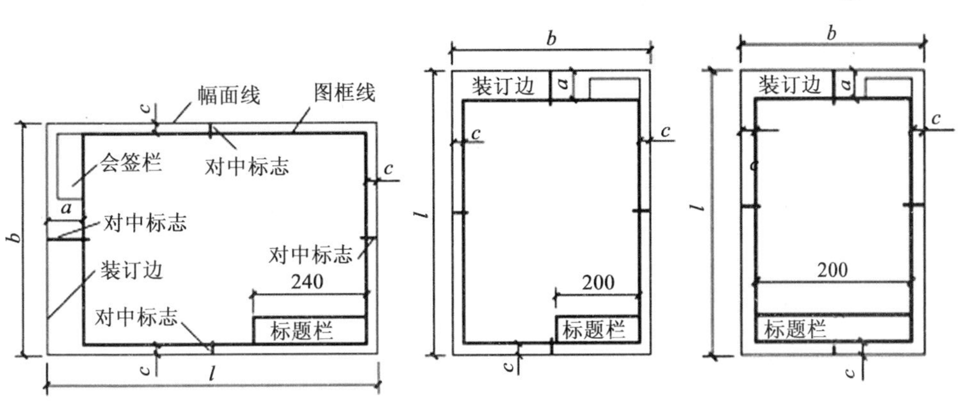

图 1-14　图纸幅面

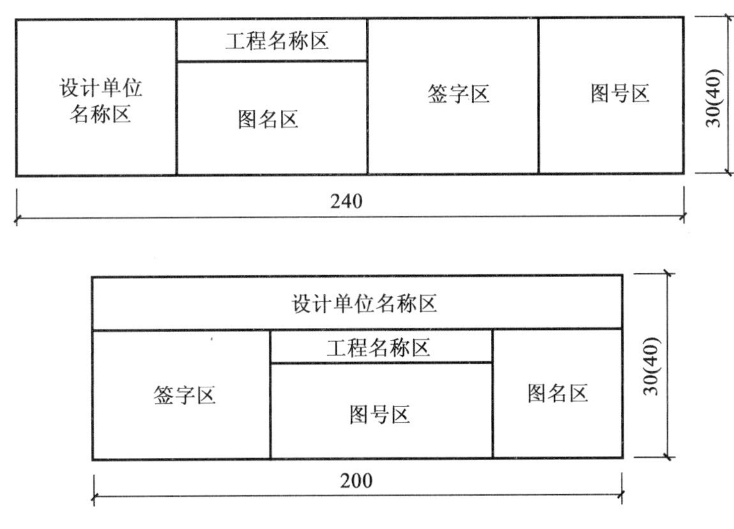

图 1-15　标题栏

校名					图号	
					比例	
制图		班级		图名	指导	
专业		日期			成绩	

图 1-16　学生作业用标题栏

会签栏是各专业负责人签字用的表格，栏内应填写会签人员所代表的专业、姓名、日期（年、月、日），放置位置如图 1-17 所示。不需会签的图样可不设会签栏。

1.2.2　图线

在绘图时，为了清晰地表达图中的不同内容，分清主次，必须正确地使用不同的线型和选择合适的

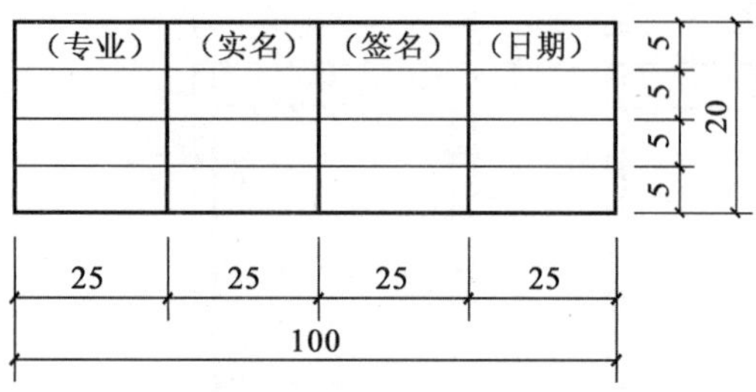

图 1-17 会签栏

线宽。

1.2.2.1 线宽组

在绘图时，应根据所绘图样的复杂程度与比例的大小，先选定基本线宽 b，b 的数值宜从下列线宽系列中选取：1.4、1.0、0.7、0.5 mm。基本线宽选定后，再选用相应的线宽组（表 1-3）。

表 1-3 线宽组 mm

线宽比	线宽组			
b	1.4	1.0	0.7	0.5
$0.7b$	1.0	0.7	0.5	0.35
$0.5b$	0.7	0.5	0.35	0.25
$0.25b$	0.35	0.25	0.18	0.13

注：1. 需要缩微的图纸，不宜采用 0.18 及更细的线宽。

2. 同一张图纸内，各不同线宽中的细线，可统一采用较细的线宽组的细线。

1.2.2.2 线型

线型是指绘图中使用的不同形式的线。线型的种类和用途见表 1-4。

表 1-4 线型的种类和用途

名称		线型	线宽	一般用途
实线	粗		b	主要可见轮廓线
	中粗		$0.7b$	可见轮廓线
	中		$0.5b$	可见轮廓线、尺寸线、变更云线
	细		$0.25b$	图例填充线、家具线
虚线	粗		b	见各有关专业制图标线
	中粗		$0.7b$	不可见轮廓线
	中		$0.5b$	不可见轮廓线、图例线
	细		$0.25b$	图例填充线、家具线
单点长画线	粗		b	见各有关专业制图标准
	中		$0.5b$	见各有关专业制图标准
	细		$0.25b$	中心线、对称线、轴线等
双点长画线	粗		b	见各有关专业制图标准
	中		$0.5b$	见各有关专业制图标准
	细		$0.25b$	假想轮廓线、成型前原始轮廓线
折断线	细		$0.25b$	断开界线
波浪线	细		$0.25b$	断开界线

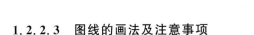

1.2.2.3　图线的画法及注意事项

(1)同一张图纸内,相同比例的各图样,应选用相同的线宽组。

(2)图纸的图框线和标题栏线可采用表 1-5 的线宽。

表 1-5　图框线、标题栏线的宽度

幅面代号	图框线	标题栏外框线	标题栏分格线
A0、A1	*b*	0.5*b*	0.25*b*
A2、A3、A4	*b*	0.7*b*	0.35*b*

(3)相互平行的图线,其净间隙或线中间隙不宜小于 0.2 mm。

(4)虚线、单点长画线或双点长画线的线段长度和间隔,宜各自相等。

(5)单点长画线或双点长画线,当在较小图形中绘制有困难时,可用实线代替。

(6)单点长画线或双点长画线的两端,不应是点。点画线与点画线交接或点画线与其他图线交接时,应是线段交接。

(7)虚线与虚线交接或虚线与其他图线交接时,应是线段交接。虚线为实线的延长线时,不得与实线连接。

(8)图线不得与文字、数字或符号重叠、混淆,不可避免时,应首先保证文字等的清晰。

1.2.3　字体

国标规定:图纸上所需书写的文字、数字或符号等,均应笔画清晰、字体端正、排列整齐;标点符号应清楚正确。

字体的大小用字号表示,字体的号数就是字体的高度(用 h 表示,单位为 mm),如 5 号字的高度为 5 mm。文字的字高(h)应从如下系列中选用:3.5、5、7、10、14、20 mm。如需书写更大的字,其高度应按$\sqrt{2}$的倍数递增。

1.2.3.1　汉字

图样及说明中的汉字,宜优先采用 True type 字体中的宋体字型,采用矢量字体时应为长仿宋体字型。同一图纸字体种类不应超过两种。汉字的简化字书写应符合国务院颁布的《汉字简化方案》和有关规定。

长仿宋字体的宽度和高度的关系应符合表 1-6 的规定。

表 1-6　文字的高度　mm

字高	3.5	5	7	10	14	20
字宽	2.5	3.5	5	7	10	14

1.2.3.2　数字与字母

工程图样中常用的拉丁字母、阿拉伯数字和罗马数字的书写,可根据需要写成直体或斜体。斜体字的倾斜度应是从字的底线逆时针向上倾斜 75°,斜体字的高度与宽度应与相应的直体字相等。数字与字母按其笔画宽度又可分为一般字体和窄字体两种,数字与字母的字高应不小于 2.5 mm。

数字与字母的书写规格见表 1-7,书写示例见图 1-18。

表 1-7　数字与字母书写规格

书写格式	字体	窄字体
大写字母高度	h	h
小写字母高度(上下均无延伸)	$7/10h$	$10/14h$
小写字母伸出的头部或尾部	$3/10h$	$4/14h$
笔画宽度	$1/10h$	$1/14h$
字母间距	$2/10h$	$2/14h$
上下行基准线的最小间距	$15/10h$	$21/14h$
词间距	$6/10h$	$6/14h$

数量的数值注写应采用正体阿拉伯数字。各种计量单位凡前面有量值的,均应采用国家颁布的单位符号注写。单位符号应采用正体字母。

分数、百分数和比例数的注写,应采用阿拉伯数字和数学符号,例如:四分之三、百分之五十和一比五应分别写成 3/4、50% 和 1:5。

当注写的数字小于 1 时,必须写出个位的“0”,小数点应采用圆点,齐基准线书写,例如 0.05。

1234567890　1234567890　1 2 3 4 5 6 7 8 9 0

I　II　III　IV　V　VI　VII　VIII　IX　X　abcdefghijklmnopqrstuvwx

图 1-18　数字及字母示例

1.2.4　比例

工程制图中，为了满足各种图样表达的需要，大部分的实物都不能按照它们的实际大小绘制到图纸上，需按一定的比例放大或缩小。图样的比例，应为图形与实物相对应的线性尺寸之比。

比例应以阿拉伯数字表示，如 1∶1、1∶5、1∶100。比例的大小是指其比值的大小，如 1∶20 大于 1∶50；比值为 1 的比例，即 1∶1，称为原值比例；比值大于 1 的称为放大比例，如 3∶1、2∶1等；比值小于 1 的称为缩小比例，如 1∶10。

绘图所用的比例，应根据图样的用途与被绘制对象的复杂程度，从表 1-8 中选用，并优先选用表中常用比例。

表 1-8　绘图常用比例及可用比例

常用比例	1∶1、1∶2、1∶5、1∶10、1∶20、1∶30、1∶50、1∶100、1∶150、1∶200、1∶500、1∶1000、1∶2000
可用比例	1∶3、1∶4、1∶6、1∶15、1∶25、1∶40、1∶60、1∶80、1∶250、1∶300、1∶400、1∶600、1∶5000、1∶10000、1∶20000、1∶50000、1∶100000、1∶200000

比例宜注写在图名的右侧，字的基准线与图名取平，比例的字高宜比图名的字高小一号或二号(图 1-19)。

平面图　1:100　　　⑥　1:20

图 1-19　比例的注写

1.2.5　尺寸标注

图形只能表示物体的形状，其大小及各部分的相对位置则是通过尺寸来确定的。

1.2.5.1　线段的尺寸标注

图样上完整的尺寸包括尺寸界线、尺寸起止符号、尺寸线和尺寸数字(图 1-20)。

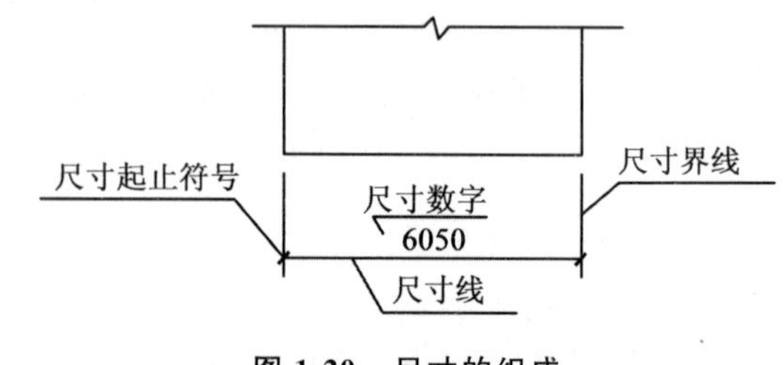

图 1-20　尺寸的组成

(1)尺寸界线应用细实线绘制,一般应与被注长度垂直,其一端应离开图样轮廓线不小于 2 mm,另一端宜超出尺寸线 2～3 mm。图样轮廓线可用作尺寸界线(图 1-21)。

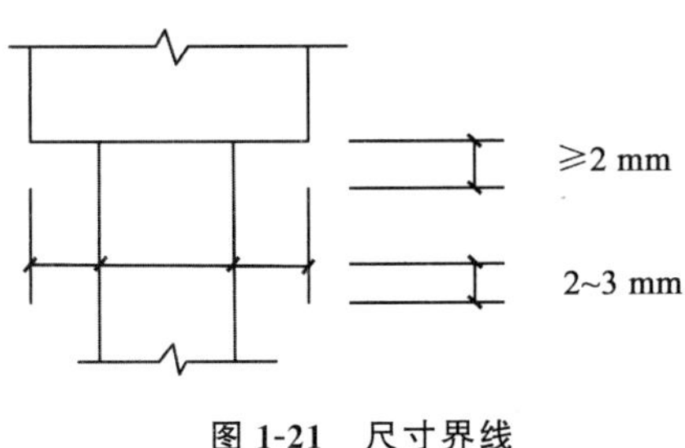

图 1-21 尺寸界线

(2)尺寸线应用细实线绘制,应与被注长度平行。图样本身的任何图线均不得用作尺寸线。互相平行的尺寸线,应从被注写的图样轮廓线由近向远整齐排列,较小尺寸应离轮廓线较近,较大尺寸应离轮廓线较远。图样轮廓线以外的尺寸界线,距图样最外轮廓之间的距离不宜小于 10 mm。平行排列的尺寸线的间距宜为 7～10 mm。

(3)尺寸起止符号一般用中粗斜短线绘制,其倾斜方向应与尺寸界线呈顺时针 45°角,长度宜为 2～3 mm。半径、直径、角度与弧长的尺寸起止符号,宜用箭头表示(箭头宽度 b 不宜小于 1 mm,图 1-22)。

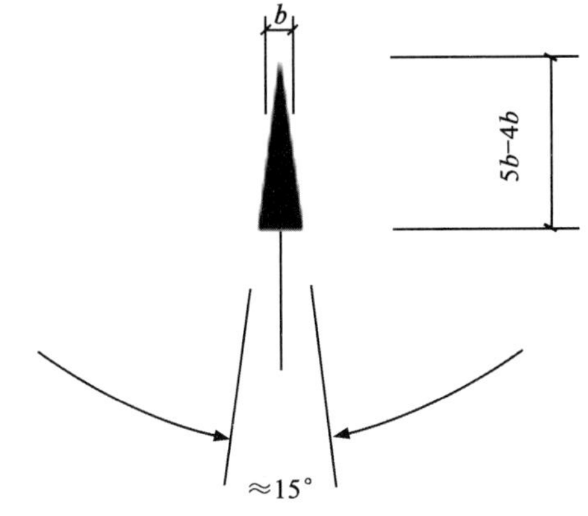

图 1-22 箭头尺寸起止符号

(4)尺寸数字

①表示尺寸的大小。图样上的尺寸应以尺寸数字为准,不得从图上直接量取。图样上的尺寸数字单位,除标高及总平面图以 m 为单位外,其他均应以 mm 为单位,所以图上标注的尺寸一般不写单位。

②尺寸数字的方向,应按图 1-23(a)的规定注写,即水平方向尺寸数字字头朝上;垂直方向尺寸数字字头朝左;倾斜方向尺寸数字保持字头向上的趋势。若尺寸数字在 30°斜线区外,宜按图 1-23(b)的形式注写。

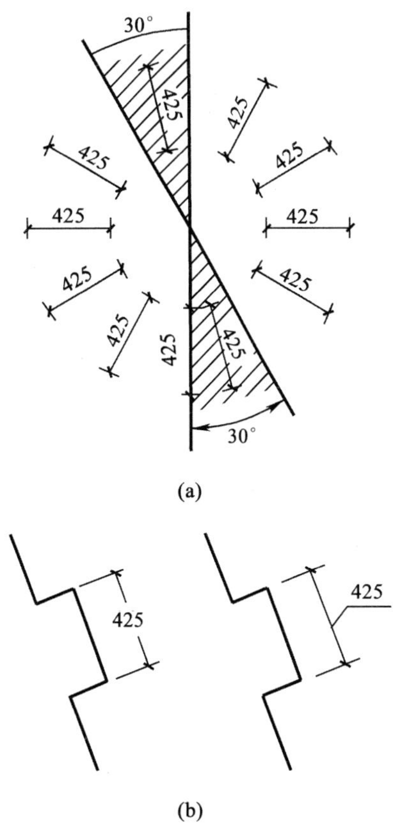

图 1-23 尺寸数字的注写方向

③尺寸数字一般应根据其方向注写在靠近尺寸线的上方中部。如因尺寸界线较密而没有足够的注写位置时,最外边的尺寸数字可注写在尺寸界线的外侧,中间相邻的尺寸数字可上下错开注写,也可引出注写(图 1-24)。

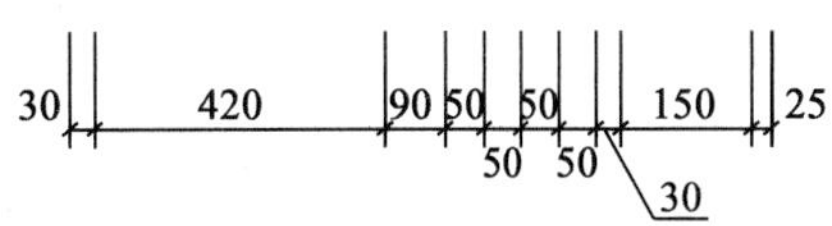

图 1-24 尺寸数字的注写位置

1.2.5.2 半径、直径以及角度、弧长和弦长的尺寸标注

1)半径的尺寸标注

标注半径尺寸时,半径数字前要加注半径符号"R"。半径的尺寸线应一端从圆心开始,另一端画箭头指向圆弧(图 1-25)。

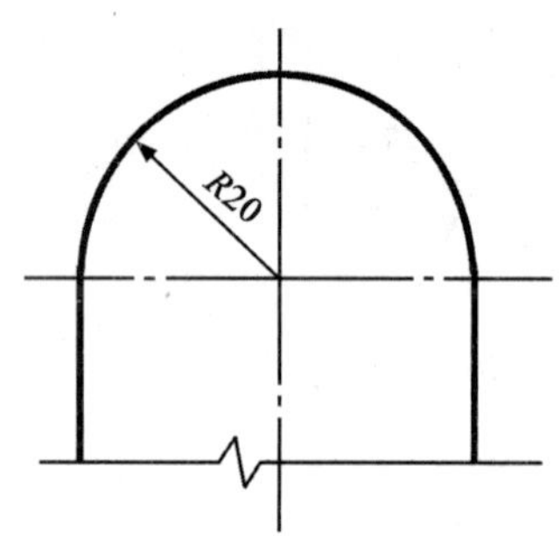

图 1-25 半径的标注方法

较小圆弧的半径,可按图 1-26 形式标注。

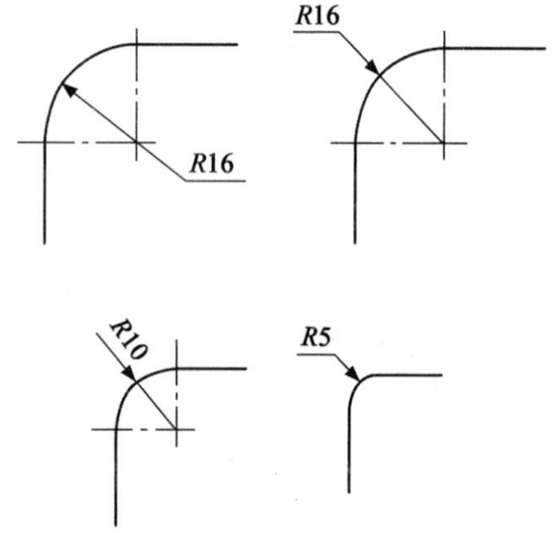

图 1-26 小圆弧半径的标注方法

较大圆弧的半径,可按图 1-27 形式标注。

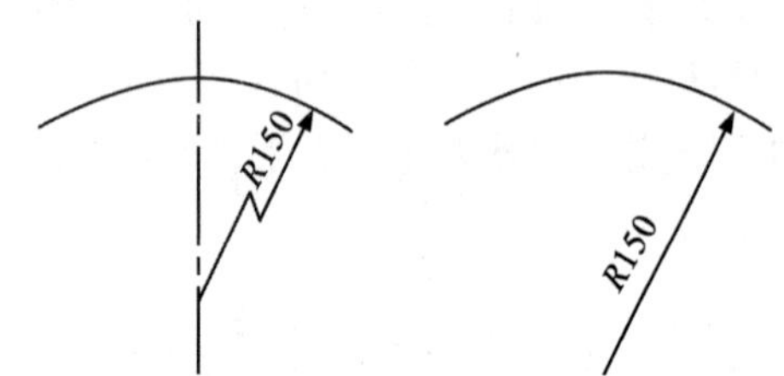

图 1-27 大圆弧半径的标注方法

2)直径的尺寸标注

(1)标注圆的直径尺寸时,直径数字前要加注直径符号"Φ"。在圆内标注的尺寸线应通过圆心,两端画箭头指至圆弧(图 1-28)。

(2)小圆的直径尺寸一般标注在圆外(图 1-29)。

(3)标注球的半径和直径尺寸时,应分别在尺寸数字前加注符号"SR"和"$S\Phi$",注写方法同圆弧半径和圆直径。

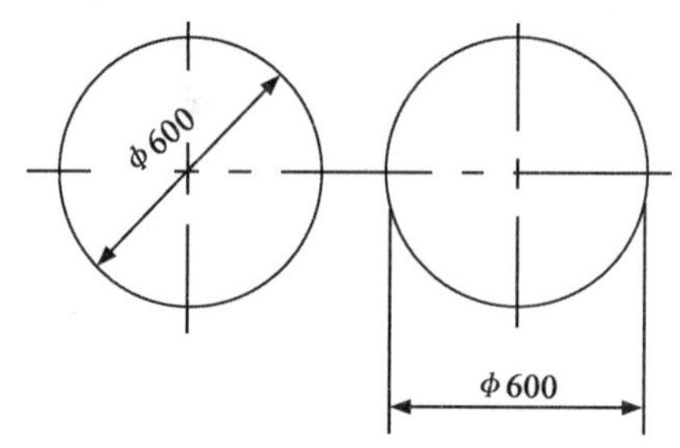

图 1-28 圆直径的标注方法

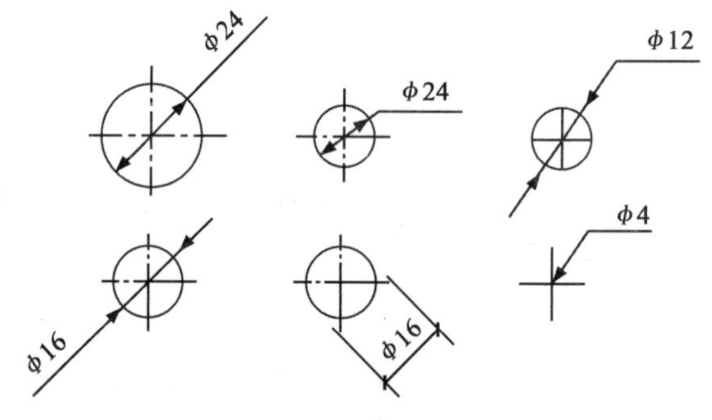

图 1-29 小圆直径的标注方法

3)角度、弧长、弦长的尺寸标注

(1)角度的尺寸线应以圆弧表示。该圆弧的圆心应是该角的顶点,角的两条边为尺寸线,角度的起止符号用箭头表示,如没有足够位置画箭头,可用圆点代替,角度数字应按水平方向注写(图 1-30)。

(2)弧长的尺寸标注。标注圆弧的弧长时,尺寸线应以该圆弧同心的圆弧线表示,尺寸界线应指向圆心,起止符号用箭头表示,弧长数字上方应加注圆弧符号"⌒"(图 1-31)。

(3)弦长的尺寸标注。标注圆弧的弦长时,尺寸

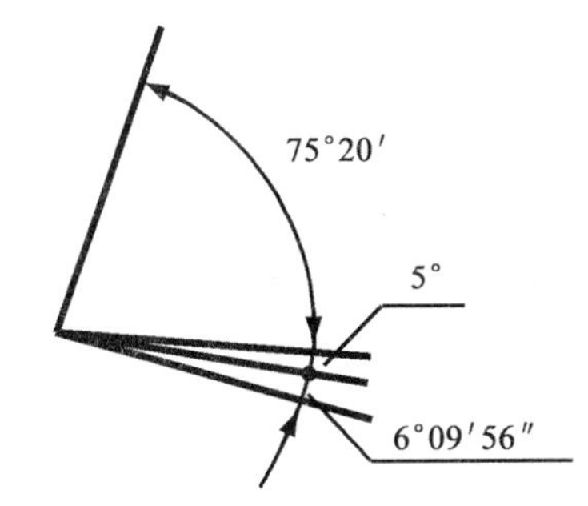

图 1-30　角度的尺寸标注

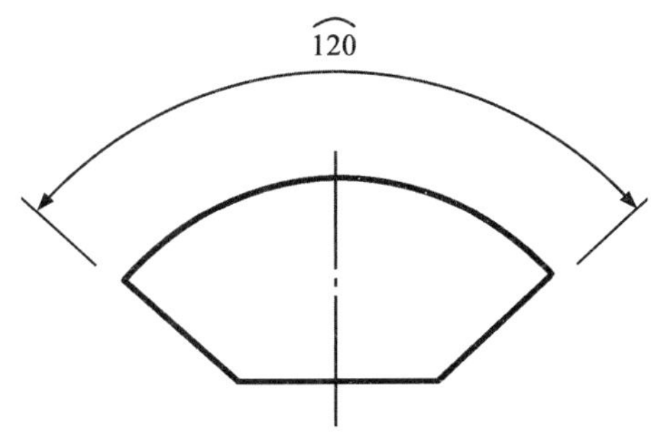

图 1-31　弧长的尺寸标注

线应以平行于该弦的直线表示，尺寸界线应垂直于该弦，起止符号用中粗斜短线表示(图 1-32)。

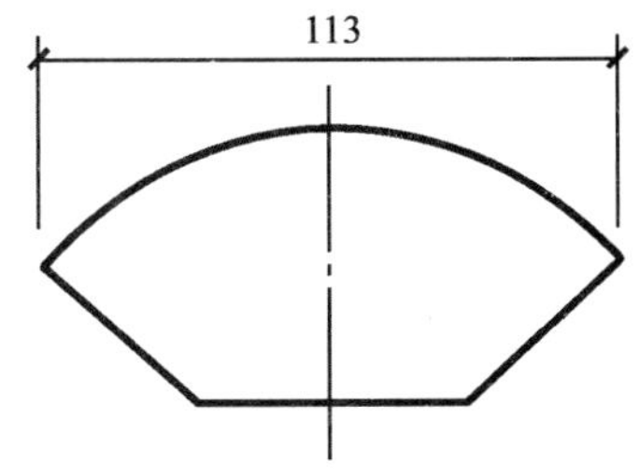

图 1-32　弦长的尺寸标注

1.2.5.3　坡度的尺寸标注

斜面的倾斜程度称为坡度(或斜度)。标注坡度时应加注坡度符号，该坡度符号为单面箭头，箭头应指向下坡方向。坡度的标注符号有以下几种：

1)用百分比表示

如图 1-33(a)所示，在坡度符号上注写百分比，也可写成 $i=0.02$。在道路工程中的横、纵坡表示中常用此方法。

2)用比例表示

如图 1-33(b)所示，在坡度符号上注写比例，比值为铅锤方向的高度与水平方向的距离之比，并把比值写成 1 : n 的形式。在路基边坡、挡土墙和桥墩墩身的坡度常用此法表示。

3)用直角三角形表示

如图 1-33(c)所示，用直角三角形两直角边的比来表示坡度的大小。常用于屋顶坡度的标注。

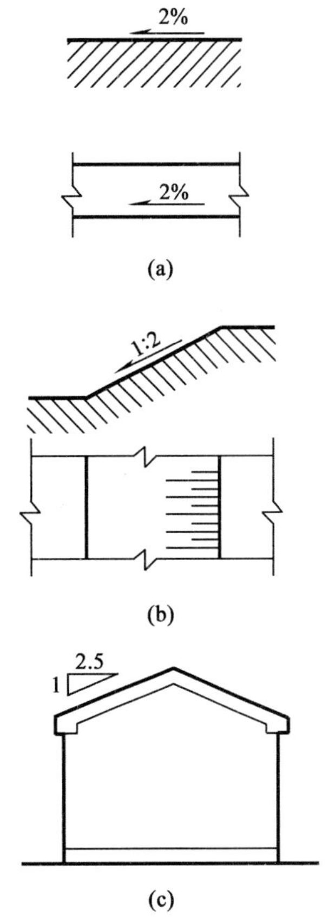

图 1-33　坡度的标注方法

1.2.5.4　非圆曲线和复杂图形的尺寸标注

外形为非圆曲线的构件，可用坐标形式标注其尺寸见图 1-34(a)，比较复杂的图形，可用网格形式标注其尺寸，见图 1-34(b)。

1.2.5.5　尺寸的简化标注

(1)杆件或管线的长度，在单线图(桁架简图、钢

筋简图、管线简图)上,可直接将尺寸数字沿杆件或管线的一侧注写(图 1-35)。

(2)连续排列的等长尺寸,可用"等长尺寸×个数=总长"的形式标注(图 1-36)。

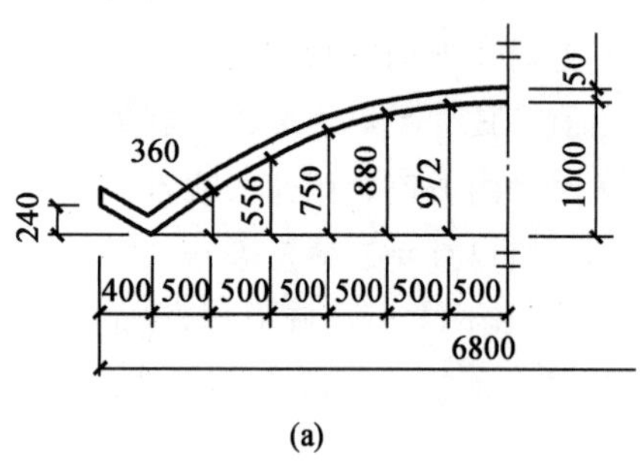

(a)

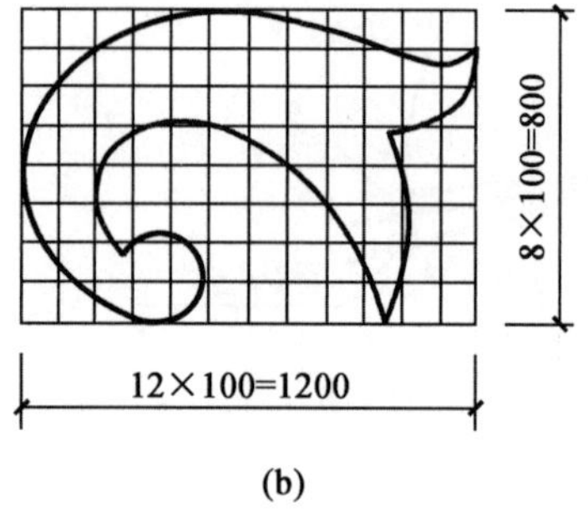

(b)

图 1-34　非圆曲线和复杂图形的标注方法

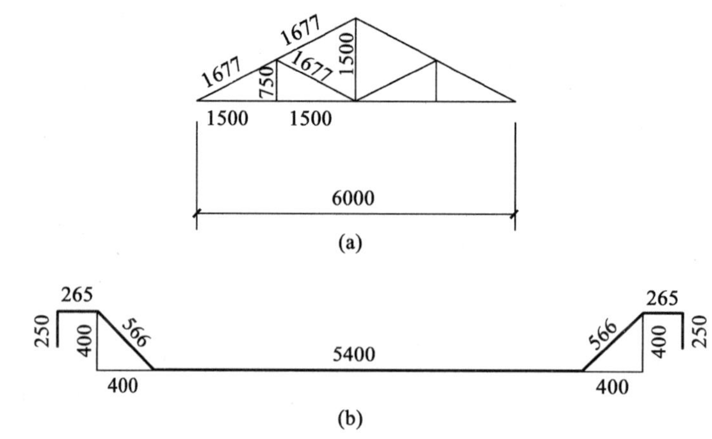

图 1-35　尺寸标注方法

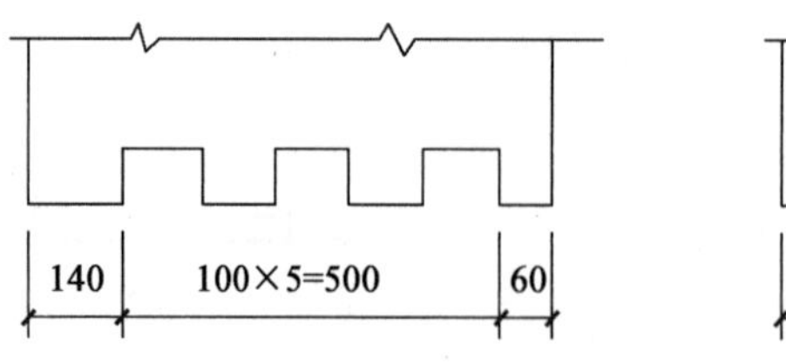

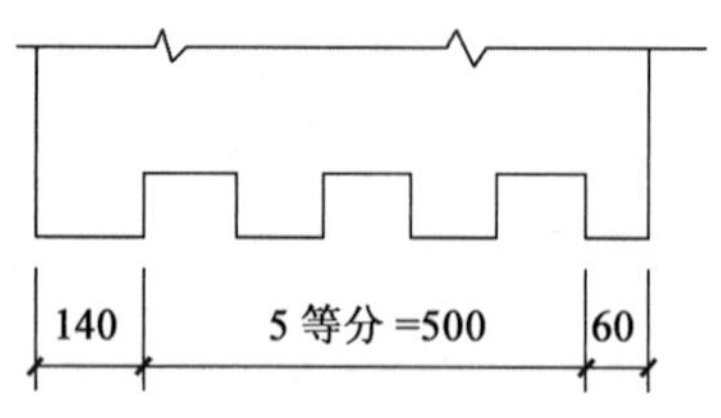

图 1-36　尺寸的简化标注方法

(3)构配件内的构造因素(如孔、槽等)如相同,可仅标注其中一个要素的尺寸(图 1-37)。

(4)对称构配件采用对称省略画法时,该对称构配件的尺寸线应略超过对称符号,仅在尺寸线的一端画尺寸起止符号,尺寸数字应按整体全尺寸注写,其注写位置宜与对称符号对齐(图 1-38)。

(5)两个构配件,如个别尺寸数字不同,可在同一图样中将其中一个构配件的不同尺寸数字注写在括号内,该构配件的名称也应注写在相应的括号内(图 1-39)。

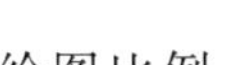

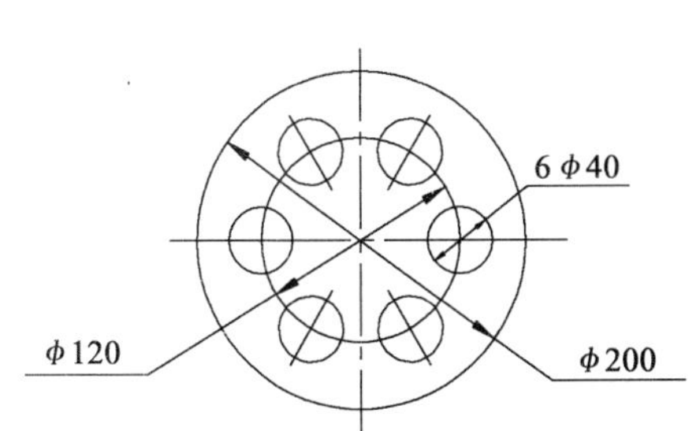

图 1-37　相同要素尺寸标注方法

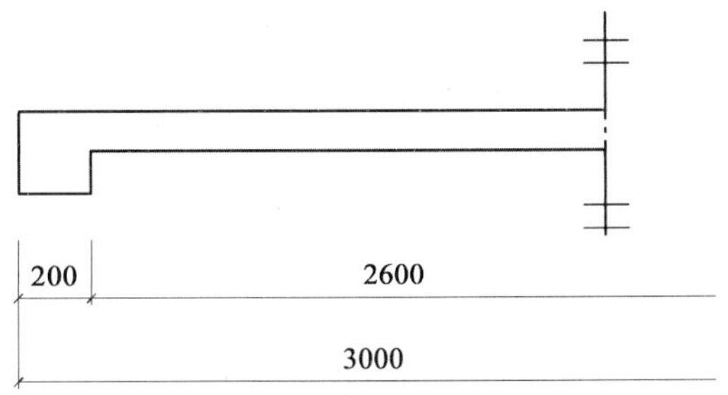

图 1-38　对称构件尺寸标注方法

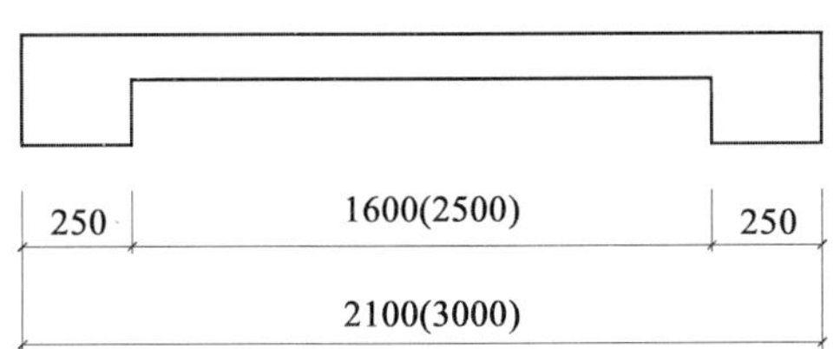

图 1-39　相似构件尺寸标注方法

1.3　绘图的方法和步骤

1.3.1　工具作图的方法和步骤

利用制图工具绘制图纸的过程称为工具作图。对绘制内容精确度要求较高时，要采用制图工具作图。下面介绍工具作图的一般步骤和方法。

1)绘图前的准备工作

(1)根据所要绘制的图纸内容和要求，准备好制图工具和仪器，并注意保持它们的清洁。

(2)根据所画图纸的要求，确定图纸幅面和选定绘图比例。

(3)将大小合适的图纸用胶带纸固定在图板左下方，图纸下边离图板下边缘距离大于丁字尺宽度。

2)画底稿

画底稿时，宜用 H 或 2H 铅笔清淡地画出，便于修改后不弄脏图纸。具体步骤如下：

(1)按照制图标准要求绘制图纸幅面框线、图框线，并在图纸上按规定位置绘制出标题栏。

(2)排版和布局。根据所绘图样的内容、图形大小以及相关的制图规范来确定图样的比例，并在图纸上进行布局。布局应该合理、整齐、布满图面，使得图面空间协调均匀，尽量避免出现图面一边拥挤或者过空的现象。同时应当考虑尺寸、图例、文字说明的内容。

(3)绘制底稿。底稿绘制的顺序是先画轴线、中心线，再画主要轮廓线，而后画细部图线，最后画尺寸线、尺寸界线、图例线以及字格线。

(4)最后仔细检查，擦去多余线条和污垢，完成全图底稿。

3)画墨线

上墨线是用针管笔在完成的底稿上用墨线加深图线，上墨时应该注意以下几个问题：

(1)为保证图形的准确，墨线中心线要与铅笔底稿中心线重合(两稿线距离较近时，可沿稿线往外加粗)(表 1-9)。

(2)同类型、同规格、同方向的图线应一次性上完。

(3)为保证图面整洁，提高绘图效率，上墨的顺序应是：先上后下；先左后右；先细后粗；先曲线后直线；先画水平线，后画垂直及斜线。

(4)如有画错的地方，待墨迹干透后，可用刀片轻轻刮去，然后进行修改。

1.3.2　徒手线条图画法

从事园林景观设计，必须具备徒手绘制图的能力。因为园林设计中的植物、山石、水体和地形等都需徒手绘制，手绘是方案阶段最便捷的表现和沟通手段，而且，在收集素材、探讨构思、推敲方案时也需

要借助徒手线条图。

表 1-9　线条的加深与加粗

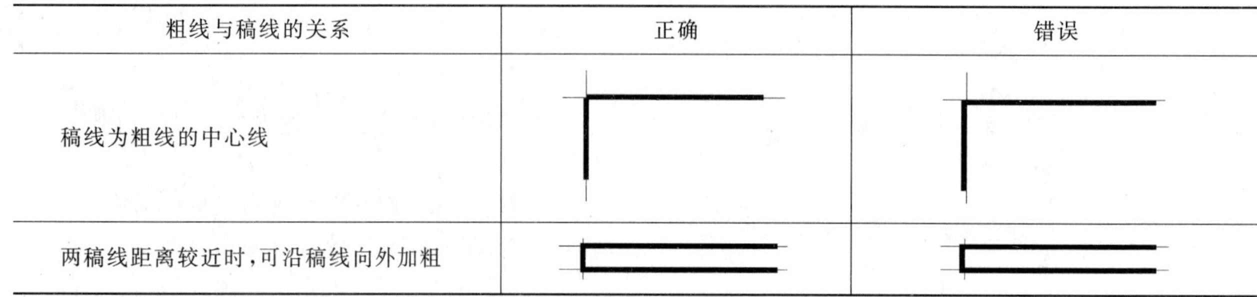

粗线与稿线的关系	正确	错误
稿线为粗线的中心线		
两稿线距离较近时，可沿稿线向外加粗		

徒手绘图的工具和方法很多，用不同的工具所绘制的线条的特征和图面效果也不尽相同，各具特色，但都具备沟通和表现设计意图的功能。下面介绍徒手绘图的画法技巧和表现方法。

1.3.2.1　直线的绘制

学画徒手线条图可从简单的直线练习开始。在练习中应注意运笔速度、方向以及用笔力量。运笔速度应保持均匀，宜慢不宜快，停顿干脆利落；用笔力量应适中，保持平稳，线条均匀。基本运笔方向为从左至右、从上到下，且左上方的直线（倾角 45°～225°）应尽量按圆心的方向运笔，相应的右下方的直线运笔方向正好与其相反。运笔支撑点有三种情况，一为以手掌一侧或小指关节与纸面接触的部分作为支撑点，适合于作较短的线条，若线条较长，需分段完成，每段之间可断开，以避免搭接处变粗。二为以肘关节作为支撑点，靠小臂和手腕运动，并辅以小指关节轻触纸面，可一次作出较长的线条。三为将整个手臂和肘关节腾空或辅以肘关节或小指轻触纸面作更长的线条，见图 1-40(a)。

在画水平线和垂直线时，宜以纸纵横边为基线，画线时视点距图面略放远些，以放宽视面，并随时以基线来校准。

若画等距平行线，应先目估出每条线的间距，见图 1-40(b)。

1.3.2.2　圆和椭圆的绘制

画圆可先用笔在纸上顺一定方向轻轻兜圆圈，然后按正确的圆加深。

画小圆时，先作十字线，定出半径位置，然后根据四点画圆。

画大圆时除十字线外还要加 45°线，定出半径位置，作短弧线，然后连接各短弧线成圆，见图 1-40(c)。

画椭圆，先画中心线，对小的椭圆在中心线上目测定出长短轴，过长短轴端点，作椭圆的外切矩形，然后连四个端点在矩形内直接画椭圆，已知长短轴画较大椭圆时，用 8 点法。

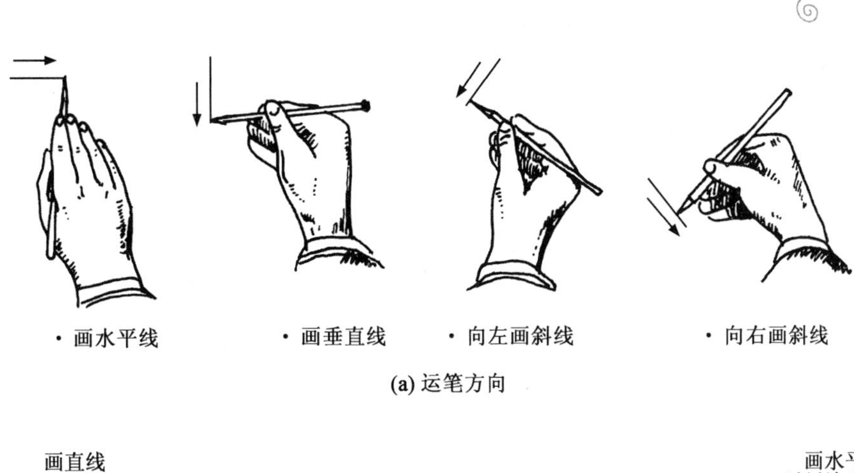

(a) 运笔方向

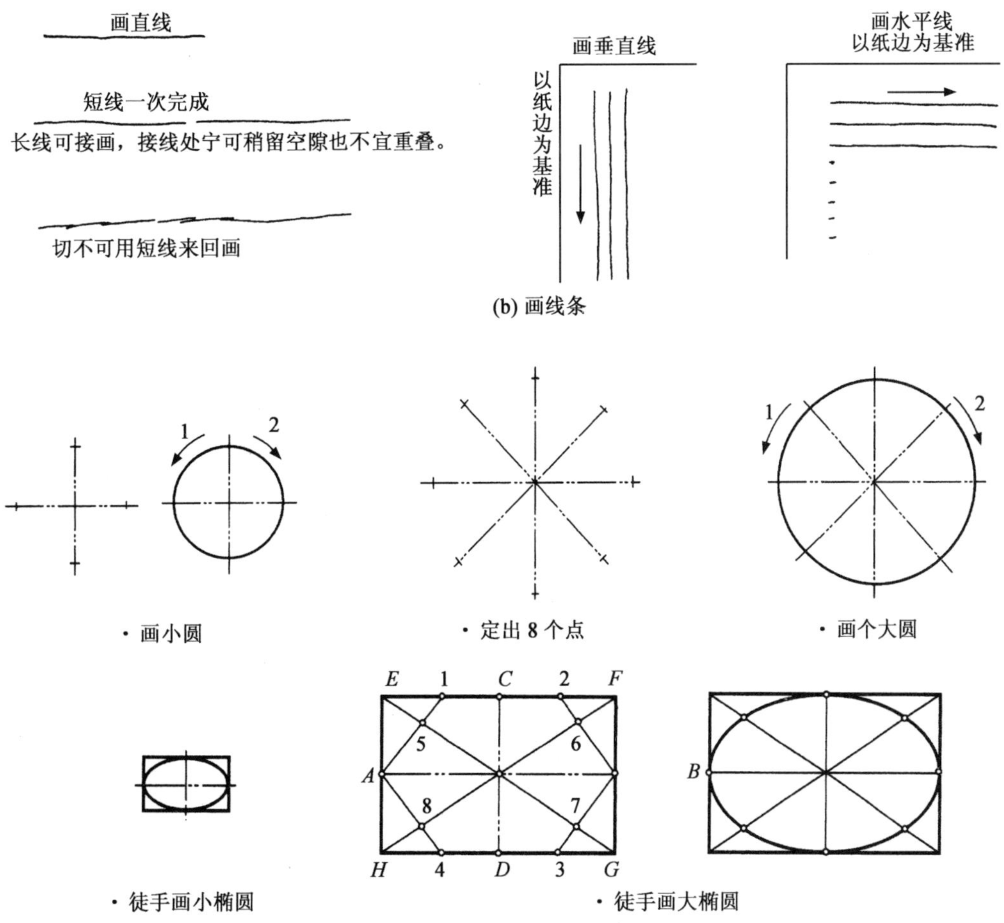

(c) 徒手画圆

图 1-40　徒手线条画法

第2章

投影基础

在工程建设中，图纸是工程施工的重要依据，需要借助图纸来表达空间形体和解决空间几何问题。而工程图纸是按照一定的投影原理及方法绘制而成的，因此，只有掌握了投影的基本原理和方法，才能熟练绘制和阅读各种工程图样。本章主要介绍投影的基本概念和各种投影的特性。

2.1　投影的概念及分类

在我们的日常生活中，经常能观察到投影现象。比如在日光或者灯光的照射下，空间形体在地面或墙面上会产生影子，而影子的形状和位置会随着光线照射的角度和距离发生变化。因此，影子能反映其空间形体的轮廓形态，但是不一定能准确反映其实际尺寸。人们通过这些现象总结出一定的内在联系和规律，作为制图的方法和理论根据，即投影的原理。

2.1.1　投影的概念

如图 2-1 所示，光源 S 是投射线的源点，称为投影中心；从光源 S 发射出来且通过形体上各点的光线，称为投射线；接受影像的地面 H 称为投影面。从图中可以看出：空间点 A 的投影 a，就是经过点 A 的投影线 Sa 与投影面 H 的交点。这种利用投影将空间几何形体表现在平面上的方法叫投影法。通过投影得到的图形，称为投影或者投影图。

在工程中，人们常用各种投影法来绘制图样，进而在一张二维平面的图纸上通过表达出三维形体的长度、宽度和高度等尺寸，来准确全面表达空间形体的形状和大小。

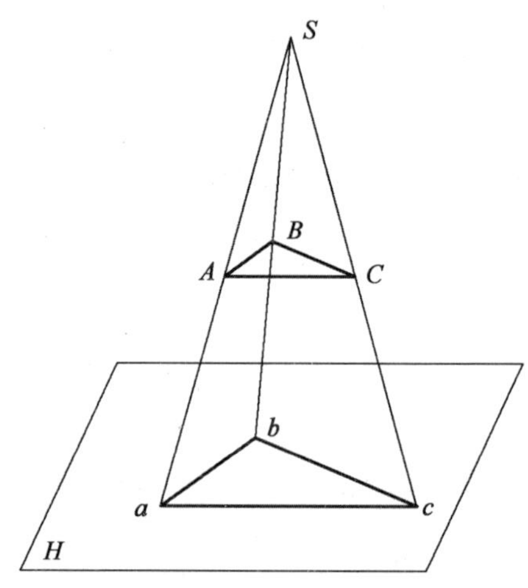

图 2-1　中心投影

综上所述，产生投影必须具备以下几个条件：空间几何形体、投射线和投影面，这三者缺一不可，它们被合称为投影的三要素。

2.1.2　投影的分类

根据投影中心和投影面相对位置，可以将投影的方法分为中心投影法和平行投影法两大类。

1）中心投影法

当投影中心 S 与投影面的距离为有限远时，投影线相交于投影中心，这种投影法称为中心投影法。

如图 2-1 所示。用中心投影法得到的投影称为中心投影。中心投影法不能反映形体的真实形状和大小，故绘制工程图纸时不采用此种投影法，而其主要应用于透视图的绘制中。

2）平行投影法

当投影中心 S 距投影面无穷远时，投射线可以视为是相互平行的，这种投影法称为平行投影法，如图 2-2 所示。平行投影线的方向称为投影方向，用平行投影法得到的投影称为平行投影。平行投影法主要应用于绘制三面正投影图和轴测投影图。

根据互相平行的投射线与投影面的夹角不同，平行投影法又分为斜投影法和正投影法。

（1）斜投影法。投射线与投影面倾斜的平行投影法称为斜投影法，用斜投影法得到的投影称为斜投影，如图 2-2(a)所示。

（2）正投影法。投射线与投影面垂直的平行投影法称为正投影法，用正投影法得到的投影称为正投影，如图 2-2(b)所示。

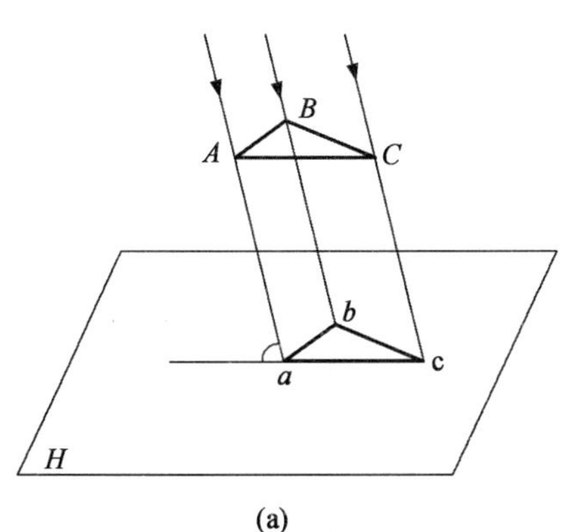

(a)

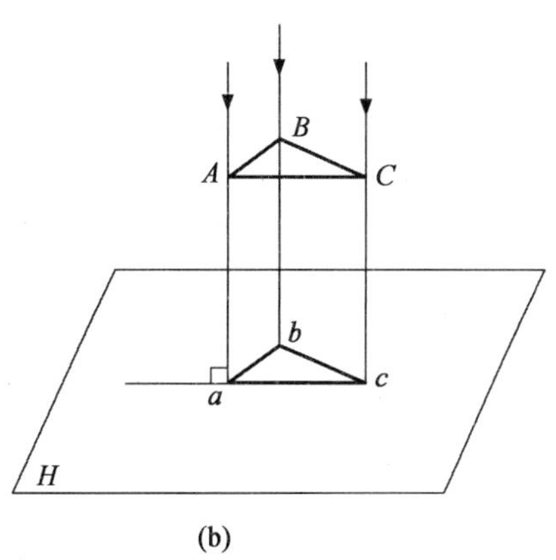

(b)

图 2-2　平行投影

2.2　正投影法及三面投影图

2.2.1　正投影特性

一般的工程图纸都是按正投影的原理绘制的，为便于叙述，如无特殊说明，后文中所指的“投影”即为“正投影”。研究正投影的特征，有助于认识形体的投影本质，掌握形体的投影规律。

2.2.1.1　实形性

当直线或平面平行于投影面时，其投影反映实长或实形，如图 2-3 所示，即线段的长度和平面图形的大小可以直接从投影中度量出来，正投影的这种特性称实形性，也叫作度量性。

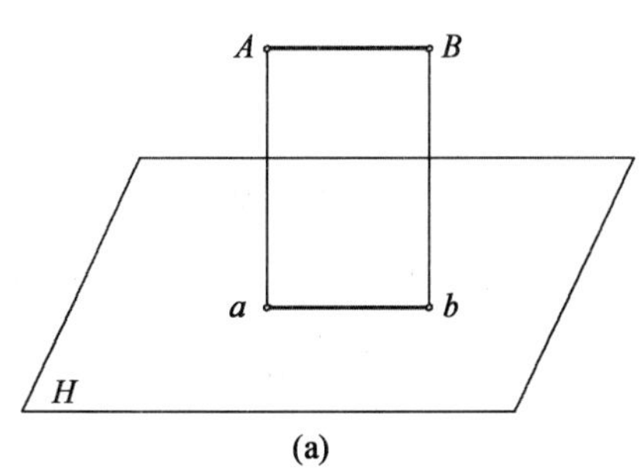

(a)

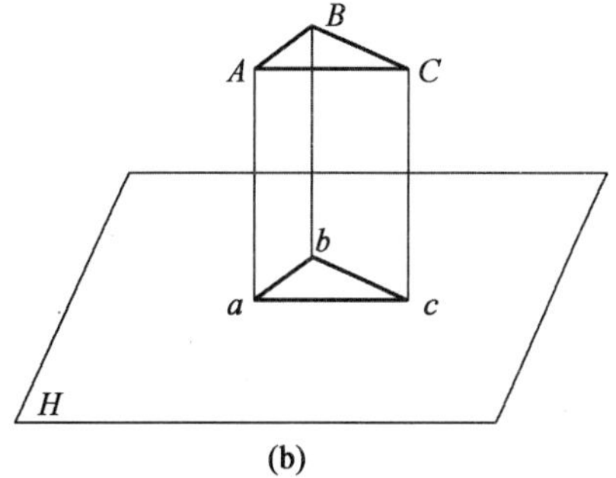

(b)

图 2-3　投影的实形性

2.2.1.2 积聚性

当直线或平面垂直于投影面时，其投影积聚为一个点或一条线，如图 2-4 所示，正投影的这种特性称积聚性。

2.2.1.3 相仿性

当直线或平面倾斜于投影面时，其投影长度小于实长或实形，如图 2-5 所示，即其投影和原图形相仿或类似，正投影的这种特性称相仿性或类似性。

2.2.2 三面投影及其对应关系

2.2.2.1 三面投影体系的建立

工程图绘制的方法主要是正投影，正投影图的度量性好，作图简便，能反映作图对象的实际形状和尺寸。但是，由于一个单面投影图仅能反映空间形体某些面的形状，不能表现形体的全部形状，因此形体的一面投影不能准确确定其空间形状，如图 2-6 所示。如果仅用正投影图来确定物体的形状，就必须采用多面正投影的方法。

如图 2-7(a)所示，用三个相互垂直的平面作为投影面，组成一个三面投影体系。其中正对观察者的投影面称为正立投影面，用字母 V 表示，简称正立面或 V 面；水平位置的投影面称为水平投影面，用字母 H 表示，简称水平面或 H 面；右面侧立的投影面称为侧立投影面，用字母 W 表示，简称侧立面或 W 面。各投影面的交线称为投影轴，其中 V 面和 H 面的交线称为 X 轴；V 面和 W 面的交线称为 Z 轴；H 面和 W 面的交线称为 Y 轴。三个投影轴相交于原点 O。

将空间形体放到三面投影体系中，用三组分别垂直于三个投影面的平行投射线对形体进行投射，就能得到该形体在三个投影面上的投影图。将这三个投影图结合起来观察，就能准确地反映该空间形体的形状和大小，如图 2-7(b)所示。

2.2.2.2 三面投影图的形成

为了便于绘制和阅读图样，实际作图时要将三个不共面的投影绘制在一张平面图纸上，这就需要将三个互相垂直的投影面展开在同一平面上，并且保持它们之间的投影对应关系，即三面投影图的展开。

如图 2-8 所示，假设 V 面保持不动，将 H 面绕 OX 轴向下旋转 90°，将 W 面绕 OZ 轴向右后旋转 90°，这样 H 面、W 面和 V 面就平展到了同一个平面上，三条投影轴成为两条垂直相交的直线，原 OX 轴和 OZ 轴位置不变，原 OY 轴被分为两条，一条随 W 面转到与 OX 轴在同一直线上，用 OY_W 表示，另一条随 H 面转到与 OZ 轴在同一条铅垂线上，用 OY_H 表示。

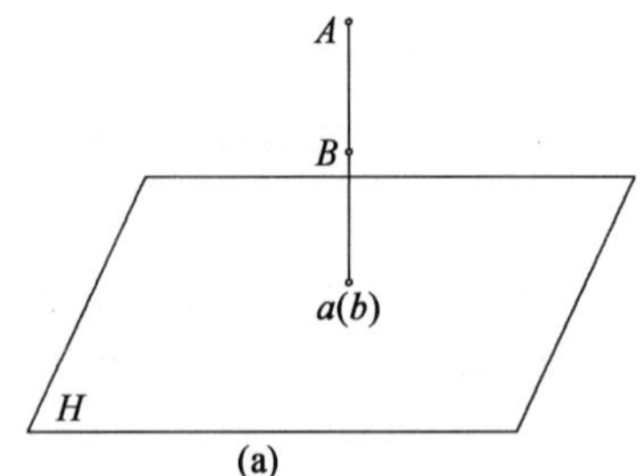

(a)

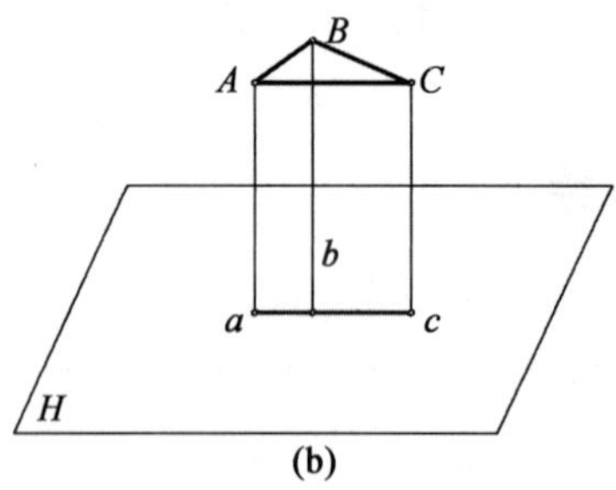

(b)

图 2-4 投影的积聚性

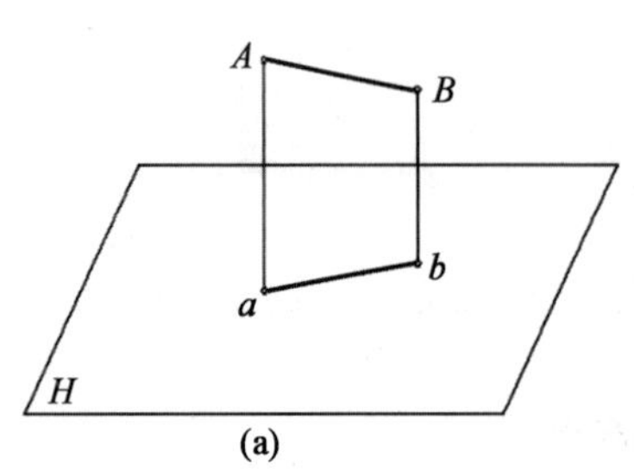

(a)

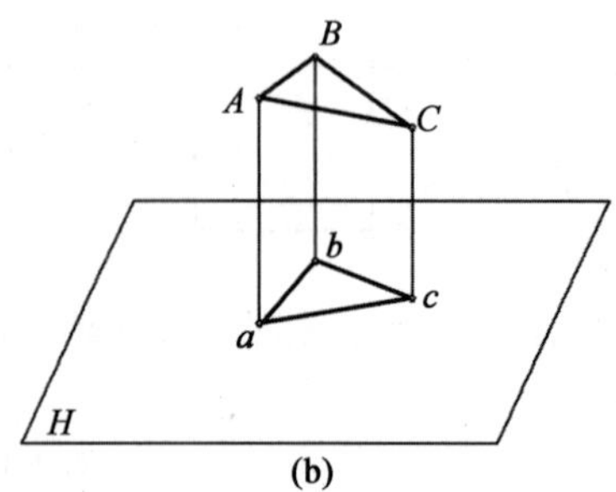

(b)

图 2-5 投影的相仿性

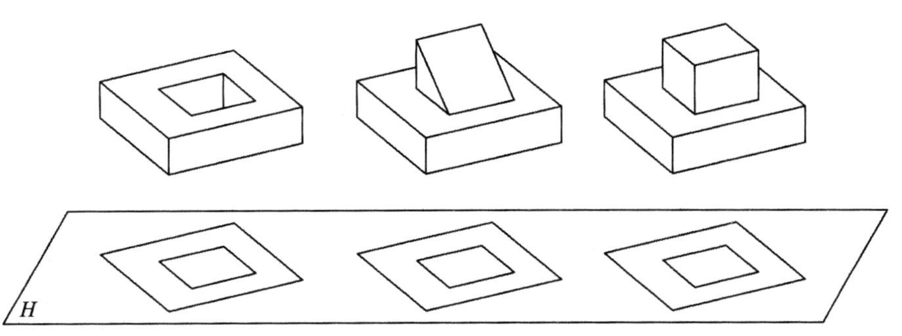

图 2-6　单面投影图与物体空间形状关系

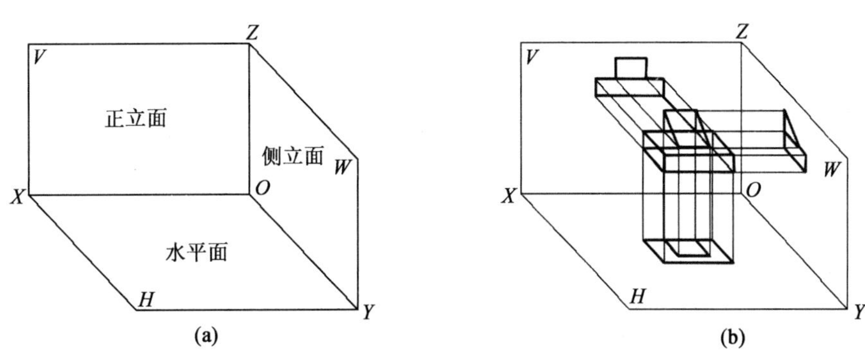

图 2-7　三面投影体系的建立

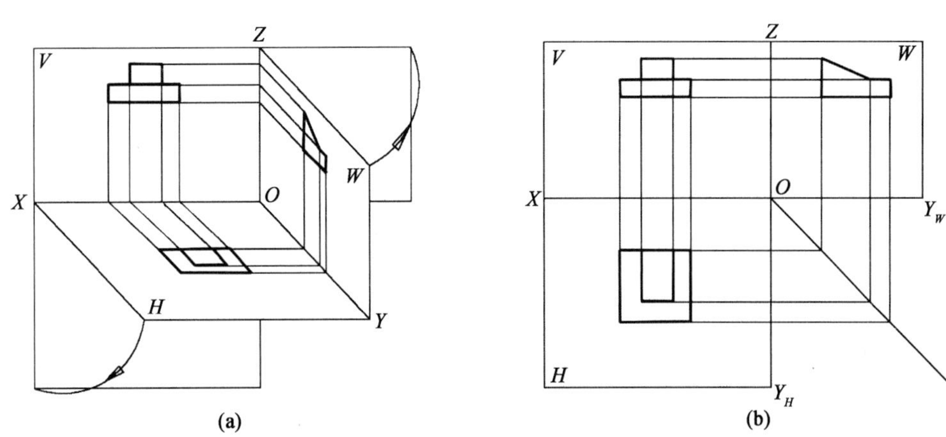

图 2-8　三面投影图的形成

要注意的是，因投影面可无限延展、没有边界，且投影面的大小不影响形体在该投影面上的投影，所以在实际绘图中投影面边框不必画；三面投影图与投影轴之间的距离反映形体与投影面的距离，与形体本身的形状大小无关，因此作图时也不必画投影轴，我们将这种不画投影面边框和投影轴的投影图称为“无轴投影”，如图 2-9 所示。工程图纸均是按“无轴投影”绘制的。

2.2.2.3　三面投影图的投影关系

空间形体的三面投影之间有一定的投影关系。我们将形体 X 轴方向尺寸称为长度，Y 轴方向尺寸称为宽度，Z 轴方向尺寸称为高度。如图 2-9 所示，水平面投影和正立面投影在 X 轴方向都表达出形体的长度尺寸，并且它们的左右位置都对正，简称长对正；水平面投影和侧立面投影在 Y 轴方向都表达出形体的宽度尺寸，并且尺寸相等，简称宽相等；正立面投影和侧立面投影在 Z 轴方向都表达出形体的高度尺寸，并且它们的上下位置都是对齐的，简称高平齐。由此，可将三面投影图中三个投影面的关系归纳为“长对正、宽相等、高平齐”，简称“三等关系”。

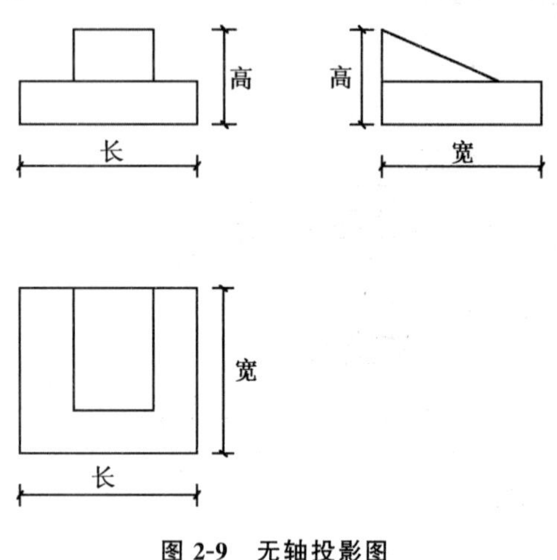

图 2-9　无轴投影图

2.3　点、直线、平面的三面正投影

2.3.1　点的投影

2.3.1.1　点的三面投影的形成

把任一空间点 A 放到三面投影体系中，分别过点 A 作 H 面、V 面和 W 面的垂线，三个垂足即为点 A 在三个投影面的投影。交点 a 称为 A 点的水平投影（H 面投影），交点 a' 称为 A 点的正面投影（V 面投影），交点 a'' 称为 A 点的侧面投影（W 面投影）。

规定：空间点用大写字母表示（如 A、B、C……），在 H 面上的投影用相应的小写字母表示（如 a、b、c……），在 V 面上的投影用相应的小写字母并在右上角加一撇表示（如 a'、b'、c'……），在 W 面上的投影用相应的小写字母并在右上角加两撇表示（如 a''、b''、c''……）。如图 2-10(a)所示。

将三个投影面展开，就得到点 a 的三面投影图，如图 2-10(b)所示。在点的投影图中一般不画投影面的边框，如图 2-10(c)所示。

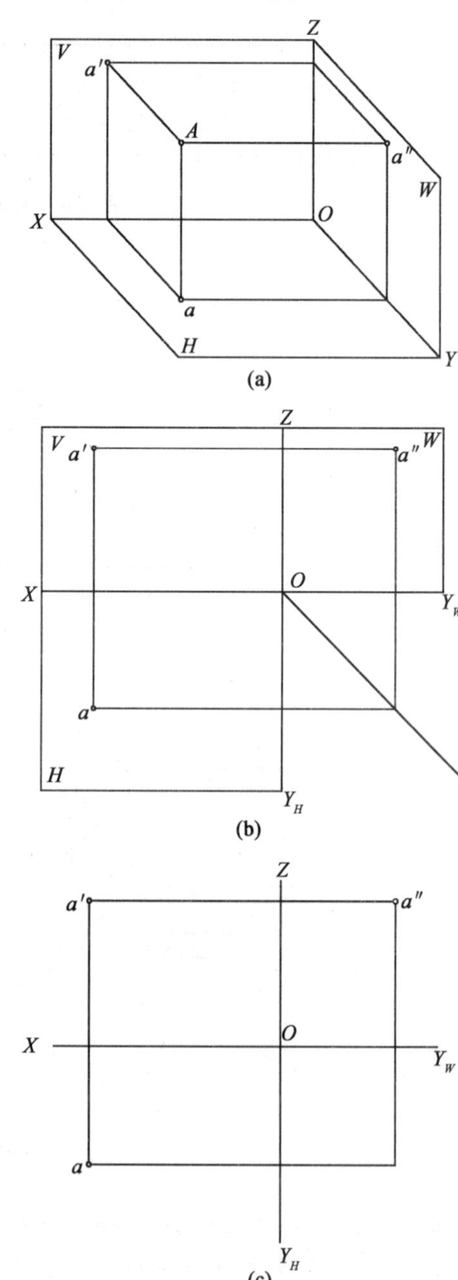

图 2-10　点三面投影图形成

2.3.1.2　点的投影规律

通过点的三面投影图的形成，可以总结出点的

投影规律如下：

点的投影的连线垂直于相应的投影轴，$aa' \perp OX$；$a'a'' \perp OZ$；$aa_{YH} \perp OY_H$，$a''a_{YW} \perp OY_W$。

点的投影到各投影轴的距离，分别等于该空间点到相应投影面的距离。

$a'a_X = a''a_{YW} = Aa$ = 点 A 到 H 面的距离

$aa_X = a''a_Z = Aa'$ = 点 A 到 V 面的距离

$a'a_Z = aa_{YH} = Aa''$ = 点 A 到 W 面的距离

2.3.1.3　点的空间坐标

在三面投影体系中，空间点的位置可由它到三个投影面的距离来确定，也可以用直角坐标来表示，即把投影面 V、H、W 面当作坐标面，投影轴 OX、OY、OZ 当作坐标轴，O 作为坐标原点，如图 2-11 所示。

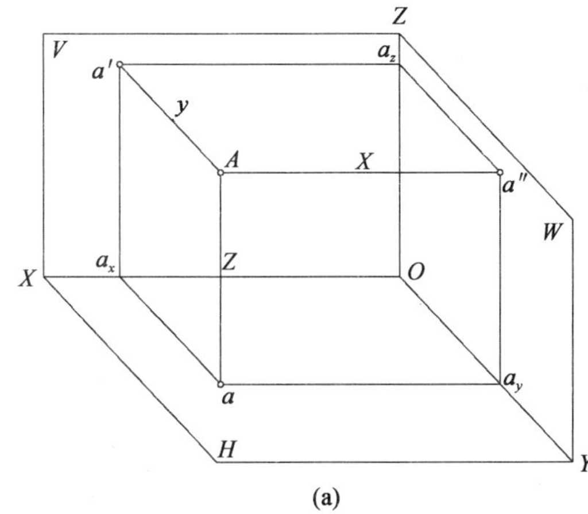

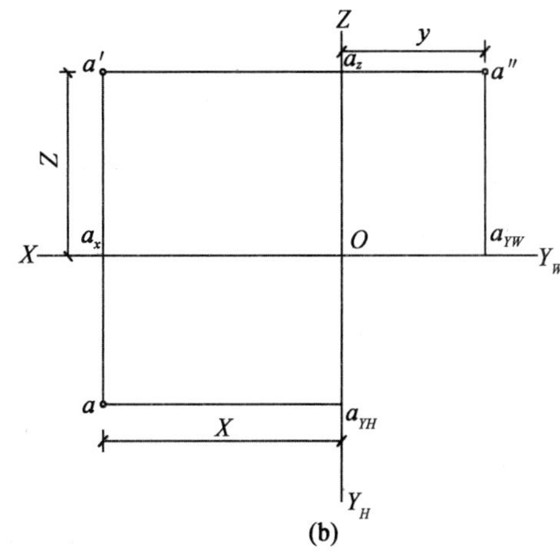

图 2-11　点的直角坐标与三面投影的关系

点 A 的坐标按规定写为 $A(x, y, z)$；

点 A 的 x 坐标 x_A = A 点到 W 面的距离 Aa''；

点 A 的 y 坐标 y_A = A 点到 V 面的距离 Aa'；

点 A 的 z 坐标 z_A = A 点到 H 面的距离 Aa。

【例 2-1】已知点 A 的坐标 A(20,15,25)，求作其三面投影图。

【作图】

画出投影轴，如图 2-12 所示。

(1)作 a 和 a'。从 O 点沿 OX 轴向左截取 20 个长度单位，得到 a_x，过 a_x 作 OX 轴的垂线。从 a_x 向上截取 25 个长度单位，得到 a'；过 a_x 向下截取 15 个长度单位，得到 a。

(2)作 a''。过 a' 作 OX 轴的平行线，根据"三等关系"，a''必在此水平线上，且 $aa_X = a''a_Z$，用分规自 a_Z 起向右量取 $a_Za'' = aa_X$，这样就可以确定 a''的位置。

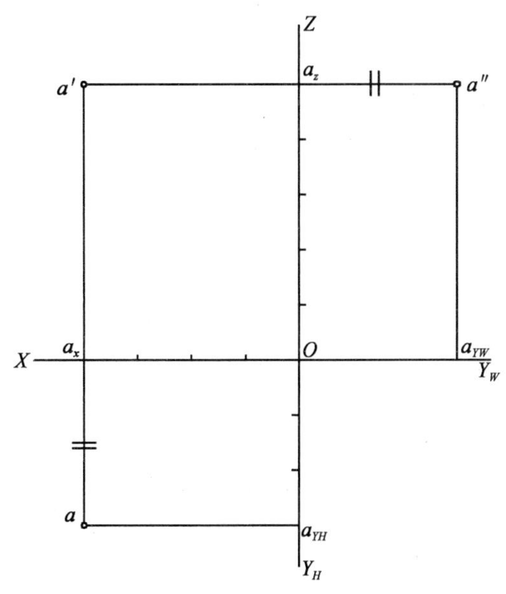

图 2-12　根据点的坐标作其三面投影

2.3.1.4　各种位置点的投影特性

空间点在三面投影体系中的位置不同，它们的投影特性也不同，见表 2-1。

表 2-1　各种位置点的投影特性

点的位置	直观图	投影图	投影特性
一般位置点	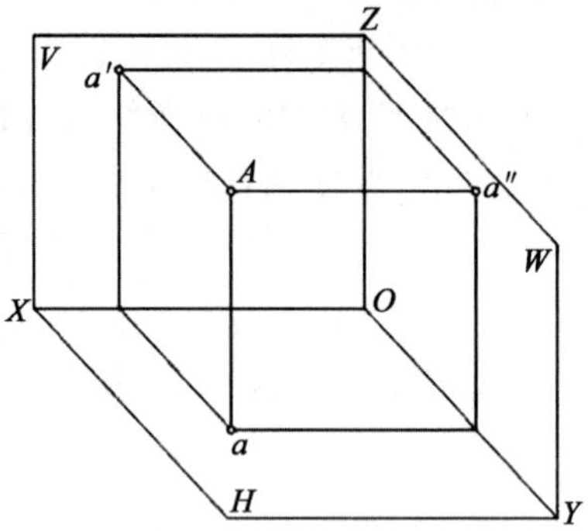	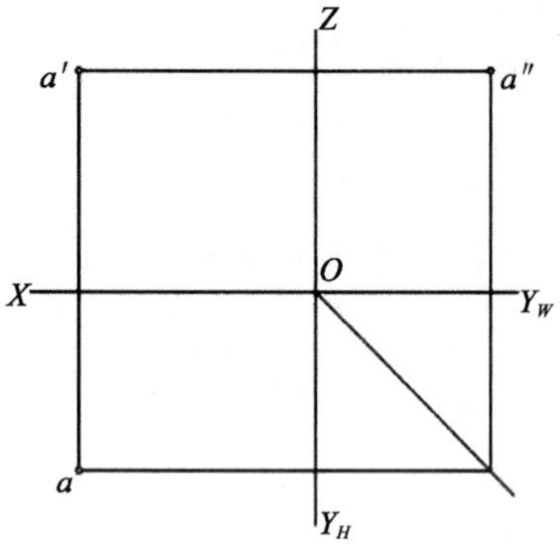	三个投影都在投影面上
投影面上的点	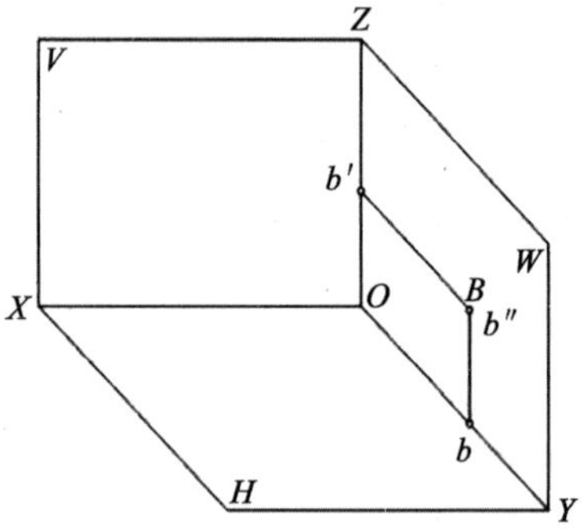	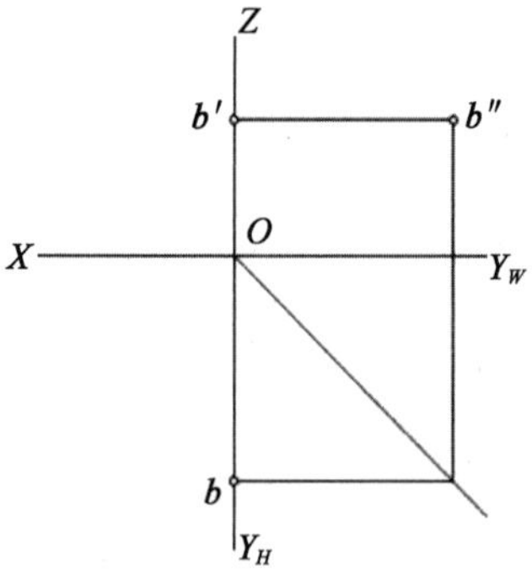	点所在的投影面上的投影与该点重合；另外两个投影落在相应的投影轴上
投影轴上的点	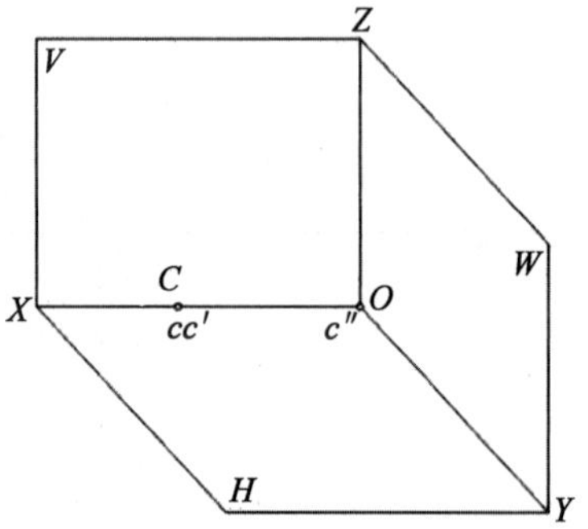	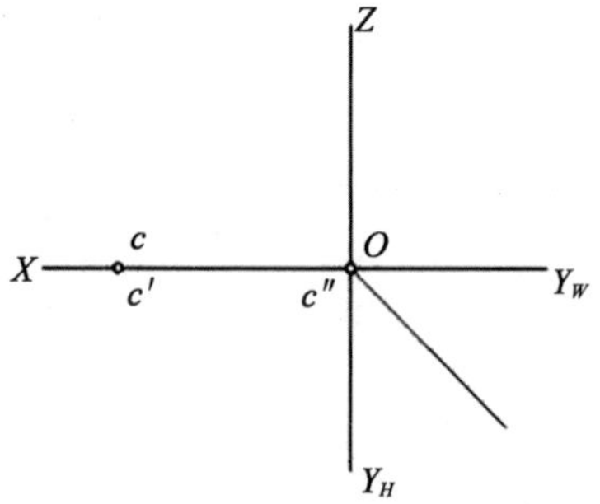	该投影轴所在的两个投影面的点的投影与该点重合；第三个投影落在原点上
原点上的点	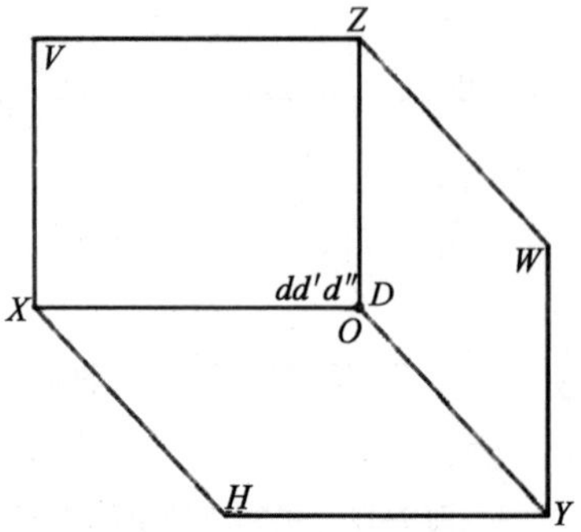	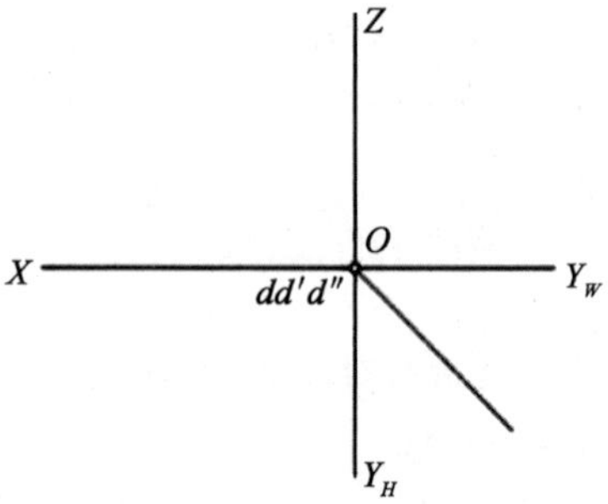	三个面的投影都落在原点上

2.3.1.5　两点的相对位置和重影点

1)两点的相对位置

空间中两点的相对位置可以通过它们的同面投影来确定,以其中一个点为基准,来判断两点的左右、前后、上下位置关系。H 面的投影反映左右和前后关系,V 面投影反映上下和左右关系,W 面投影反映上下和前后关系。

如建立直角坐标系,H 面投影的坐标为(x,y),V 面投影的坐标为(x,z),W 面的坐标为(y,z)。空间两点的位置关系还可以通过比较其坐标值的大小来判断,如图 2-13 所示:

(1)x 坐标判断左右关系,x 值大者靠左,反之靠右。

(2)y 坐标判断前后关系,y 值大者靠前,反之靠后。

(3)z 坐标判断上下关系,z 值大者靠上,反之靠下。

2)重影点

当空间中两点在某投影面的同一投射线上,那么这两点在该投影面上的投影重合为一点。这样的两个空间点,称为该投影面的重影点,重合的投影称为重影。

对 H 面、V 面和 W 面的重影点的可见性判断方法是:上遮下、前遮后、左遮右。如图 2-14 所示,较上点 A 的 H 面投影 a 可见,而较下点 D 的 H 面投影被遮住看不见。同理,V 面上的重影点靠后的点被靠前的点遮住;W 面上的重影点靠右的点被靠左的点遮住。在重影点的投影重合处,要在不可见投影的符号上加上括号。

2.3.2　直线的投影

直线是由点的运动轨迹构成的,两点可以确定一条直线。直线在某一投影面的投影,是直线上任意两点的同面投影的连线。直线的投影一般情况下仍是直线。作某一直线的投影,只要作出属于直线的任意两点的三面投影,然后将两点的同面投影相连,就得到直线的三面投影,如图 2-15 所示。

【例 2-2】已知直线 AB 的 V 面投影 $a'b'$ 和 H 面投影 ab,求作其 W 面投影图。如图 2-16 所示。

【分析】已知两个面的投影,利用投影的“三等关系”,补全第三投影。

【作图】

(1)补全投影轴即 45°斜线辅助线。

(2)过 a、b 两点作水平线交 45°斜线于两点。

(3)过两点作铅垂线与过 a'、b'所作的水平线分别交于两点,此两点即为 a''、b''。

连接 a''、b''即为直线 AB 的 W 面投影 $a''b''$。

2.3.2.1　各种位置直线的投影特性

在三面投影体系中,根据直线与三个投影面的相对位置关系,可将直线分为三种类型:

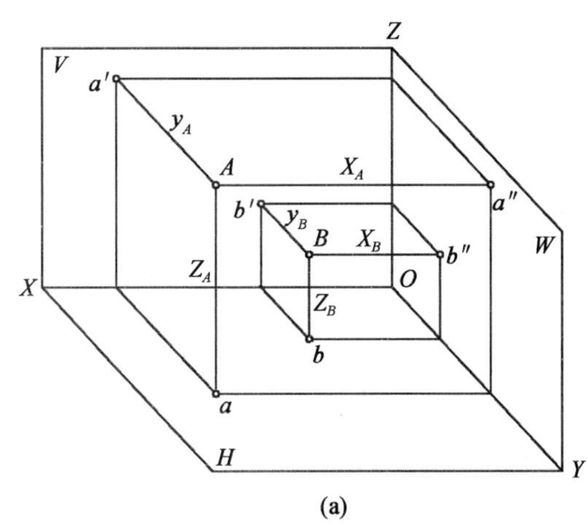

(a)

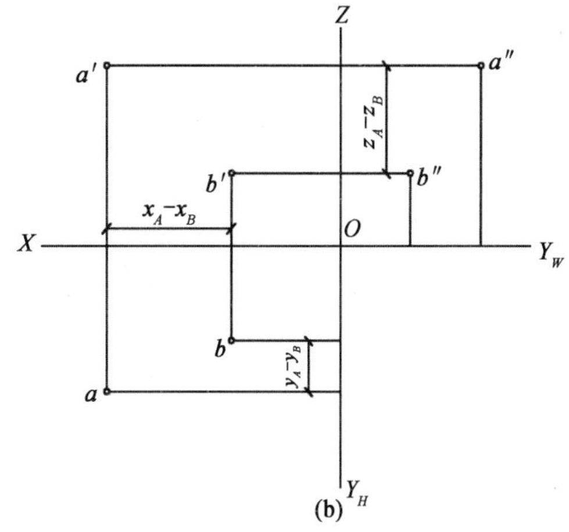

(b)

图 2-13　两点的相对位置关系

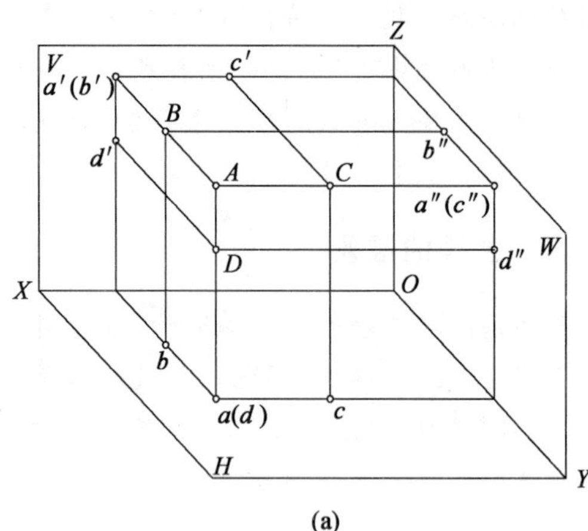

(a)

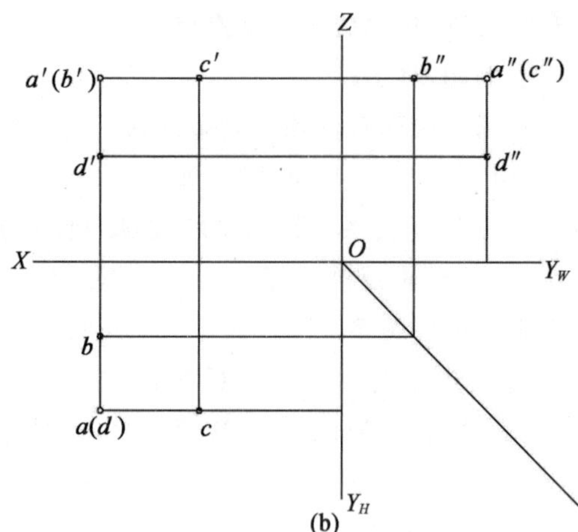

(b)

图 2-14　重影点

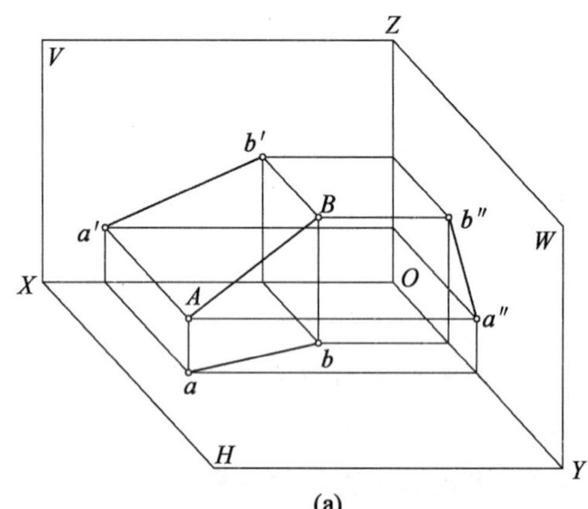

(a)

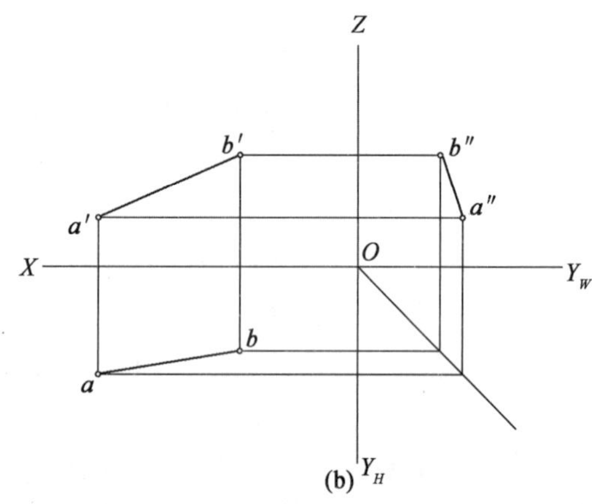

(b)

图 2-15　直线的三面投影图

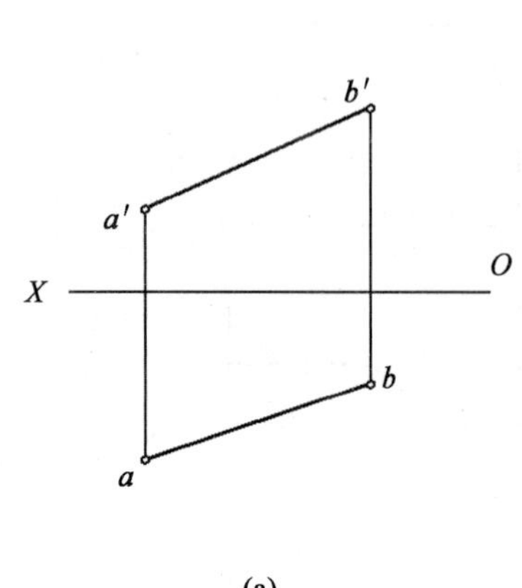

(a)

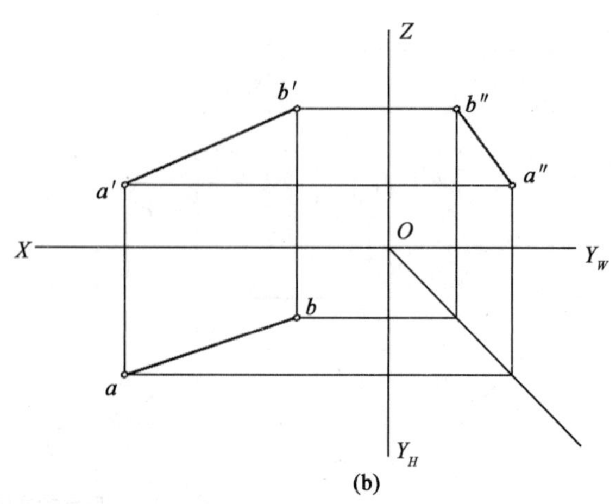

(b)

图 2-16　直线 ***AB*** 的三面投影

1)一般位置直线

与三个投影面都倾斜的直线,其投影特性见表 2-2。

2)投影面的平行线

平行于一个投影面而与其他两个投影面倾斜的直线。

根据空间直线平行的投影面不同,可分为以下三种:

(1)水平线。平行于水平面(H 面)的直线。

(2)正平线。平行于正立面(V 面)的直线。

(3)侧平线。平行于侧立面(W 面)的直线。

投影面的平行线的投影特性见表 2-3。

3)投影面的垂直线

垂直于一个投影面,与其他两个投影面平行的直线。

根据空间直线垂直的投影面不同,可分为以下三种:

(1)铅垂线。垂直于水平面(H 面)的直线。

(2)正垂线。垂直于正立面(V 面)的直线。

(3)侧垂线。垂直于侧立面(W 面)的直线。

投影面的平行线的投影特性见表 2-4。

表 2-2　一般位置直线的投影特性

直线名称	直观图	投影图	投影特性
一般位置直线	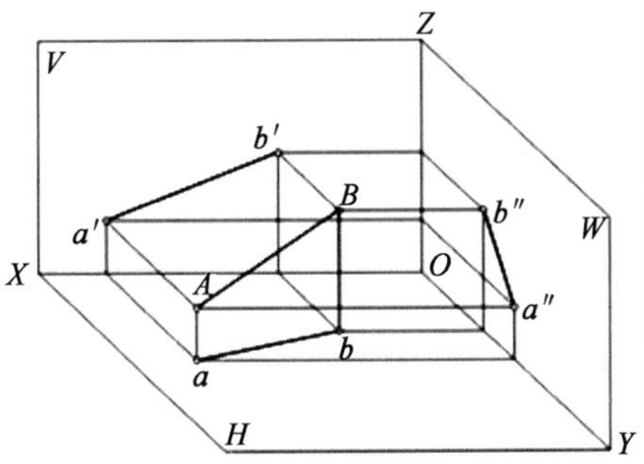 Z V b′ B b″ W a′ X A O a″ a b H Y	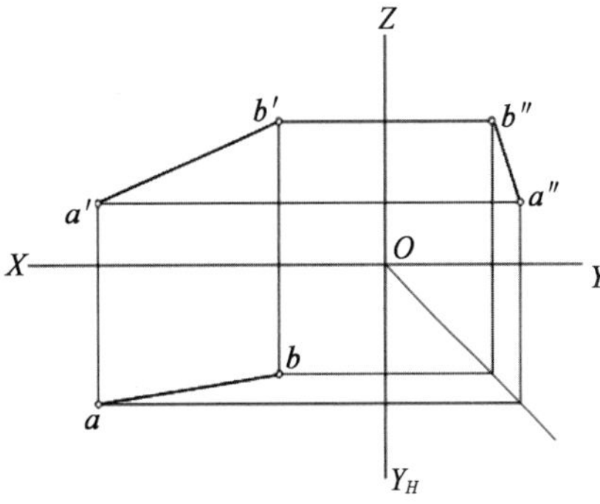 Z b′ b″ a′ a″ X O Y_W b a Y_H	三个面上的投影都倾斜于投影轴;三个投影均小于实长。

表 2-3　投影面平行线的投影特性

直线名称	直观图	投影图	投影特性
水平线	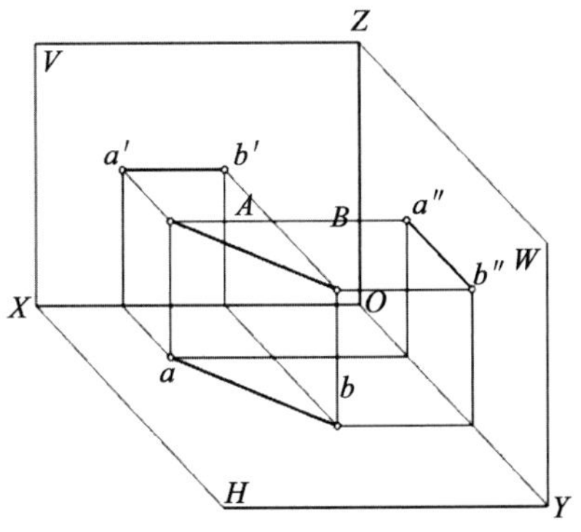 Z V a′ b′ A B a″ b″ W X O a b H Y	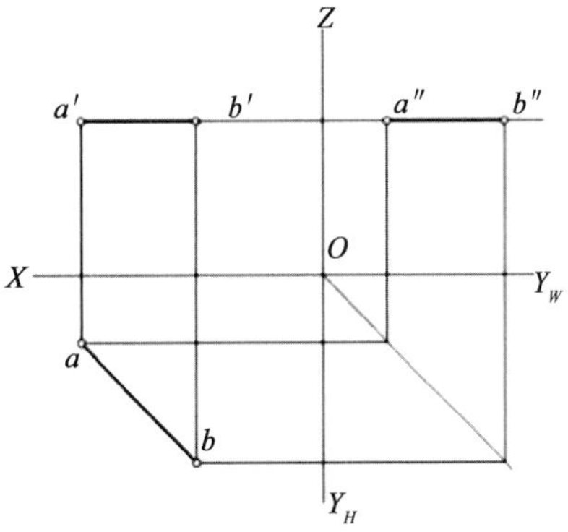 Z a′ b′ a″ b″ O X Y_W a b Y_H	①$ab=AB$ ②$a'b'<AB$,$a''b''<AB$ 且 $a'b'//OX$,$a''b''//OY_W$

续表 2-3

直线名称	直观图	投影图	投影特性
正平线	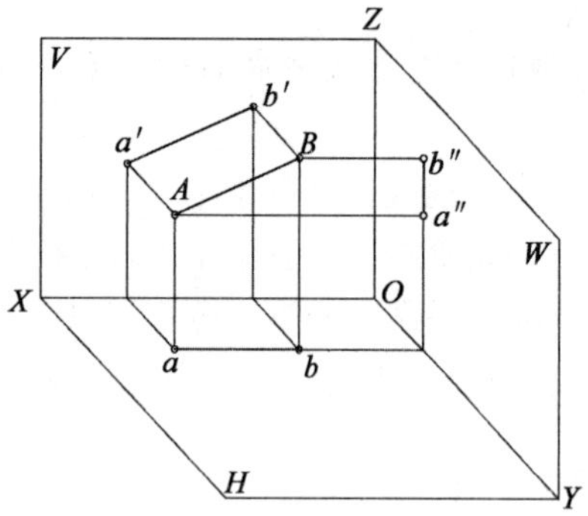	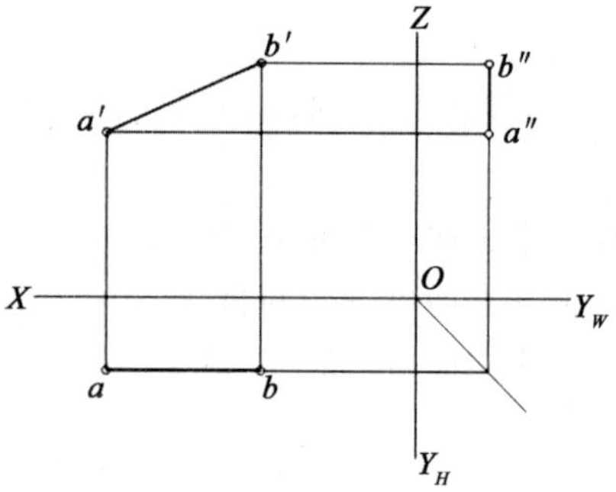	①$a'b'=AB$ ②$ab<AB$， $a''b''<AB$ 且 $ab//OX$， $a''b''//OZ$
侧平线	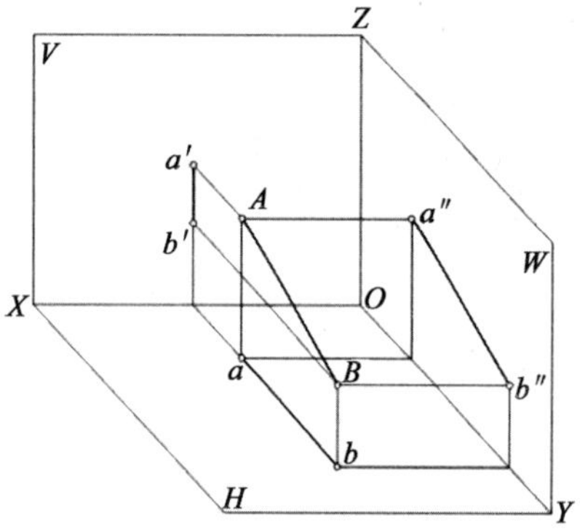	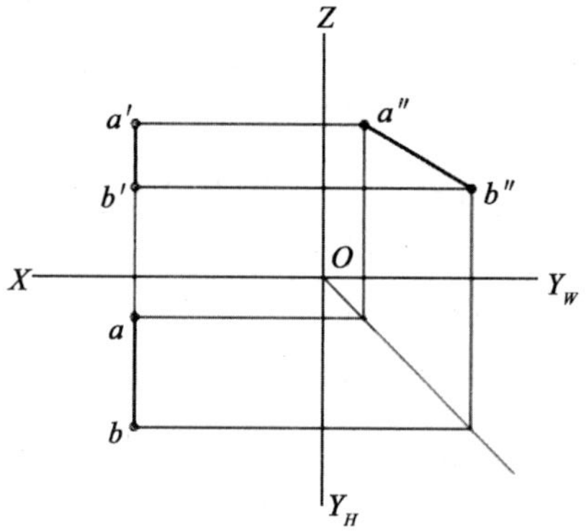	①$a''b''=AB$ ②$ab<AB$， $a'b'<AB$ 且 $ab//OY_H$， $a'b'//OZ$

表 2-4 投影面垂直线的投影特性

直线名称	直观图	投影图	投影特性
铅垂线	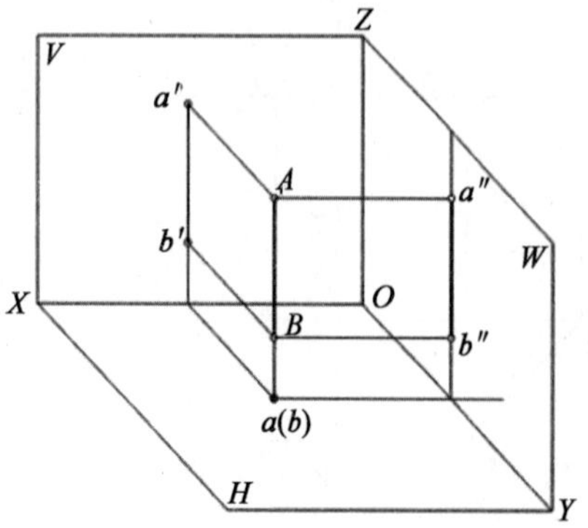	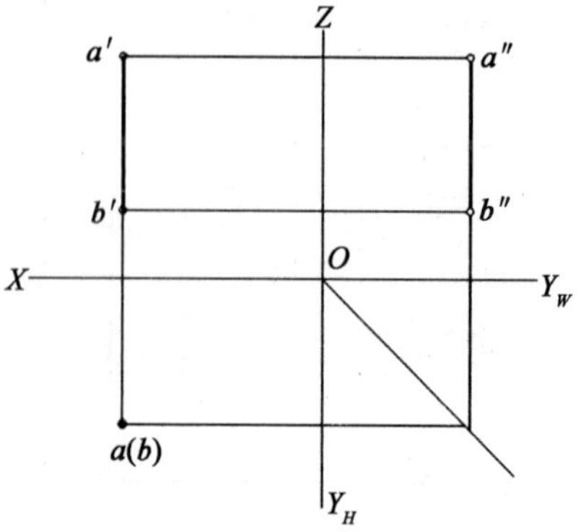	①ab 积聚为一点 ②$a'b'\perp OX$， $a''b''\perp OY_W$ ③$a'b'=a''b''=AB$

续表 2-4

直线名称	直观图	投影图	投影特性
正垂线			①$a'b'$积聚为一点 ②$ab \perp OX$， $a''b'' \perp OZ$ ③$ab = a''b'' = AB$
侧垂线			①$a''b''$积聚为一点 ②$ab \perp OY_H$， $a'b' \perp OZ$ ③$ab = a'b' = AB$

2.3.2.2　直线上点的投影

(1)点的从属性。属于直线的点的投影必在该直线的同面投影上，并且符合点的投影规律。反之，若点的各个投影均属于直线的各同面投影，并且符合点的投影规律，则该点属于此直线。如图 2-17 所示。

(2)点的定比性。属于线段上的点分割线段之比等于其投影之比。如图 2-17 所示，即 $AC : CB = ac : cb = a'c' : c'b' = a''c'' : c''b''$。

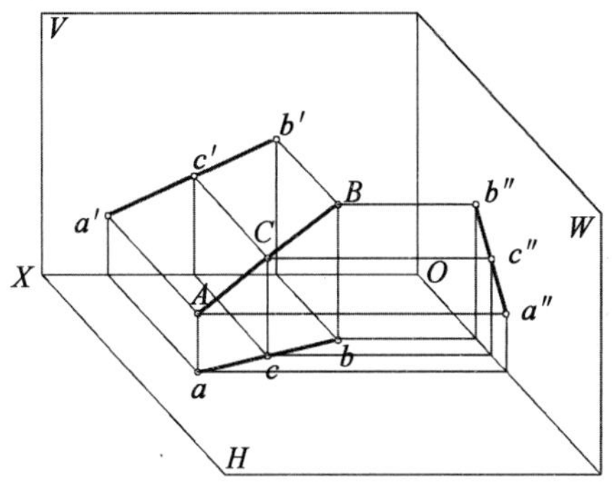

图 2-17　点的从属性与定比性

2.3.3　平面的投影

2.3.3.1　平面的表示方法

平面的投影可以通过平面上的几何元素或者平面的迹线来表示。

1)用几何元素来表示平面

根据不在同一直线上的三个点能够确定一个平面，有以下几种平面的表示方法(图 2-18)：

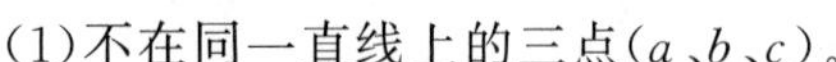

(1)不在同一直线上的三点(a、b、c)。

(2)一条直线与该直线外一点(ab、c)。

(3)相交的两条直线(ab、cb)。

(4)平行的两条直线($ab/\!/cd$)。

(5)平面图形($\triangle abc$)。

2)用迹线表示平面

平面与投影面的交线称为该平面的迹线。平面的空间位置可以由其迹线来确定。如图 2-19 所示,平面 P 与 V 面的交线称为正面迹线,用 P_V 表示;与 H 面的交线称为水平迹线,用 P_H 表示;与 W 面的交线称为侧面迹线,用 P_W 表示。一般情况下,相邻两条迹线相交于投影轴上,它们的交点也就是平面与投影轴的交点,分别用 P_X、P_Y、P_Z 来表示。由此,三条迹线中任意两条就可以确定平面的空间位置。

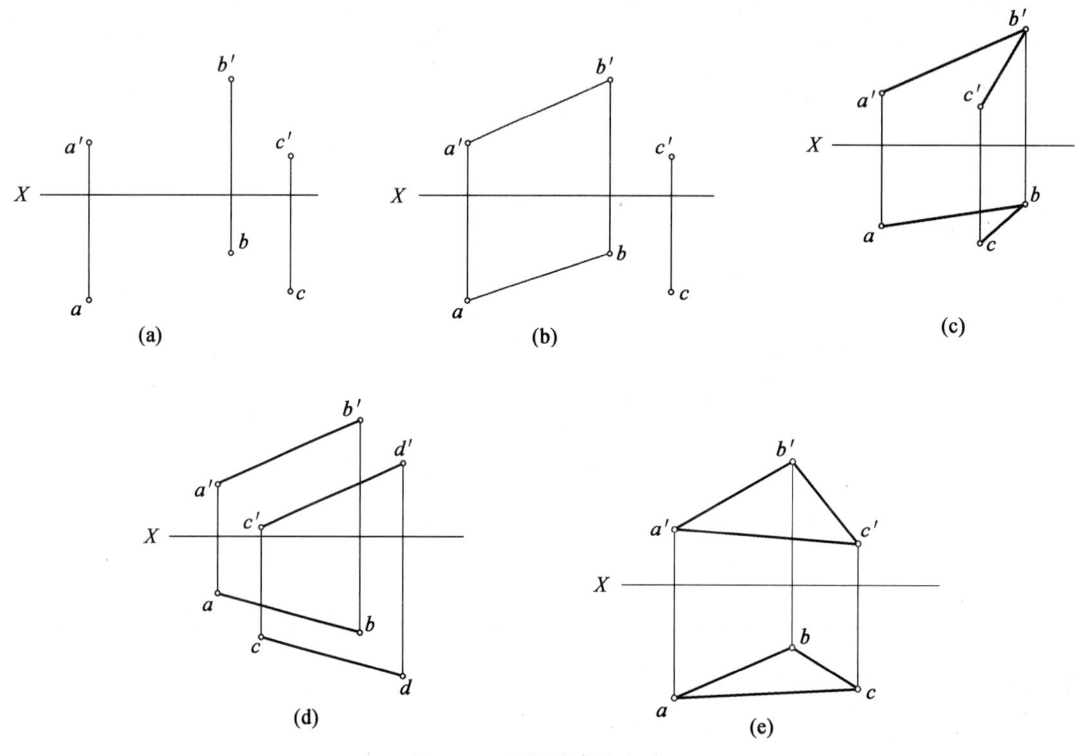

图 2-18　平面的表示方法

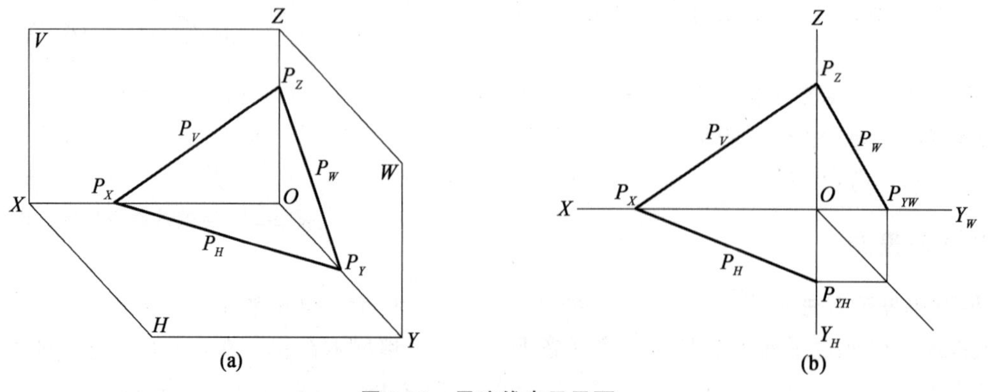

图 2-19　用迹线表示平面

【例 2-3】已知平面△*ABC* 的 *V* 面投影 *a′b′c′* 和 *H* 面投影 *abc*，求作出其 *W* 面投影。如图 2-20 所示。

【分析】根据投影的“三等关系”，作出 *W* 面的投影。

【作图】

(1)补全投影轴及 45°斜线辅助线。

(2)过 *a*、*b*、*c* 三点作水平线交 45°斜线于三点。

(3)过上述三交点作 *OZ* 轴的平行线与过 *a′*、*b′*、*c′* 所作的水平线分别交于三个点，即为 *a″*、*b″*、*c″*。

(4)连接 *a″*、*b″*、*c″* 即为△*ABC* 的 *W* 面投影△*a″b″c″*。

2.3.3.2　各种位置平面的投影特性

在三面投影体系中，根据平面与三个投影面的相对位置关系，可将平面分为以下三种类型：

1)一般位置平面

平面与三个投影面都倾斜，其投影特性见表 2-5。

2)投影面的平行面

平面与某一投影面平行，与其他两个投影面垂直。根据空间平面平行于不同的投影面，可分为三种：

(1)水平面。平行于水平面(*H* 面)的平面。

(2)正平面。平行于正立面(*V* 面)的平面。

(3)侧平面。平行于侧立面(*W* 面)的平面。

投影面平行面的投影特性见表 2-6。

3)投影面的垂直面

平面与某一投影面垂直，与其他两个投影面倾斜。根据空间平面垂直于不同的投影面，可分为三种：

(1)铅垂面。垂直于水平面(*H* 面)的平面。

(2)正垂面。垂直于正立面(*V* 面)的平面。

(3)侧垂面。垂直于侧立面(*W* 面)的平面。

投影面垂直面的投影特性见表 2-7。

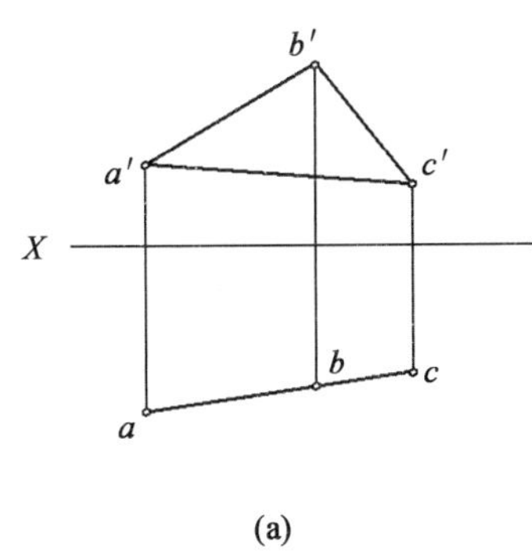

(a)

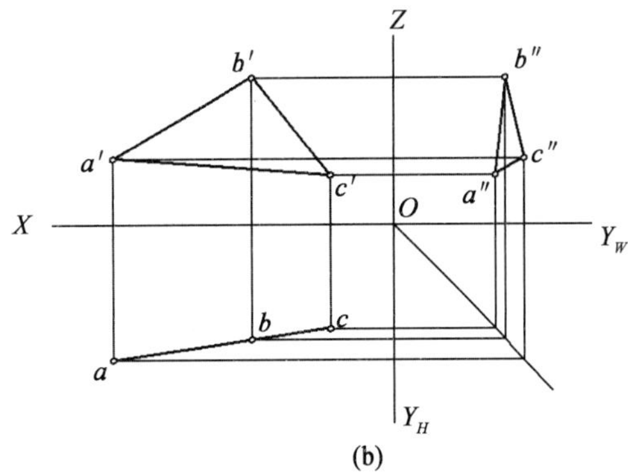

(b)

图 2-20　平面△*ABC* 的三面投影

表 2-5　一般位置平面的投影特性

平面名称	直观图	投影图	投影特性
一般位置平面			△*abc*、△*a′b′c′* 和△*a″b″c″* 均与△*ABC* 类似；且面积小于 *S*△*ABC*

表 2-6 投影面平行面的投影特性

平面名称	直观图	投影图	投影特性
水平面	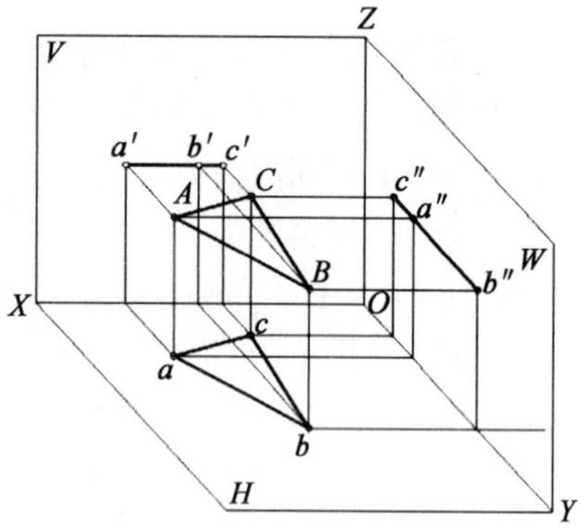	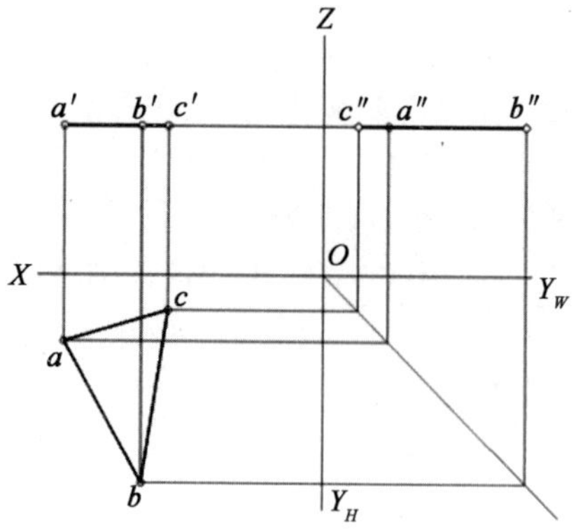	水平面的投影△abc 反映△ABC 实形；其他两个面的投影均积聚为一条线
正平面	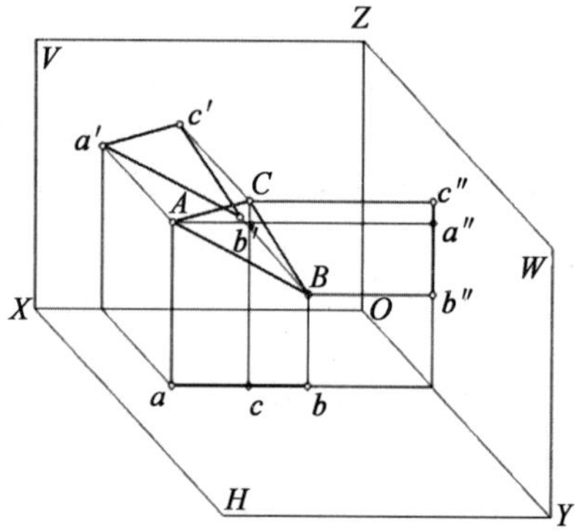	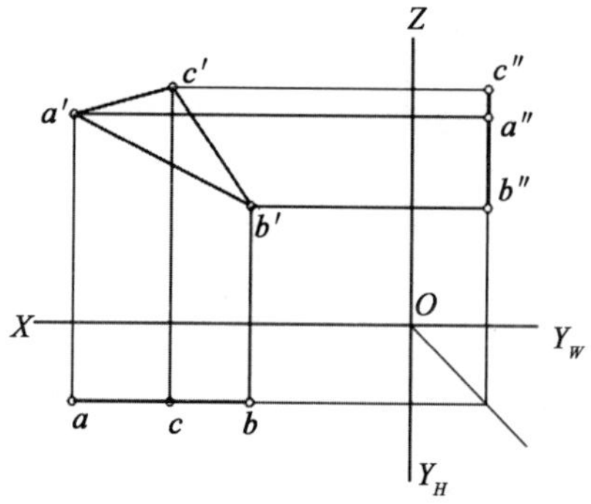	正平面的投影△a′b′c′ 反映△ABC 实形；其他两个面的投影均积聚为一条线
侧平面	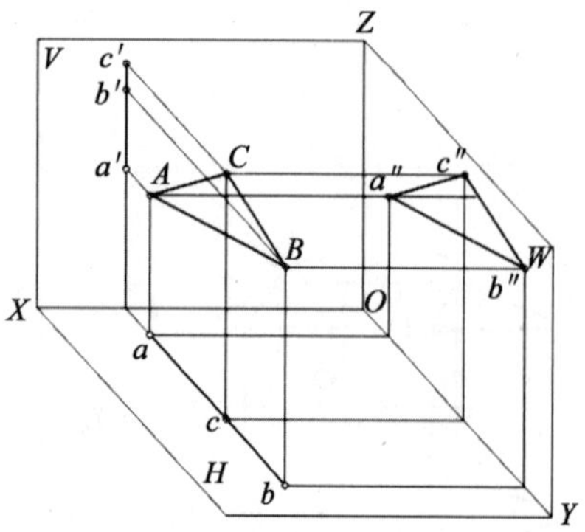	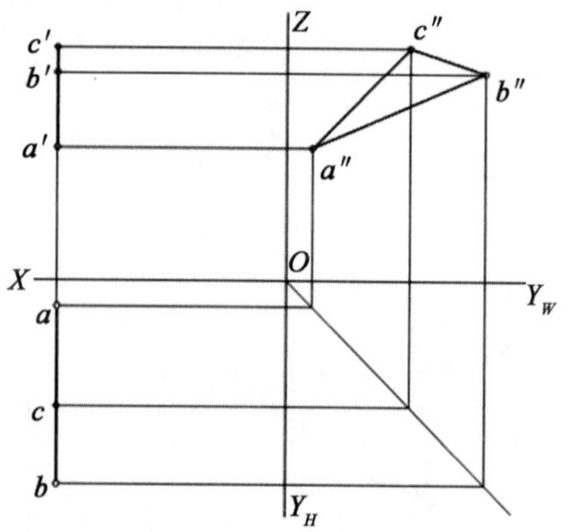	侧平面的投影△a″b″c″ 反映△ABC 实形；其他两个面的投影均积聚为一条线

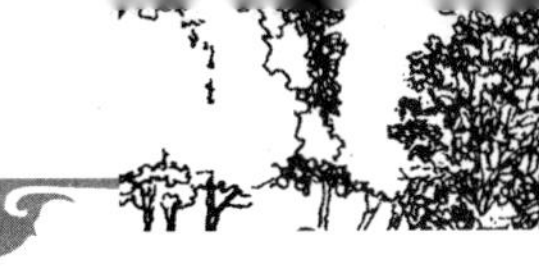

表 2-7　投影面垂直面的投影特性

平面名称	直观图	投影图	投影特性
铅垂面			水平面上的投影积聚为一条倾斜直线；另外两个面上的投影均与实形相似，但小于实形
正垂面			正平面上的投影积聚为一条倾斜直线；另外两个面上的投影均与实形相似，但小于实形
侧垂面			侧平面上的投影积聚为一条倾斜直线；另外两个面上的投影均与实形相似，但小于实形

第3章 基本几何体的投影

空间形体大都是由棱柱、棱锥、圆柱、圆锥、圆球、圆环等基本形体叠加和切割形成的。一些复杂的形体，大都可以经过形体分析，将其分解为若干基本形体。所以为了表达空间物体，首先必须研究基本形体的表达方法。本章主要介绍上述基本形体的形体特征、三面投影图的投影分析与画法，及立体表面取点、取线的作图方法等，以便为组合体投影图的绘制和阅读打下基础。

根据立体的表面性质，基本形体分为两类：

(1)平面立体。由若干平面所围成的几何体，如棱柱和棱锥。

(2)曲面立体。由曲面或曲面和平面所围成的几何体，如圆柱、圆锥、圆球、圆环等。

3.1 平面立体的投影

3.1.1 棱柱

1)棱柱的形成

棱柱由一组形状相同的上、下底面和侧棱面组成，如图 3-1(a)所示。棱柱的各棱线为一组平行线，各棱面均为铅垂面。

2)棱柱的投影图

在三投影面体系中，为便于图示，一般将上、下底面放置为投影面的平行面，其他侧棱面为投影面垂直面或投影面平行面，如图 3-1(b)所示。棱柱体

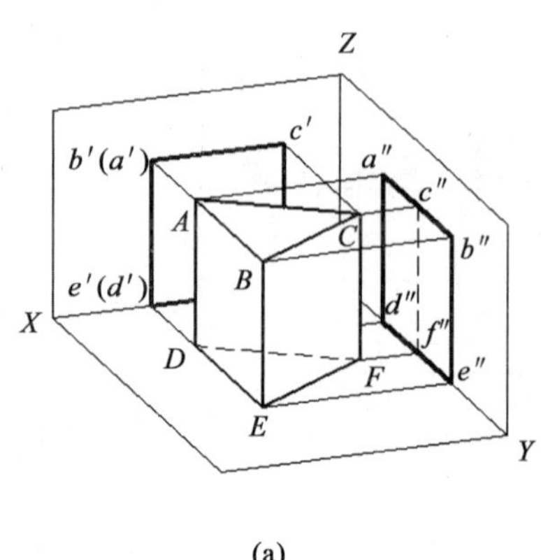

(a)

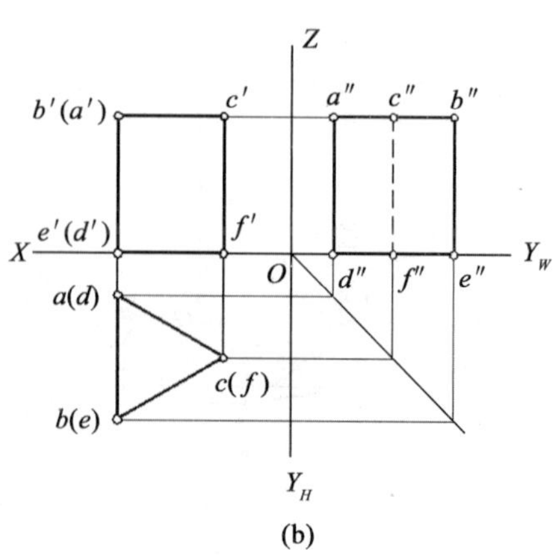

(b)

图 3-1 三棱柱的投影图

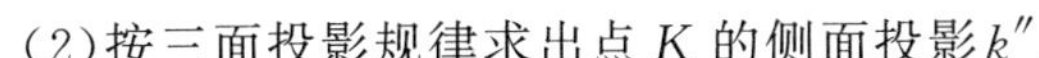

H 面投影反映棱柱上顶面和下底面的实际形状，且为重合，V 面和 W 面反映棱柱侧棱面的类似形状。

3）棱柱表面上的点和线的投影

当点位于立体表面的特殊位置平面上时，可利用该平面的积聚性，直接求得点的另外两个投影，这种方法称为积聚性法。

根据平面立体表面上已知点在积聚投影上的一个投影，可作出它的其他投影。作图时，首先通过已知点的投影的可见性，判断该点在立体哪个表面上。再根据立体的投影利用平面上定点的方法作图。平面立体上点的投影的可见性，可根据立体表面的可见性判断，若点所在立体表面的投影可见，则点的投影可见，否则不可见。平面体上线的投影即先将线上端点的投影找出，连接即得线的投影。平面体上线的可见性的判断同点的可见性判断。

【例 3-1】已知四棱柱的三面投影及其表面上点 K 的 V 面投影和 H 面投影，请补全 K 的 W 面投影（图 3-2）。

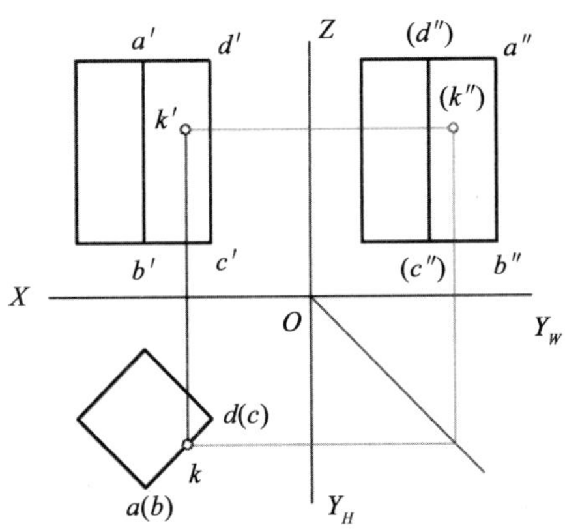

图 3-2　四棱柱表面点的投影

【分析】根据已知条件，点 K 在四棱柱的右前表面上（因 k' 可见）。

【作图】

（1）由于棱柱各棱面的 H 面投影具有积聚性，所以点 K 的 H 面投影一定落在对应棱面的积聚投影上，过点 k' 向下作铅垂线，与棱面积聚投影的交点就是 H 面的投影 k；

（2）按三面投影规律求出点 K 的侧面投影 k''。

【例 3-2】如图 3-3（a）所示，已知正三棱柱表面上点 K 的 H 面投影（可见）和线段 MN 的 V 面投影（可见），求点 K 和线段 MN 的另外两个投影。

【分析】由图 3-3（a）可知，点 k 可见，故点 K 在顶面 ABC 上，顶面 ABC 在 V 面的投影积聚为线段 $a'b'$，则点 K 在 V 面上的投影落在 $a'b'$ 上；线段 $m'n'$ 可见，故线段 MN 在侧面 CBC_1B_1 上，面 CBC_1B_1 在 W 面的投影不可见，则 MN 的 W 面投影也不可见。

【作图】

（1）分别过 k、m'、n' 作垂线，交棱柱 V 面投影的边线于 k' 点、交棱柱 H 面投影的边线于 m、n 点，由于 m' 落在棱线上，故点 M 在 H 面的投影落在顶点上。如图 3-3（b）所示。

（2）根据投影的“三等关系”，并借助于 45°线，分别过点 k'、点 m 和点 n 作水平线，求得 k''、m''、n''。

（3）连线并判断可见性。线段 MN 在 W 面的投影不可见，画成虚线；点 K 在 W 面的投影落在边线上。

3.1.2　棱锥

1）棱锥的形成

棱锥的表面由底面和若干侧面围合而成，如图 3-3（a）所示，所有的各棱线汇交于一点。

2）棱锥的投影图

在三投影面体系中，为便于图示，一般将下底面放置在投影面的平行面，其他侧棱面均为倾斜面，且同交于顶点 S，如图 3-3（b）所示。棱锥体的底面平行于 H 面，反映实形。其他四个棱面呈相似的三角形。顶点 S 的投影重合于四边形对角线的交点。

3）棱锥表面上的点和线的投影

当点位于立体表面的一般位置平面上时，因所在的平面无积聚性，不能直接求得点的投影，而必须先在一般位置平面上做辅助线（辅助线可以是一般位置直线或特殊位置直线），求出辅助线投影，然后再在其上定点，这种方法称为辅助线法，如图 3-4 所示。

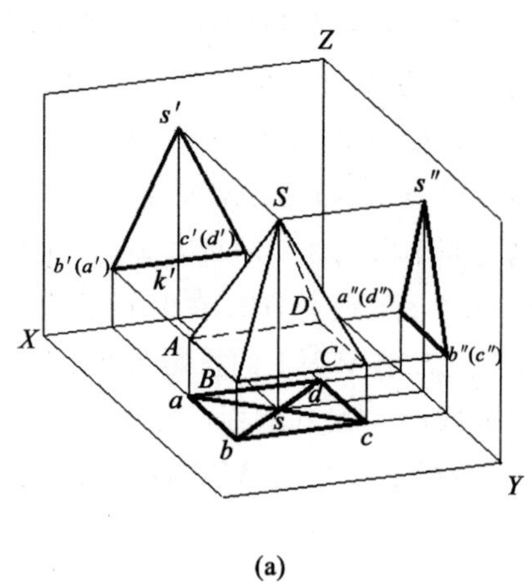

(a)

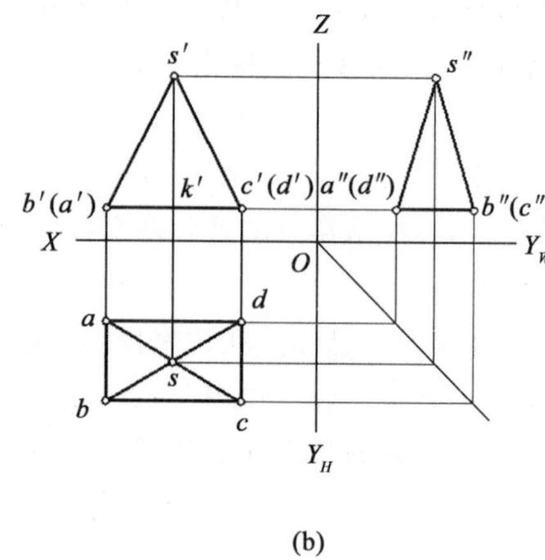

(b)

图 3-3 棱锥的投影图

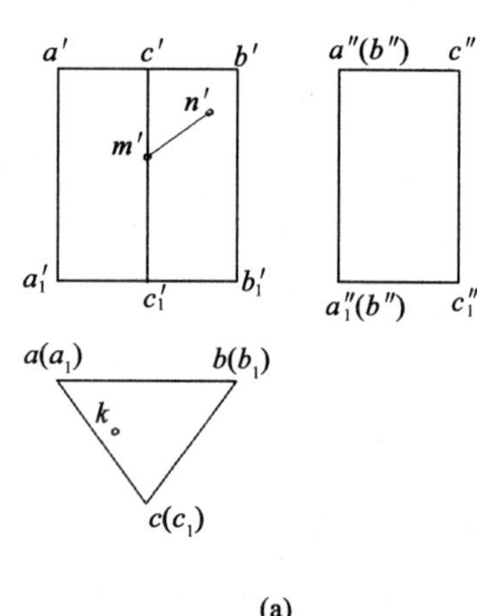

(a)

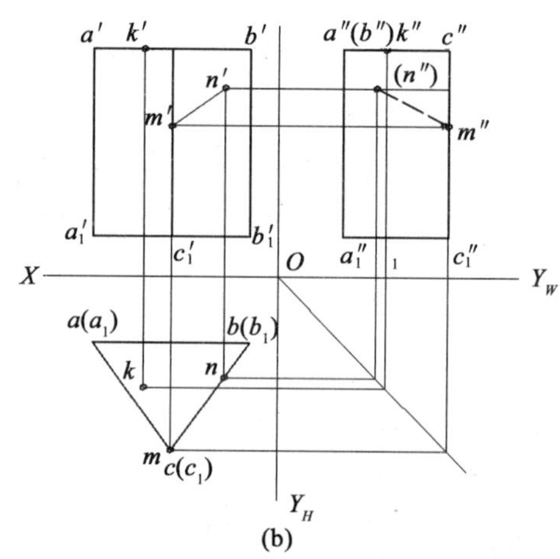

(b)

图 3-4 正三棱柱上点和线段的三面投影

【例 3-3】已知三棱锥表面上点 K 的 V 面投影 k'，求作它的其余投影，如图 3-5 所示。

【分析】根据点 K 的 V 面投影 k' 的位置和可见性，可以判定点 K 在 SBA 面上。求作它的其余投影。

【作图】

(1)由锥顶(也可由任意点)过点 K 的 V 面投影 k' 作辅助线 $s'c'$，求得 sc；

(2)点 K 的 H 面投影位于 sc 上，求得点 k；

(3)再由 k 和 k' 求得 k''。可见性判别方法同上述。

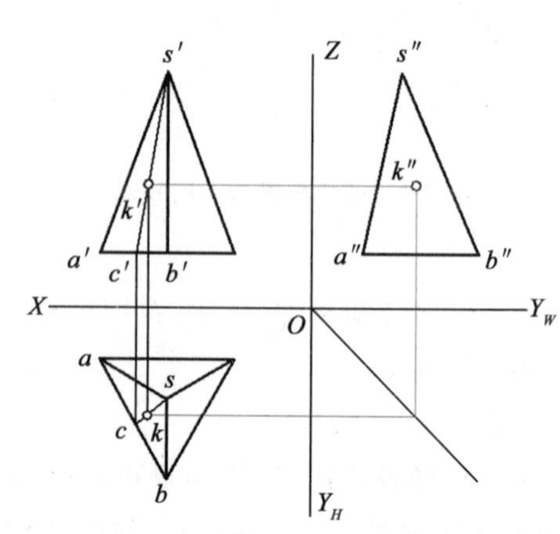

图 3-5 棱锥表面点的投影

【例 3-4】已知三棱锥的表面线段 EF 的 V 面投影，求作其另外两面的投影。如图 3-6 所示。

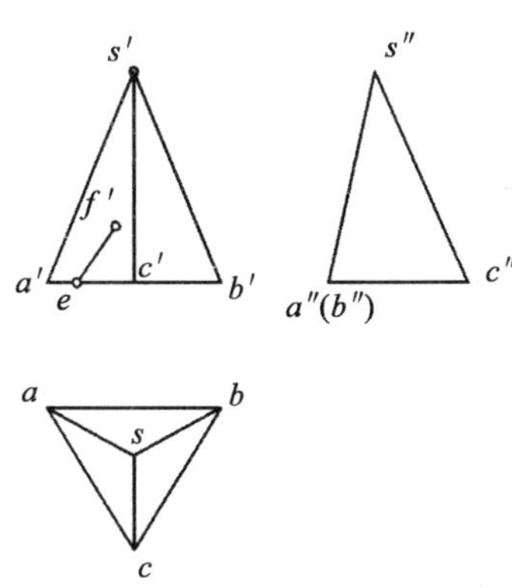

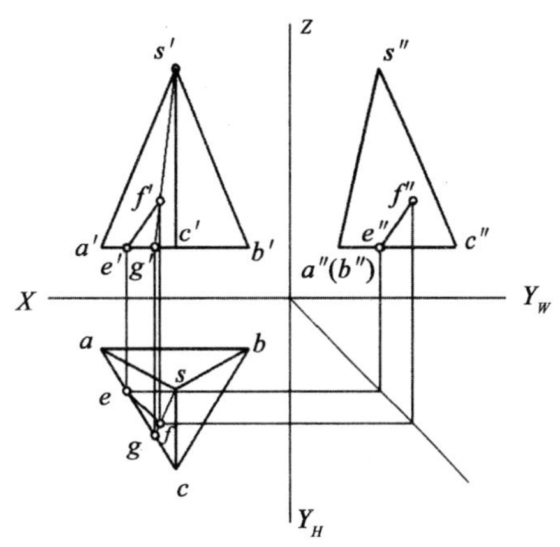

图 3-6　三棱锥表面上线段 *EF* 的三面投影

【分析】点 e' 和点 f' 均可见，故线段 EF 在三棱锥侧面 SAC 上，则线段 EF 在 W 面上的投影可见。点 e' 落在底边上，则点 E 在三棱锥的底边 AC 上。点 F 在侧面 SAC 上，为一般位置的点，要求点 F 在其他两个面上的投影，需要作辅助线。

【作图】

(1)分别过 e' 作垂线，交棱锥 V 面投影的边线于 e 点。

(2)连接顶点 s' 和点 f'，其延长线交底边 $a'c'$ 于 g' 点，过 g' 点作垂线，交棱锥底边边线 AC 的 H 面投影 ac 于 g 点，连接点 s 和点 g。由点的从属性可知，点 F 的 H 面投影必在线段 sg 上。过点 f' 作垂线，与线段 sg 相交于点 f。连接 ef，求得线段 EF 在 H 面的投影。

(3)根据投影的“三等关系”，并借助于 45°线，过点 e' 和点 f' 作水平线，求得 e''、f''，连线并判断可见性，线段 EF 在 W 面的投影可见。

3.2　曲面立体的投影

由于曲面立体的表面多是光滑曲面，不像平面立体有着明显的棱线，因此，作曲面立体投影时，要将回转曲面的形成规律和投影表达方式紧密联系起来，从而掌握曲面投影的表达特点。

3.2.1　圆柱

1)圆柱的形成

圆柱的形成：直线 AA_1 绕着与它平行的直线 OO_1 旋转，所得圆柱体如图 3-7 所示 。

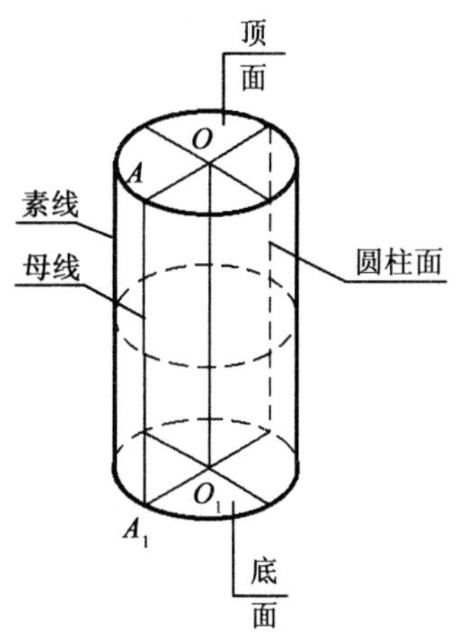

图 3-7　圆柱的形成

2)圆柱的投影图

圆柱体的三个投影图分别是一个圆和两个全等的矩形，且矩形的长度等于圆的直径。如图 3-8(a)所示为一圆柱体，该圆柱的轴线垂直于水平投影面，顶面与底面平行于水平投影面，其投影如图 3-8(b)所示。

3)圆柱表面上的点和线的投影

对于回转曲面，就是利用回转曲面上的素线(直母线在回转面上的任意位置)或纬圆(母线上任何一点的旋转轨迹皆是回转曲面上的圆周)确定在其上的点的投影位置。前者称为素线法，后者称为纬圆法。

圆柱面上取点，可利用 H 面投影的积聚性来求其余投影。注意后半圆柱面的 V 面投影不可见，右半圆柱面的 W 面投影不可见。

【例 3-5】已知圆柱面上两点 A 和 B 的 V 面投影 a' 和 b'，求出它们的 H 面投影 a、b 和 W 面投影 a''、b''。如图 3-9 所示。

【分析】

根据已知条件，A 点与 B 点分别位于圆柱的左前表面与右后表面（a' 可见，b' 不可见）；

圆柱表面在 H 面的投影为一积聚圆，依据点的投影特性及圆柱投影特性，作出点 A、点 B 的 H 面投影及 W 面投影。

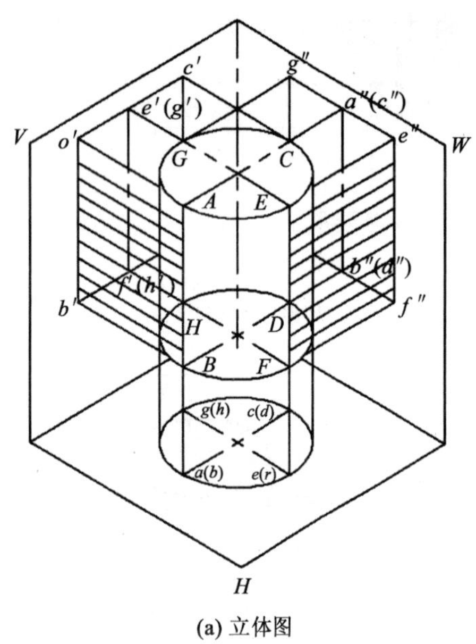

(a) 立体图

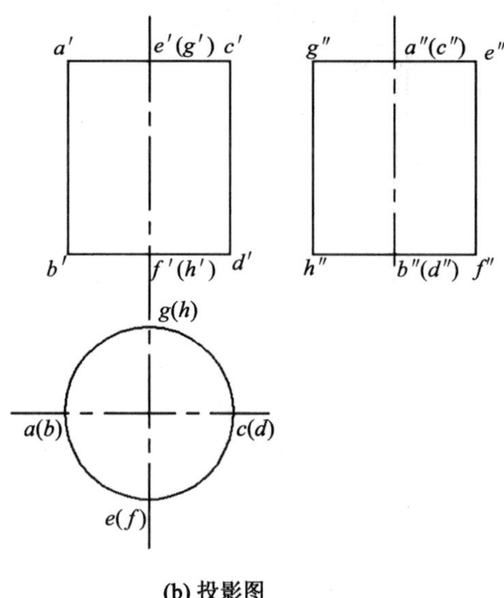

(b) 投影图

图 3-8 圆柱的三面投影

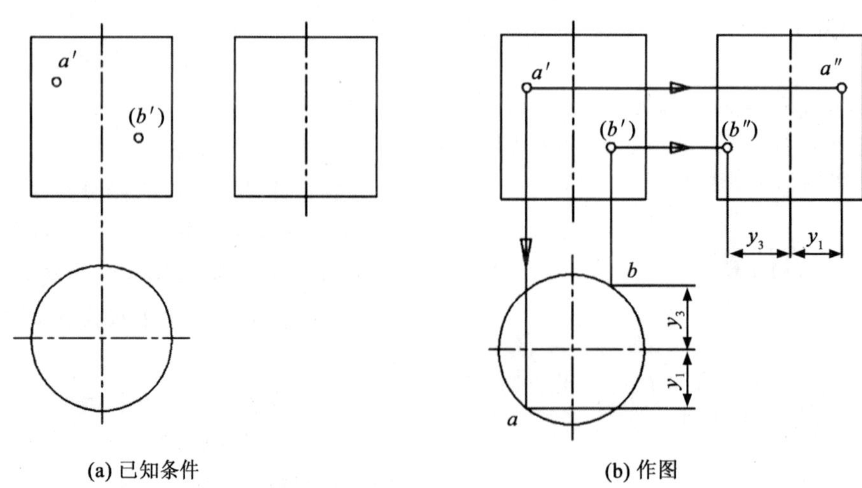

(a) 已知条件 (b) 作图

图 3-9 圆柱表面上的点

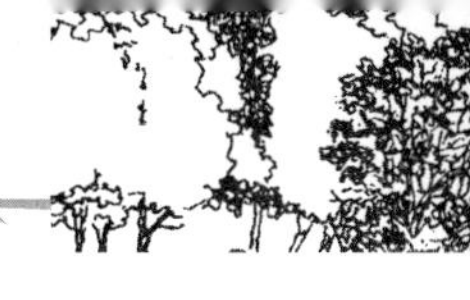

3.2.2　圆锥

1)圆锥的形成

圆锥是由直线 SA 绕与它相交的另一直线 SO 旋转，所得轨迹是圆锥面，圆锥体如图 3-10 所示。

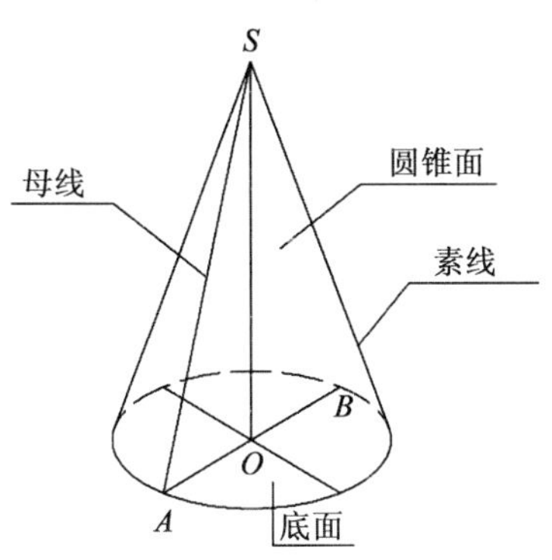

图 3-10　圆锥的形成

2)圆锥的投影图

在三投影面体系中，为便于图示，一般将正圆锥体的轴与水平投影面垂直，即底面平行于水平投影面，如图 3-11(b)所示。圆锥体的三个投影图分别是一个圆和两个全等的等腰三角形，且三角形的底边长等于圆的直径。

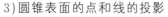

3)圆锥表面的点和线的投影

方法 1：素线法

圆锥体上任一素线都是通过顶点的直线，已知圆锥体上一点时，可过该点作素线，求出该素线的三面投影，如图 3-12(b)所示。

方法 2：纬圆法(辅助圆法)

已知圆锥体上一点时，可过该点作与轴线垂直的纬圆，先作出该纬圆的三面投影，再利用纬圆上点的投影求得。如图 3-12(c)所示。

【例 3-6】如图 3-12 所示，已知圆锥面上 M 点的正面投影 m'，求作它的水平投影 m 和侧面投影 m''。

【作图】

方法 1：素线法

(1)连 $s'm'$ 并延长，使与底圆的正面投影相交于 $1'$ 点，求出 $s1$ 及 $s''1''$。

(2)已知 m'，应用直线上取点的作图方法求出 m 和 m''。

方法 2：纬圆法

(1)在 V 面投影中过 m' 做水平线，与 V 面投影轮廓线相交(该直线段即为纬圆的正面投影)。取此线段一半长度为半径，在 H 面投影中画底面轮廓圆的同心圆(此圆即是该纬圆的水平投影)。

(2)过 m' 向下引投影连线，在纬圆水平投影的前半圆上求出 m，并根据 m' 和 m，求出 m''。

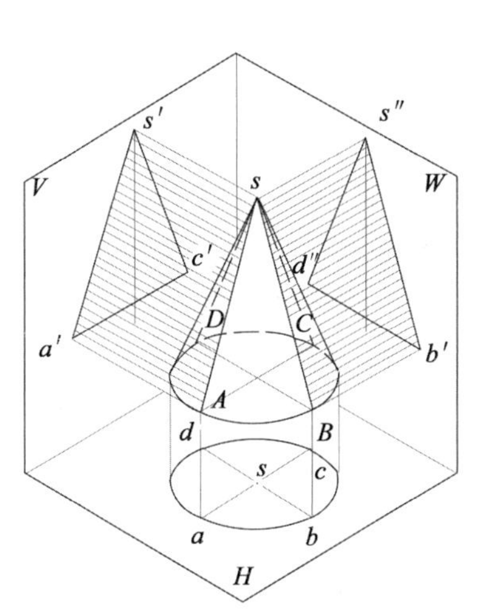

(a) 直观图

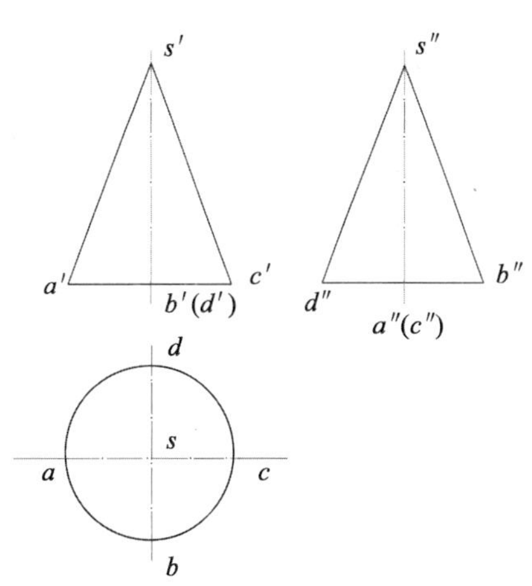

(b) 投影图

图 3-11　圆锥的投影

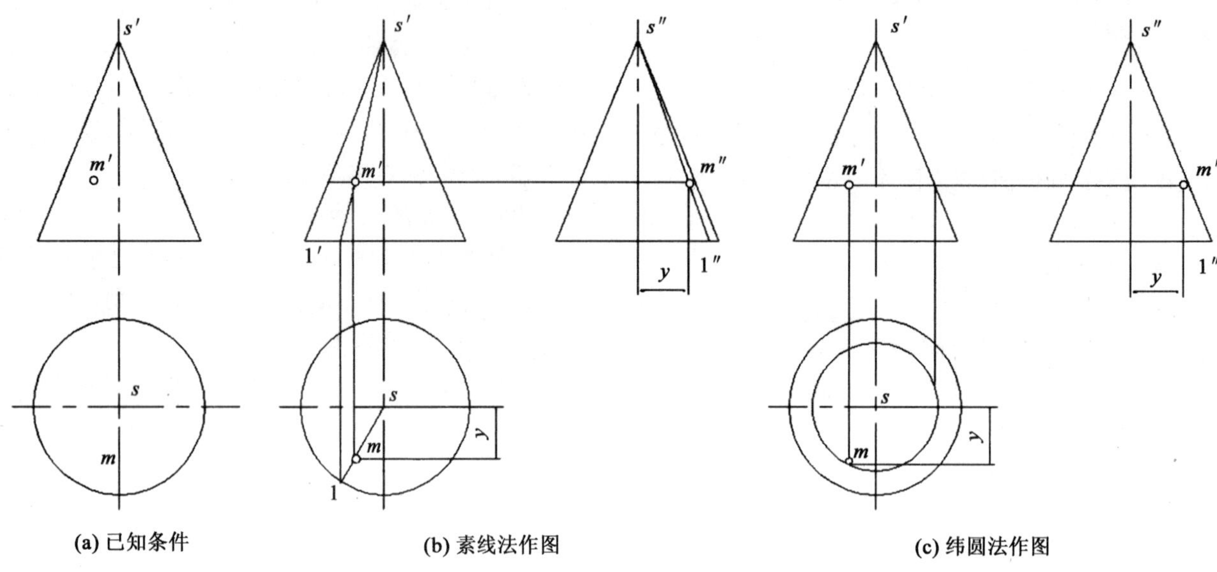

(a) 已知条件　　(b) 素线法作图　　(c) 纬圆法作图

图 3-12　圆锥表面上的点

3.2.3　圆球

1)圆球的形成

圆球的形成:圆周曲线绕着它的直径旋转,所得轨迹为球面,该直径为导线,该圆周为母线,母线在球面上任一位置时的轨迹称为球面的素线,球面所围成的立体称为球体。如图 3-13 所示。

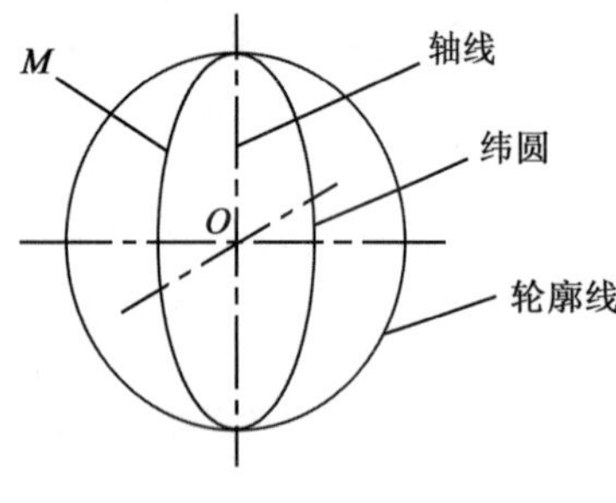

图 3-13　圆球的形成

2)圆球的投影图

球体的投影为三个直径相等的圆。如图 3-14 所示。H 面投影的轮廓圆是上、下两半球的可见性分界线,V 面投影的轮廓圆是前、后两半球的可见性分界线,W 面投影的轮廓圆是左、右两半球的可见性分界线。

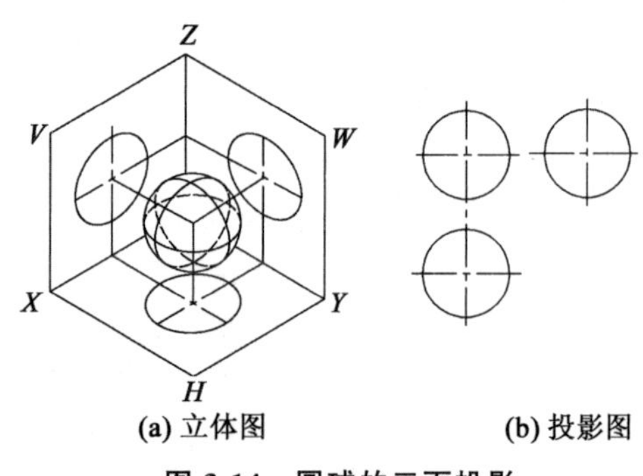

(a) 立体图　　(b) 投影图

图 3-14　圆球的三面投影

3)圆球表面上的点和线的投影

【例 3-7】已知球体表面点 K 的 H 面投影 k,求出其余投影,如图 3-15 所示。

【作图】

(1)在水平投影中过 k 点作一圆,交水平直径于 1 点和 2 点,然后过 1 点和 2 点垂直向上作铅垂线,交正面投影圆与 $1'$点和 $2'$点(因为在水平投影中 k 点可见,所以 $1'$点和 $2'$点交圆的上部);过 k 点的水平投影向上作铅垂线与 $1'$点和 $2'$点连线的交点即为 k 点的正面投影 k';

(2)用点的三面投影的求作方法,可以求出 k 点的侧面投影,如图 3-16 所示。

【例 3-8】已知球体表面曲线段 ABC 的 V 面投

影 $a'b'c'$，求其余投影，见图 3-17 所示。

【作图】

在圆球表面求线的投影与在圆球表面求点的投影方法相同，要求线的投影必须先求出点的投影，然后连接相对应点的投影得到线的投影，连线过程中要注意点与线的可见性(图 3-18)。

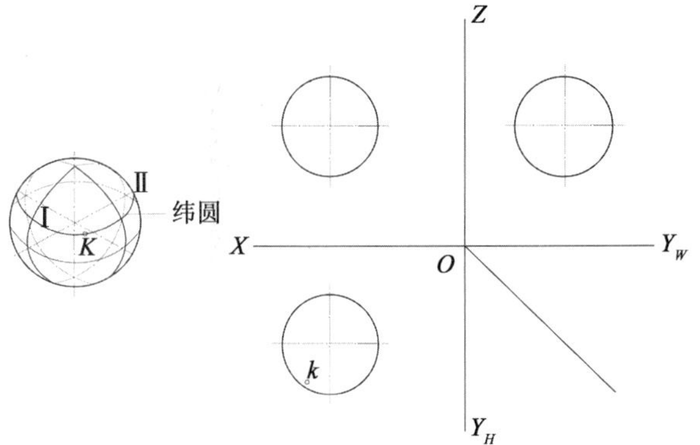

图 3-15　圆球表面点的投影(已知条件)

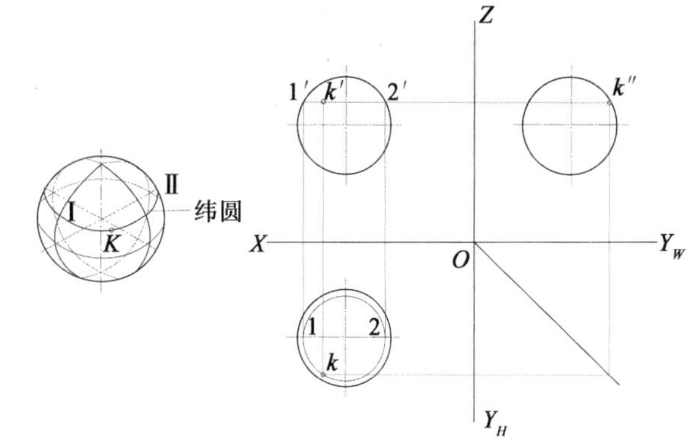

图 3-16　圆球表面点的投影(作图过程)

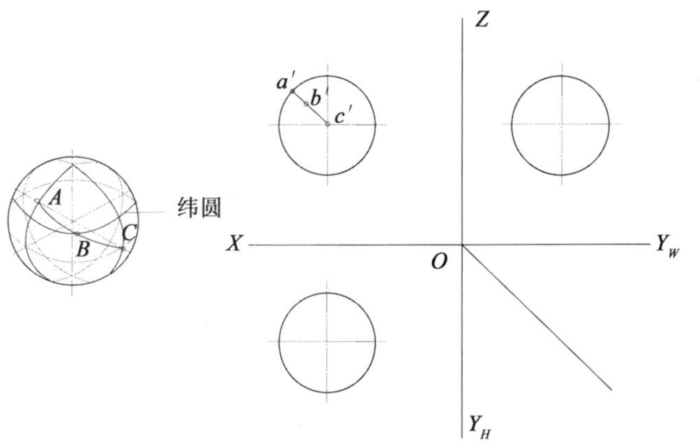

图 3-17　圆球表面线的投影(已知条件)

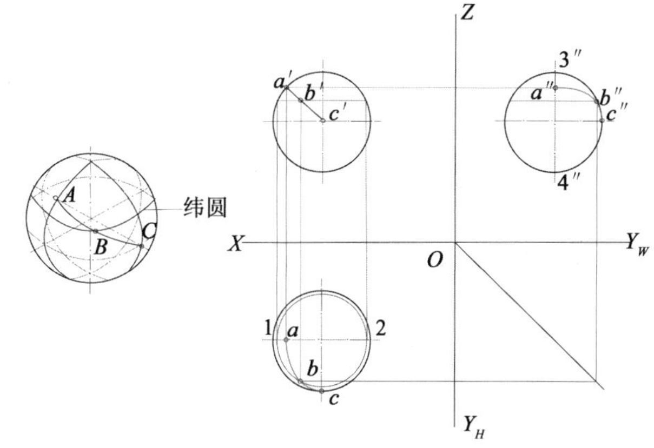

图 3-18　圆球表面线的投影(作图过程)

第4章 组合体的投影

一般的工程形体，都可看成由一些简单的基本立体通过叠加、切割等形式组合而成，这种工程形体通称组合体。本章主要介绍如何应用投影理论，按照形体分析法和线面分析法(前者为主，后者为辅)，解决组合体的画图和读图问题。

4.1 组合体的组成分析

4.1.1 组合体的组合形式

组合体的组合形式大致可归纳为两种：

(1)叠加式。由若干基本立体堆砌或拼合而成，如图 4-1 所示。

(2)切割式。由一个基本立体被切割去若干部分而形成，如图 4-2 所示。

在许多情况下，一个组合体的组合形式并不是唯一的。有些组合体既可以按叠加式分析，也可以作为切割式分析，或者两者同时采用。具体按何种组合形式来分析，应根据实际情况，视如何使组合体的作图简便和易于分析理解而定。

4.1.2 组合体相邻两表面之间的组合关系

组成组合体的各基本立体表面之间可有不平齐、平齐、相切、相交四种相对位置。立体间的相对位置不同，其表面之间的相对位置也不同，所获得的投影也不一样。所以，在读图时，必须注意立体间的表面组合关系，才能彻底弄清组合体形状。画图时，也必须注意这些关系，才能使投影作图不多线、不漏线：基本形体经过各种不同方式的组合，形成一个新的组合体，其表面会发生各种变化。读者作图时应充分注意其画法的特点。

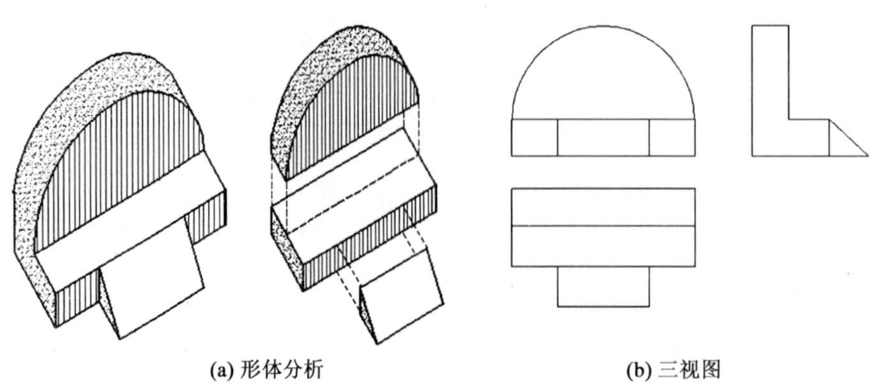

(a) 形体分析　　(b) 三视图

图 4-1　叠加式组合体

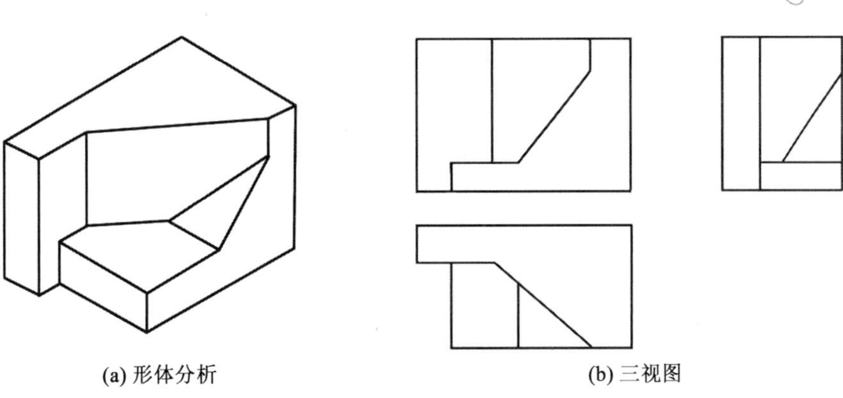
(a) 形体分析　　(b) 三视图

图 4-2　切割式组合体

1)叠加

叠加是指两基本体的表面互相重合。值得注意的是:当两个基本体除叠加处外,没有公共的表面时,在视图中两个基本体之间有分界线,如图 4-3(a)所示;当两个基本体具有互相连接的一个面(共平面或共曲面)时,它们之间没有分界线,在视图上也不可画出分界线,如图 4-3(b)所示。

2)相切

相切时指两个基本体的表面(平面与曲面或曲面与曲面)光滑过渡。如图 4-4 所示,相切处不存在轮廓线,在视图上一般不画轮廓线。

3)相交

相交是指两基本体的表面相交所产生的交线(截交线或相贯线),应画出交线的投影,如图 4-5 所示。

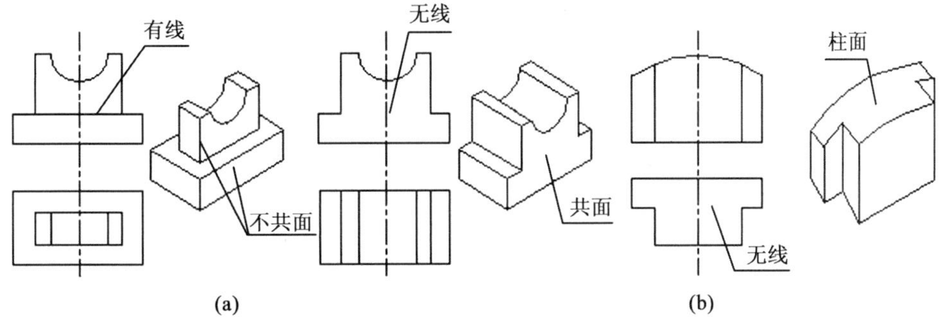

图 4-3　叠加

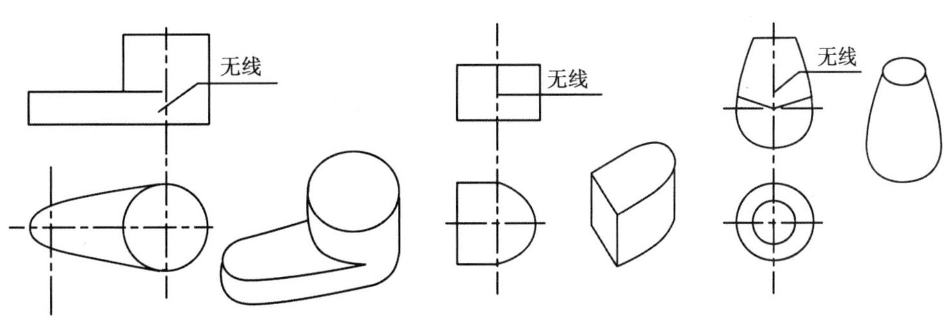

图 4-4　相切

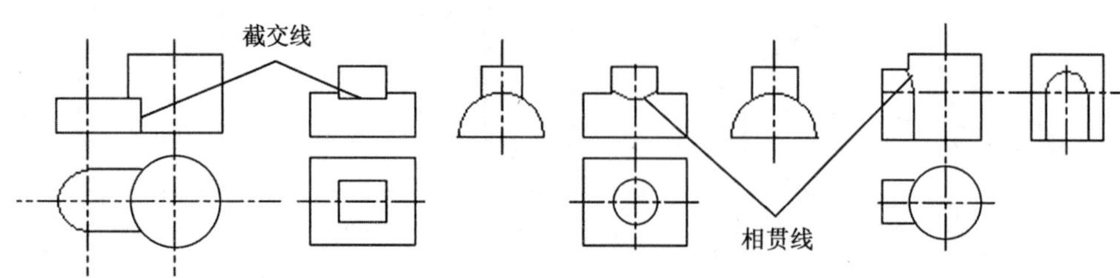

图 4-5　相交

4.2　组合体表面的交线

两立体相交又称为两立体相贯，相交两立体的表面交线称为相贯线，相贯线上的点称为相贯点。当一个形体全部贯穿于另一形体时，产生两组封闭的相贯线，称为全贯，如图 4-6(a)所示。当两个形体相互贯穿时，产生一组封闭的相贯线，称为互贯，如图 4-6(b)所示；当两个形体有一公共表面时，所产生的相贯线不是封闭的，如图 4-6(c)所示。

由于立体的形状及其相对位置不同，相贯线的形状也不同，但它们都具有下列两个性质：①相贯线是两立体表面的共有线。②由于立体有一定的范围，所以相贯线一般是封闭的。

求相贯线的方法主要有以下两种：

(1)积聚投影法。应用投影方向与直线、平面、立体平行的条件，使其投影具有积聚性（直线、平面、体的投影分别成一点、一直线、一平面的性质），从而使一般空间几何元素相交问题转化为面上找点或线上找点的问题。这样可以全面、系统、独立地解决空间几何元素相交的问题。

(2)辅助平面法。作一组辅助平面，分别求出这些辅助平面与这两个回转体表面的交点，这些点就是相贯线上的点。这种方法称为辅助平面法。为了作图方便，一般选特殊位置平面为辅助平面。

4.2.1　平面立体与平面立体相交

两平面立体的相贯线一般是闭合的空间折线，也可能是平面折线。折线的各顶点是一个平面立体的棱线（或底面边线）对另一平面立体的贯穿点。因此求两平面立体相贯线的方法有以下两种：①求出两平面立体上相交棱面的交线。②求一平面立体的棱线（或底面边线）对另一平面立体的表面交点（即贯穿点），并按空间关系依次连成相贯线。

连贯穿点时要注意：只有在甲立体的同一棱面内又在乙立体的同一棱面内的两点才能相连；同一棱线上的两点不能相连。

【例 4-1】求两正交三棱柱的相贯线，如图 4-7(a)所示。

【分析】从 V 面投影和 W 面投影都可以看出，水平三棱柱全部贯穿于直立三棱柱，因此它们为全贯，此时有两组相贯线，即位于直立三棱柱前面两个棱面的封闭空间折线 $ABCDA$ 和位于后面棱面的平面三角形 EFG。直立三棱柱的棱面 $\perp H$ 面，其 H 面投影积聚成一个三角形。水平三棱柱的棱面 $\perp V$ 面，其 V 面投影也积聚成一个三角形。相贯线的 V 面投影与水平三棱柱的 V 面投影重合，相贯线的 H 面投影与直立三棱柱的 H 面投影重合，只需要利用积聚投影法求出相贯线的 W 面投影即可。

【作图】

(1)求相贯线的转折点即相贯点。根据前述分析，可直接在 V 面投影和 H 面投影中定出两三棱柱相贯线的转折点 A、B、C、D、E、F、G 的投影 $a'(e')$、$b'(f')$、c'、$d'(g')$ 和 $a(c)$、d、g、e、f、b 的位置，据此求出各点的 W 面投影，如图 4-7(b) 所示。

(2)连接相贯点成为相贯线。将位于直立三棱柱的同一棱面同时又位于水平三棱柱同一棱面的两个相贯点的 W 面投影用直线段依次相连，即得两相贯线的 W 面投影 $a''b''c''d''a''$ 和 $e''f''g''e''$，如图 4-7(c) 所示。

(3)判别可见性。由于两三棱柱均左右对称,所以相贯线的 W 面投影中,$c''d''a''$ 与 $a''b''c''$ 重合,并被遮挡为不可见,$g''e''$ 与 $e''f''$ 重合,并被遮挡为不可见。

【例 4-2】已知四棱柱和四棱锥相交,求作相贯线,如图 4-8 所示。

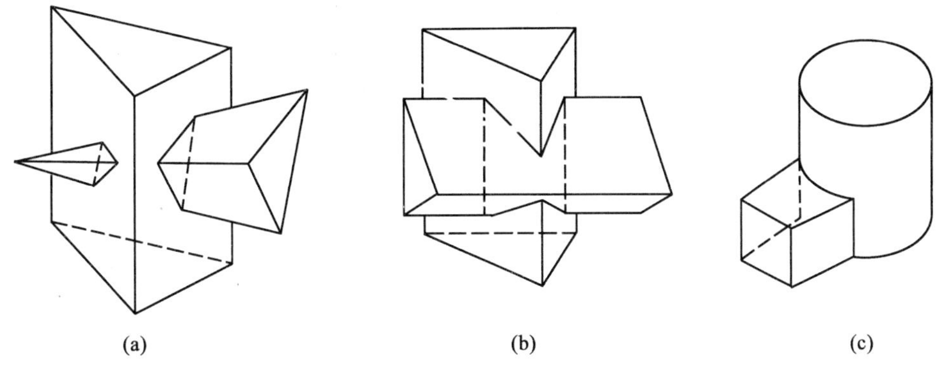

图 4-6　相贯线类型

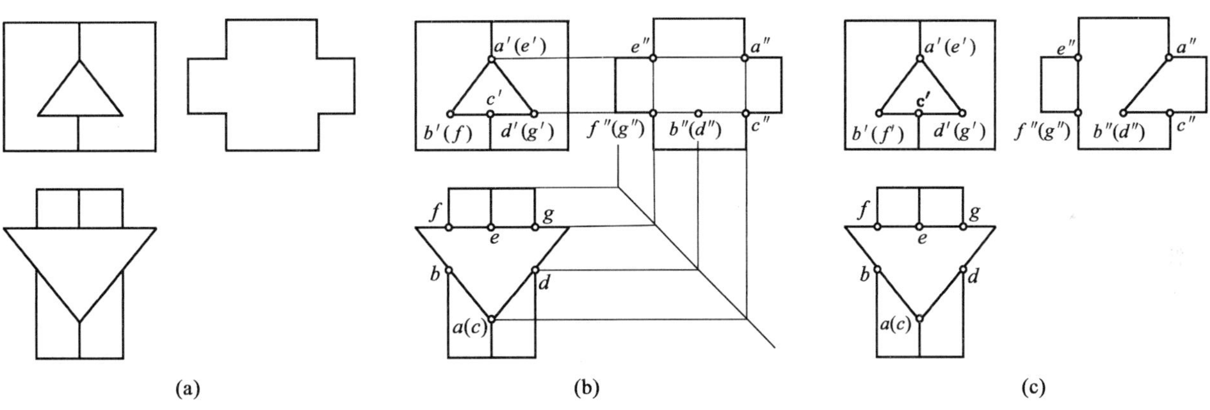

图 4-7　两正交三棱柱

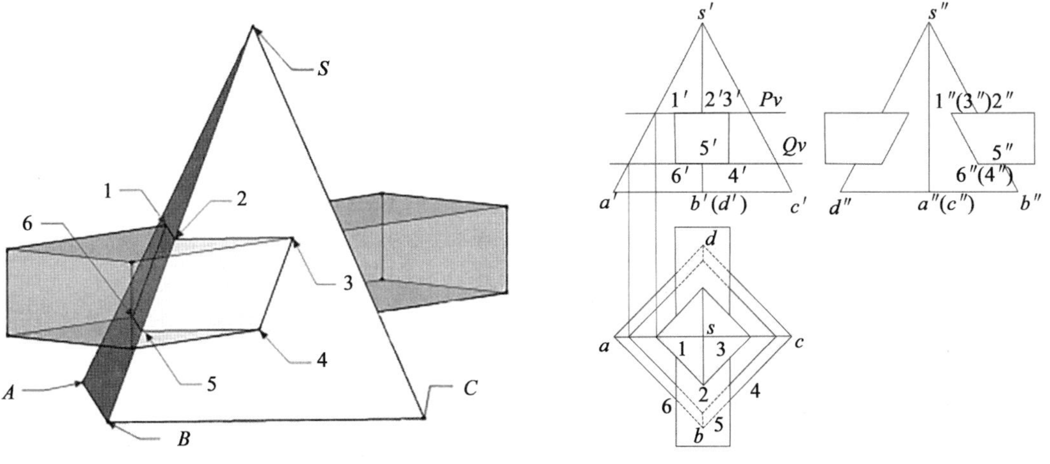

图 4-8　两平面立体相交

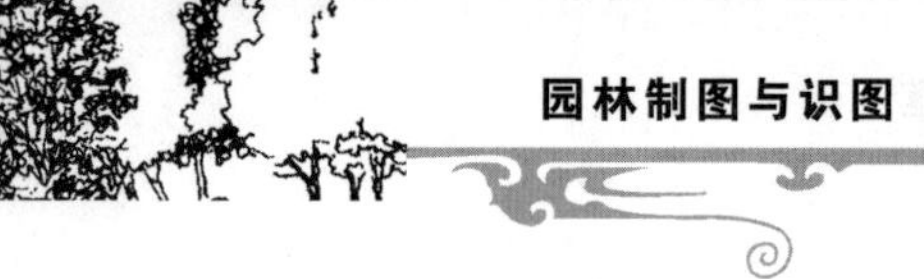

【分析】首先要看清立体的空间位置。此题中正四棱锥前、后,左、右均对称,正四棱柱左、右对称。由于正四棱柱的四个棱面垂直于 v 面,正面投影有积聚性,而且与棱锥的棱线 SA、SC 不相交,因此,四棱柱是全都穿通四棱锥的,这种情况称为全贯,全贯一般有两个相贯口。本题出现前、后两个相贯口,前一个相贯口 1-2-3-4-5-6-1 是四棱柱的四个棱柱面与棱锥的前面两棱面 SAB、SBC 相交所形成的交线,是一个闭合的空间折线,后一个相贯口与此相同。

【作图】

(1)求四棱柱四条棱线对四棱锥的四个贯穿点 1、3、4、6。为此包含 1、3 两直线作辅助面 P(投影图上为 Pv),包含 4、6 两棱线作水平辅助面 Q(投影图上为 Qv)。在水平投影中,两个水平辅助面分别与四棱锥相交得两个矩形截交线,它们分别平行于相应的棱锥底边。四条棱线与棱锥前两棱面的贯穿点的水平投影为 1、3、4、6。

(2)求出棱线 SB 对棱柱顶面和底面的贯穿点 2($2'$、2、$2''$)和 5($5'$、5、$5''$)。

(3)依次连接各贯穿点即得相贯线。

应该注意:因为相贯线上每一线段都是两棱面的交线,因此只有在甲立体的同一棱面上,又在乙立体的同一棱面上的两点才能相连。例如 1 点与 2 点可以相连,但 1 点与 3 点不能相连。2 点和 5 点在同一棱线上,也不能相连。

(4)判别可见性的原则是:因为相贯线上每一线段都是两个平面的交线,所以只有当相交两平面都是可见时,其交线的相应投影才是可见的,只要其中有一平面是不可见时,交线的相应投影就不可见。例如 5-6 线段的水平投影,由于该线段是在四棱柱不可见的底面上的,所以把水平投影中的线段 5-6 画成虚线。

(5)由于相贯体被看作一个整体,所以一立体各棱线穿入另一立体内部的部分实际上是不存在的,在投影图中这些线段不应画出。如图 4-8(b)所示。

用同样方法可作出立体后面的另一条相贯线。

4.2.2 同坡屋顶

同坡屋顶是建筑设计中的一种屋顶形式,其同一屋顶的各个坡面水平面倾角都相同,所以称为同坡屋面。如图 4-9(a)所示,该屋面由屋脊、斜脊、檐口线和斜沟等组成。

同坡屋面投影规律:

(1)当前后檐口线平行且在同一水平面内时,前后坡面必相交成水平的屋脊线,屋脊线的水平投影与两檐口线的水平投影平行且等距。

(2)檐口线相交的相邻两坡面,如为凸墙角则其交线为一斜脊线,如为凹墙角则为斜沟线。斜脊或斜沟的水平投影均为两檐口线夹角的平分角线。建筑物的墙角多为 90°,所以斜脊和斜沟的水平投影均为 45°斜线,如图 4-9(b)所示。

(3)如果两斜脊线、两天沟线或一斜脊线和一天沟线交于一点,则必定有另一条屋脊线交于此点,这个点为三个相邻屋面的共有点,如图 4-9(b)中的 m 点。

【例 4-3】已知屋面倾角 $\alpha=30°$和同坡屋面的檐口线,求屋面交线的 H 面投影和屋面的 V 面投影,如图 4-10(a)所示。

【分析】图 4-10(a)所示屋顶是由小、中、大三个同坡屋面所组成,每个屋面的檐口线都应为一个矩形,由于三个屋面重叠部分的矩形边线未画出,应把它补画出,以便作图。

【作图】

(1)自重叠处两正交檐口线的交点延长,使形成小、中、大三个矩形 $abcd$、$defg$、$hijf$。如图 4-10(b)所示。

(2)作各矩形顶角的 45°分角线,本例有两个凹墙角 m 和 n,分别过 m、n 作 45°线交于 3、2 两点,即得两斜沟 $m3$ 和 $n2$。如图 4-10(c)所示。

(3)把图 4-10(c)中实际上不存在的双点画线擦掉,其他轮廓线用粗实线画出即为所求图 H 面投影。如图 4-10(d)所示。

(4)按屋面倾角和图 4-10(d)的屋面水平投影,利用"长对正"规律即可作出屋面的 V 面投影。如图 4-10(e)所示。

注意:画完此图后,最好用"若一斜沟与一斜脊交于一点,则必有一屋脊线通过该点"这一同坡屋面的特点检查无误后再描深。

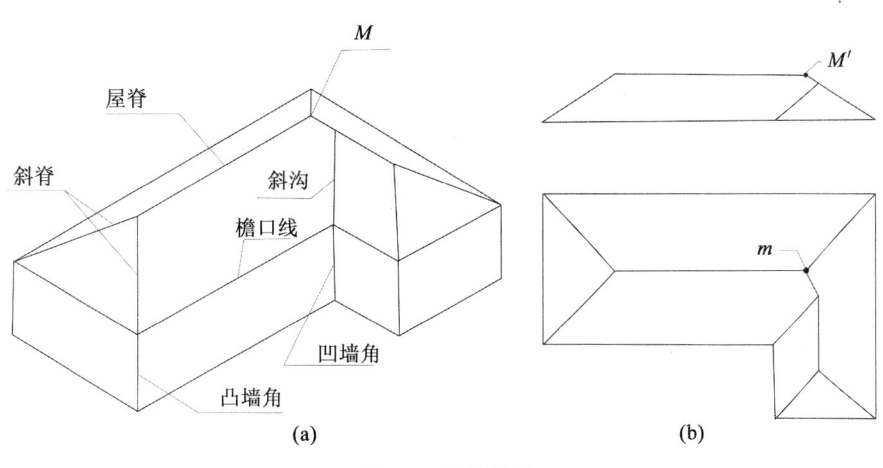

图 4-9　同坡屋面

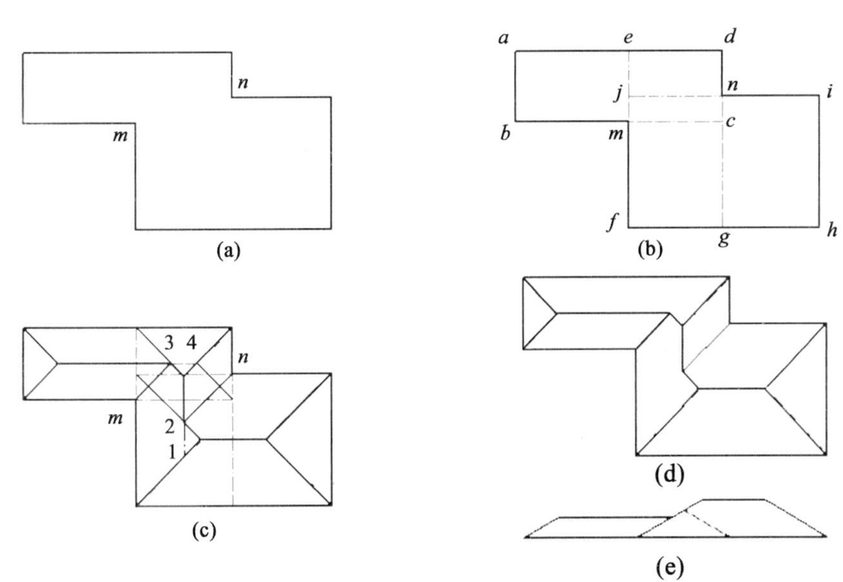

图 4-10　同坡屋面的画法

4.2.3　平面立体与曲面立体相交

平面立体与曲面立体表面相交所得的相贯线，一般是由几段平面曲线(或直线和平面曲线)所组成的闭合线。每一段平面曲线是平面立体上的一平面与曲面立体相交而得的截交线，图 4-11(a)所示为六棱柱各棱面与圆锥相交。每两条平面曲线的交点是相贯线上的结合点，如图中的 C 点，它是平面立体的棱线对曲面立体的贯穿点。因此求平面立体与曲面立体的相贯线可归结为求截交线和贯穿点的问题。

【例 4-4】求四棱柱与半球体的相贯线。如图 4-11(a)所示。

【分析】四棱柱的四个棱面与半球体的截交线都是椭圆线的一部分，所以此相贯线是四段空间曲线。相贯线的水平投影积聚在水平投影的四条边上，只需根据水平面投影，利用纬圆法求作其他两面投影。

【作图】如图 4-11(b)所示：

(1)在水平投影中找出相贯线的范围：四段前后

左右对称的直线 a-b-c。

（2）根据球体表面特殊点的求作方法，作出 A、C 两点的三面投影。

（3）在 A、C 两点之间插入一般点 B，通过纬圆法，即假设 Ph 面切割球体，求作出 B 点的三面投影。

（4）整理图形。

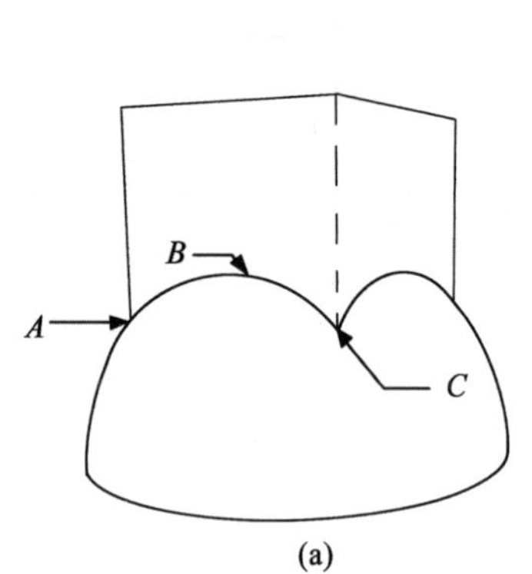

(a)

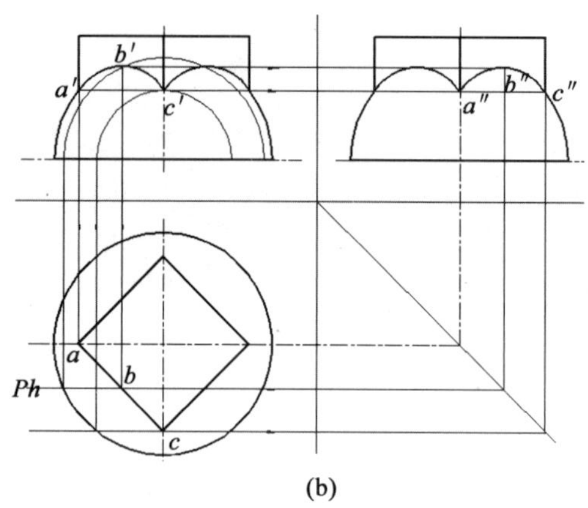

(b)

图 4-11　平面立体与曲面立体表面相交

4.2.4　曲面立体与曲面立体相交

两曲面立体的相贯线，在一般情况下为封闭的空间曲线，在特殊情况下是平面曲线或直线。相贯线上的点是两曲面立体表面上的共有点。要画出相贯线的投影，首先要作出两曲面立体上一系列的共有点的投影，然后依次光滑地连接起来。求两曲面立体共有点的方法，常用方法有表面取点法、辅助平面法和辅助球面法等。

表面取点法：两曲面立体相交，如果其中一立体的表面有一个投影有积聚性，这就表明相贯线的这个投影为已知，可以利用曲面上点的一个投影，通过作辅助线求其余投影的方法，找出相贯线上各点的其余投影。如果有两个投影有积聚性，即相贯线的两个投影为已知，则可利用已知点的两投影求第三投影的方法，求出相贯线上点的第三投影。

【例 4-5】求两圆柱的相贯线。如图 4-12 所示。

【分析】大小两圆柱的轴线垂直相交。小圆柱的所有素线都与大圆柱的表面相交，相贯线是一封闭的空间曲线。小圆柱的轴线是铅垂线，该圆柱面的水平投影积聚为圆，相贯线的水平投影积聚在此圆周上，相贯线的侧面投影积聚在大圆柱侧面投影的圆周上，但不是整个圆周而是两圆柱投影的重叠部分，即图 4-13 中 2″～4″的一段圆弧。由此可知该相贯线上各点的两个投影为已知，只需求出相贯线的正面投影。又因两圆柱前后对称，相贯线也前后对称，故相贯线的后半部分全被遮住了，只需画出相贯线正面投影的可见部分。

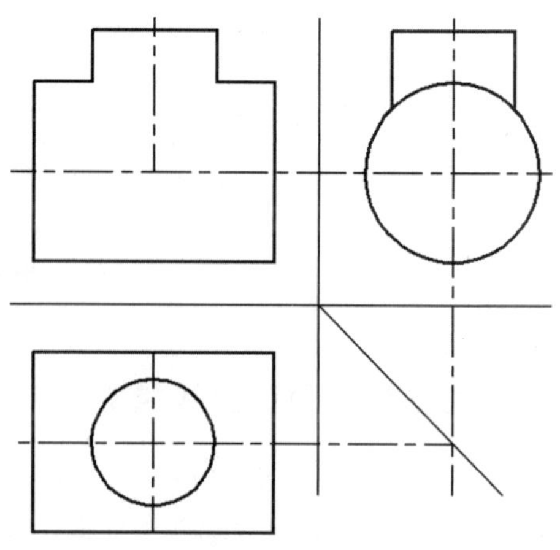
图 4-12　两圆柱相交

【作图】

利用积聚性，采用表面取点法。

（1）找全特殊点。相贯线的特殊点是指相贯线上的最高、最低、最前、最后、最左、最右点以及可见性分界点。这些特殊点一般为一曲面立体的各视图方向的转向轮廓线与另一曲面立体的贯穿点。若曲面立体的轴向相交，则它们某视图方向上的转向轮廓线上的交点就是特殊点。图 4-13 中，两圆柱 V 面图中转向轮廓线的交点 1、3 就是相贯线最高、最左、最右点；小圆柱侧视转向轮廓线与大圆柱的交点 2、4 就是最低、最前、最后点。由于相贯线的两面投影已知，即 1、2、3、4 的 H 面和 W 面投影已知，可求出其 V 面投影 1′、2′、3′、4′。

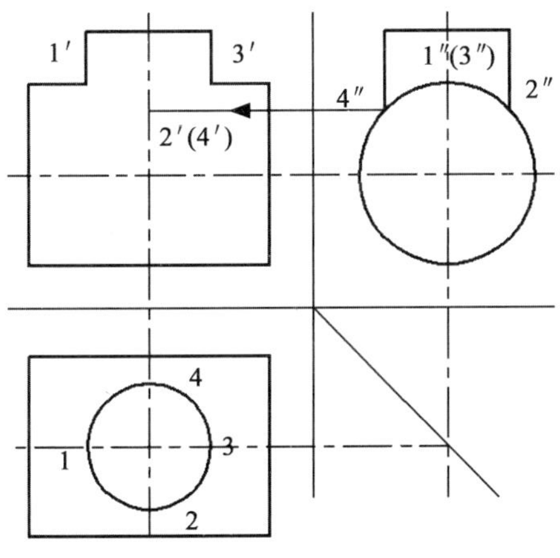

图 4-13　求特殊点

(2)补充一般点。见图 4-14，在两特殊点之间插入一般点，如 1、2 间插入 5 点，2、3 中插入 6 点。

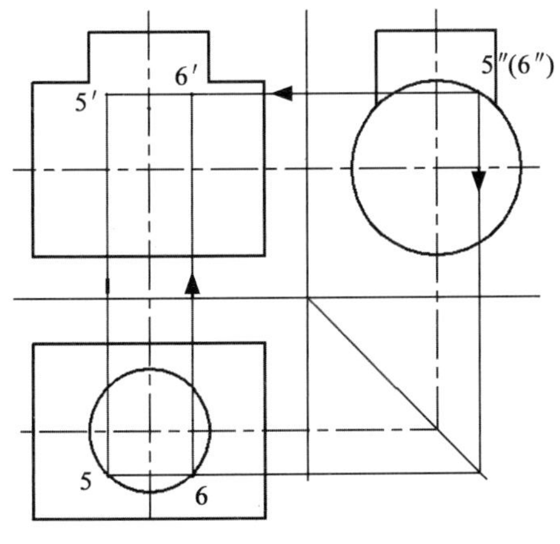

图 4-14　求一般位置点

(3)判别可见性光滑连接，见图 4-15。

(4)补全轮廓线。

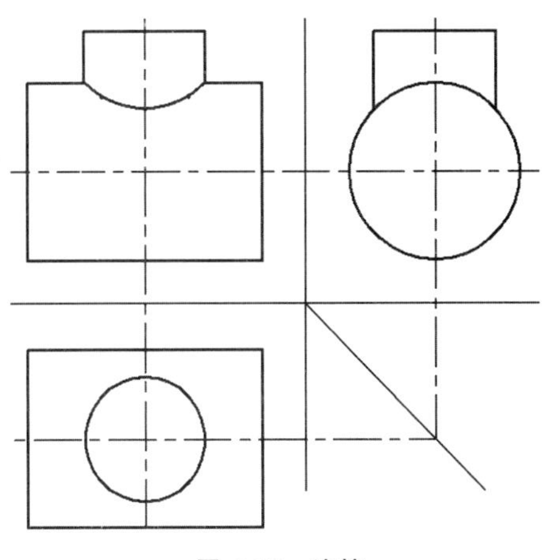

图 4-15　连接

4.3　组合体的尺寸标注

在工程图样中，投影图表示形体的结构形状，形体的大小由标注的尺寸确定。尺寸应按照国家标准的有关规定准确、完整、清晰地进行标注。

4.3.1　基本几何体的尺寸标注

确定基本几何体大小的尺寸称定形尺寸。要掌握组合体尺寸的标注，首先必须掌握基本立体的尺寸注法。常见的基本几何体的尺寸注法如表 4-1 所示。

当基本立体表面有交线(截交线或相贯线)时，应注意不是直接标注交线的定形尺寸，而是标注产生交线的基本立体或截切平面的定位尺寸。

如图 4-16 所示是基本立体被截切平面切割后，其切口尺寸和基本立体的尺寸标注。图中除了注出基本立体的定形尺寸外，对切口则在特征视图上集中标注出截切平面的定位尺寸，而不应标注截交线的定形尺寸。

4.3.2　组合体的尺寸标注

组合体由其组合的各基本几何体的大小尺寸和各基本几何体间的定位尺寸确定，但实际标注的组合体尺寸还有一类称总体尺寸，即组合体的尺寸分为 3 类：定形尺寸、定位尺寸和总体尺寸。下面以图 4-17 所示台阶的尺寸标注为例进行说明。

表 4-1　基本几何体的尺寸标注

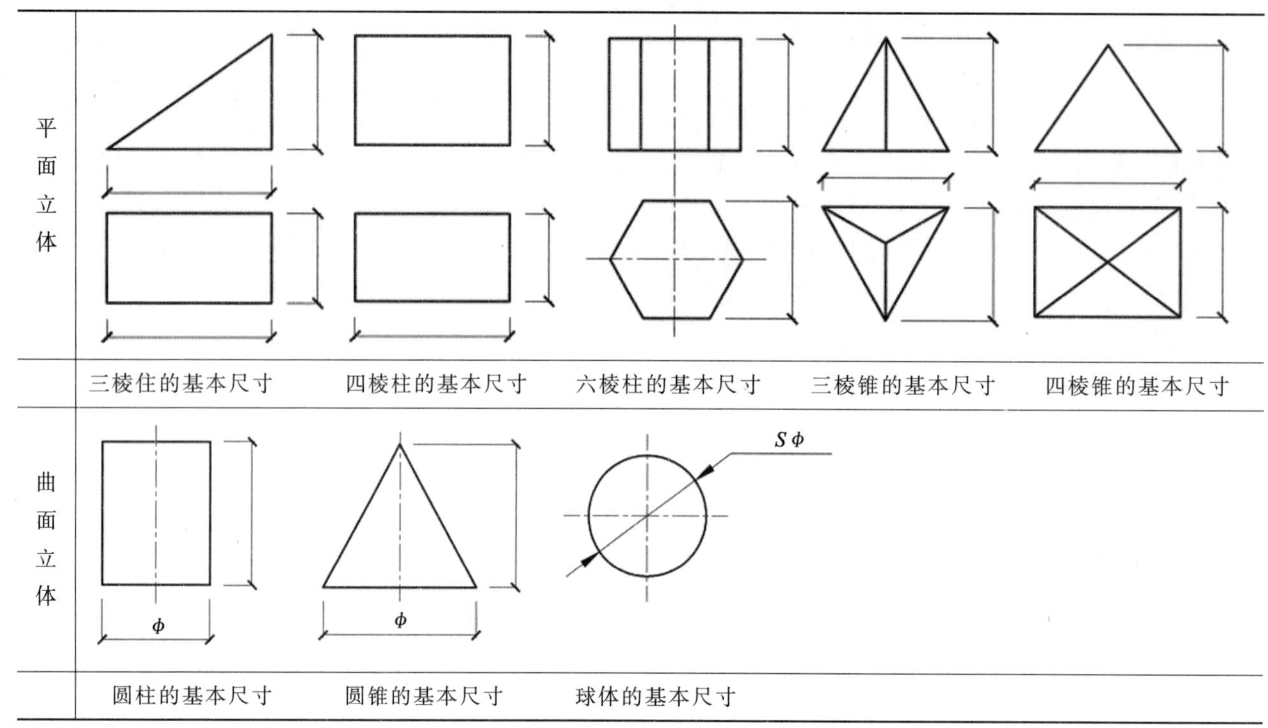

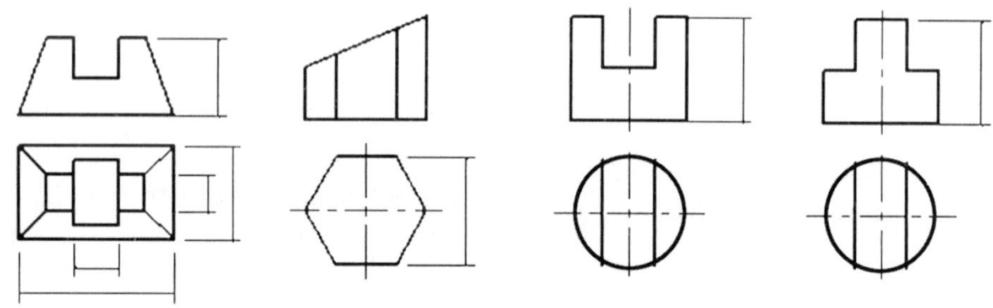

图 4-16　带切口基本几何体的尺寸标注

4.3.2.1　定形尺寸

台阶的定形尺寸有：第一层台阶长 1500、宽 1200 和高 150；第二层台阶长 1200、宽 900 和高 150；第三层台阶长 900、宽 600 和高 150；挡板长 1200、宽 240 和高 600；挡板缺口尺寸为 600，300。这些定形尺寸标注如图 4-17 所示。

4.3.2.2　定位尺寸

两基本立体间一般有长、宽、高三个度量方向的定位尺寸。如图 4-18 所示，三级台阶踏板和扶手均以右上角为对齐点，每个台阶踏步宽度均为 300。

以上各定位尺寸均按长、宽、高为序，长、宽、高尺寸数值即 X、Y、Z 三个方向的尺寸。

4.3.2.3　总体尺寸

确定组合体外形的总长、总宽、总高的尺寸。如图 4-19 所示，台阶的总体尺寸是 1740、1200、600。

4.3.3　组合体的尺寸标注步骤

标注组合体尺寸的步骤：首先运用形体分析法分析形体，然后标注定形尺寸，再标注定位尺寸，最后标注总尺寸。

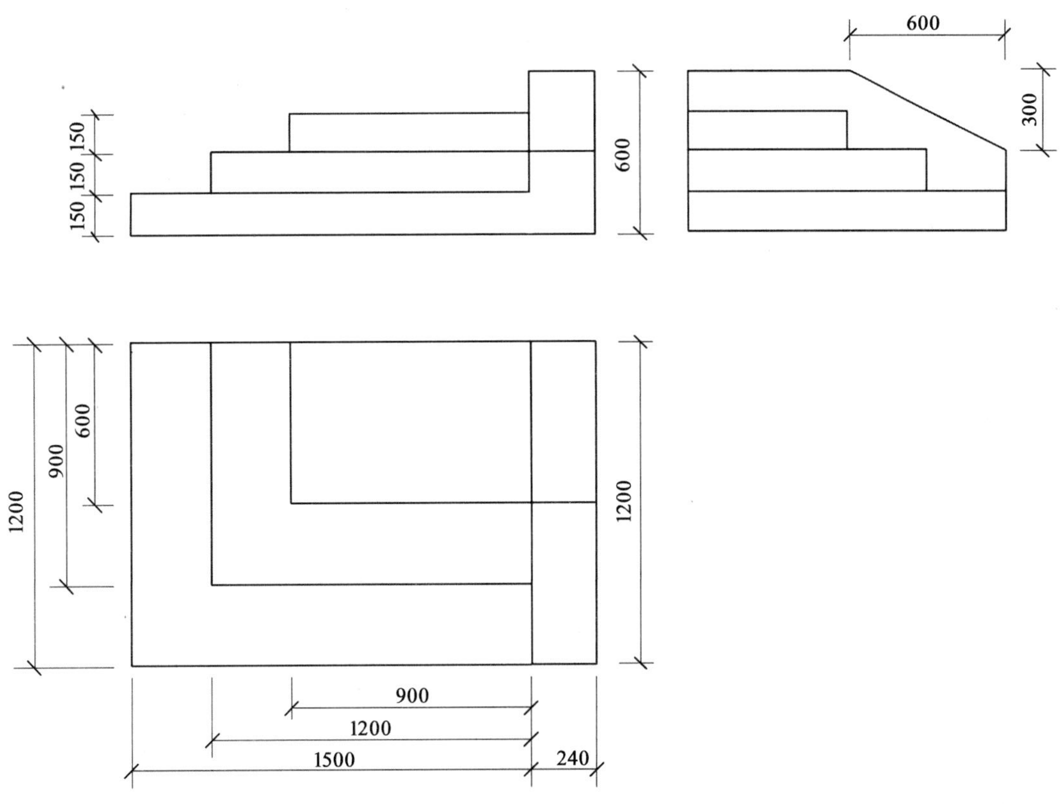

图 4-17　台阶的定形尺寸标注

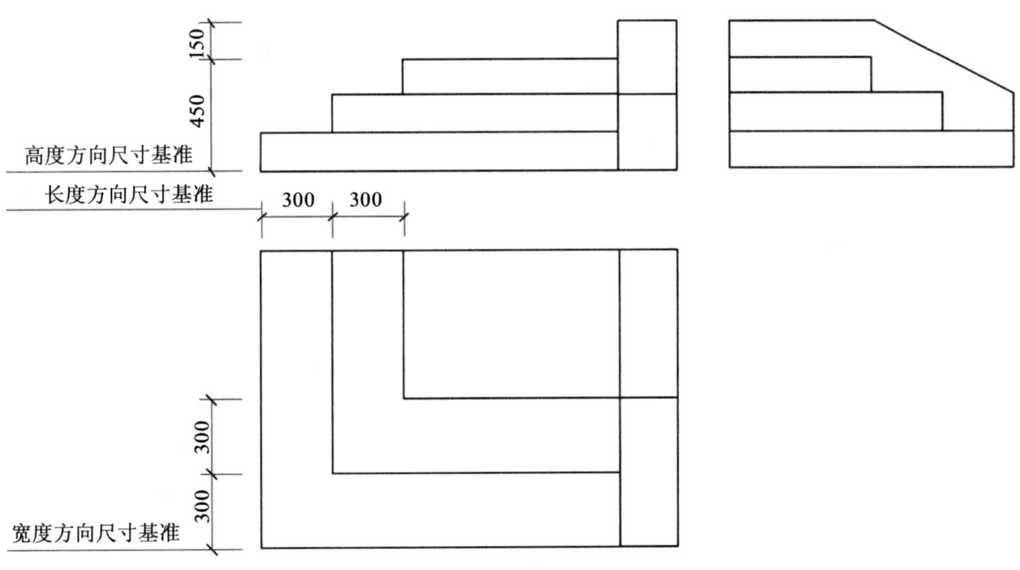

图 4-18　台阶的定位尺寸标注

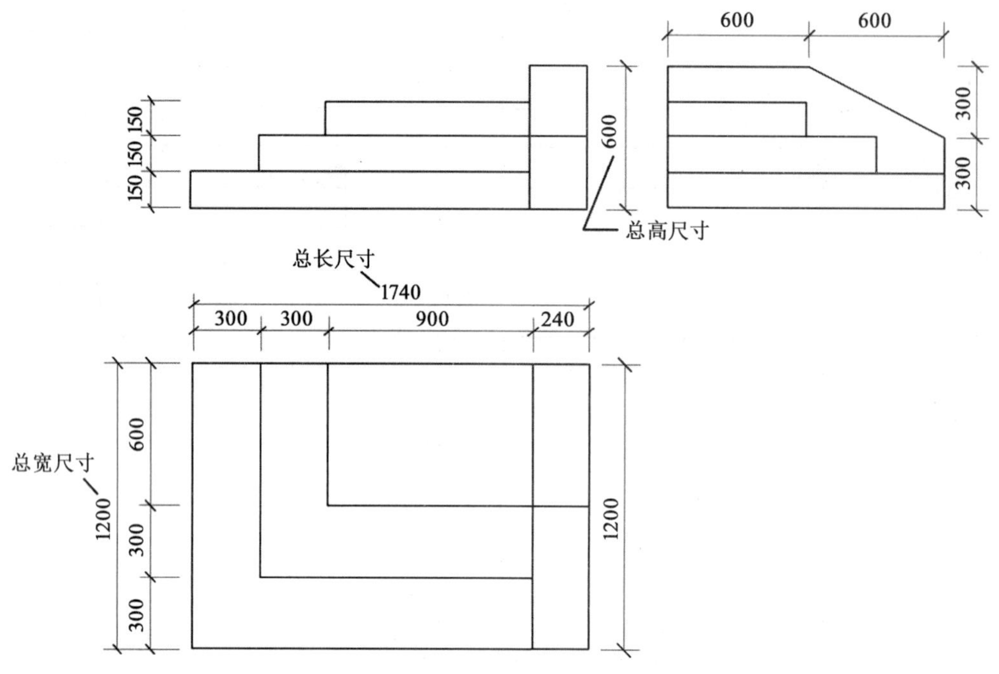

图 4-19 台阶的总尺寸标注

1)分析组合体

运用形体分析法透彻分析组合体的结构形状，明确组成组合体的基本立体的形状及它们间的相互位置。

2)标注定形尺寸

逐一标出组成组合体的各基本立体的定形尺寸，如图 4-17 所示。

3)标注定位尺寸

根据基本立体间的位置关系，从长、宽、高三个向度标注出定位尺寸，而标注时先选择一个或几个标注尺寸的起点：长度方向和宽度方向可选择组合体的侧面(若为对称时，也可选择对称面，其积聚投影用点画线表示，称为对称线)；高度方向可选择组合体的底面或顶面。如图 4-18 所示，顶层踏步长度方向定位尺寸 300 以底层踏步左侧面为起点，宽度方向定位尺寸 300 以底层踏步的前侧面为起点，高度方向定位尺寸 300 以底层踏步底面为起点；栏板的高度方向定位尺寸 150 以顶层踏步的顶面为起点。

4)标注总尺寸

组合体有总长、总宽和总高三个方向的总尺寸。标注时要注意分析，有些需直接标注出，有些本身就是某一基本形体的定形尺寸。如图 4-19 所示，台阶底层踏步的宽度方向定形尺寸 1200 就为台阶的总宽尺寸，台阶右方栏板的高度方向的定形尺寸 600 就为台阶的总高度尺寸。这时不必另注出台阶的总宽和总高尺寸，只注出其总长尺寸 1740。

4.3.4 尺寸配置

尺寸标注除了要符合国标规定及标注完整、准确无误外，还要配置得明显、清晰、整齐，以便读图。

(1)明显。同一基本立体的定形、定位尺寸，应尽量集中标注在反映该立体特征的视图中，且与两视图有关的尺寸宜注在两视图之间。

(2)清晰。尺寸一般应尽可能布置在视图最外轮廓线之外，某些细部尺寸允许标注在图形内。尽量不把尺寸注在虚线上。

(3)整齐。尽量将组合体的定形、定位和总体尺寸组合起来，排列成几行，其中最小尺寸布置距视图最外轮廓线的距离不小于 10 mm，大尺寸布置在外侧。平行排列的尺寸线的间隔应相等，相距最好为

7～10 mm。

(4)采用封闭式。在房屋建筑图中，一个尺寸标注必要时允许重复。为便于施工，尺寸宜采用封闭式，即各个部分尺寸均应标注出，每一方向尺寸之和等于该方向的总尺寸。

4.4　组合体视图的识读

画图是把空间组合体运用正投影法表达在二维的平面(图纸)上，而识图则是运用正投影法根据平面图形想象出空间组合体的形状结构。同样，形体分析法和线面分析法既是画图的基本方法，也是识图的基本方法。

4.4.1　形体分析法

形体分析法是识图的主要方法，它是根据基本立体的投影特征，分析视图所表示的组合体各组成部分结构形状和相对位置，然后综合确定组合体的整体结构形状。整个过程可归纳为：分形体，对投影；明形体，定位置；综合想，得整体。

为了正确地进行形体分析，必须掌握：

(1)运用“长对正，高平齐，宽相等”三等投影关系，正确进行投影分析。

(2)根据基本立体的投影特征，正确分离、判断组成组合体的基本立体或不完整的基本立体。

(3)结合组合体的组合形式和两相邻表面的组合关系，正确确定基本立体间的相对位置关系，想象出组合体的整体形状。

(4)抓住有视图联系的三个视图，根据投影规律进行分析、构思，正确地想象出组合体的形状。图 4-20 所示三个立体的正立面图和平面图均相同，但左侧立面图不相同，只有看了左侧立面图之后，才能区别它们的形状。图 4-21 所示三个立体的正立面图和左侧立面图均相同，平面图为特征视图。

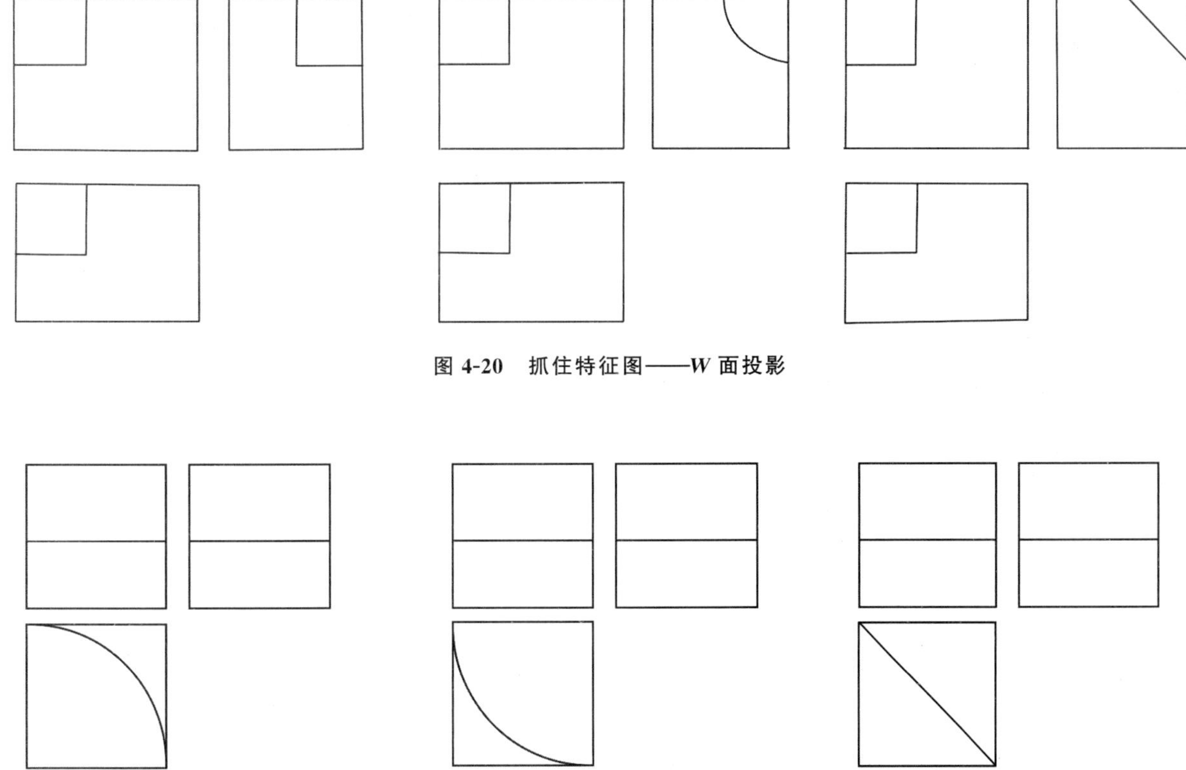

图 4-20　抓住特征图——*W* 面投影

图 4-21　抓住特征图——*H* 面投影

4.4.2 线面分析法

线面分析法是识图的辅助方法，是根据每一封闭线框表示空间一个面的投影特征，运用线、面的投影特性，分析视图中线段、线框的含义及其相互位置关系，从而想象组合体的表面性质和细部形状，这样就可在形体分析所得结果的基础上，进一步确定组合体的确切形状。要掌握线面分析法，必须在掌握各种位置直线和平面及曲面投影特性的基础上，对视图中的线段和线框所表达形体上的几何元素及其性质有概括的了解，即要了解视图中线段和线框的含义。

对于切割体来说，其表面的交线较多，形体不完整，为此一般在形体分析的基础上，对某些线面作投影分析，从而完成切割体的三视图的绘制。下面以图 4-22(a)为例说明。

【读图】

(1)形体分析。如图 4-22 所示，对该组合体可进行形体分析。它可视作由上部形体Ⅰ与下部形体Ⅱ对齐叠加，然后被一个铅垂面同时切去前面一部分而形成。

(2)线面分析。由于铅垂面的截切，在组合体表面形成了一个新的 D 面，A、B、C 面的形状也有所变化。其中 A、C 面是水平面，它们在俯视图中反映实形，而在主、左视图中应积聚为水平方向的直线；B 面为正垂面，正面投影应积聚成斜线，而在俯、左视图中应为其类似形；D 面是铅垂面，在俯视图中积聚成斜线，而在主、左视图中应为其类似形。

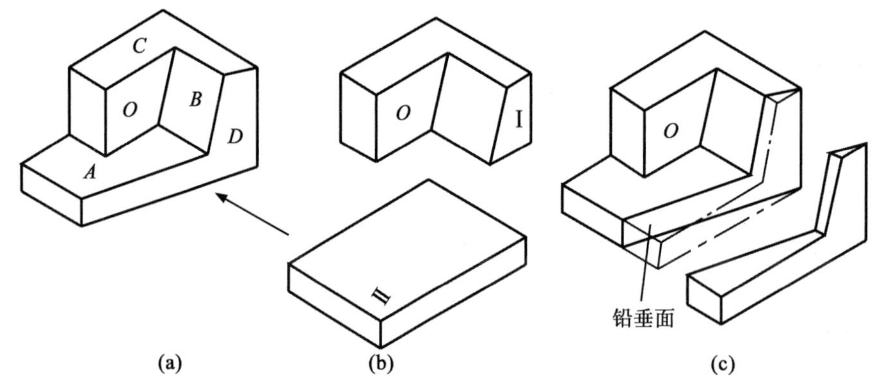

图 4-22 组合体的线面分析法示例

4.4.2.1 视图中线段的含义

视图上的线段可能是：①两表面的交线的投影，如图 4-23 中的 V 面投影中上底边线 A。两相交表面可以是平面，也可以都是曲面或是曲面与平面。②与投影面垂直的表面的积聚投影，如图 4-23 中的 B。③曲面的转向线投影，如图 4-23 中的 C。

4.4.2.2 视图中封闭线框的含义

该线框可以是平面或曲面，或平面与曲面相切的组合面，如图 4-23 中的 D(平面)、E(曲面)、F(平面与曲面相切组合面)。还在识图时，首先应该采用形体分析法，当对有些局部不易分析清楚时，再采用线面分析法，以弥补形体分析之不足。

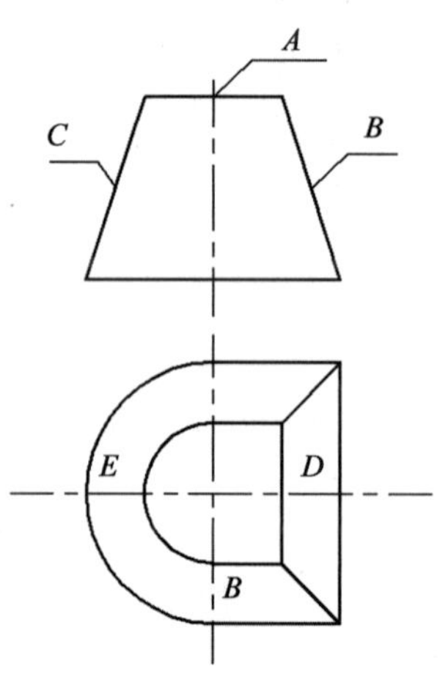

图 4-23 视图中封闭线框的含义

4.4.3　由两面视图补画第三面视图

由已知两面视图补画第三面视图是培养识图能力的常用方法。其过程是先分析已知的两面视图，弄清该组合体的形状，然后按前述画图方法补绘第三面视图。

【例 4-6】已知图 4-24 所示组合体的 V 面和 H 面投影。试补绘其第三面投影图。

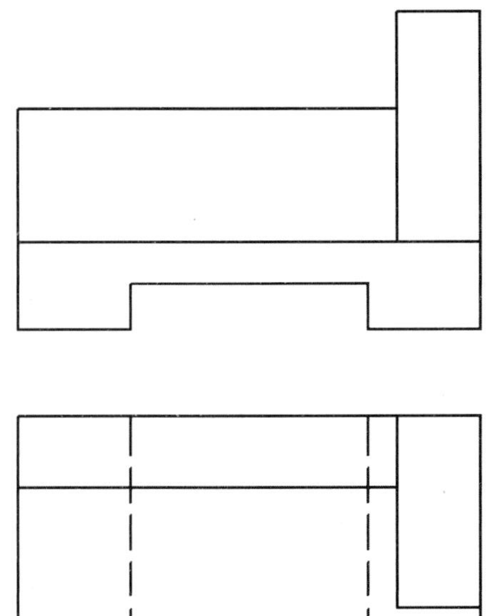

图 4-24　补绘第三面投影图

【分析】

先将图 4-24 所示的组合体粗略地分解为三部分（Ⅰ为"L"形底板，Ⅱ是侧板，Ⅲ是底部切割掉的四棱柱），如图 4-25 所示。

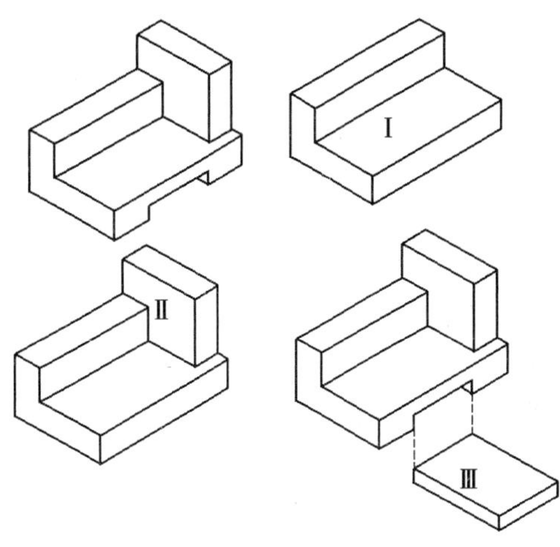

图 4-25　形体分析

【作图】

（1）补绘形体的Ⅰ的三视图，图 4-26(a)。

（2）补绘形体的Ⅱ的三视图，图 4-26(b)。

（3）补绘形体的Ⅲ的三视图，图 4-26(c)。

（4）图 4-26(c)所示为补绘完成的组合体的第三面视图。

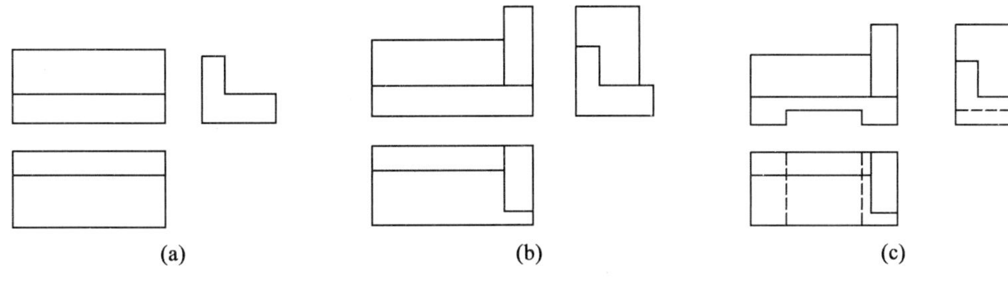

图 4-26　绘图步骤

第5章 剖面图与断面图

在工程图中，不可见轮廓线用虚线表示。当物体的内部构造复杂时，投影图中就会出现很多虚线，线条虚实交错、混淆、层次不清，既不利于读图，也不利于尺寸标注。因此，在工程图样中，常采用剖面图和断面图来表达形体内部的结构。

5.1 剖面图

5.1.1 剖面图的形成

为了能清晰地表达物体的内部构造，试假想用一个平行于某一投影面的剖切平面，把物体切成两半，然后移去观者和剖切平面之间的一部分，将剩下的另一部分向该投影面进行投影，所得到的投影图称为剖面图。

从图 5-1 可以看出，形体内部不可见的轮廓线(投影图中的虚线)，在剖面图中变成了可见的轮廓线(实线)；剖面图中，包含了形体被剖切平面切到的截交线和未切到的形体的投影线两部分。

5.1.2 剖切平面的设置

剖切平面位置要选择适当，剖切位置一般选择能够反映形体全貌、构造特征以及有代表性的部位剖切，所选用的剖切平面应平行于某一投影面，常位于形体的对称平面上或通过孔、槽等结构的中心线。

5.1.3 剖切符号

剖切符号宜优先选择国际通用方法表示，也可采用常用方法表示，同一套图纸应选用一种表示方法。

5.1.3.1 国际通用剖视法

采用国际通用剖视表示方法时，剖面及断面的剖切符号应符合下列规定：

(1)剖面剖切索引符号应由直径为 8～10 mm 的圆和水平直径以及两条相互垂直且外切圆的线段组成，水平直径上方应为索引编号，下方应为图纸编号，如图 5-2 所示，线段与圆之间应填充黑色并形成箭头表示剖视方向，索引符号应位于剖线两端；断面及剖视详图剖切符号的索引符号应位于平面图外侧一端，另一端为剖视方向线，长度宜为 7～9 mm，宽度宜为 2 mm。

(2)剖切线与符号线线宽应为 0.25b。

(3)需要转折的剖切位置线应连续绘制。

(4)剖号的编号宜由左至右、由下向上连续编排。

5.1.3.2 常规剖视法

剖切平面的位置确定以后，要在相应的图样中表示出来。利用剖切符号就可以综合表示出剖切平面所在的位置及投影的方向和剖面图的编号。剖面图中的剖切符号由剖切位置线、剖视方向线和编号组成。

1)剖切位置线

剖切位置线表示剖切平面所在的位置，用跨越图形的两段粗实线表示，其长度为 6～10 mm，且不得与图线相交。

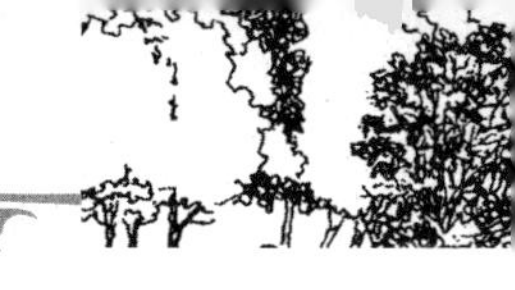

2)剖视方向线

剖视方向线表示剖切后的投影方向,用两段垂直于剖切位置线的粗实线表示,长度为 4～6 mm,其指向即为投影方向。

3)编号

编号要用阿拉伯数字或大写英文字母从左到右、从上到下的顺序连续编排,并水平注写在剖视方向线的端部。剖切位置线如有转折时,在转折处也需注写相同的编号。

4)剖面图命名

剖面图的名称应和相应的编号注写在图样的下方。如图 5-2 中“1-1 剖面图”“立面图”。

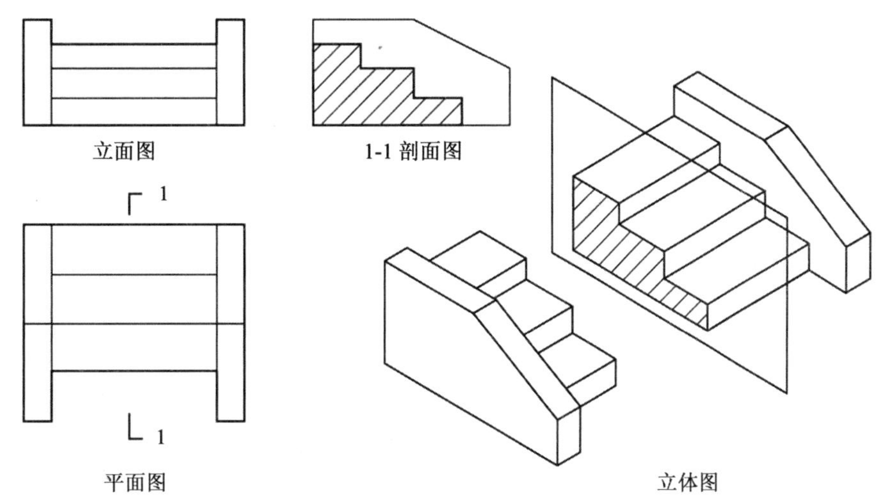

图 5-1　剖面图的形成

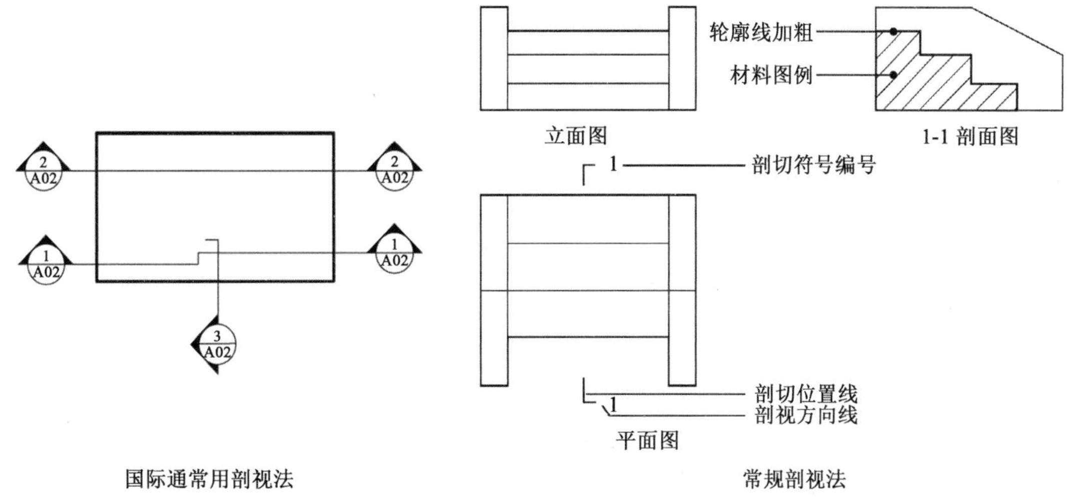

图 5-2　剖切符号

5.1.4　剖面图的画法

剖面图除应画出剖切面剖切到的部分的轮廓线外,还应画出沿投射方向没有被剖切到的部分的轮廓线。

1)注意线宽与线型

绘制剖面图时,被剖切面剖切到的部分的轮廓线用粗实线绘制。未被剖切到但沿投影方向可见部分的轮廓线，在图中用实线或细实线画出；对于剖切面后不可见形体，一般不再画出虚线。如图 5-2 所示。

2)画出材料图例

在剖面图上为了分清形体被剖切到和没有被剖切到的部分，在剖切平面与形体接触部分要画上材料图例。图例按《房屋建筑制图统一标准》(GB/T 50001—2017)、《风景园林制图标准》(CJJ/T 67—2015)等规定绘出。

如没有指明材料图例种类时，用与主要轮廓线或对称线呈 45°且等间距、互相平行的细实线(称为图例线)来表示。如图 5-2 所示。

5.1.5 剖面图的类型

不同的形体(特别是内部形状)要选择不同的剖切方法绘制剖面图。采用不同的剖切方法可以得到不同类型的剖面图。

5.1.5.1 单一剖切平面剖切

单一剖切平面剖切得到的剖面图，包括全剖面图和半剖面图。

1)全剖面图

用一个剖切平面完全地剖切形体后所画出的剖面图，称为全剖面图。

图 5-3 中所示为组合体全剖面图。假想用平行于 V 投影面的剖切平面 P，通过组合体平面图中水平方向对称线剖开，移开前面半部，将后半部向 V 面投影，即得组合体的全剖面图。在该剖面图中反映出组合体的外形轮廓和内部结构轮廓。

全剖面图常用于不对称形体。有些形体虽对称，但另有表达外形的视图或外形较简单时，也可采用全剖面图表示。

2)半剖面图

有些构件具有对称平面，且内外形状都比较复杂时，若用其他剖切方法则会影响形体外形的表达，这时在与构件对称平面垂直的投影图，可以对称线为界，一半画外形图，另一半画剖面图，这种剖面图称半剖面图。

半剖面图应以对称线作为外形图与剖面图的分界线。如果物体形状接近于对称，且不对称部分已另有图形表达清楚，也可以用半剖面图表示。

当对称线为铅垂方向时，剖面图放在对称线的右侧(左右对称图形)；对称线为水平方向时，剖面图放在对称线的下边(上下对称图形)。

对称符号，在单点画线的基础上，在线的上端和下端分别画两条长度 6～10 mm，间距 2～3 mm 的短线。

图 5-4 为一个杯形基础的半剖面图在正面投影和侧面投影中，都采用了半剖面图的画法，以表示基础的内部剖切构造和形状。

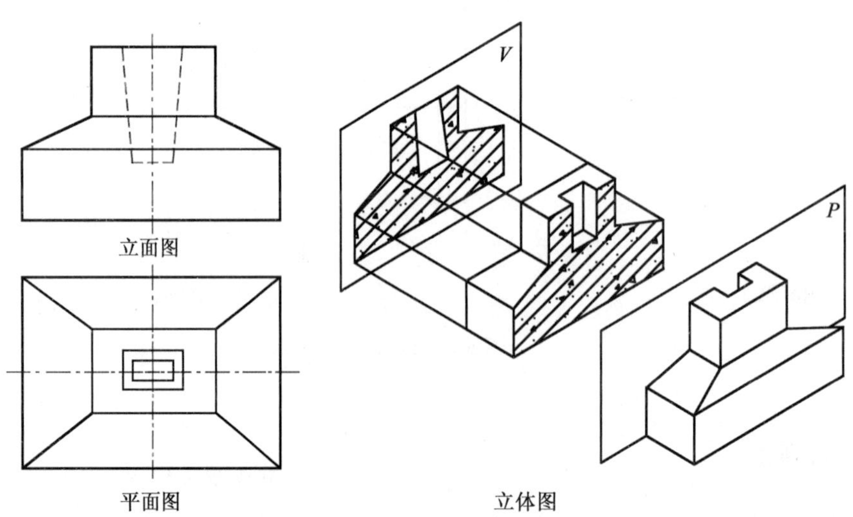

图 5-3 全剖面图示意图

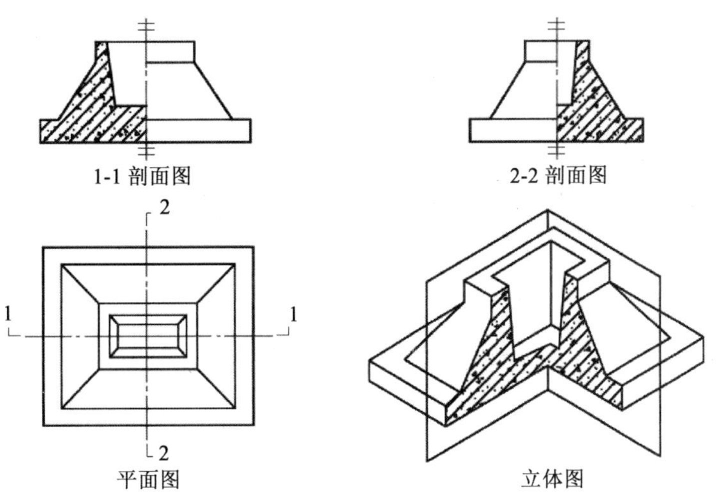

图 5-4　半剖面图示意图

5.1.5.2　用两个或两个以上剖切平面剖切

用两个或两个以上剖切平面剖切得到的剖面图，包括阶梯剖面图和旋转剖面图。

1)阶梯剖面图

用两个或两个以上的平行剖切平面剖切形体所得剖面图，称为阶梯剖面图。当一个剖切面不能将形体需要内部结构形状完整剖开，而内部结构形状又同处于相互平行且不重叠的剖切面时，可采用阶梯剖切。

由于剖切面是假想的，两个剖切平面的转折处的交线不要画出。剖切位置线需要转折时，在转折处如有混淆，须在转角处外侧加注与该剖面相同的编号，如图 5-5 所示。

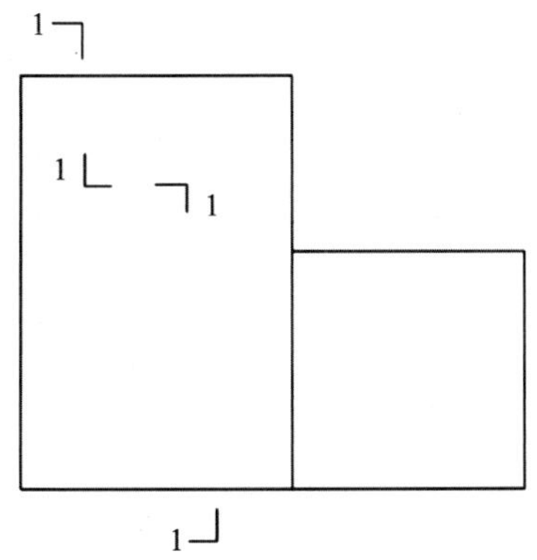

图 5-5　剖切位置线示意图

图 5-6 是房屋的剖面图，其水平投影为全剖面图，而侧面投影则为阶梯剖面图。如果侧面投影只用一个剖切平面剖切，门和窗就不可能同时被剖切到，因此假想用两个同时平行于 W 投影面的剖切平面，一个通过门，另一个通过窗将房屋剖开，这样就能同时显示出门及窗的高度。

2)旋转剖面图

当形体的内部结构形状用一个剖切平面剖切不能表达完全，可采用两个或两个以上的相交剖切平面剖切物体，并将被倾斜平面剖切的结构要素及其有关部分旋转到与选定的投影平面平行后再进行投

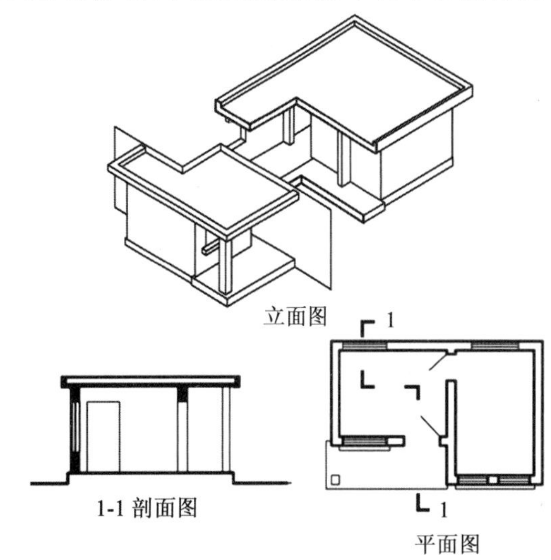

图 5-6　阶梯剖面图示意图

影，这样得到的图形称为旋转剖面图。

采用旋转剖切时，先按假想的剖切位置剖切开一部分形体，然后将被倾斜剖切平面剖开的结构形状连同先剖切部分的结构形体旋转到与选定基本投影面平行后再进行投影，使剖视图既能反映实形又便于画图。采用旋转剖切时，在剖切平面后的其他结构一般仍按原来位置投影。

旋转剖视图的剖切线在转折处也应标注，如果怕混淆，也可在外侧加注相同的编号。在剖视图的图名后加注“展开”字样。

图 5-7 是一个楼梯的旋转剖面图。由于楼梯的两个梯段互相之间在水平投影上呈一定的角度，如用一个或两个平行的剖切平面都无法将楼梯表示清楚，因此，可用两个相交的剖切平面进行剖切。

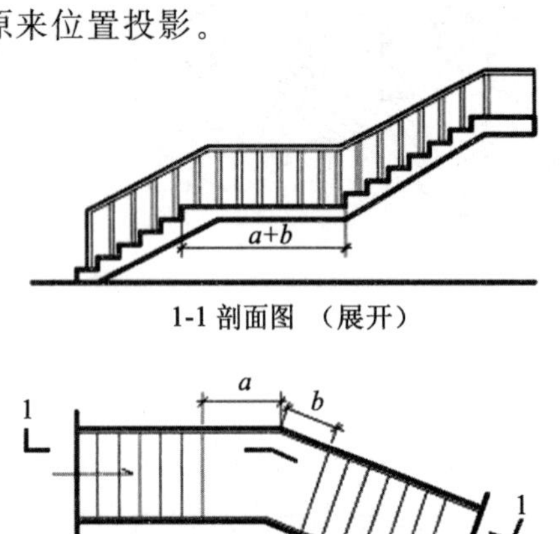

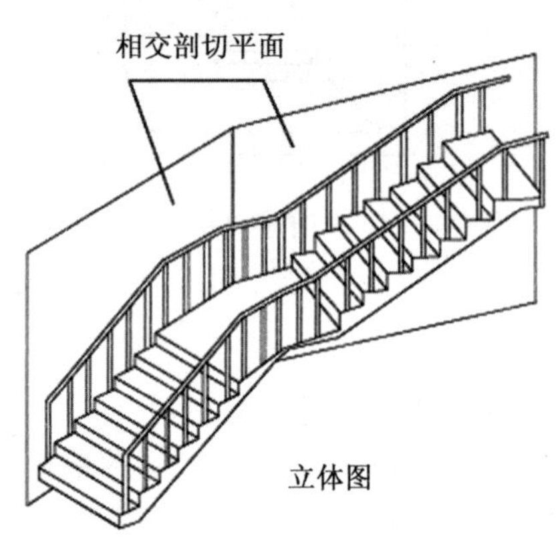

图 5-7 旋转剖面图示意图

5.1.5.3 局部剖面图

可分为分层剖切和局部剖切。

有些建筑物的构件其构造层次较多或只有局部构造比较复杂，可用分层剖切或局部剖切的方法来表示其内部的构造，用这种剖切方法所得到的剖面图，称为分层剖面图或局部剖面图。

分层剖面图应用波浪线按层次将各层隔开，局部剖面图应用波浪线作为剖面图与投影图的分界线，波浪线不应与其他任何图线重合且不超出轮廓线。图 5-8 是用分层剖面图表示的地面所用的材料和构造的做法。

图 5-9 是用局部剖面图表示的杯形基础材料和构造的做法。

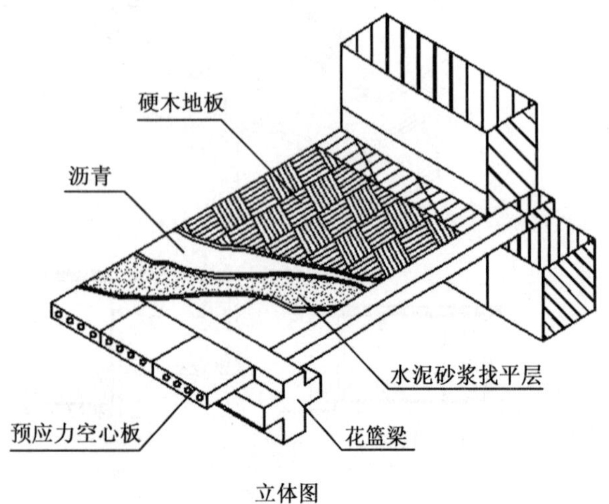

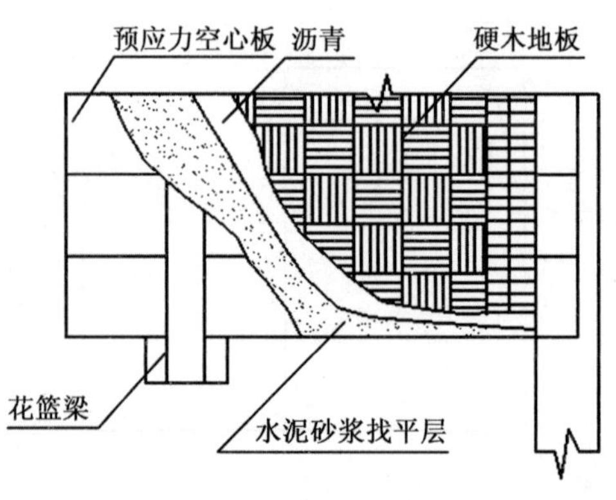

图 5-8 分层剖面图示意图

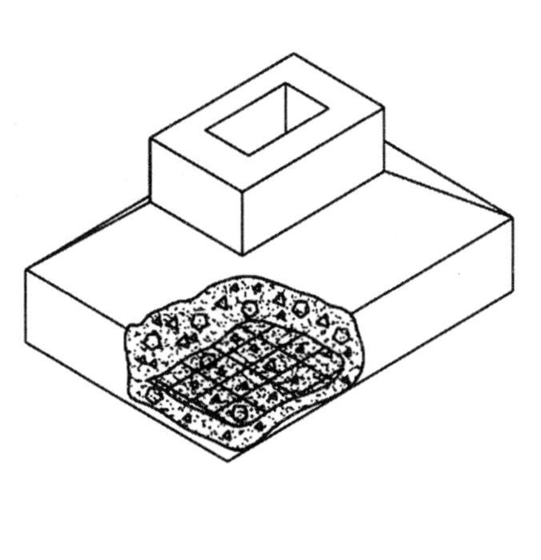

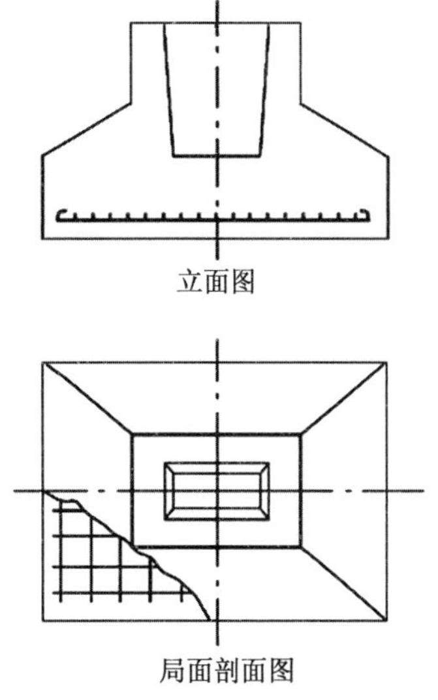

立体图

图 5-9 局部剖面图示意图

5.2 断面图

为了便于表达形体内部构造，假想用一个平行于某一投影面的剖切平面 P 将形体剖切后，其剖切平面与形体的截交线所围合而成的平面图形，就称为断面。如果只把这个断面向与其所平行的投影面进行投影，所得的图则称为断面图。如图 5-10 所示。

断面图是形体剖切之后断面的投影，是面的投影。剖面图是形体剖切之后剩下部分的投影，是体的投影。剖面图中包含断面图。

断面图常用于表达形体某部分的断面形状，如建筑构件、杆件及型材等的断面。

5.2.1 断面图的标注及画法

1)确定剖切平面的位置

剖切平面的位置，决定了断面图的形状。剖切平面应平行于投影面，从而使断面的投影反映实形。剖切平面的位置一般应选择能够反映形体全貌、构造特征以及有代表性的部位，如在形体的对称平面上或通过形体的孔、洞、槽的中心线，如图 5-10(b)所示。

2)剖切平面数量的选择

要清楚地表达一个形体，一个断面图有时并不能很好地、完整地表达形体内部的形状和结构，这时就需要几个断面图。断面图的数量与形体本身的复杂程度有关。简单的形体，1～2 个断面图即可，形体越复杂，需要的断面图就越多，在实际作图时需根据具体情况选择。

3)断面图的标注

断面图的剖切符号由剖切位置线和编号组成，如图 5-10(b)中的“1-1 断面图”，并有如下规定：

(1)剖切位置线表示剖切平面的位置，用两小段长 6～10 mm 的粗实线绘制。

(2)在剖切位置线的一侧标注剖切符号编号，编号所在的一侧表示该断面剖切后的投影方向。

(3)在断面图下方注写相应编号的图名，作为断面图的名称，如“1-1 断面图”、“2-2 断面图”等，并且在图名下方画上一等长的粗实线。

4)绘制断面图的图线及图例

形体被剖切后所形成的断面轮廓线，用粗实线画出，为使物体被剖到部分与未剖到部分区分开来，使图形清晰可辨，应在断面轮廓范围内画上表示其材料种类的图例。材料图例应符合《房屋建筑制图统一标准》(GB/T 50001—2017)的规定，常用的建筑材料图例与剖面图所用的图例一致。

如没有指明材料图例种类时，用与主要轮廓线或对称线呈 45°且等间距、互相平行的细实线（称为图例线）来表示。如图 5-10 所示。

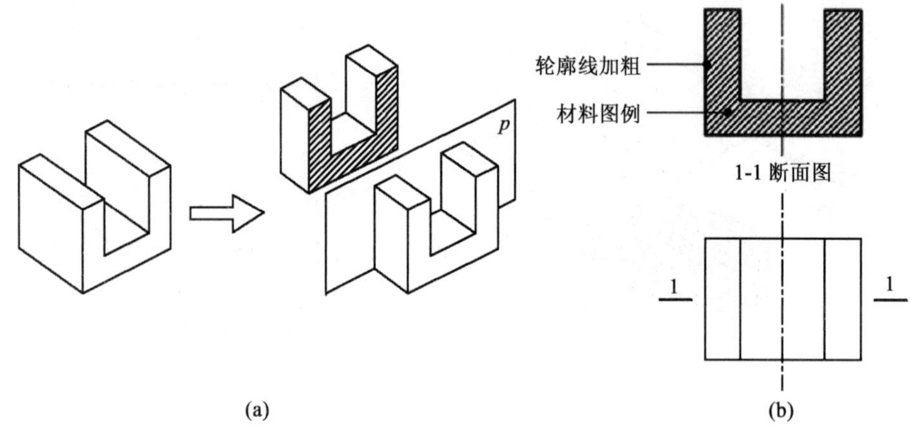

图 5-10　断面图

5.2.2 断面图的类型

断面图根据其布图位置的不同，一般可分为以下三种类型：

1）移出断面图

将断面图画在投影图之外的称为移出断面图。当一个形体需要画多个断面图时，应将各断面图按顺序依次整齐地排列在投影图的附近，如图 5-11 所示。为了便于看图和标注尺寸，断面图的比例可以大于原视图的比例。

2）重合断面图

重合断面图常常用来表达屋面形状、坡度、墙面的装饰等。

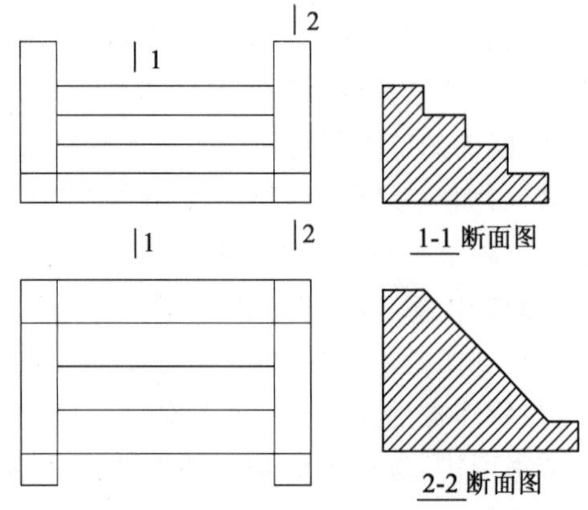

图 5-11　移出断面图

重叠画在视图轮廓线之内的断面图称为重合断面图，此时，断面图的比例应与原视图的比例相同。如图 5-12 所示，这种断面图是假想用一个垂直于墙面的剖切平面剖开墙面，然后将断面向上旋转 90°，使它跟立面图重合后得到的。重合断面图的轮廓线要比视图的轮廓线粗，并在轮廓线范围内，沿轮廓线边缘画出与轮廓线呈 45°的短细实线，这样的断面图可以不加任何说明。

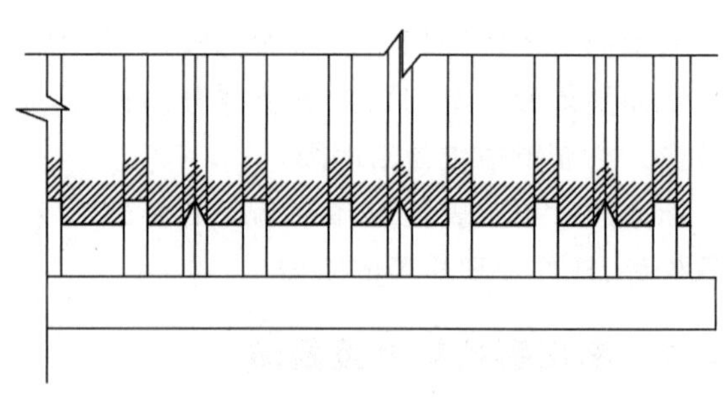

图 5-12　重合断面图

3）中断断面图

对于长度较长且均匀变化的单一构件，如杆件、型材等，常把视图断开，将断面图画在构件投影图的中断处，称为中断断面图，如图 5-13 所示。这样的断面图也可以不加任何说明。

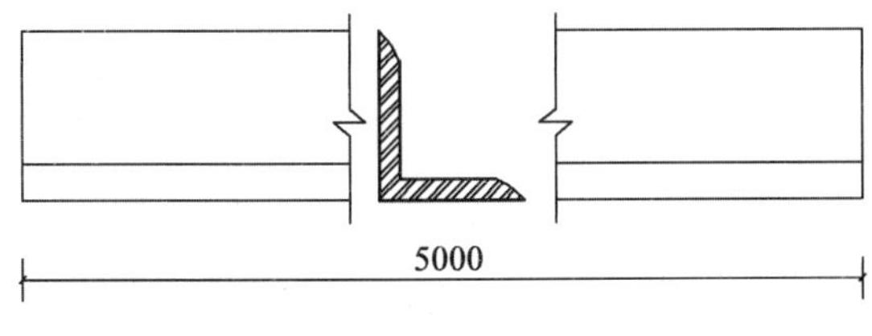

图 5-13　中断断面图

5.3　剖面图与断面图的区别和联系

5.3.1　剖面图与断面图的区别

1)“体”与“面”的区别

剖面图指被剖开后剩余形体的投影，是“体”的投影，而断面图指被剖开后截面的投影，是“面”的投影。被剖开的形体必然有一截面，所以剖面图是包含断面图在内的图纸，而断面图为单独画出的投影图(图 5-14)。

2)剖切符号的区别

剖切符号的标注不同。剖面图的剖切符号包括剖切位置线、剖视方向线和编号。而断面图的剖切符号仅有剖切位置线和编号，不画剖视方向线，投影方向由编号所注写的位置表示，编号注写在哪一侧则表示向哪一侧投影。

5.3.2　剖面图与断面图的联系

对于同一个形体，在同一个位置剖切后，向同一个方向作正投影，所得到的剖面图中包含断面图。

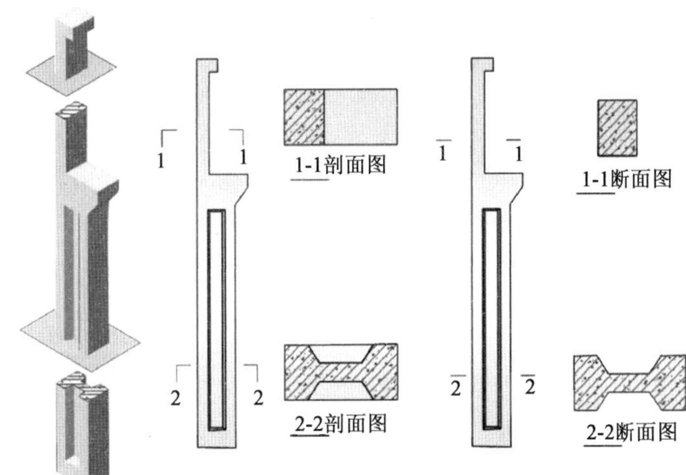

图 5-14　剖面图与断面图的区别与联系

第6章 轴测投影图

6.1 轴测投影概述

通过三视图的方式，空间中的组合体可以转变成为平面的图形，反映物体的形状及特征，如图 6-1(a)所示。但这种三视图表现组合体的方式，需要有一定的空间想象能力及具备一定的制图知识才能把握物体的立体特征。在实践中常常需要有直观反映物体立体特征的图样，可以采用多种制图方式，其中图 6-1(b)表现的是同一组合体的立体图，这种没有透视变形的投影图称为轴测图(又称立体图)。比较这两张图不难看出：三视图能够准确地表达出形体的形状，且作图简便，但直观性差，只有专业人员才能看懂；而轴测图的立体感较强，但度量性差，并且无法表现立体的全部表面。

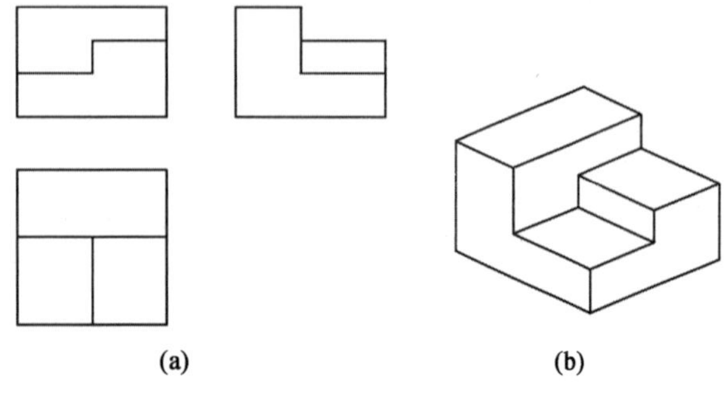

(a)　　(b)

图 6-1　三视图与轴测图

工程上广泛采用的是多面正投影图，为弥补直观性差的缺点，常常要画出形体的轴测投影，所以轴测投影图在工程制图中常作为一种辅助图样。在园林设计中轴测投影的应用更为广泛，除了在工程施工图中作为辅助图样外，还可以运用轴测投影表现园林景观的立体效果。尽管轴测图不符合人眼的视觉习惯，但是却可以清楚地反映出形体的空间关系，并且它具有独特而又新颖的视觉形象。所以轴测图不仅可以用在设计构思阶段，直观、快捷地创造三维效果，还可以用来表达设计方案，表现景观的立体效果，有时候甚至还可以代替透视鸟瞰图。

6.1.1　轴测投影的形成

如图 6-2 所示，将几何立体连同确定其空间位置的直角坐标系，用平行投影法投射到选定的一个投影面 P 上，所得到的投影称为轴测投影。用这种方法画出的图，称为轴测投影图，简称轴测图。投影面 P 称为轴测投影面；形体的坐标轴 OX、OY、OZ 在轴测投影面 P 上投影 O_1X_1、O_1Y_1、O_1Z_1 称为轴测投影轴，简称轴测轴；轴测轴之间的夹角称为轴间角。

轴测轴上某线段长度与实际长度之比，称为轴向变形系数或者轴向伸缩系数。如图 6-2 所示，X、Y、Z 方向的轴向伸缩系数分别用 p、q、r 表示，即：

$$p=O_1X_1/OX \quad q=O_1Y_1/OY \quad r=O_1Z_1/OZ$$

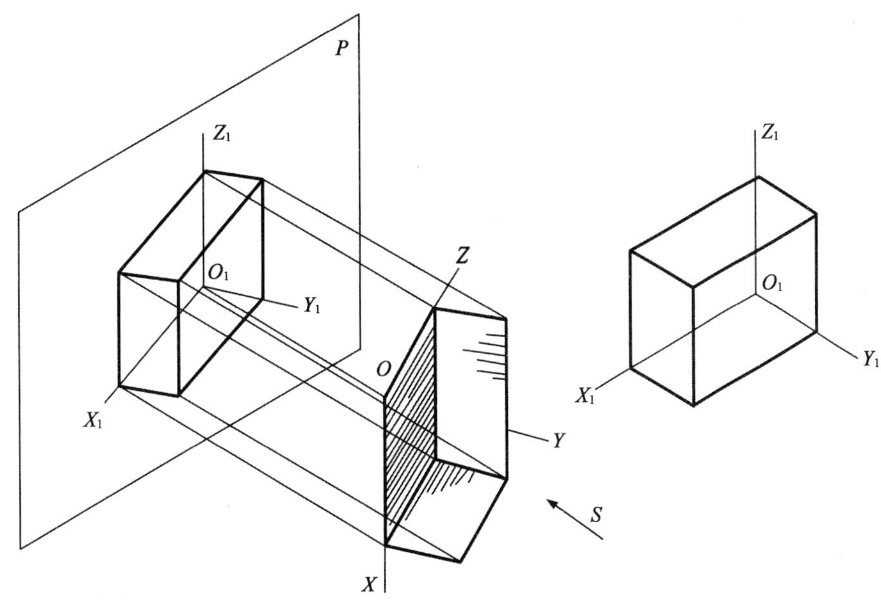

图 6-2　轴测投影的形成

轴间的夹角称为轴间角，如果给出轴间角，便可画出轴测轴；再给出轴向伸缩系数，便可画出与空间坐标轴平行的线段的轴测投影。所以，轴间角和轴向伸缩系数是绘制轴测投影图的两组基本参数。

6.1.2　轴测投影的基本性质

轴测投影也属于平行投影，只不过它是在单一投影面上获得的平行投影，所以，它具有平行投影的相关性质。除此之外，还应特别指出的是如下两方面：

(1)平行两直线，其轴测投影仍相互平行。因此，形体上平行于某坐标轴的直线，其轴测投影平行于相应的轴测轴。

(2)平行两线段长度之比，等于它们轴测投影长度之比。因此，形体上平行于坐标轴的线段，其轴测投影与其实际长度之比，等于对应轴的轴向伸缩系数。

6.1.3　轴测投影的分类

轴测投影包括的种类比较多，通常有以下两种分类形式：

(1)根据投射线和轴测投影面相对位置的不同，轴测投影可分为两种：①正轴测投影。投射线 S 垂直于轴测投影面 P；②斜轴测投影。投射线 S 倾斜于轴测投影面 P。

(2)根据轴向伸缩系数的不同，轴测投影又可分为三种：①正(或斜)等轴测投影。三个轴向的伸缩系数均相等，即 $p=q=r$；②正(或斜)二等轴测投影。三个轴向的伸缩系数有两个不相等；③正(或斜)三轴测投影。三个轴向的伸缩系数都不相等。

其中，正等轴测投影和斜轴测投影在实际工作中比较常用。

6.2　正轴测投影图

空间形体的三个坐标轴均与轴测投影面倾斜，投影方向与轴测投影面垂直，所形成的轴测投影称为正轴测投影。

随着坐标轴与轴测投影面的倾斜角度不同，可以作出不同的正轴测投影，实际中常用的正轴测投影图主要是正等测投影，正二等测投影应用较少。

6.2.1 正轴测投影图参数

6.2.1.1 正等测投影的参数

正等测投影是指形体的三个坐标轴与轴测投影面的倾斜角度都相等时得到的正轴测投影，简称正等测。因为这种轴测图立体感强，画法简单，在工程上较常采用。

正等测投影是三个坐标轴与轴测投影面的倾角相等，这时的轴向变形系数 $p=q=r=0.82$，轴间角 $\angle X_1O_1Y_1=\angle X_1O_1Z_1=\angle Y_1O_1Z_1=120°$。

为便于作图，通常使 $p=q=r=1$，用这种简化系数画出的图形将比实际物体大 1.22 倍，Z 轴画成垂直位置，X 轴和 Y 轴均与水平线成 30°。如图 6-3 所示。

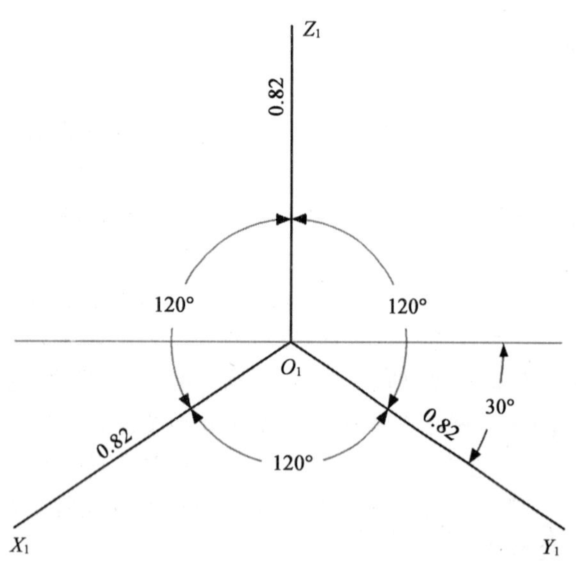

图 6-3 正等轴测图的轴间角和轴向伸缩系数

6.2.1.2 正二测投影的参数

正二测投影是指两个坐标轴(一般是 OX 轴和 OZ 轴)与轴测投影面的倾斜角相等时得到的正轴测投影，简称正二测。

正二测轴间角：$\angle X_1O_1Y_1=131°25'$，$\angle Y_1O_1Z_1=131°25'$，$\angle X_1O_1Z_1=97°10'$；轴向伸缩系数 $p=r=0.94$，$q=0.47$。画图时，一般将 O_1Z_1 轴画成铅垂方向，X_1 轴与水平线成 7°10′，Y_1 轴与水平线成 41°25′，并取简化轴向变化率 $p=r=1$，$q=0.5$，如图 6-4 所示。

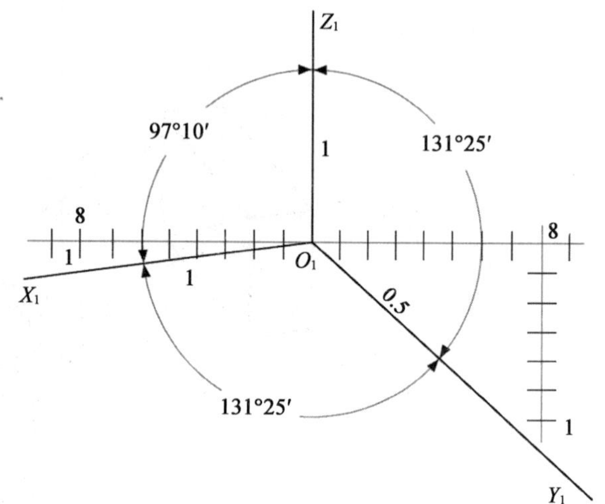

图 6-4 正二等轴测图的轴间角和轴向伸缩系数

6.2.2 正轴测投影图画法

正轴测投影图的作图方法主要包括坐标法、叠加法、切割法、综合法等。为使轴测投影立体感强，轴测图的可见部分一般用中实线绘制，不可见轮廓线一般不画出，必要时也可用细虚线画出所需要表达部分。

6.2.2.1 平面体正轴测投影图的画法

1)坐标法

画正等轴测图的基本方法是坐标法，即根据物体在正投影图上的坐标，画出物体的轴测图，最适用于平面上含有一般位置直线的平面立体的作图。其作图步骤为：①读懂正投影图，并确定原点和坐标轴的位置；②选择轴测图种类，画出轴测轴；③作出各顶点的轴测投影；④连接各顶点完成轴测图。

画正等轴测图时，首先要确定正等轴测轴，一般将 O_1Z_1 轴画成铅垂位置，再用丁字尺画一条水平线，在其下方用 30°的三角板作出 O_1X_1 轴和 O_1Y_1 轴。画正等轴测图时，三个轴测轴的轴向伸缩系数均是 1，即按实长量取，如图 6-5 所示。

【例 6-1】如图 6-6 (a)，已知正六棱柱的两面投影，求作其正等测轴测图。

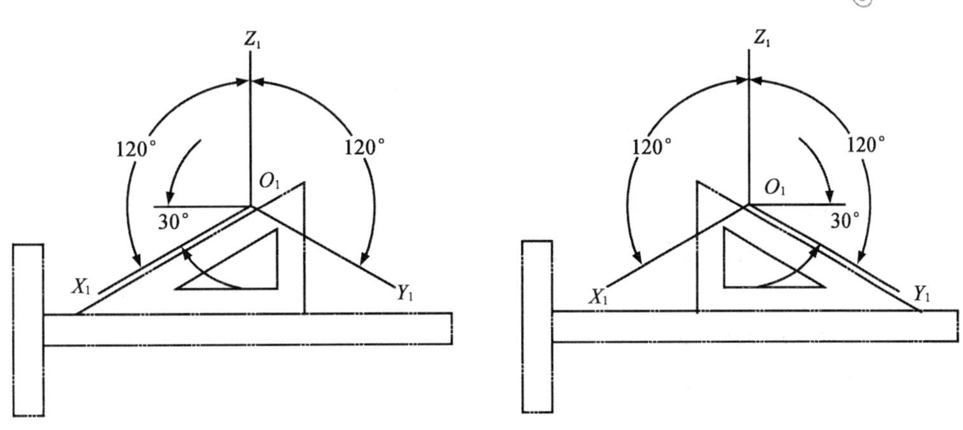

图 6-5　正等轴测投影坐标体系画法

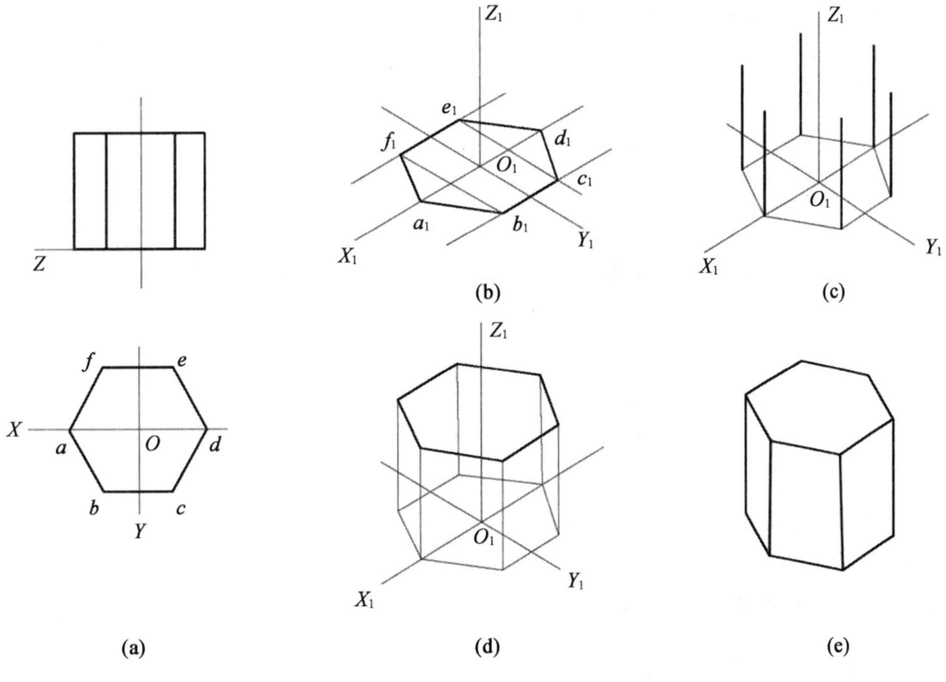

图 6-6　正六棱柱的正等轴测图

【分析】根据正等测简化系数，正等测上的长、宽、高尺寸和两视图一致，因此只需要定出轴测轴和轴间角，然后按坐标找出各点位置，最后连接起来。

【作图】

(1)确定坐标轴，根据正六棱柱的投影特点，将原点确定在底面正六边形中心位置，便于确定底面各角点的坐标，如图 6-6(a)所示。

(2)画出轴测轴，根据轴测投影平行性质，利用坐标法作出 a、b、c、d、e、f 点的轴测投影 a_1、b_1、c_1、d_1、e_1、f_1，并依次连接形成底面的轴测投影，如图 6-6(b)所示。

(3)过上述各点的轴测投影，分别向上量取六棱柱高度，并依次连成顶面的轴测投影，如图 6-6(c)、(d)所示。

(4)绘出可见轮廓线并描深，擦去不可见轮廓线及多余线条，完成作图，如图 6-6(e)所示。

【例 6-2】已知三棱锥三面投影如图 6-7 (a)，求作其正等轴测图。

【作图】

(1)确定坐标轴,根据三棱锥的投影特点,考虑作图方便,把原点选在底面点 c 处,并使 ac 与 OX 轴重合,如图 6-7(a)所示。

(2)画出轴测轴,利用坐标法定底面各角点的轴测投影 A、B、C 及锥顶 S 在底面的投影 s,如图 6-7 (b)所示。

(3)根据 s 的高度定出 S 所在空间位置。

(4)连接各顶点 A、B、C、S,完成作图,如图 6-7 (c)所示。

2)切割法

对于由基本形体经过截断、开槽、穿孔等变化而成的组合体,可先画出完整基本体的轴测图,再去掉应切除部分的轴测图,这种绘制轴测图的方法叫切割法。

【例 6-3】如图 6-8(a)所示,画出切割型组合体的正等轴测图。

【分析】该形体可看作由一个大四棱柱切去一个小三棱柱和一个小四棱柱后形成,可由切割法绘制其正等轴测图。

【作图】

(1)确定坐标轴。在三面投影图上定出坐标轴的位置,选择形体后端面的右下角为坐标原点,如图 6-8(a)所示。

(2)画轴测轴,根据大四棱柱的尺寸作出其正等轴测投影,如图 6-8(b)所示。

(3)根据给出尺寸,在大四棱柱上切去一个小三棱柱,如图 6-8(c)所示。

(4)在剩余的形体上再根据给出尺寸切去一个小四棱柱,如图 6-8(d)所示。

(5)擦去作图辅助线,描深可见轮廓线,完成作图,如图 6-8(e)所示。

3)叠加法

对于由简单几何体叠加形成的组合体,先按各组成部分的形状和相对位置逐个画出它们的轴测图,再按给出尺寸位置组合起来,形成整体轴测图,这种作轴测图的方法叫叠加法。

【例 6-4】如图 6-9(a)所示,求作组合体的正等轴测图。

【分析】从图 6-9(a)可以看出,此组合体由底板、背板和斜板三个基本形体叠加而成,可根据它们的相对位置关系采用叠加法绘制其轴测投影。

【作图】

(1)确定坐标轴位置,为简化作图,选择底板后端面的右下角为坐标原点,如图 6-9(a)所示。

(2)作出正等测轴测轴,根据底板尺寸画出其正等测投影,如图 6-9(b)所示。

(3)在底板上面,根据背板长、宽、高尺寸,画出其正等测投影,如图 6-9(c)所示(背板的后表面和左、右侧面均与底板的对应面平齐。)

(4)在底板的上面、背板的前面,根据斜板的尺寸画出其正等测投影,如图 6-9(d)所示。

(5)擦去多余图线后描深轮廓线,完成作图,如图 6-9(e)所示。

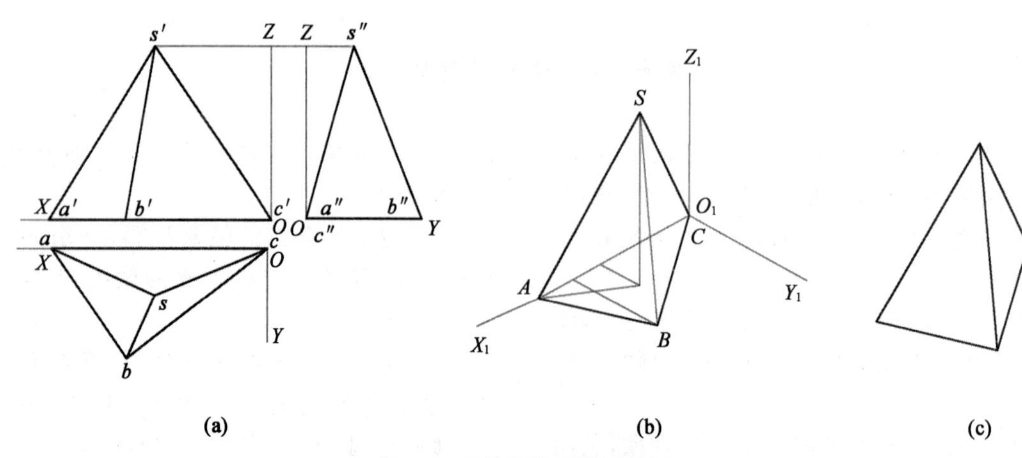

图 6-7 三棱锥的正等轴测图

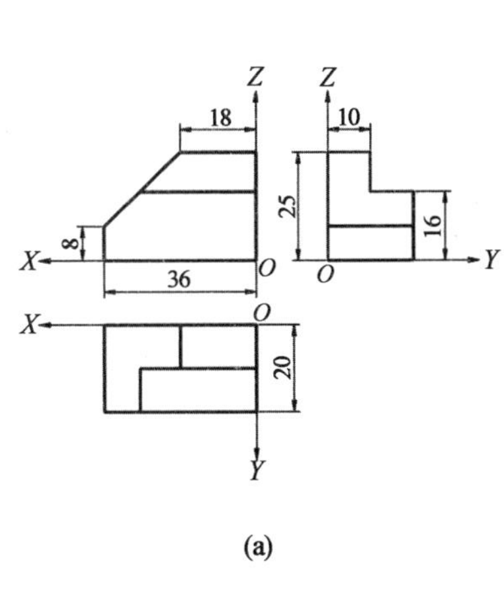

(a)

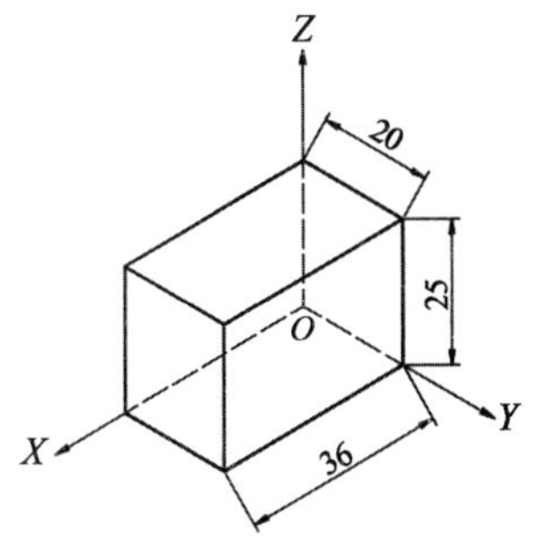

(b)

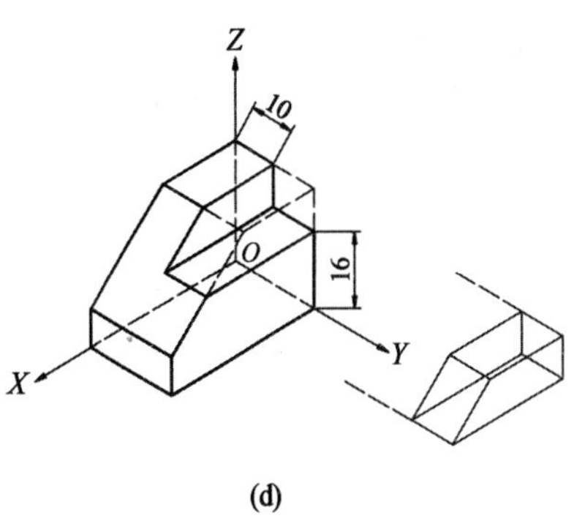

(d)

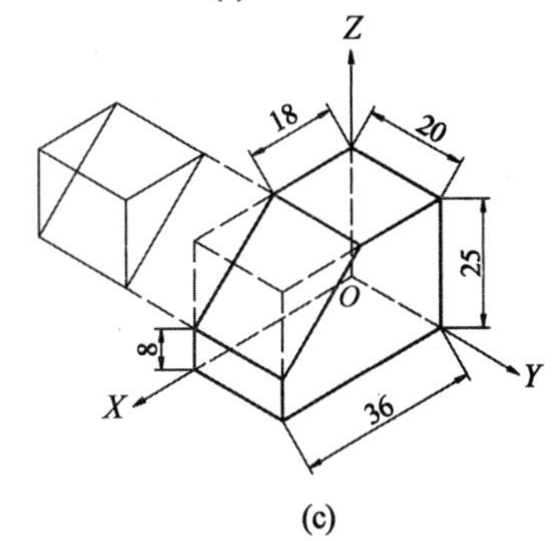

(c)

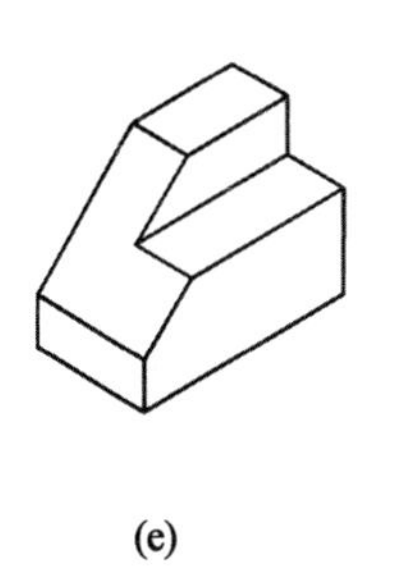
(e)

图 6-8　切割型组合体的正等轴测图

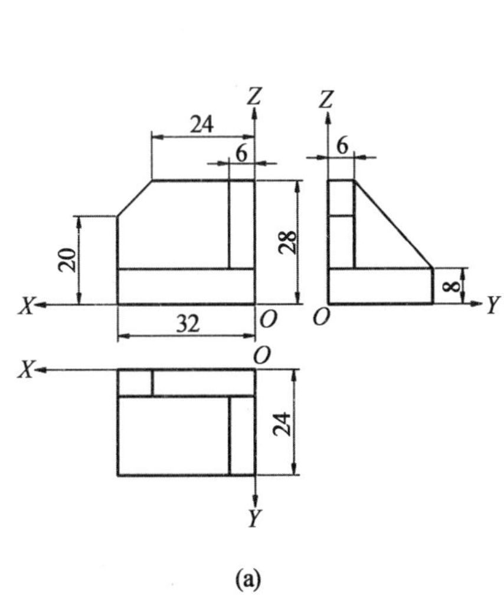

(a)

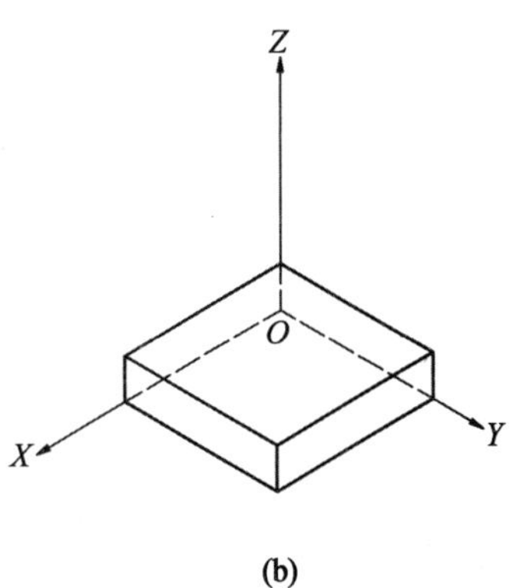

(b)

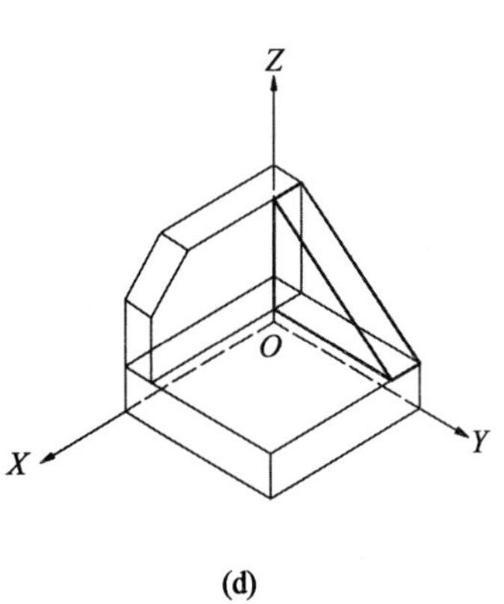

(d)

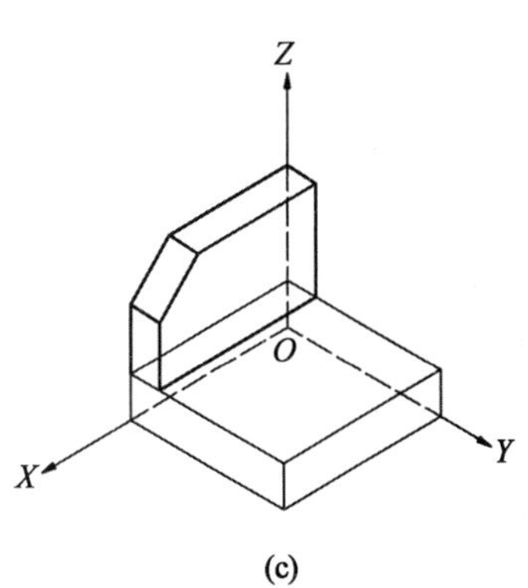

(c)

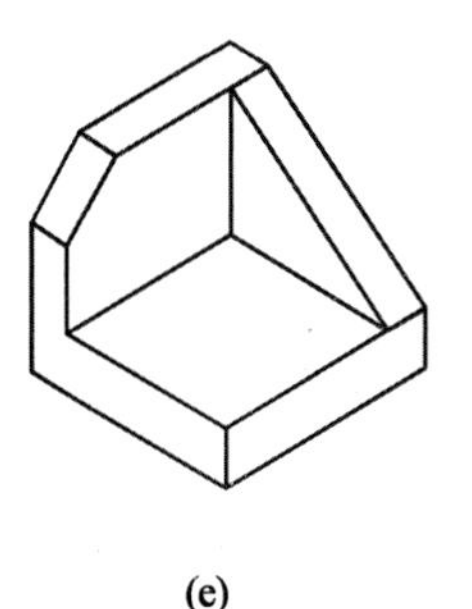
(e)

图 6-9　叠加型组合体的正等轴测图

6.2.2.2 圆的正轴测投影图的画法

1)圆周轴测投影的一般特性

(1)当圆周平面平行于投射方向时,其轴测投影为一直线。

(2)当圆周平面平行于轴测投影面时,轴测投影为一个等大的圆周。

(3)一般情况下,圆周的轴测投影为一个椭圆,椭圆心为圆心的轴测投影。椭圆的直径为圆周直径的轴测投影;圆周上任一对互相垂直的直径 ,其轴测投影为椭圆的一对共轭轴。

2)坐标法

在一般情况下,圆的轴测投影为椭圆,可以用坐标法作出圆上一系列点的轴测投影,然后光滑地连接起来,即得圆的轴测投影。因圆周上一系列的点是由该圆一系列平行弦端点确定,因此,这种作图方法又称为平行弦法。此方法适用于一般位置圆或在坐标平面上(或其平行面上)的圆的轴测投影绘制。

【例 6-5】如图 6-10(a)所示,已知水平圆上的两面正投影,求作其正等测投影。

【分析】该圆为水平圆,可先在其水平投影图上作出一组平行弦(一般等分直径),然后用坐标法作出这些弦的轴测投影,它们的端点即为圆周上点的轴测投影,再依次光滑地连接各点,即为所求圆的轴测投影。

【作图】

(1)在两面投影图上定出坐标轴位置。在圆上取点,作一系列平行于 OX 轴的平行弦,如图 6-10(a)所示。

(2)画出轴测轴 O_1X_1,O_1Y_1,并在其上按直径大小直接定出坐标轴上两直径端点的轴测投影 a_1、b_1、c_1、d_1,如图 6-10(b)所示。

(3)根据坐标作出各平行弦的轴测投影,依次光滑连接各弦轴测投影的端点,即为该圆的正等测投影(椭圆),如图 6-10(c)所示。

3)八点法

八点法是利用圆的外切正方形的四个切点加上圆与对角线的四个交点求作圆的轴测投影的方法。这种方法可用于圆周的轴测投影的各种场合。

【例 6-6】如图 6-11(a)所示,已知水平圆的 H 面投影,求作其正二测投影。

【分析】先作出圆的外切正方形的轴测投影,再在其中作出圆的轴测投影(椭圆)。

【作图】

(1)在圆的水平投影上,作出其外切正方形 $abcd$,并连接对角线和画出圆对称中心线,分别得到四个切点 1、2、3、4 和四个交点 5、6、7、8,如图 6-11(a)所示。

(2)根据正二测的轴测轴和轴向伸缩系数,先画出圆外切正方形的正二测轴测投影 a_1、b_1、c_1、d_1,并得到四个点的轴测投影 1_1、2_1、3_1、4_1,如图 6-11(b)所示。

(3)以 4_1d_1 为斜边作等腰直角三角形 $4_1m_1d_1$,然后以 4_1 为圆心,4_1m_1 为半径作圆弧,交 a_1d_1 于 n_1 和 k_1,再分别过 n_1k_1 作 a_1b_1 的平行线与四边形对角线 a_1c_1 和 b_1d_1 分别交得交点 5_1、6_1、7_1、8_1,如图 6-11(c)所示。

(4)用曲线板光滑连接 1_1、5_1、2_1、6_1、3_1、7_1、4_1、8_1 八个点,得到圆的正二测轴测图,如图 6-11(d)所示。

4)四心圆法

平行于坐标平面的圆的正等测投影都是椭圆,且这种圆的外切正方形在正等测投影中为菱形,为了简化作图,常采用四段圆弧近似画椭圆,这种方法叫四心圆法。

【例 6-7】用四心圆法求作图 6-12(a)中的水平圆的正等测投影。

【作图】

(1)画轴测轴,按直径 d 量取 O_1、b_1、c_1、d_1,顺次连接四点作出圆的外切正方形 $O_1b_1c_1d_1$(菱形),菱形各边中点为 e_1、f_1、g_1、h_1,如图 6-12(b)所示。

(2)连接菱形钝角顶点与两对边的中点 O_1f_1、O_1e_1、c_1g_1、c_1h_1 得交点 2、4,如图 6-12(b)所示。

(3)以 O_1、c_1 为圆心,O_1f_1、c_1g_1 为半径作两大圆弧,如图 6-12(c)所示。

(4)以 2、4 为圆心,$2g_1$、$4e_1$ 为半径作两小圆弧,大圆弧与小圆弧相接于 e_1、f_1、g_1、h_1,如图 6-12(d)所示。四段圆弧组成的椭圆,即为所求圆的正等测投影,如图 6-12(e)所示。

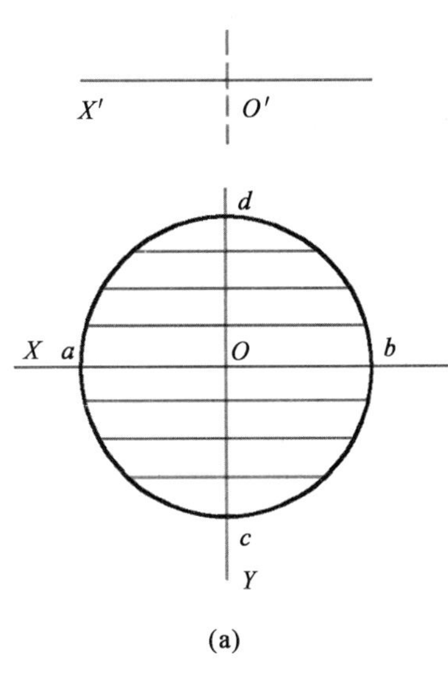

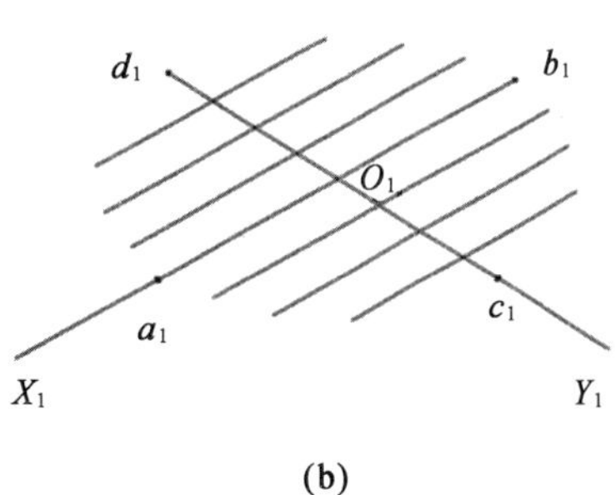

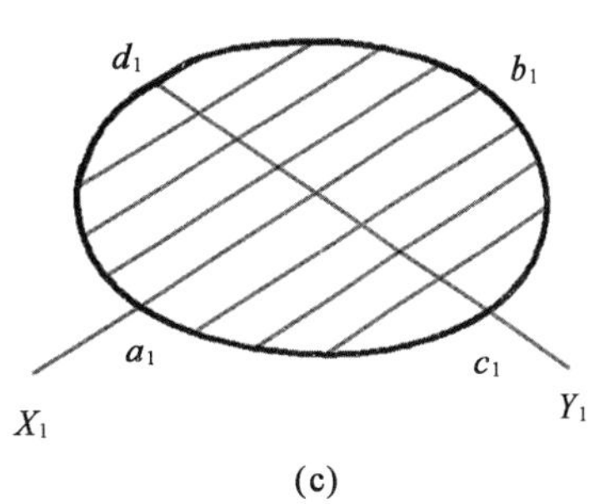

图 6-10　坐标法作圆的正等轴测图

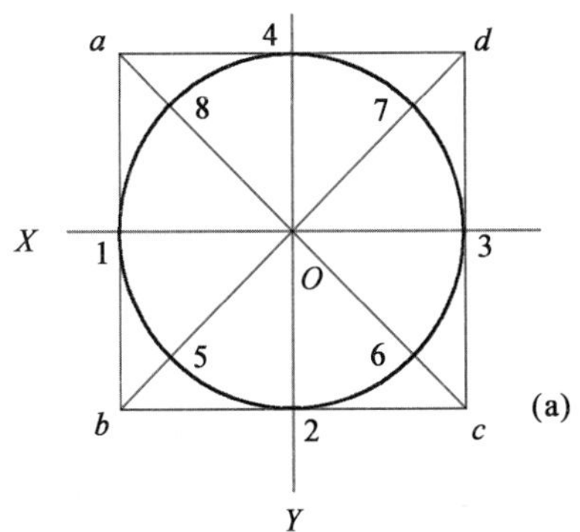

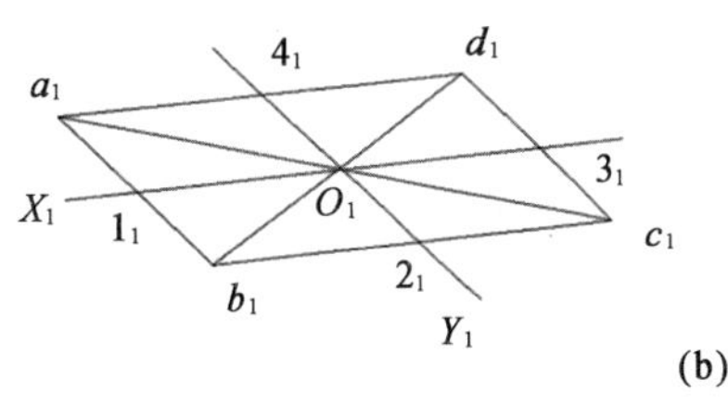

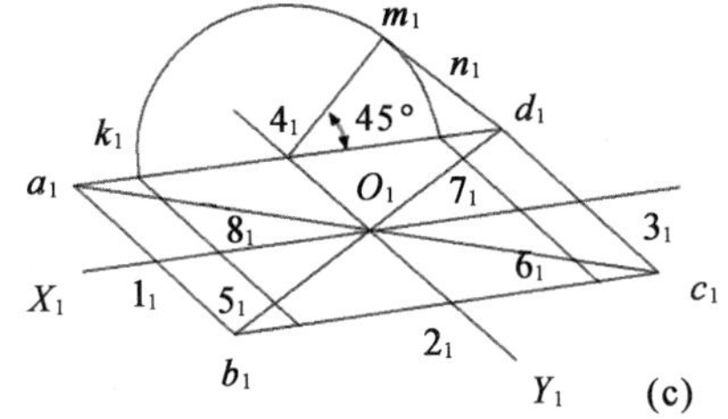

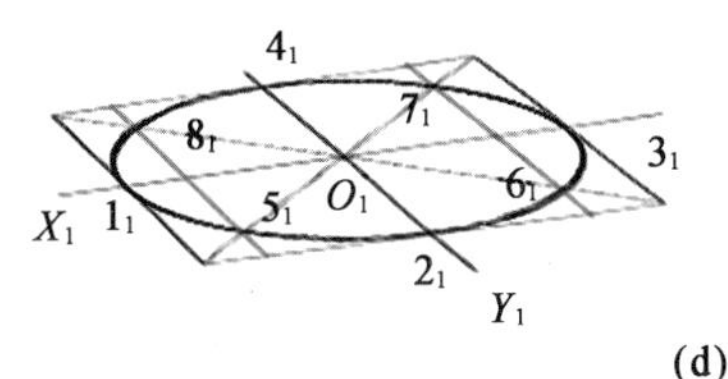

图 6-11　八点法作圆的正二轴测图

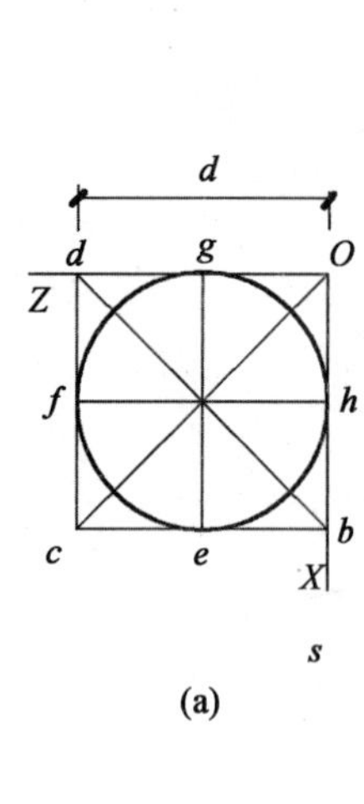

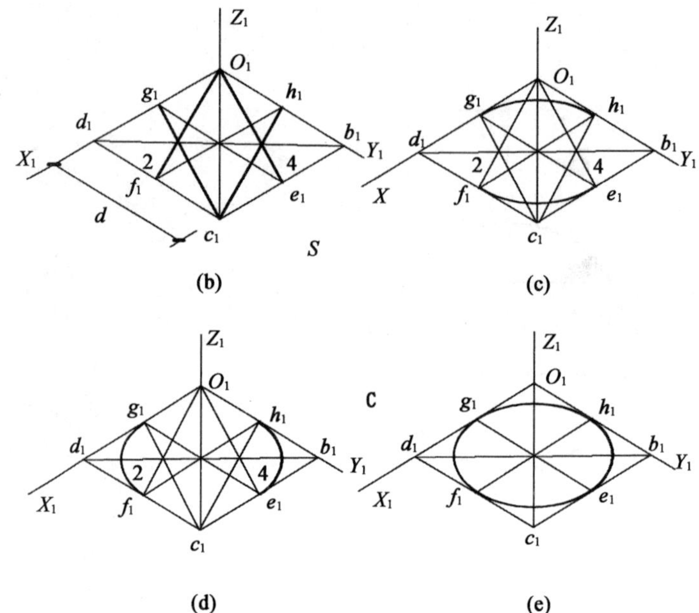

图 6-12　四心圆法作水平圆的正等轴测图

5)切点垂线法

由四心圆法可知，图 6-13 中菱形钝角顶点与两对边中点的连线分别垂直且平分菱形的四个边，且垂足 e_1、f_1、g_1、h_1 到菱形四个顶点的距离均等于圆的半径 R，因此，求椭圆的四个圆心时只要在距菱形顶点等于半径处作垂线，相邻两边垂线的交点分别为椭圆上各段圆弧的圆心，垂足为切点。这样即可方便地求出圆角(1/4 圆弧)的正等测，进而求出整个圆的正等测(椭圆)，这种方法称为切点垂线法。

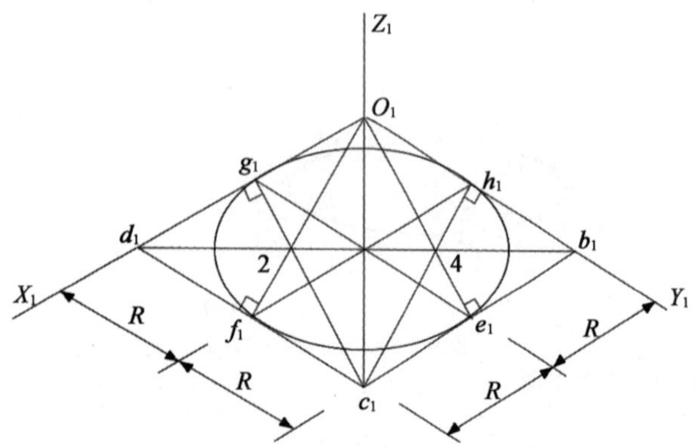

图 6-13　切点垂线法原理推导图

【例 6-8】如图 6-14(a)所示，已知圆角水平投影及圆的半径 R，求作其正轴测投影。

【作图】

(1)根据正等测投影轴测轴及轴向变形系数，作出除圆弧外的其余轮廓线，如图 6-14(a)所示。

(2)截取 $O_3C_1=O_3D_1=O_4A_1=O_4B_1=R$，图 6-14(b)所示。

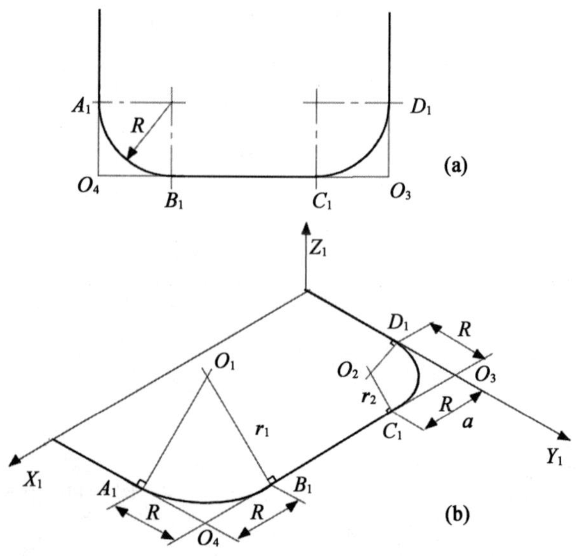

图 6-14　切点垂线法作圆的正等轴测图

(3)作 $O_2D_1 \perp O_3D_1$，$O_2C_1 \perp O_3C_1$，$O_1A_1 \perp O_4A_1$，$O_1B_1 \perp O_4B_1$。

(4)分别以 O_1、O_2 为圆心，O_1A_1、O_2D_1 为半径画圆弧。

6.2.2.3　平面曲线正轴测投影图的画法

平面曲线形状比较灵活，点的位置关系不能通过数理方法准确求出，因此常采用网格法，通过网格法确定点在轴测图中的位置。网格法绘制轴测投影需要两套网格——平面网格和轴测网格，轴测网格即为平面网格轴测投影。

【例 6-9】如图 6-15(a)所示，已知某平面曲线的平面图，求作其正等测投影图。

【作图】

(1)在附有曲线的平面图上绘制方格网，方格网边长根据图形的复杂程度及图纸的具体要求确定，如图 6-15(b)、图 6-15(c)所示。

(2)根据正等测投影绘制方法，将平面网格绘制成正等测网格，如图 6-15(d)所示。

(3)根据图形与平面网格交点的位置，在轴测网格中确定各点的轴测投影，并用光滑曲线连接起来，即得平面曲线的正等测轴测图，如图 6-15(e)所示。

6.3　斜轴测投影图

斜轴测投影图是轴测投影方向与轴测投影面倾斜时所形成的投影，简称斜轴测，如图 6-16 所示。

在斜轴测投影中，为便于作图，常使空间形体上的任两条坐标轴组成的平面平行于轴测投影面，这样，投影中平行于该坐标面的图形的轴测投影反映实形。常用的斜轴测投影有两种，即正面斜轴测和水平面斜轴测，如图 6-17 和图 6-18 所示。

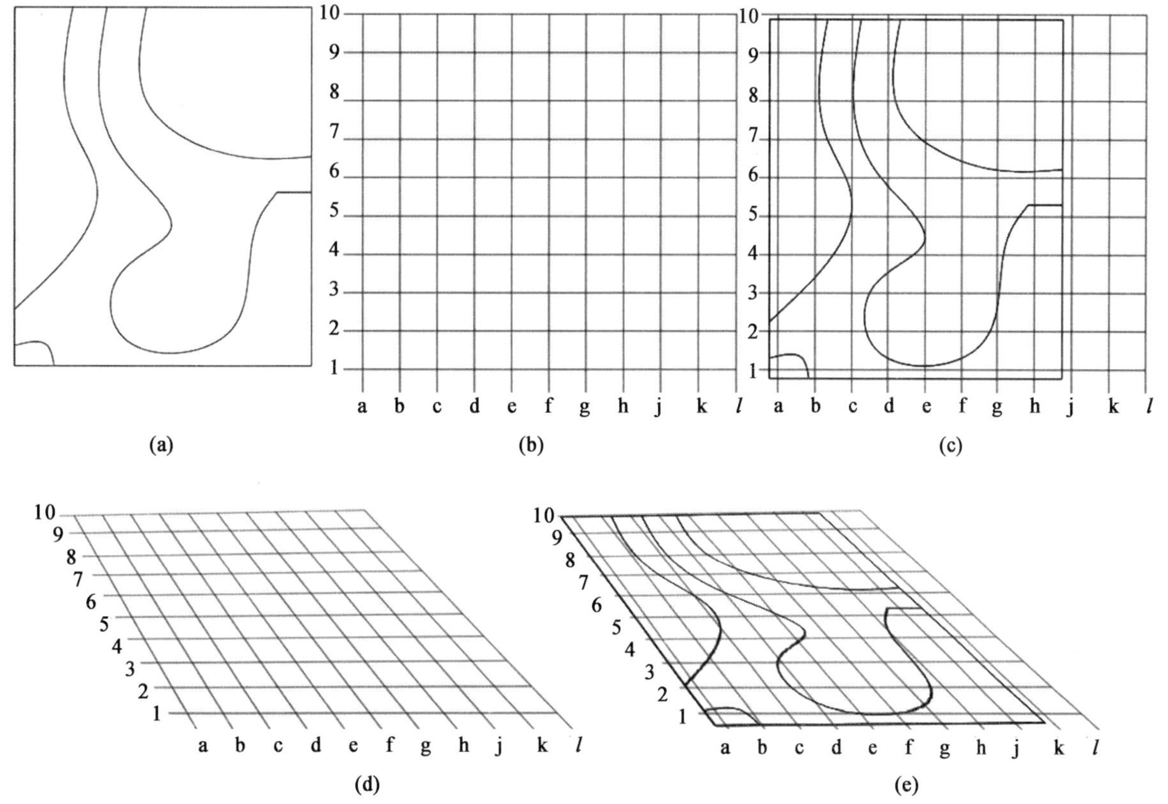

图 6-15　平面曲线的正等轴测投影

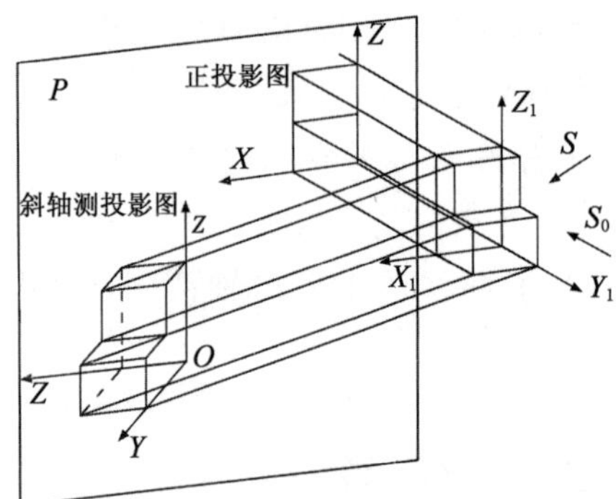

图 6-16　斜轴测投影的形成

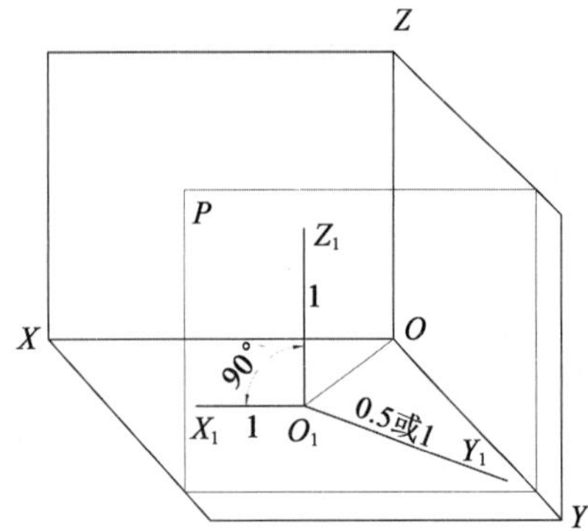

图 6-17　正面斜轴测图

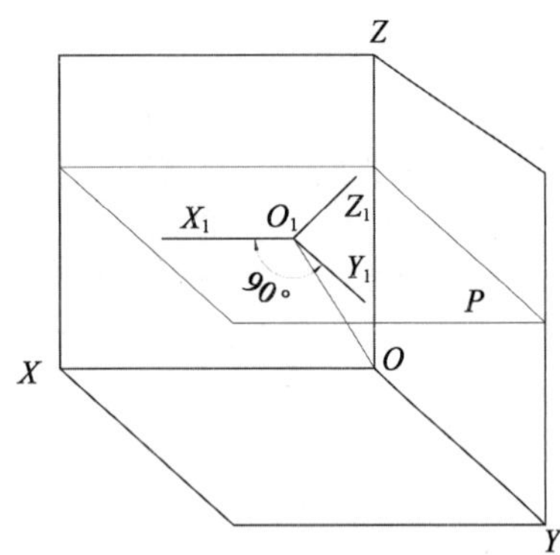

图 6-18　水平斜轴测图

6.3.1　正面斜轴测投影

当空间形体的坐标轴 OX 轴和 OZ 轴平行于轴测投影面(即 V 面),投影方向与轴测投影面倾斜成一定角度,这样所得到的轴测投影为正面斜轴测投影,简称正面斜轴测。由于正面斜轴测图的画法简单,形体的正面不发生变形,所以画正面形状复杂及正面圆较多的形体较方便。

6.3.1.1　正面斜轴测投影的特性

(1)空间形体的坐标轴 OX 轴和 OZ 轴或平行于 OX 轴和 OZ 轴方向的线段,其投影不发生变形,即 $p=r=1$,轴间角为 90°,即正面斜轴测投影图上能反映与 V 面平行的平面图形的实形。

(2)垂直于投影面的直线,其轴测投影方向和长度将随着投影方向 S 的不同而变化。也就是说:正面斜轴测投影的 OY 轴,其轴间角和轴向变形系数互不相关,可以单独选择。为作图方便 OY 轴与轴测轴 OX(或水平线)夹角可选 30°、45°或 60°。正面斜等测的轴向伸缩系数为 $q=p=r=1$,正面斜二测的轴向伸缩系数为 $q=0.5$,$p=r=1$。实际工程中常用的正面斜二测的轴间角 $\angle XOZ=90°$,$\angle YOX$ 为 135°或 45°,轴向伸缩系数 $q=0.5$、$p=r=1$,如图 6-19 所示。

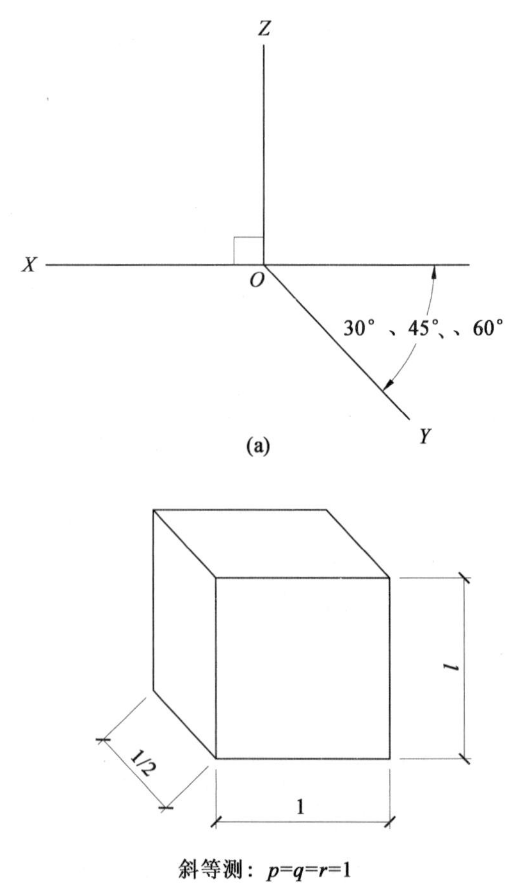

图 6-19　正面斜轴测图轴测轴画法

6.3.1.2　正面斜轴测投影的画法

正面斜轴测图的作图方法与正轴测基本相同，只是在斜轴测中的椭圆画法较为麻烦，所以，当形体的三个坐标面上都有圆时，应当避免选用斜轴测。

【例 6-10】如图 6-20(a)所示，根据已知花窗的平立面图，求作它的正面斜二测轴测图。

【作法】

(1)先画出与正面投影完全相同的图形。

(2)将可见部分沿 Y 轴方向做平行线，并截取花窗宽度的 1/2，如图 6-20(b)所示。

(3)画后面可见部分，完成作图，如图 6-20(c)所示。

【例 6-11】如图 6-21(a)所示，根据已知空心砖的正投影图，求作它的正面斜二测轴测图。

【作法】

(1)先画出与正面投影完全相同的图形。

(2)将可见部分沿 Y 轴方向作平行线，并截取空心砖宽度的 1/2，如图 6-21(b)所示。

(3)画后面可见部分，完成作图，如图 6-21(c)所示。

【例 6-12】如图 6-22(a)所示，求作园林栏杆的正面斜二测投影。

【分析】平行于正立面的圆的斜二测仍然是圆，因此画曲面立体的斜二测时，一般都是将带有圆或圆弧的部分，放在与正立面平行的位置，以便使作图简化。

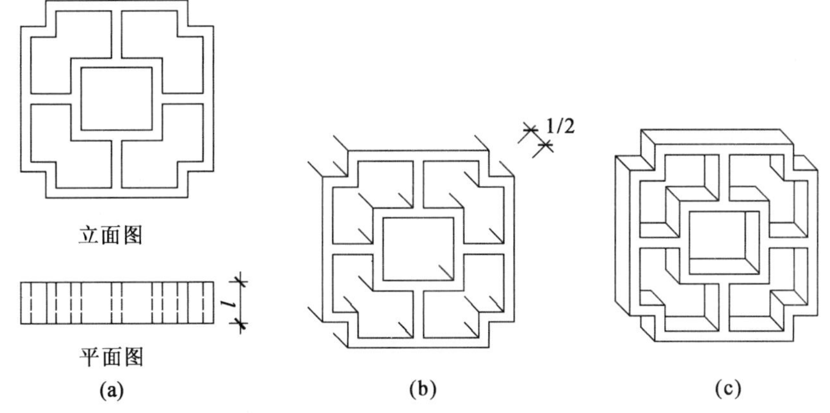

图 6-20　花窗的正面斜二测轴测图

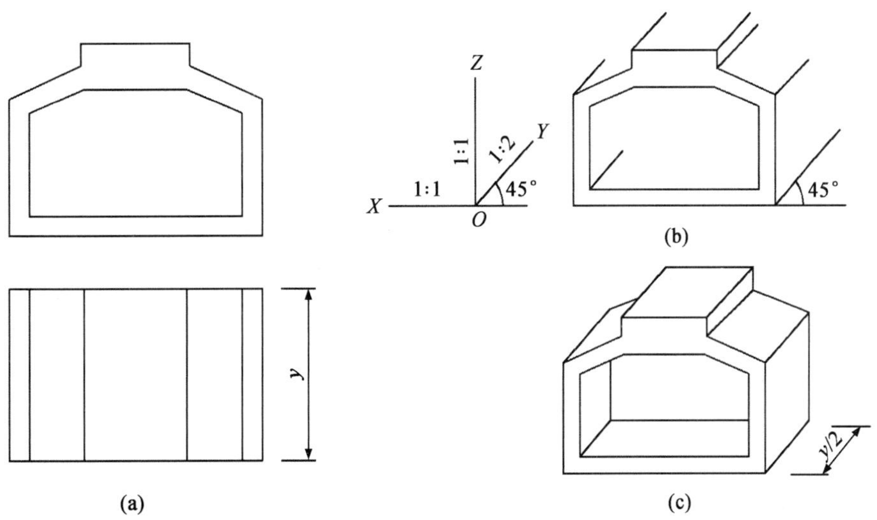

图 6-21　空心砖的正面斜二测轴测图

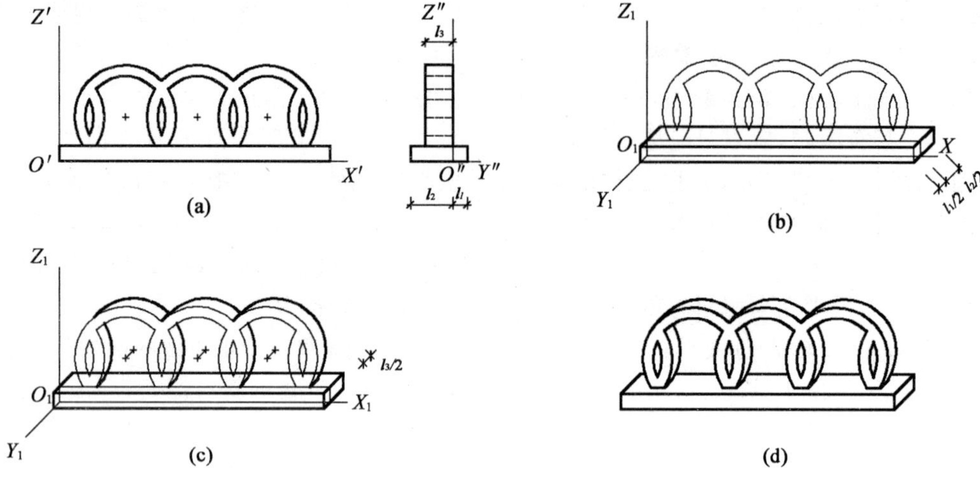

图 6-22 园林栏杆的正面斜二测轴测图

【作法】

(1)先画出与正面投影完全相同的图形。

(2)将底板的可见部分沿 Y 轴方向作平行线，并截取宽度(l_1、l_2)的 1/2，如图 6-22(b)所示。

(3)将各圆心沿 Y 轴方向平行移动栏杆厚度(l_3)的 1/2，确定后面圆心的位置，再按同样半径画圆，如图 6-22(c)所示。

(4)连接可见的轮廓线，擦去看不见的轮廓线，完成作图，如图 6-22(d)所示。

【例 6-13】如图 6-23(a)所示，根据已知线脚的平立面图，求作它的正面斜二测轴测图。

【分析】曲面立体的斜二测可以利用网格控制的方法，先画出网格的斜二测，再画曲面(曲线)的斜二测，可以使作图简化。

【作法】

(1)先画出与正面投影完全相同的图形，并画出网格立面。

(2)将网格沿 Y 轴方向作平行线，并截取线脚宽度(Y)的 1/2，画出网格的斜二测轴测图，利用网格控制法，作出曲线和网格各交点平行于 Y 轴方向的平行线，通过线脚的 1/2 宽度作 Z、X 轴平行线，定出曲线在透视网格上的位置，用圆滑的曲线连接，如图 6-23(b)所示。

(3)清理网格，仅留线脚可见部分，完成作图，如图 6-23(c)所示。

用正面斜二测轴测图作图方法对于绘制常见的正面形状复杂或正面圆形较多的园林建筑小品都非常方便，如图 6-24 所示。

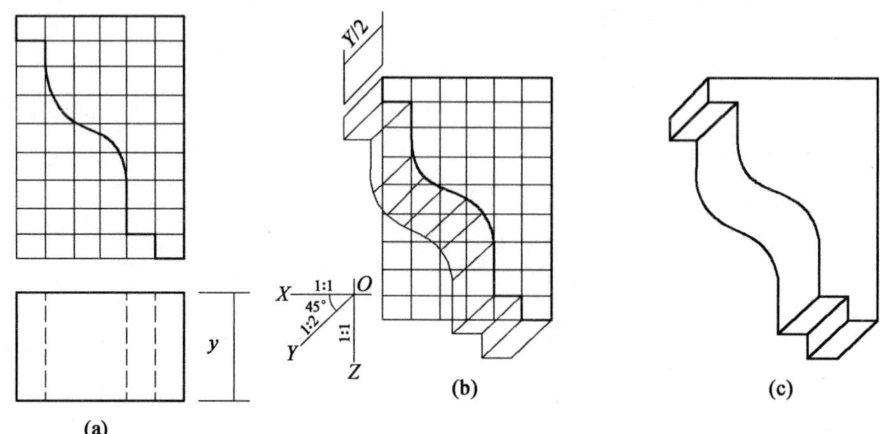

图 6-23 曲面网格法

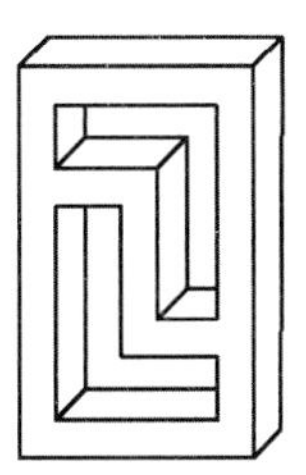
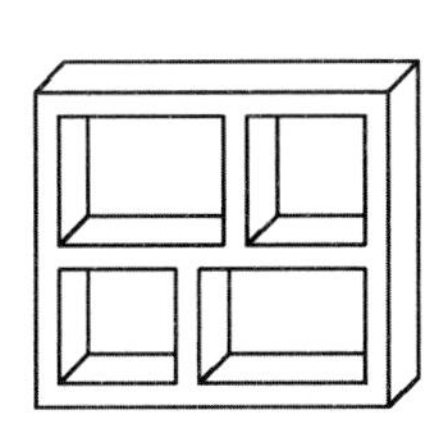

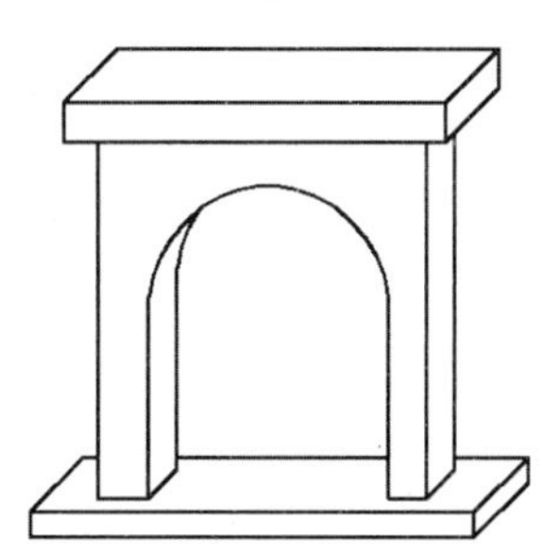

图 6-24　园林建筑小品的正面斜轴测图

6.3.2　水平斜轴测投影

当空间形体的坐标轴 OX 轴和 OY 轴与水平的轴测投影（即 H 面）平行，即坐标面 XOY 平行于轴测投影面，投影方向与轴测投影面倾斜呈一定角度，所得到的轴测投影为水平斜轴测投影，简称水平斜轴测。

6.3.2.1　水平斜轴测投影的特性

(1)空间形体的坐标轴 OX 轴和 OY 轴或平行于 OX 轴或 OY 轴方向的线段的轴测投影长度不变，即轴向伸缩系数 $q=p=1$，轴间角 $\angle X_1O_1Y_1=90°$。也就是说：在水平斜轴测图上能反映与 H 面平行的平面图形的实形。

(2)坐标轴 OZ 与轴测投影面垂直，由于投影方向 S 是倾斜的，轴测轴 O_1Z_1 则是一条倾斜线，如图 6-25(a)所示。但习惯上仍将 O_1Z_1 画成铅垂线，而将 $X_1O_1Y_1$ 面旋转一个角度，如 30°、45°或 60°等，可以任意选择，如图 6-25(b)所示。O_1Z_1 轴的轴向伸缩系数也可单独任意选择。为作图方便，O_1X_1 轴或 O_1Y_1 轴与水平线夹角可选 30°、45°或 60°；为简化作图，通常轴向伸缩系数仍取 1，即 $r=q=p=1$，如图 6-25(c)所示。

6.3.2.2　水平斜轴测投影的画法

由于水平斜轴测图中形体的水平投影不发生变形，因此水平斜轴测一般用于表达平面形状复杂或曲线较多的形体，如居住小区和园林景观的总体规划图等。绘图时只需将园林总平面图旋转一个角度(如 30°)，然后在各个顶点处画垂线，再按各素材实际高度画出即可。

【例 6-14】如图 6-26(a)所示为某小区规划平面图，求作其水平斜轴测。

【作法】

(1)将水平投影图旋转至 O_1X_1 轴与水平线的夹角为 30°的位置，如图 6-26(b)所示。

(2)在旋转后的各建筑物平面转角处画铅垂线，量取各建筑物的实际高度，如图 6-26(c)所示。

(3)在乔木定植点画出铅垂线，量取乔木实际高度，如图 6-26(d)所示。

(4)连接顶面相关点，作出上顶面，加深图线完成作图，如图 6-26(e)所示。

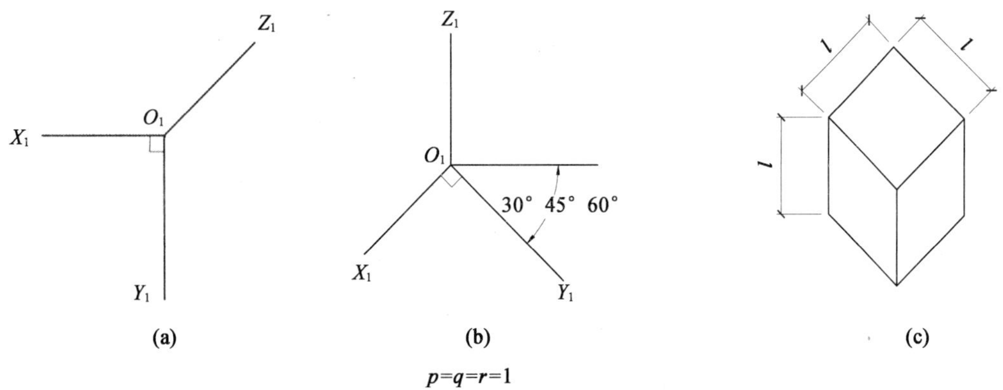

图 6-25　水平斜轴测的轴间角和轴向伸缩系数

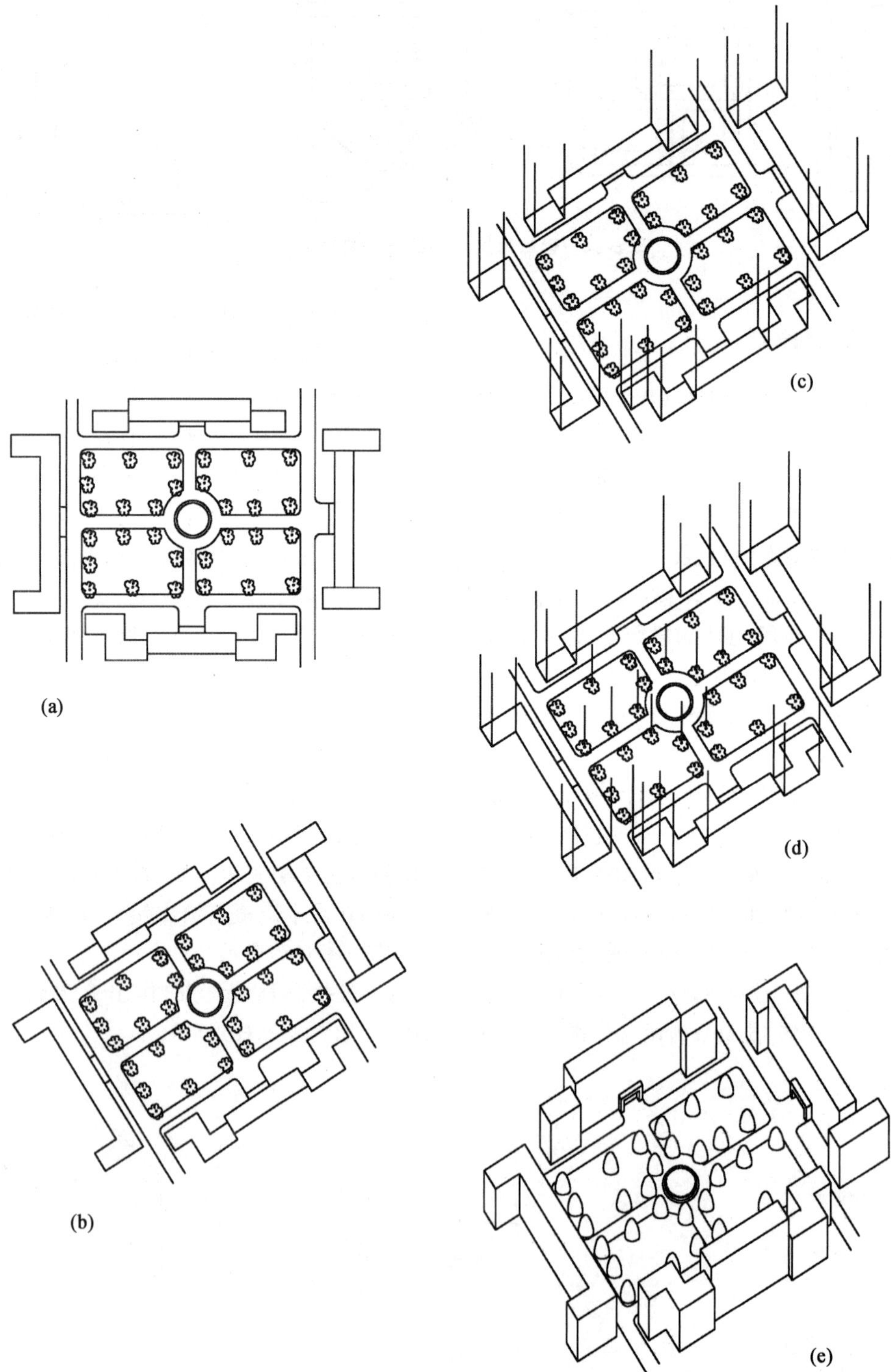

图 6-26　某小区的水平斜轴测图

【例 6-15】如图 6-27(a)所示为某厂区的规划平面图,求作其水平斜等测。

【作法】

(1)将水平投影图旋转至 O_1X_1 轴与水平线的夹角为 30°的位置,如图 6-27(b)所示。

(2)在旋转后的各建筑物平面转角处画铅垂线,量取各建筑物的实际高度,如图 6-27(c)所示。

(3)连接顶面相关点,作出上顶面,加深图线完成作图,如图 6-27(d)所示。

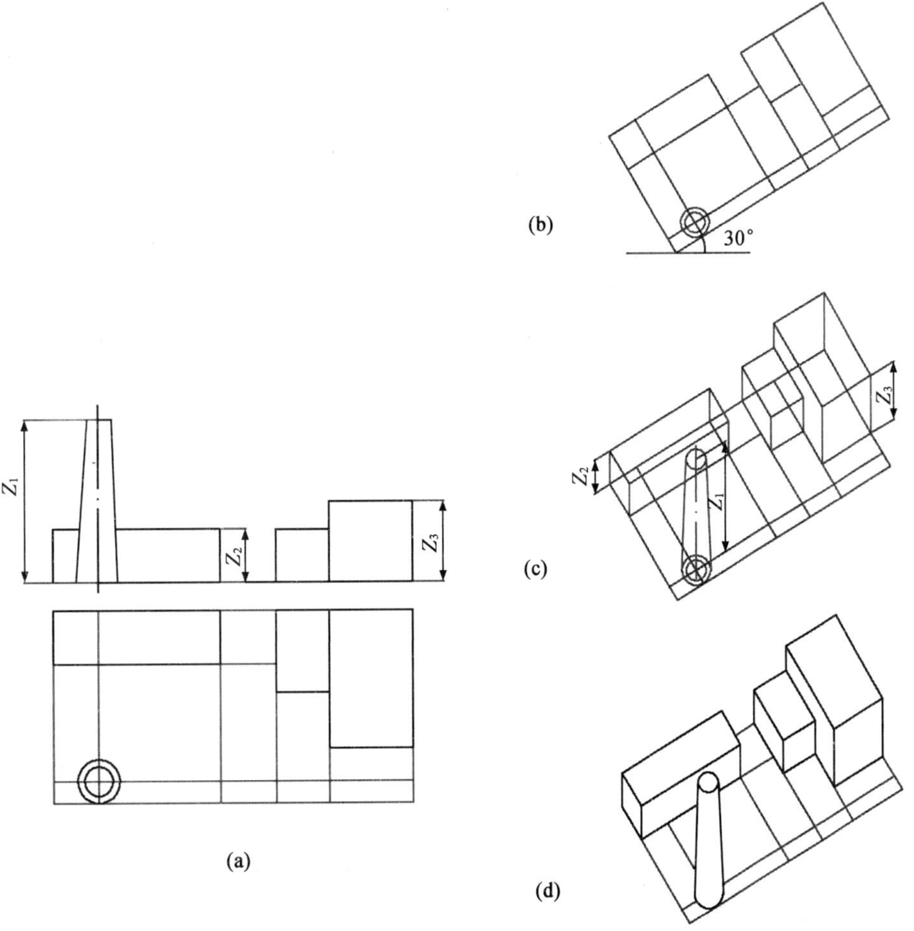

图 6-27 某厂区的水平斜轴测图

第7章 透视投影

7.1 透视投影的基本知识

7.1.1 透视图的基本原理

1)透视的含义

透视是透视绘画法的理论术语。“透视”一词源于拉丁文“perspclre”(看透),意味“透而视之”。最初研究透视采取通过一块透明的平面去看景物的方法,将所见景物准确描画在这块平面上,即成该景物的透视图,如图7-1所示。后把在平面画幅上根据一定原理,用线条来显示物体的空间位置、轮廓和投影的科学称为透视学,透视的投影过程见图7-2。

2)透视的特点

(1)近大远小。相同大小、长短、高低的物体,距离观察者近的大、长、高;距离观察者远的小、短、低。确定物体近大远小是以物体离开画面距离为标准的。

(2)近者清晰远者模糊。在写生的过程中,经常发现距离近的物体比较清晰,距离远的物体要模糊一些,这种现象的产生主要是近距离的物体进入视网膜的图像大,受刺激的细胞多,所以眼睛看到的物体就会清晰,反之,远处的则会模糊。同时受到大气、风、雪、雾等自然条件的影响,这些因素结合起来就会产生近者清晰远者模糊的现象。

(3)垂直大平行小。在素描中,同大的平面和等长的直线,若与视线接近垂直,看起来就较大;若与视线接近平行,看起来就小。

图7-1 某大学图书馆透视效果图

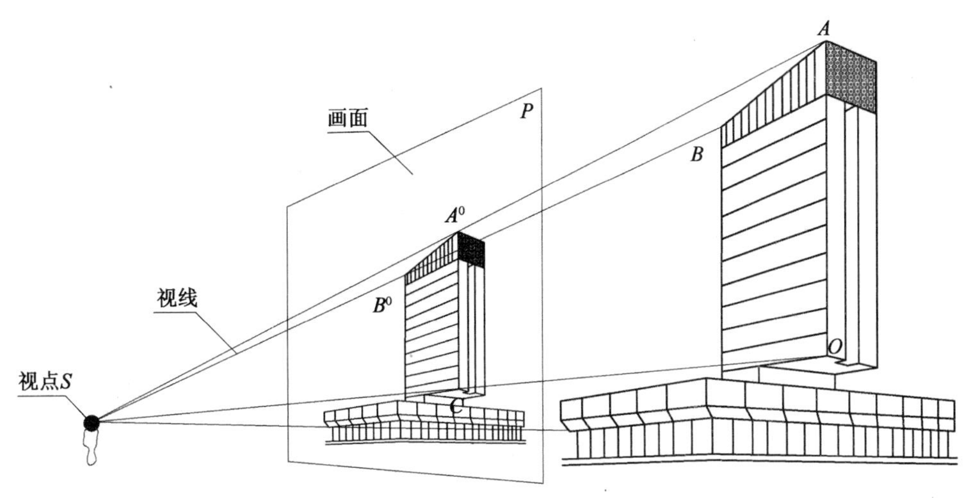

图 7-2 透视的投影过程

7.1.2 透视作图名词术语及符号

从几何作图角度看，作透视图就是求作直线（视线）与平面（画面）的交点（图 7-3）。而在作图过程中，要涉及一些特定的术语及符号，弄清它们的确切含义及其相互关系，将有助于理解透视形成的过程，掌握作图方法。透视图的基本名词术语（图 7-4）介绍如下。

基面（G）：景物所在的水平面。通常将绘有景物平面图的投影面 H 作为基面。

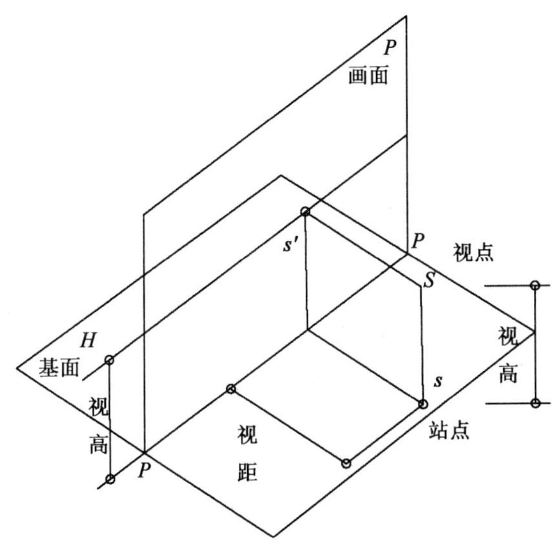

图 7-3 透视的名词术语（a）

画面（P）：透视图所在的平面，处于人眼和景物之间，一般为铅垂位置。一般情况下，画面与基面相互垂直，所以可将它们看成两投影面体系，画面相当于 V 面，基面相当于 H 面。

基线：画面与基面的交线。在画面上以字母 g-g 表示，在基面上以 p-p 表示。它们还分别表示基面（画面）在画面（基面）上的积聚投影。

视点（S）：人眼所在的空间位置，即投影中心。

心点（s'）：位于画面上，是视点在画面上的正投影。

视线：从投影中心发出的投影线，即视点与形体上的点的连线。

中心视线（Ss'）：过视点且垂直于画面的视线，即视点与心点的连线，又称主视线。

视平面：过视点所作的平面。

水平视平面：过视点所作的水平面。它经过中心视线，当画面为铅垂面时垂直于画面。

视平线（h-h）：位于画面上，是水平视平面与画面的交线。当画面为铅垂面时，视平线为一条过心点 s' 的水平线。

站点（s）：观察者观看景物时站立位置，即视点在基面上的正投影。

视高（Ss）：视点到基面的垂直距离，相当于人眼的高度。当画面为铅垂面时，视平线与基线间的距离反映视高。

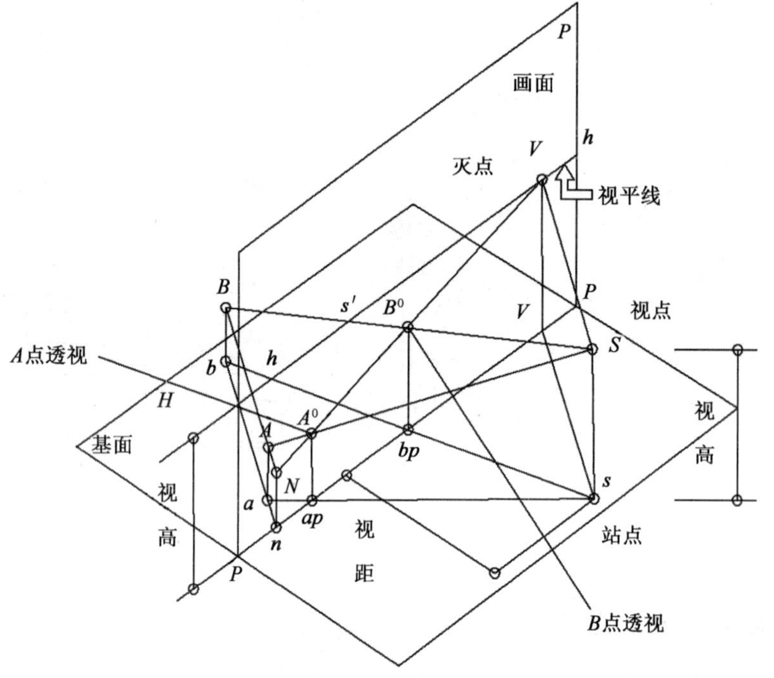

图 7-4 透视的名词术语(b)

视距(Ss'):视点到画面的垂直距离,即中心视线的长度。当画面为铅垂面时,站点与基线的距离反映视距。

基点:空间点在基面上的正投影,称为空间点的基点。作透视图时,可把景物的水平投影看作基点的集合。

7.1.3 透视图的类型

根据物体(或景物)长、宽、高三个方向的主要轮廓线相对于画面的位置分类。

将物体(或景物)放置在基面上,即它的一个坐标面(如 XOY 面)在基面上。在此情况下,物体与画面的相对位置不同,可产生以下三种透视图:

1)一点透视(平行透视)

当物体(或景物)三个方向的轮廓线中有一个与画面相交,另两个与画面平行,此时所作的透视称为一点透视,又称为平行透视(图 7-5)。

图 7-5 一点透视示例

一点透视的图像平衡、稳重，适合表现一些气氛庄严、横向场面宽广或纵深较大的景物，如政府大楼、图书馆、纪念堂及门廊、入口、室内透视等。

2)两点透视(成角透视)

当物体(或景物)三个方向的轮廓线中有两个与画面相交，一个与画面平行，此时所作的透视称为两点透视，又称为成角透视(图 7-6)。

两点透视的效果真实自然，易于变化，适合表达各种环境和气氛的建筑物或外景，是运用最普遍的一种透视图。

3)三点透视(倾斜透视)

当画面倾斜于基面，物体(或景物)三个方向的轮廓线均与画面相交，此时所作的透视称为三点透视，又称为倾斜透视(图 7-7)。

图 7-6　两点透视示例

图 7-7　三点透视示例

7.2 透视的基本规律及画法

一般景物都可以看作是由基本的几何要素点、线、面组合而成。因此研究透视的基本规律，也应该从点、线、面这些基本几何要素的透视规律入手。

7.2.1 点的透视

空间点的透视仍是一个点，就是过该点的视线和画面的交点。

点的透视，通常应用正投影法通过作该点的视线与画面的交点而得。根据点的透视概念和正投影的从属性，空间点的透视原理分析如下(图 7-8)。

(1)点 A 的透视 A^0 是通过该点的视线 SA 与画面的交点。

(2)点 A 的基透视 a^0 是过该点的基点所引的视线 Sa 与画面的交点。

(3)点 A 的透视 A^0 与其基透视 a^0 的连线垂直于基线，即 A^0a^0 垂直于基线 gg。A 的透视 A^0 与基透视 a^0 的距离称为 A 点的透视高度。

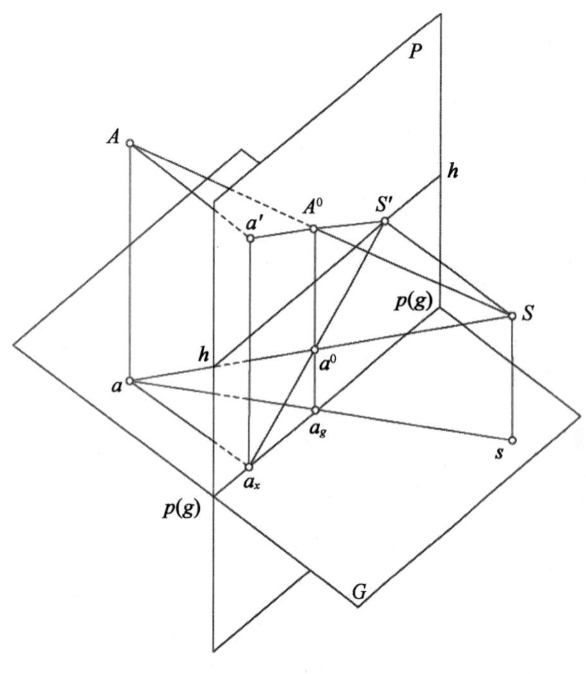

图 7-8 点的透视原理分析

7.2.1.1 点的透视规律

点的空间位置不同，其透视规律也不相同：

(1)点在画面上，其透视就是该点本身，其透视高度 A^0a^0 反映 A 点的真实高度，通常称为真高线(图 7-9)。

(2)点在基面上，其透视与基透视重合，透视高度为零(图 7-10)。

(3)点在画面前，点的透视高度大于真实高度，$C^0c^0>Cc$(图 7-11)。

(4)点在画面后，点的透视高度小于真实高度，$D^0d^0<Dd$(图 7-12)。

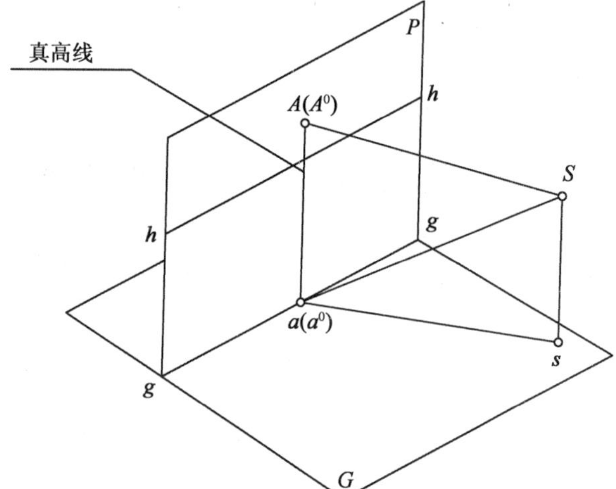

图 7-9 点在画面上

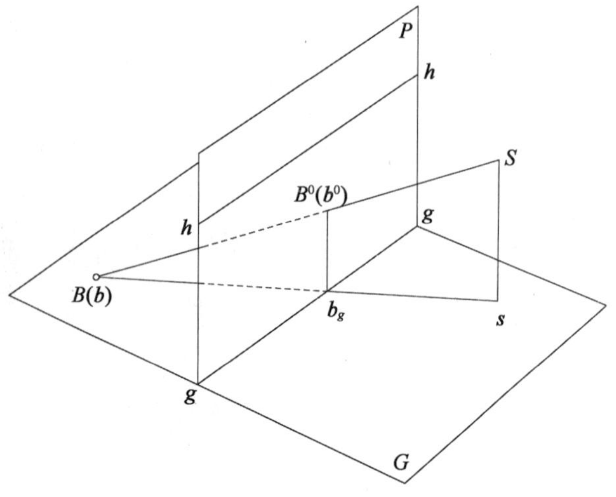

图 7-10 点在基面上

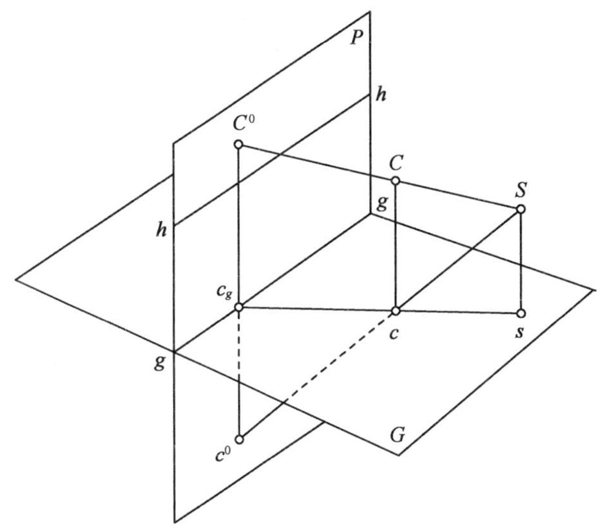

图 7-11 点在画面前

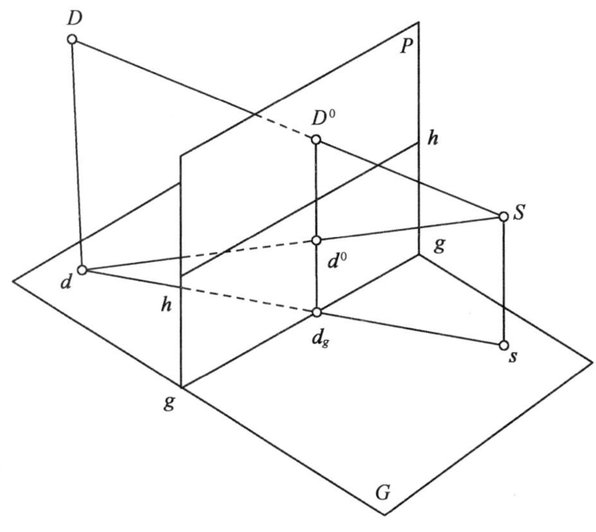

图 7-12 点在画面后

7.2.1.2 点的透视作图方法

正投影法是利用视点和空间点在基面和画面上的正投影求作点的透视方法。在作图时，过空间形体上各点作视线，求出视线与画面的交点，依次连接各点，可得到形体的透视图。

【例 7-1】如图 7-13(a)所示，已知画面一空间点 A，距基面高为 L，视高 L_1，点 A 在基面上的正投影 a，求作点 A 的透视和基透视。

【作图】

(1)根据已知条件，作出 a' 和 s'。

(2)连接 $s'a'$、sa，即为视线 sA 在画面及基面上的正投影。

(3)过 a 作 p-p 的垂线得垂足 a_1，过 a_1 向上引铅垂线，交 g-g 于 a_1'，连接 $s'a_1'$ 即为视线 SA 在画面上的正投影。

(4)Sa 与 p-p 交于 a_p，过 a_p 向上引铅垂线，交 g-g 于 a_g，$a_g(a_p)$ 就是 A^0 和 a^0 在基面上的正投影。

(5)过 a_g 向上引铅垂线，作出与 $s'a'$、$s'a_1'$ 的交点 A^0、a^0，完成点 A 的透视和基透视，如图 7-13(b)所示。

7.2.2 直线的透视

空间直线的透视，可看作视点和该直线所形成的视平面与画面的交线，也是直线上两个端点透视的连线。直线的透视在一般情况下仍是直线，当直线通过视点时，其透视是一点，当直线在画面上时，其透视即为直线本身。

7.2.2.1 直线的迹点和灭点

直线与画面的交点称为直线的迹点，迹点的透视为其本身，直线的透视必通过直线的画面迹点，迹点的基透视在基线上。

直线上距画面无穷远点的透视称为直线的灭点，连接迹点和灭点，即为直线的全透视。

迹点的求法：AB 线与画面 P 相交，交点 T 为直线 AB 的画面迹点，如图 7-14(a)所示。作图时，延长 ba 交 g-g 线于 t，过 t 作垂直投射线，再截取 Tt_g 等于 T 点的高度，T 为所求，如图 7-14(b)所示。

灭点的求法：自 S 向 F_∞ 引视线 SF_∞，SF_∞ 与原直线必然平行。SF_∞ 与画面 P 的交点 f 就是直线 AB 的灭点。直线 AB 的透视 $A'B'$ 延长一定通过灭点 F。作图时，如图 7-15 所示，作 $sf_g /\!/ ab$，过 f_g 作垂直投射线，交 h-h 于 f 点，f 点即为 AB 线的灭点，水平线的灭点在视平线上。

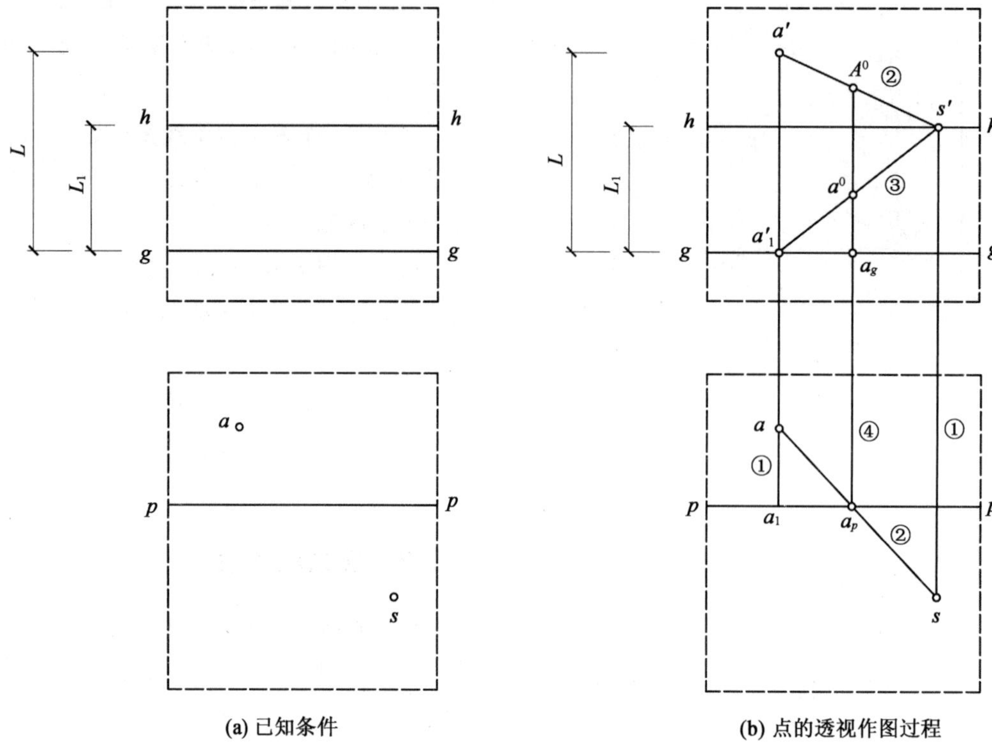

(a) 已知条件

(b) 点的透视作图过程

图 7-13 点的透视作法

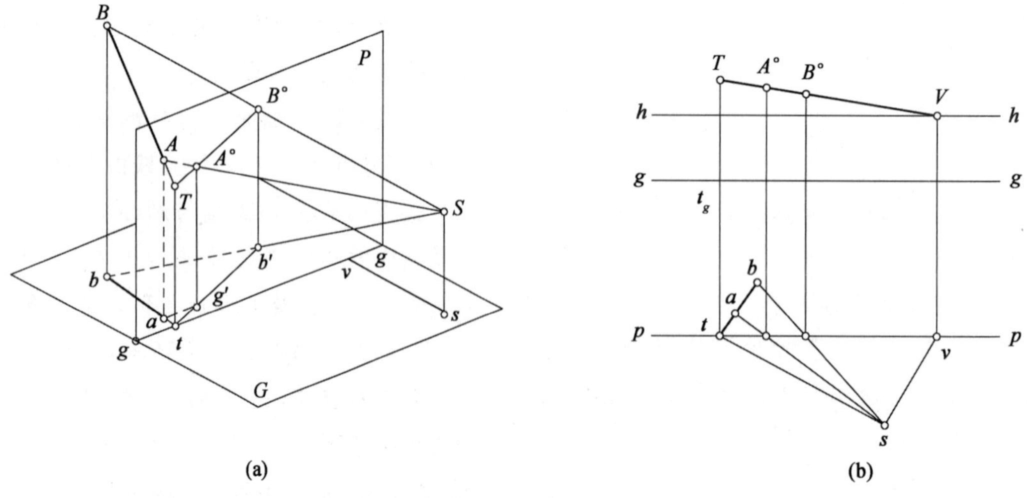

(a)

(b)

图 7-14 直线的迹点、灭点及全透视

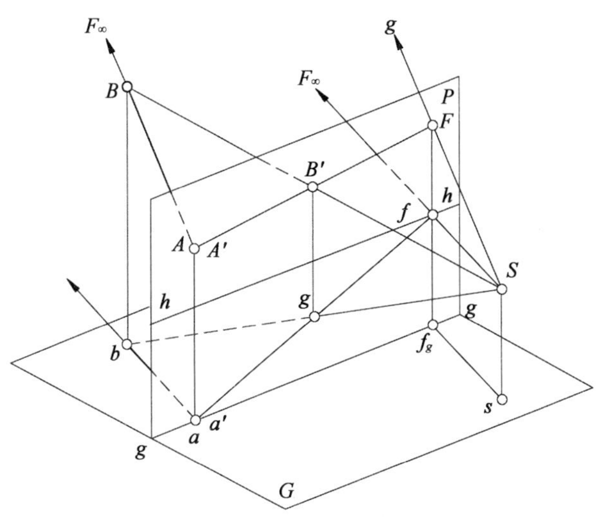

图 7-15 直线灭点的求法

7.2.2.2 直线透视的规律

(1)直线的透视及其基透视,一般情况下仍为直线。

(2)直线上的点,其透视与基透视分别位于该直线的透视与基透视上。

(3)两相交直线交点的透视与基透视,为两直线透视与基透视的交点。

7.2.2.3 几种不同位置直线的透视画法

根据直线与画面的相对位置,可将直线分为两类,一类是画面相交线,即与画面相交的直线;另一类是画面平行线,即与画面平行的直线。此外,还有两种特殊位置的直线,即画面上的直线与基面上的直线。

几种不同位置直线的透视画法:

1)基面平行线的透视

【例 7-2】如图 7-14(a)所示,AB 为画面后的一条基面平行线,H 面投影为 ab,求透视 A^0B^0。

【作图】

(1)求迹点:延长 ba 交 g-g 于 t,过 t 作垂直投射线,并从 g-g 线以上截取 AB 线的高度,得 T 点,T 为 AB 线的迹点。

(2)求灭点:过 s 作 ab 平行线交 p-p 于 v,过 v 作垂直投射线,交 h-h 于 V,V 为 AB 线的灭点。

(3)求全透视:连 TV,为 AB 线的全透视。

(4)求 A,B 两端点的透视:过 as 和 bs 与 p-p 的交点作垂直投射线与 TV 交于 A^0、B^0,A^0B^0 为 AB 的透视,如图 7-14(b)所示。

2)画面平行线的透视

一切与画面平行的直线,透视无迹点和灭点。其透视特征是:画面平行线的透视与直线本身平行,如图 7-16 所示;两条平行的画面平行线的透视仍相互平行;画面平行线上各段长度之比,等于这些线段透视长度之比。求透视时,只要求出两端点的透视,连线即可。如图 7-17 所示。

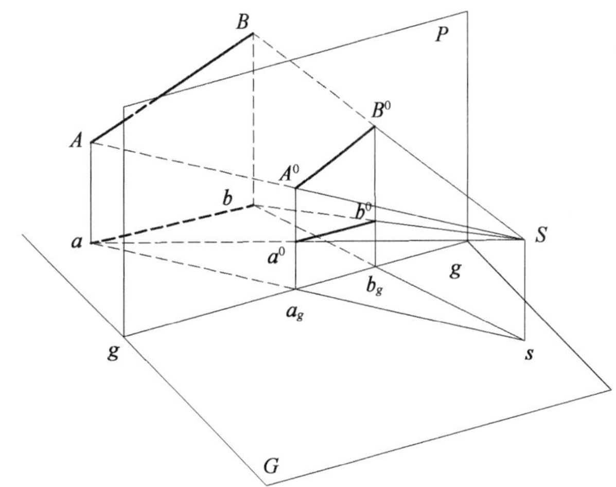

图 7-16 画面平行线的透视

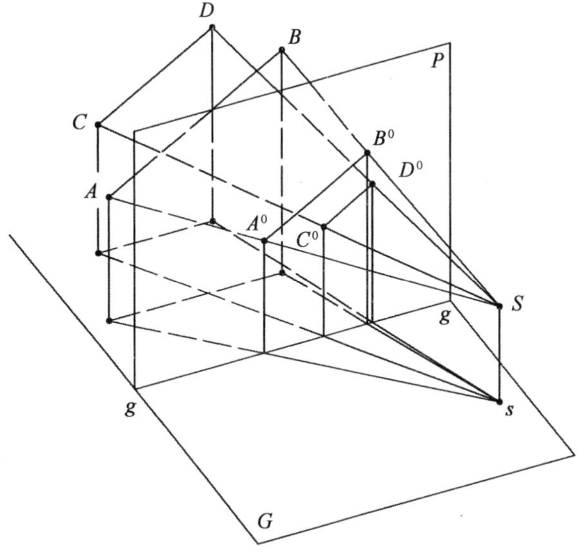

图 7-17 画面平行线组的透视

3)画面垂直线的透视

如图 7-18 所示,AB 为画面垂直线,它的迹点为 T,灭点就是心点 S'。

4)基面垂直线的透视

基面垂直线的透视仍然是一条铅垂线,如图 7-19 所示。

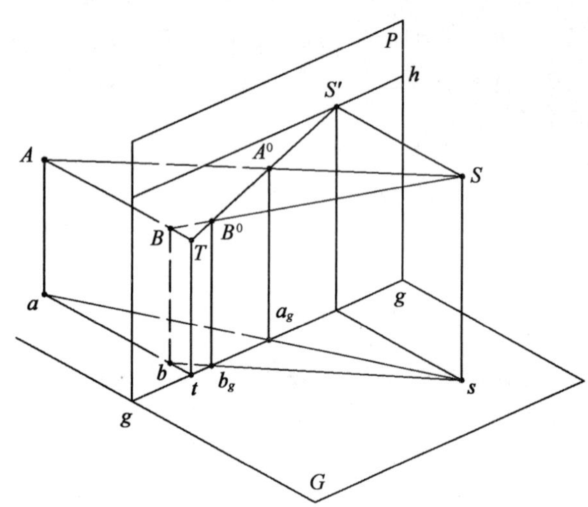

图 7-18 画面垂直线的透视

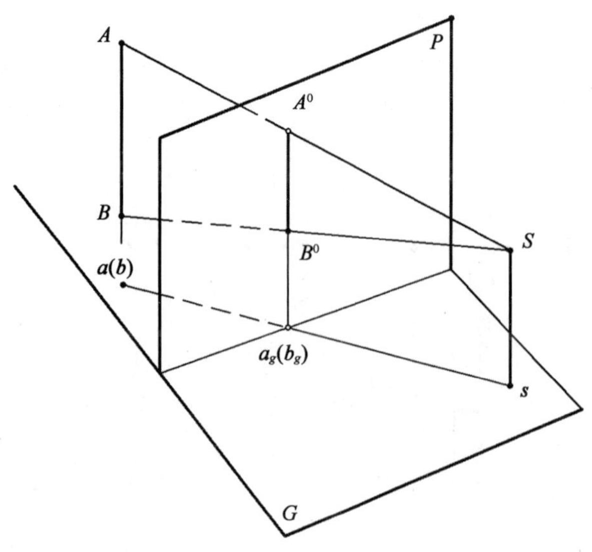

图 7-19 基面垂直线的透视

5)画面上直线的透视

直线在画面上,那该直线的透视为其本身,如图 7-20 所示。

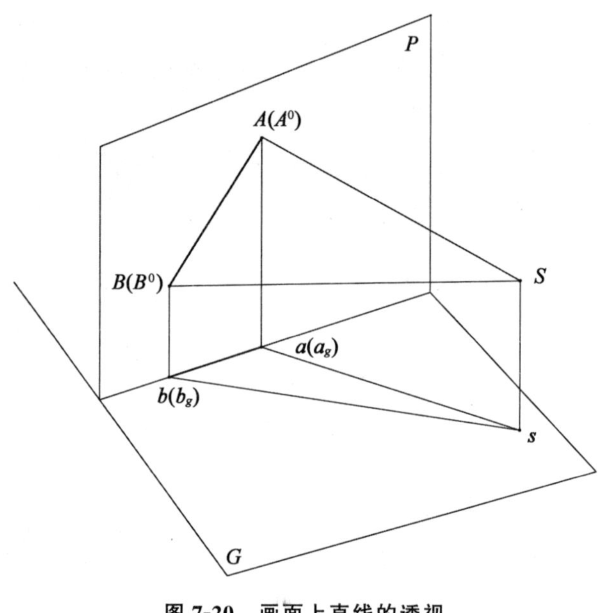

图 7-20 画面上直线的透视

6)一般位置直线的透视

一般位置直线的透视求法,可以先求出两端点的透视,连接起来即为一般位置直线的透视。

7.2.3 平面的透视

平面的透视,一般情况下仍为平面。当平面通过视点时,其透视为一直线。平面图形的透视,也就是求该平面图形轮廓的透视,求作方法通常采用两种方法:

1)视线法(建筑师法)

视线法是利用视线的基面投影作为辅助线,先在直线的全透视上确定直线两端点的透视,进而求出直线透视的方法。透视平面图上的每个点是由位于基面上的两条直线的透视相交确定的,其中的一条是通过站点的辅助直线,站点的辅助直线透视平面图上的每个点是由位于基面上两条直线的透视相交确定的。

【例 7-3】已知基面上的平面图形 $ABCD$ 的水平投影及视点、视高、画面位置，求平面图形 $ABCD$ 的透视，视线法作法见图 7-21。

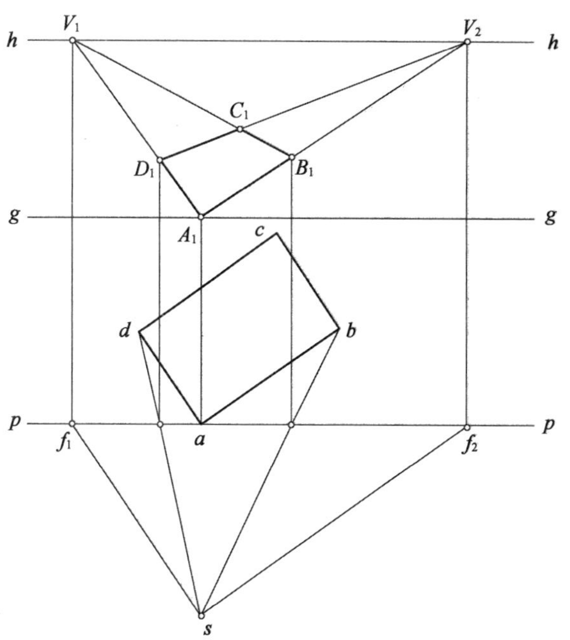

图 7-21 用视线法作平面的透视

【作图】

(1)过 s 点分别做 ab、ad 的平行线与基线 p-p 交于 f_1、f_2，过 f_1、f_2 作垂线，与视平线 h-h 相交，求得灭点 V_1、V_2，连接 A_1V_1 和 A_1V_2，求出相邻两边的全透视。

(2)连 sd 和 sb，求出视线与画面的交点，过交点作垂直投影，交 A_1V_1 于 D_1，交 A_1V_2 于 B_1，连接 B_1V_1 和 D_1V_2 得交点 C_1，$A_1B_1C_1D_1$ 为所求。

2)量点法

量点法就是利用辅助线的透视度量线段，如图 7-22(a)所示，分别过直线上的分点 a、b 作辅助线 aa_1、bb_1，并使辅助线截取画面的距离分别等于 X_1、X_2，然后求辅助线 aa_1、bb_1 的灭点 M_1(称量点)。

从图可见，$\triangle tb_1b$ 为等腰三角形，同时 $\triangle sv_1m_1$ 和 $\triangle tb_1b$ 对应边平行，是相似三角形，所以 $\triangle sv_1m_1$ 也是等腰三角形，$v_1s=v_1m_1$。

这样求辅助灭点就可直接在 h-h 上截取 $v_1m_1=v_1s$。M_1 为所求辅助线灭点，然后再由 M_1 分别连辅助线的迹点。M_1A_1、M_1B_1 与 TV 交于 A^0、B^0。A^0、B^0 为所求分点的透视。

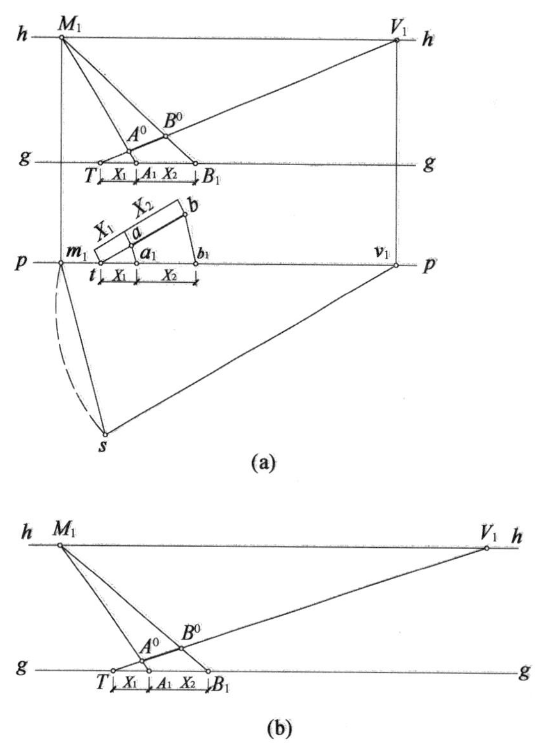

图 7-22 用量点法度量线段

实际作图时，视点确定后，可求灭点 V_1，然后在视平线上根据 V_1 直接求得量点，免去画水平投影图的繁琐，如图 7-22(b)所示。

【例 7-4】已知平面图形的水平投影及视点、视高、画面位置，用量点法求作透视图，见图 7-23(a)。

【作图】

(1)根据已知的视高画出基线 g-g 和视平线 h-h。按平面图中的相对位置，在画面线 p-p 上作出 v_1、v_2，m_1 和 m_1 截取到视平线 h-h 上，求出灭点 V_1、V_2 和量点 M_1、M_2。并将平面图形在画面上的点，截取到基线 h 上(要与平面图中的距离相等)。

(2)由此量取实际尺寸 AD 和 AB，分别连 V_1、V_2 和 M_1、M_2，求出平面图形的透视(图 7-23(b))。

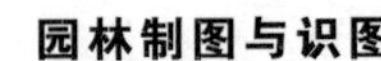

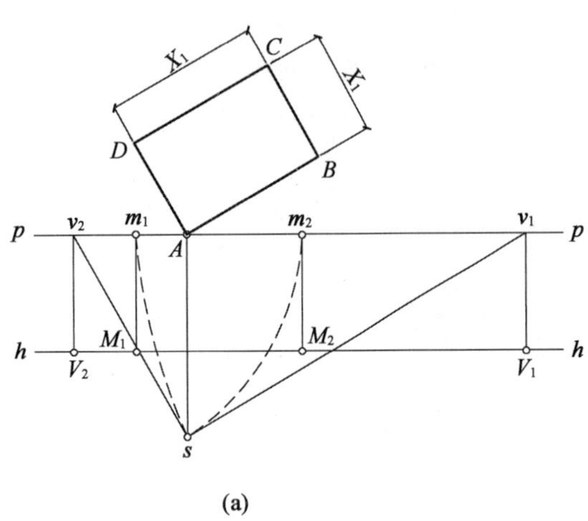

(a)

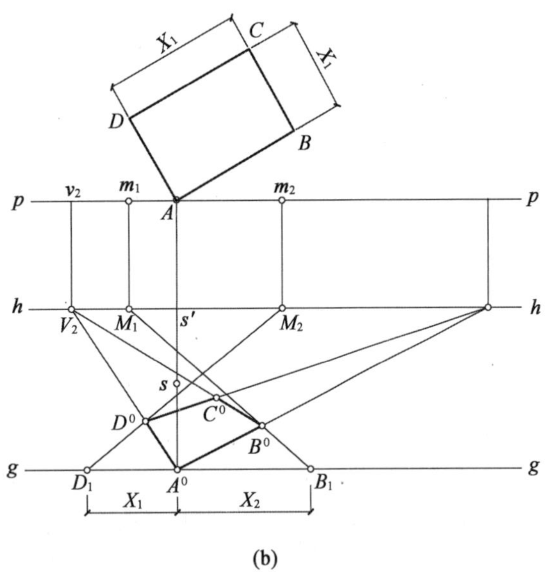

(b)

图 7-23　用量点法作平面的透视

7.2.4　透视高度的量取

空间点的透视与基透视间的连线是一铅垂线，在画面上的铅垂线的透视就是其本身，它能反映该铅垂线的真实长度，当空间点在画面上时，它的透视高度反映该点的真实高度，该点的透视与基透视之间的连线被称为真高线。作图时，为方便起见，求不同点的透视高度时常选用同一个灭点，并在不影响作图的同一位置集中确立一条真高线，各点的透视高度不变，如图 7-24 所示。这种方法通常用于求高度变化较多、前后层次丰富的建筑物或群体景物的透视，称为集中量高线法。

7.2.5　一点透视

一点透视，也叫“平行透视”，透视形体的一个坐标面 XOZ 平行于画面，OX 轴和 OZ 轴平行于画面，OY 轴垂直与画面，透视中与 OX 轴和 OZ 轴平行的直线依然保持平行无灭点，与 OY 轴平行的直线的透视则汇聚于视平线上的一个灭点(图 7-25)。

【例 7-5】已知形体的平面和立面两面投影及其视点、视平线、画面位置。求作形体的透视图，如图 7-26(a)。

【作图】——视线法

(1)求灭点：根据已知条件，形体的前立面与画面平行，只有平行于 OY 轴的线条将汇聚于一个灭点上，过站点 s 作垂直于 h-h 线条的直线，与 h-h 线条的交点就是灭点，即心点 S'，见图 7-26(b)。

(2)画基透视：通过已知条件可知 B、D 两点在画面上，B、D 两点的透视即为 B^0 和 D^0，连 B^0S'、D^0S'得 BF、DN 的全透视。连 sn 与画面相交得 N 点的透视位置，再投射到 D^0S'上，即得点 N 的透视 N^0，过 N^0 作画面平行线交 B^0S'于 F^0，即得底面的透视 $B^0D^0N^0F^0$，见 7-26(c)。

(3)确定高度：因形体的前立面在画面上，所以过 B^0、D^0 点的真实高度即为前立面真实形状。连 C^0S'与过 N_0 点所作的铅垂线交于 M^0，M^0N^0 为形体后立面的透视高度，再过 M^0 作画面平行线 M^0E^0，得形体透视 $A^0B^0C^0D^0M^0N^0E^0F^0$，如图 7-26(d)所示。

【例 7-6】按已知条件作平行透视，如图 7-27(a)所示。

【作图】——视线法

(1)根据已知条件，过站点 s 作出灭点即心点 S'。形体由两部分组成，下部分的作法参照【例 7-5】。

(2)上部分的长方体部分位于画面前面，过 A^0、B^0 分别与灭点 S'连接并延长，平面图上连接 $a(b)s$，延长与 p-p 线条相交，过交点引垂直线，与 A^0S'、B^0S' 相交即为 AB 两点的透视高度。再求出其他点的透视，即完成作图，如图 7-27(b)所示。

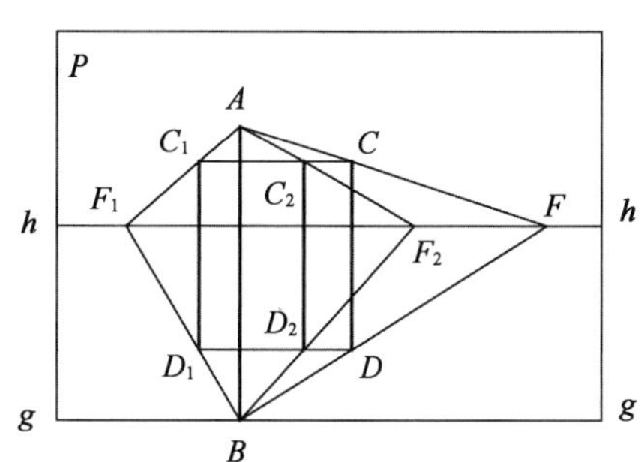

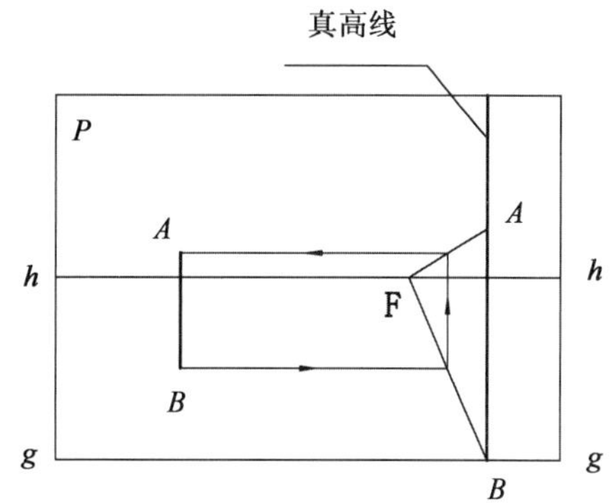

(a) 透视高度的量取

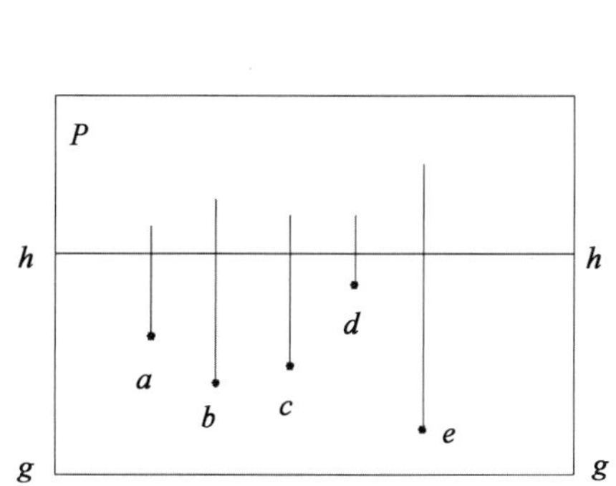

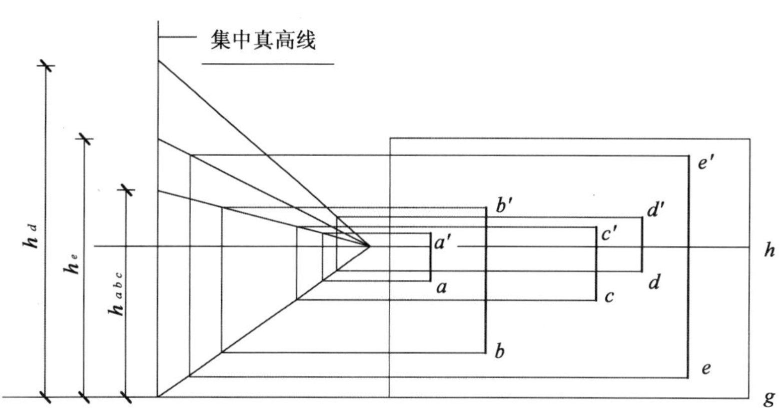

(b) 选用集中真高线量取透视高度

图 7-24　透视高度的量取

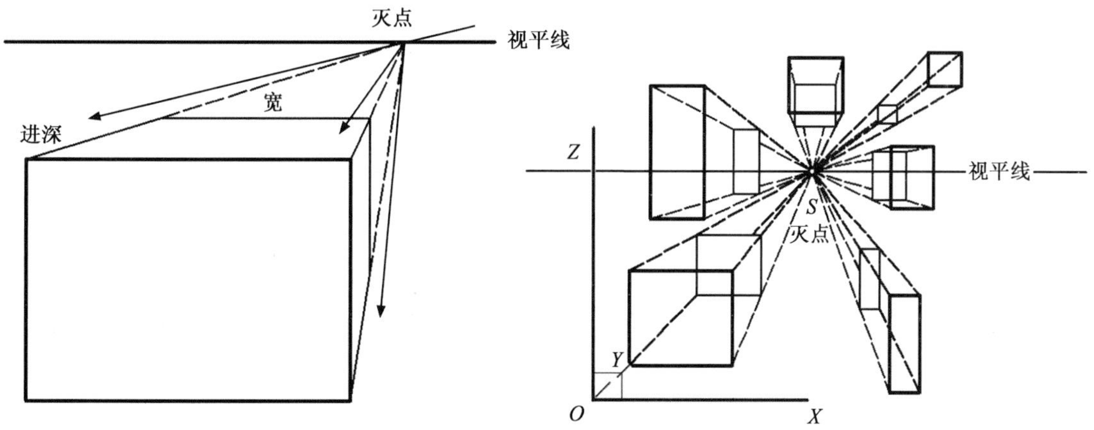

图 7-25　一点透视的原理

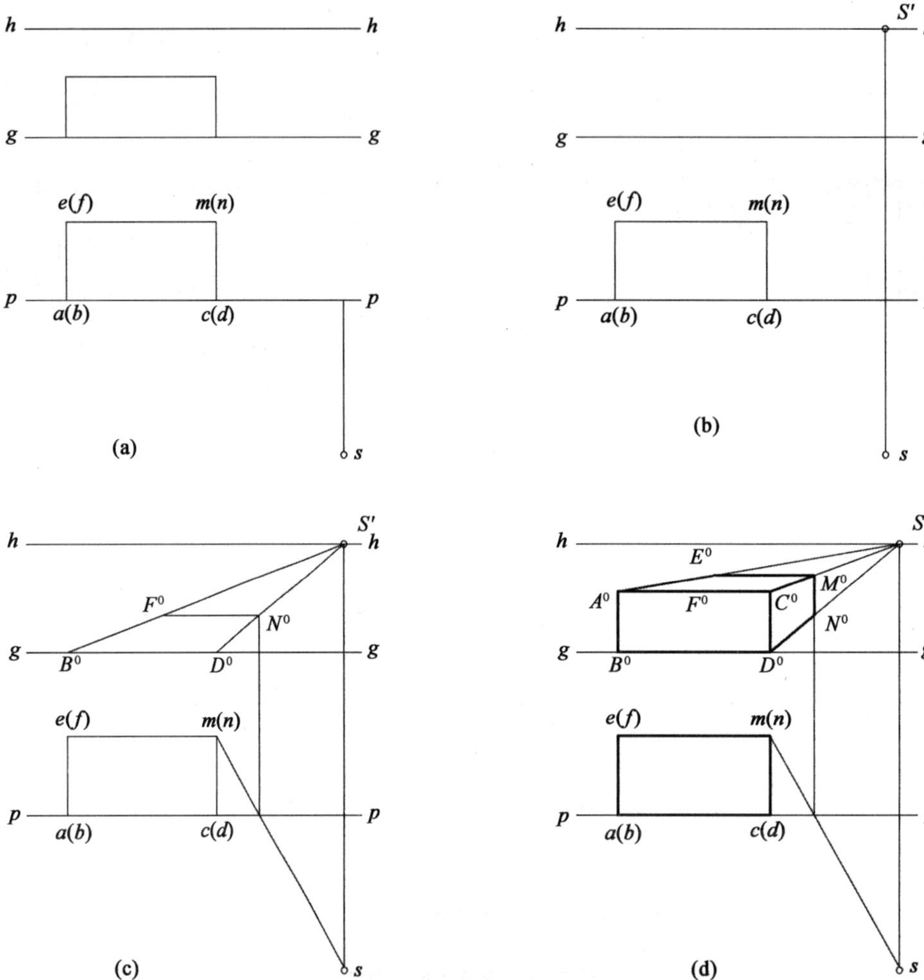

图 7-26　用视线法作长方体的平行透视

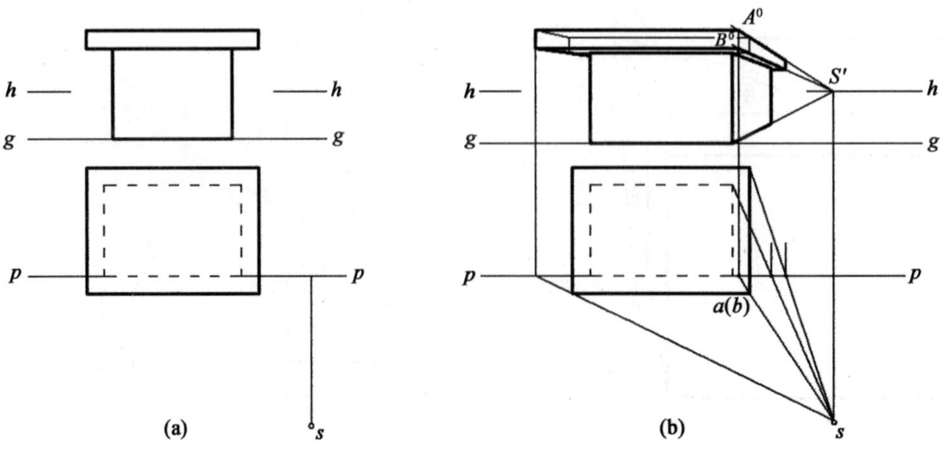

图 7-27　用视线法作组合体的平行透视

7.2.6　两点透视

两点透视，也叫“成角透视”，当物体无基准面与图面平行且成一定的角度时形成的透视关系即为两点透视。与平行透视相对照，当平放在水平基面 GP 上的立方体，与垂直基面的画面 PP 构成一定夹角关系时(不包括 0°、90°、180°，这样的立方体与画面构成了平行透视)，才会产生成角透视(图 7-28)。

两点透视是透视图中用途最普遍的一种作图方法，它常用在单体建筑、群体景观等效果图绘制，其透视成图效果好、真实感强。

【例 7-7】按已知条件作正方体的两点透视，如图 7-29(a)所示。

【作图】——视线法

(1)画一个立方体的平面图交视平线 $h\text{-}h$ 于 C 点，从 C 点向下作垂线并任取一个视点 S，过 S 作两条分别平行于 AC、BC 的斜线交 $h\text{-}h$ 于 V_1、V_2，然后从 S 引线连接 A、B 两点，交 $h\text{-}h$ 于 D、E。

(2)在视点 S 与视平线 $h\text{-}h$ 之间定出基线 $g\text{-}g$，把立面图放置在 $g\text{-}g$ 上。

(3)从立面图引真高线交 $C\text{-}S$ 于 $F°$点，同时从 D、E 点向下作垂线与 $F°\text{-}V_1$ 和 $F°\text{-}V_2$ 相交，连接这些交点并作透视线即求出该立方体的两点透视。如图 7-29(b)所示。

【例 7-8】按已知条件作长方体的两点透视，如图 7-30(a)所示。

【作图】——量点法

(1)选择建筑平面的一个直角，与画面($p\text{-}p$)相交于 O'。以 O' 为圆心旋转所要表现的建筑立面，并确定视点 S，得到理想的透视角度。在透视图面上确定视高，得 $g\text{-}g$ 和 $h\text{-}h$。通过视点作平行于建筑边缘的两条线，交 $p\text{-}p$ 于 V'_1 和 V'_2，分别从这两个点向下引垂线交 $h\text{-}h$ 于 V_1 和 V_2，从 O' 作垂线交 $g\text{-}g$ 于 O 点，连接 O 与 V_1 和 V_2。如图 7-30(a)所示。

(2)以 O' 为圆心，$O'A$ 和 $O'B$ 为半径画圆，在 $p\text{-}p$ 线上交得 A_0 和 B_0，同样分别以 V'_1 和 V'_2 为圆心，以各点到 S 的距离为半径画圆，在 $p\text{-}p$ 线上求得量点 M'_1 和 M'_2，如图 7-30(b)所示。

(3)从 A'_0 和 B'_0作垂线，在 $g\text{-}g$ 上交得 A_0 和 B_0，同样在 $h\text{-}h$ 上求得 M_1 和 M_2。连接 A_0 和 M_2，与 OV_2 交于 e 点，同理求得 d 点。画出建筑立面图并置于 $g\text{-}g$ 上，从立面图引真高线交 $O\text{-}O'$于 c 点，OC 即为该建筑透视图中的真高线，从 C 向 V_1 和 V_2 连线，分别与 d、e 点的垂线相交，连接交点，作出建筑俯视角度透视图，如图 7-30(c)所示。

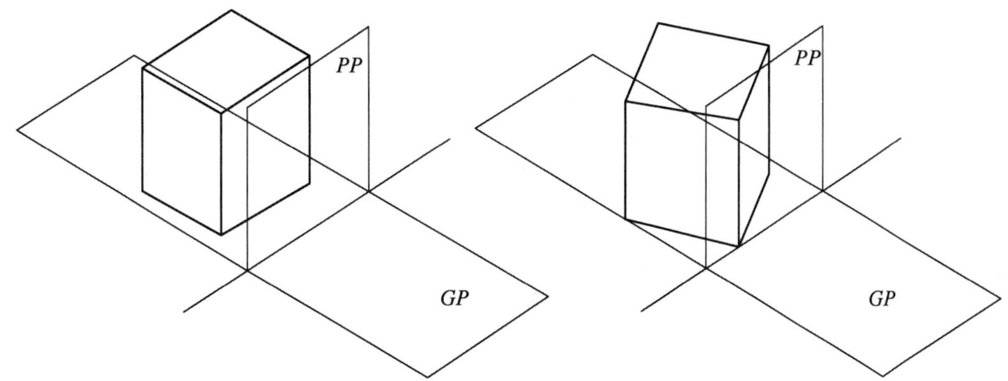

图 7-28　两点透视的原理

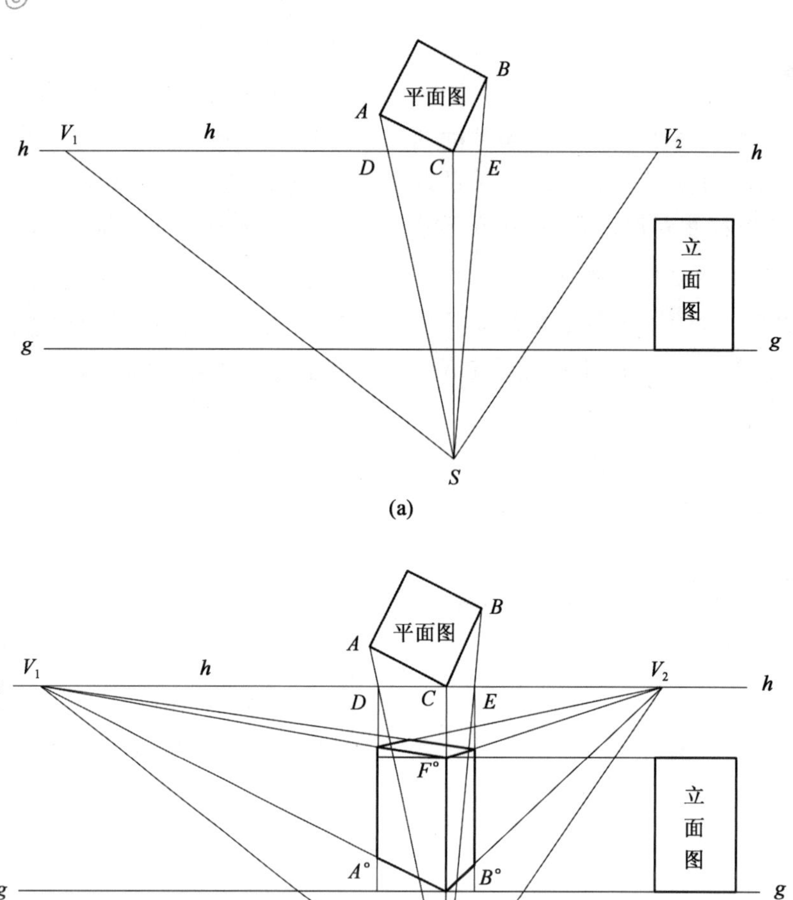

(a)

(b)

图 7-29　用视线法作正方体的两点透视

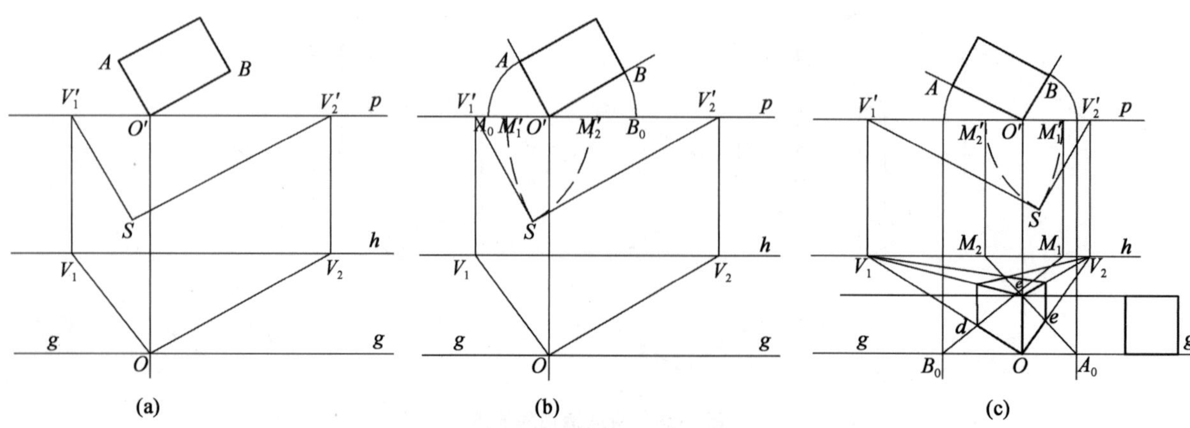

(a)　(b)　(c)

图 7-30　用量点法作长方体的两点透视

7.3 群体景物的透视

在建筑设计、园林规划设计和城市规划设计中，都会涉及要表达群体景物的透视效果，由于群体景物表达的内容较多，不但平面形状复杂，而且高低层次较多，不适于用前述方法绘制透视图，一般常采用网格法绘制。

利用网格法绘制群体景物的透视步骤：

(1)将群体景物的平面图放入一个方格网中，求出网格透视，再通过网格法，画出群体景物的基透视。

(2)利用集中真高线法求出群体景物各部分的透视高度，即得群体景物的透视。

7.3.1 一点透视网格法

网格法绘制鸟瞰图，首先要绘制出网格的透视。一点透视网格画法如图 7-31 所示，其中使一条网格线在画面上，作图时可直接量取网格的真实大小，如 0、1、2、3、4 等点，再求出量点 M，即 45°辅助线(对角线)的灭点(S'至 M 的距离等于视距)，然后，连 $0M$ 交 $S'1$、$S'2$、$S'3$……线于各点，过各交点画出 a、b、c、d 等画面平行线。

【例 7-9】已知园景的平面、立面、视高、视点和画面的位置，并确定了平面网格，求作该园景的一点透视鸟瞰图，如图 7-32 所示。

【作图】

(1)求网格透视：求灭点 S'、量点 M 及画面上网格分点，画出网格基透视及集中量高线，见图 7-33(a)。

(2)求园景的基透视：将平面图中景物位置，相应地画在网格基透视上，利用集中量高线，按立面图画出景物高度和轮廓，见图 7-33(b)。

(3)画细部，完成作图，见图 7-33(c)。

7.3.2 两点透视网格法

画两点透视的网格基透视也可以将平面图中网格线延长至与画面相交，得出每条格线的迹点，然后在透视图中将各迹点分别连接与之对应的灭点 V_1、V_2，即求出网格透视，如图 7-34 所示。

两点透视网格的画法如图 7-35 所示，首先求灭点和一组平行线的量点，定出方格网一边上的各等分点，如 0 线上 1、2、3、4 等各点，连接 V_24、V_20，然后求出对角线灭点 $V_{45°}$，即 V_1SV_2 的角平分线与视平线交点(如果不是方格网，对角线灭点应用过视点作平行线的方法求)。这样连 $V_{45°}0$ 与 V_21、V_22、V_23 等线相交，再将这些交点分别与 V_1 连线，就得到另一方向的网线 V_1a、V_1b、V_1c 等，即完成网格的两点透视。

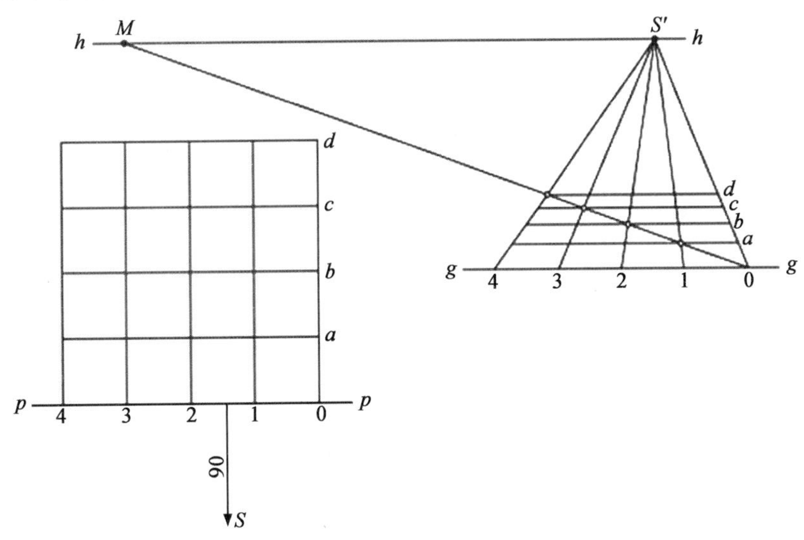

图 7-31 一点透视方格网画法

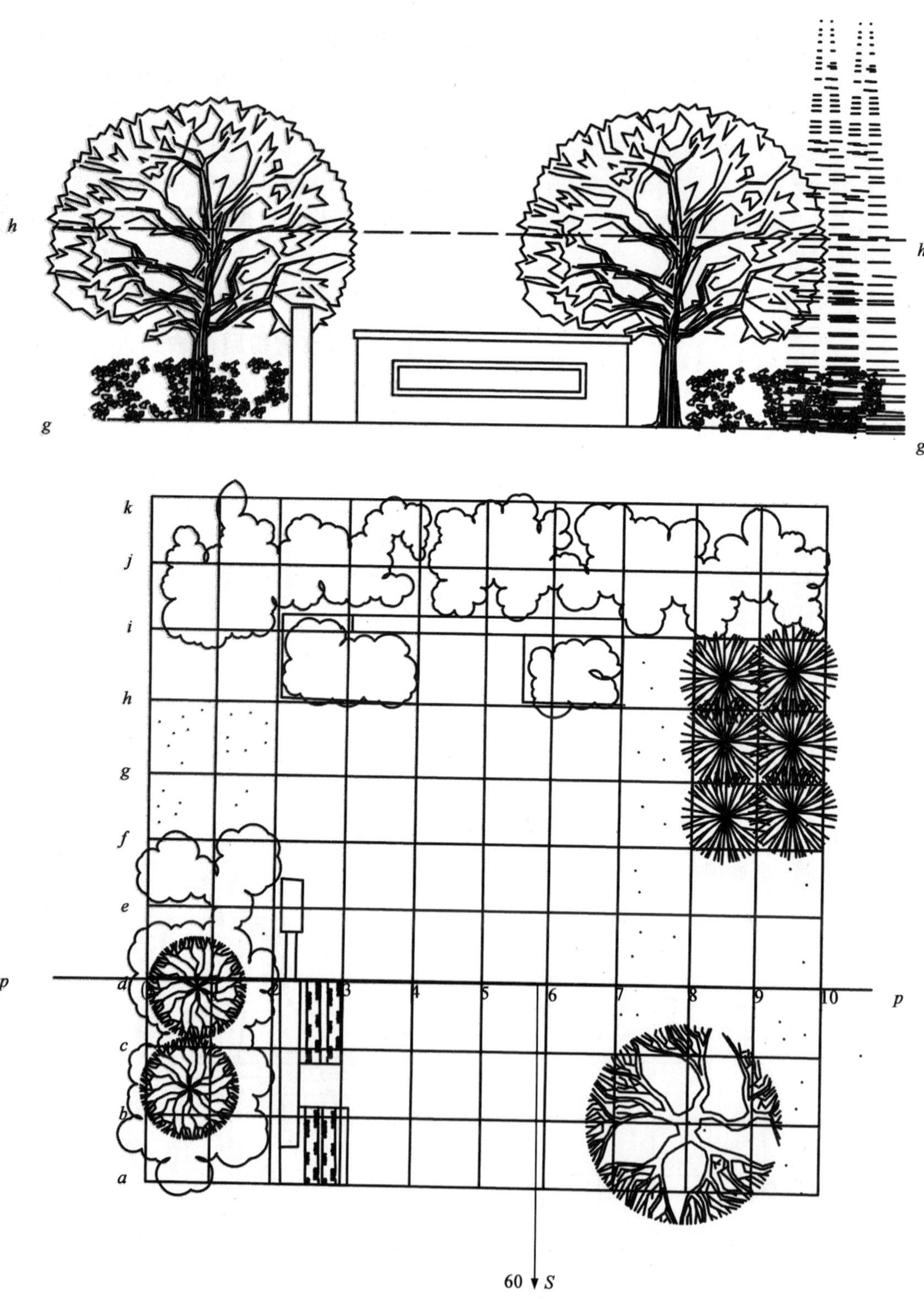

图 7-32　一点透视网格法——园景的平立面图

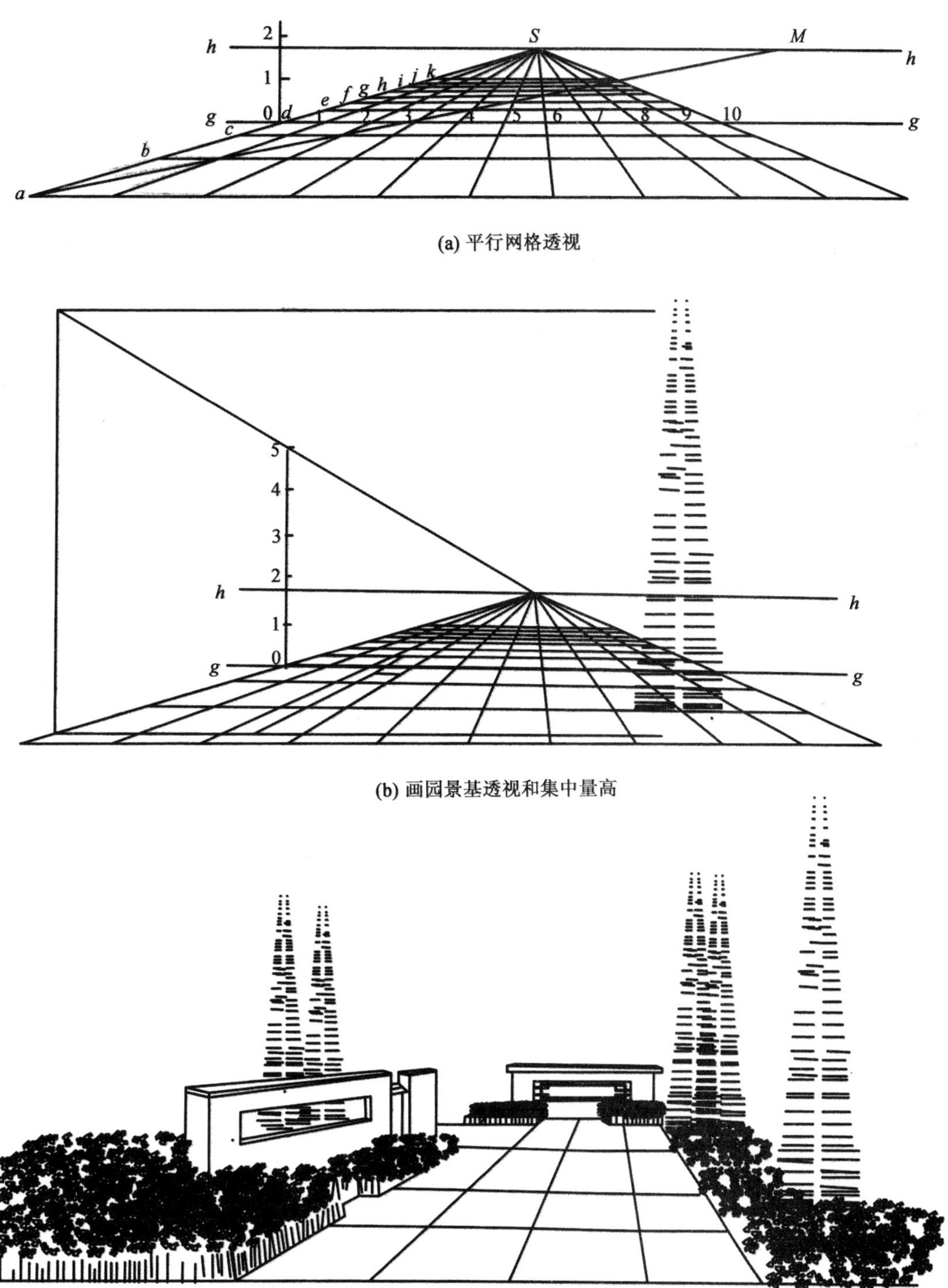

(a) 平行网格透视

(b) 画园景基透视和集中量高

(c) 画细部

图 7-33　一点透视网格法——网格透视及园景鸟瞰作法

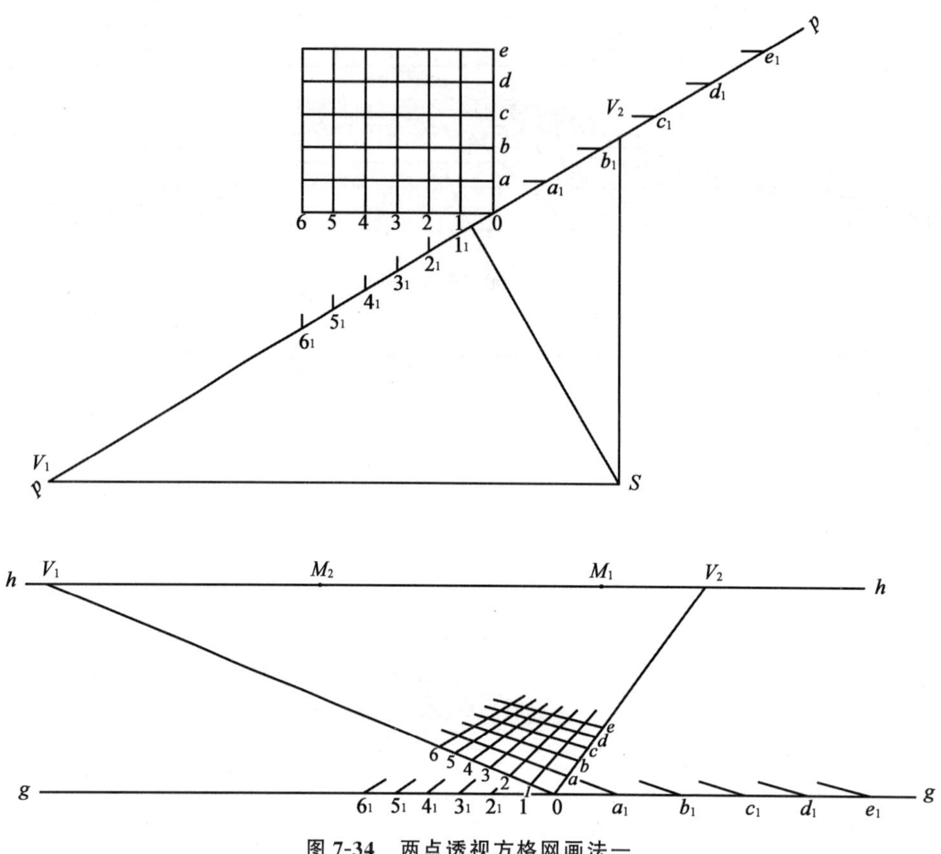

图 7-34 两点透视方格网画法一

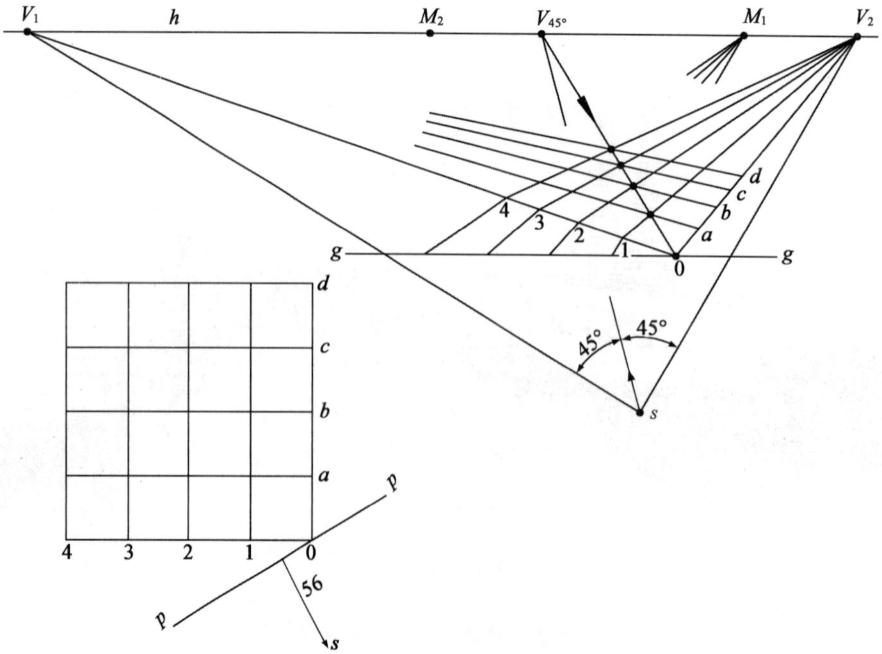

图 7-35 两点透视方格网画法二

【例 7-10】已知园景的平面、立面、视高、视点和画面的位置，并确定了平面网格，求作该园景的两点透视鸟瞰图，如图 7-36 所示。

【作图】

(1)求网格透视：求灭点 V_1、V_2，量点 M_1 或 M_2 及方格网对角线的灭点 $V_{45°}$，因所给条件视高较小，不便画图，可降低基线至 g_1-g_1，并按在画面上的网格交点与灭点的相对位置和网格实际距离确定各分点，画出网格基透视，如图 7-37 所示。

(2)求园景的基透视：在网格的基透视上相应地画出景物位置，见图 7-38。

(3)转绘到原来基线的位置上，并按集中量高法确定各景物的高度，画细部，完成作图，见图 7-39。

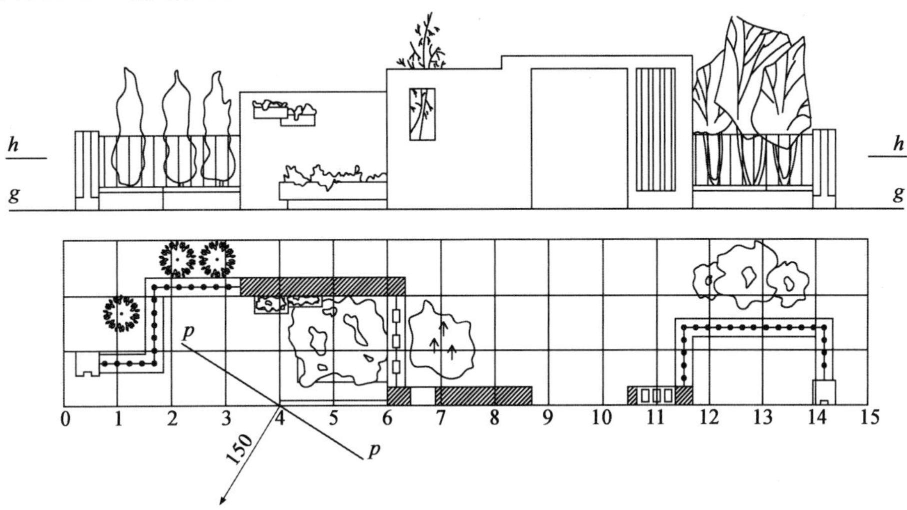

图 7-36　园景的两点透视画法——园景的平立面图

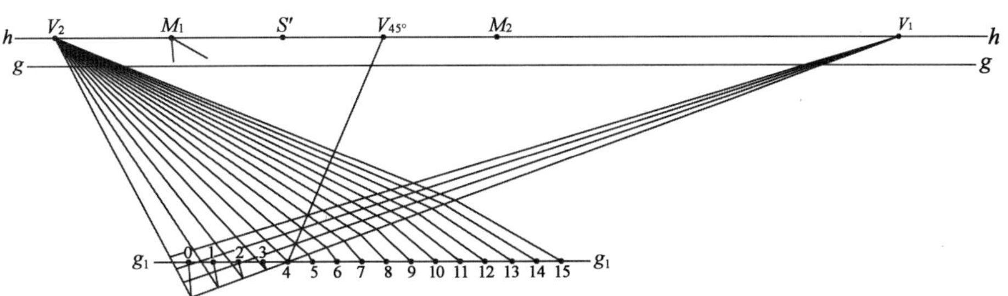

图 7-37　园景的两点透视画法——作网格透视

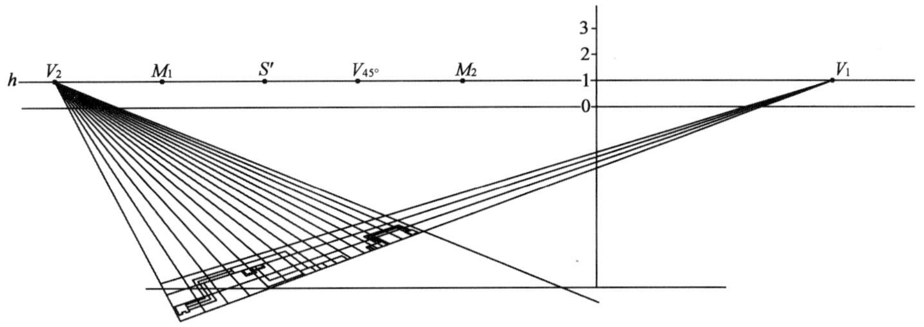

图 7-38　园景的两点透视画法——作园景基透视

图 7-39 园景的两点透视画法——作景物高度

7.4 平面曲线的透视

曲线的透视一般仍为曲线。当平面曲线在画面上时，其透视就是该曲线本身；当曲线在平行于画面的平面上时，其透视的形状不变，但大小产生了变化；当曲线所在平面与画面倾斜时，其透视形状将产生变化；当曲线所在平面通过视点时，其透视为一直线。

不规则平面曲线的透视可采用网格法来求其透视(参考群体景物的透视画法)。圆是最常见的平面曲线，其透视同样具有平面曲线的性质，当圆位于画面上时，透视是该圆本身；当圆所在平面平行于画面时，其透视是一个大小变化了的圆；当圆所在平面与画面相交时，其透视一般为椭圆；当圆所在平面通过视点时，其透视为一线段。实际应用中较常见的是水平圆和铅垂圆，它们的透视一般为椭圆。

椭圆的透视画法主要采用八点法，见图 7-40，先作圆的外切正方形，找出外切正方形的切点 1、2、3、4，再找出对角线与圆的交点 5、6、7、8；根据透视找出八点，再用圆滑的曲线连接即得到圆的透视椭圆。

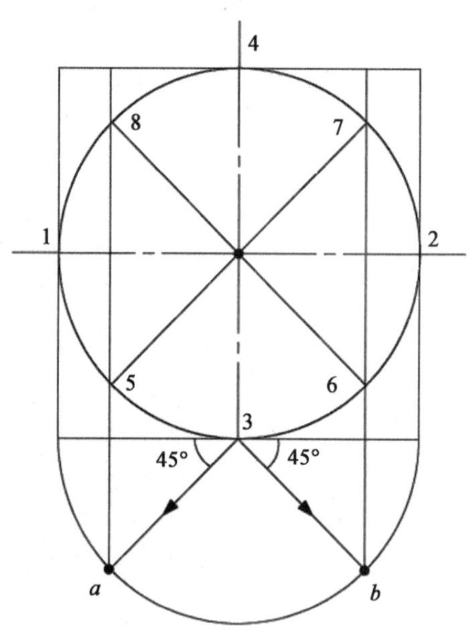

图 7-40 圆周上八点的画法

7.4.1 水平圆的透视

(1)水平圆的平行透视。先用量点法求出外切正方形及其对角线的平行透视，确定出 1、2、3、4 外切点的透视位置，再画辅助半圆，作出 5、6、7、8 对角线交点的透视，用曲线板光滑地连接，即为所求椭圆(图 7-41)。

(2)水平圆的成角透视。先用量点法求出外切正方形及其对角线的成角透视，确定出 1、2、3、4 外切点的透视位置，再画辅助半圆[半圆直径画法见图 7-14(b)]，作出 5、6、7、8 对角线交点的透视，用曲线板光滑地连接即可，见图 7-42。

7.4.2 铅垂圆的透视

铅垂圆的透视画法与水平圆的画法类似，作图时注意：要在与画面重合的正方形垂边上作辅助半圆，找出八个点的透视，再用曲线板圆滑连接，见图 7-43。

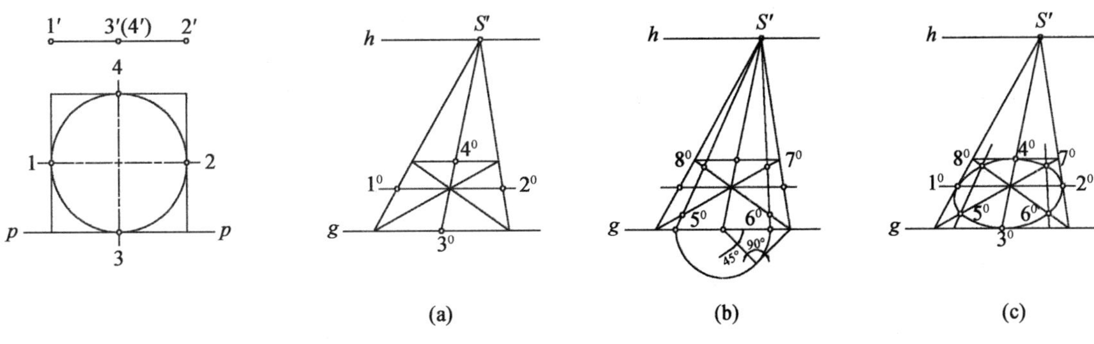

图 7-41　水平圆的平行透视画法

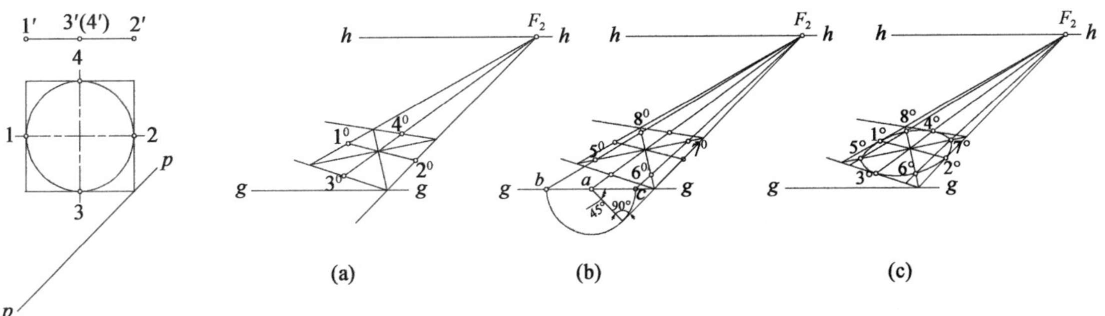

图 7-42　水平圆的成角透视画法

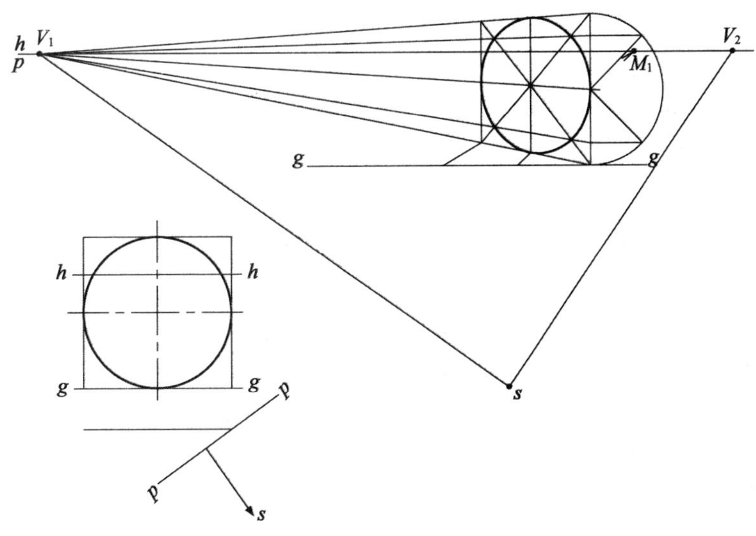

图 7-43　铅锤圆的透视画法

【例 7-11】已知拱门的平立面图，求作其平行透视和成角透视，如图 7-44 所示。

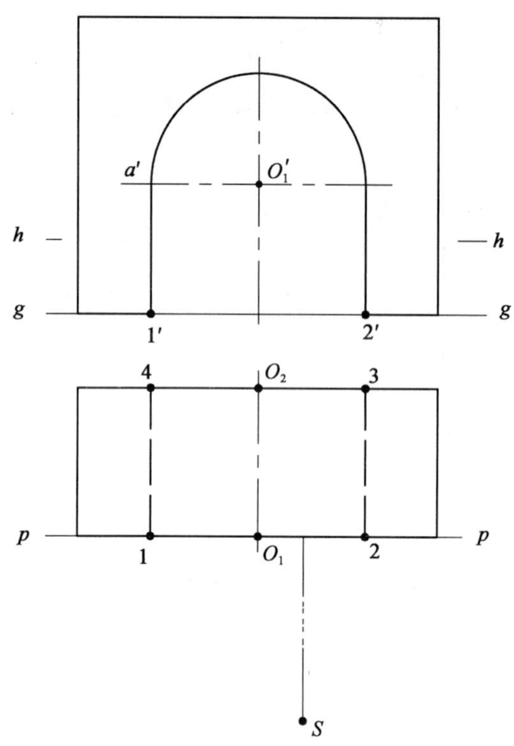

图 7-44　拱门的平立面图

【作图】——拱门的平行透视

分析：拱圆平行于画面，故透视仍为圆，但圆的大小会发生变化。

在拱门的正立面图上，利用拱门的基透视确定圆心 O_2 的位置及后面拱门的透视半径 O_2b，画圆，完成作图，见图 7-45。作图中注意前、后圆的圆心和切点不等高，要用量点法找到圆心和切点，用圆规直接画出。

【作图】——拱门的成角透视

分析：拱圆与画面相交，故透视为椭圆。

先利用成角透视画出墙体的成角透视，利用八点作图法，找出 a 点，作 $ab /\!/ g_1g_1$，连 bV_1 与外切四边形对角线交于 1、2 两点，再圆滑连接，作出前椭圆，同理，作出后面的椭圆即可，见图 7-46。

若园林建筑中不规则的曲线形体较多，则在画透视时，可根据具体情况在曲线的一些特殊点处同时作平行和竖直的辅助线来辅助作图。

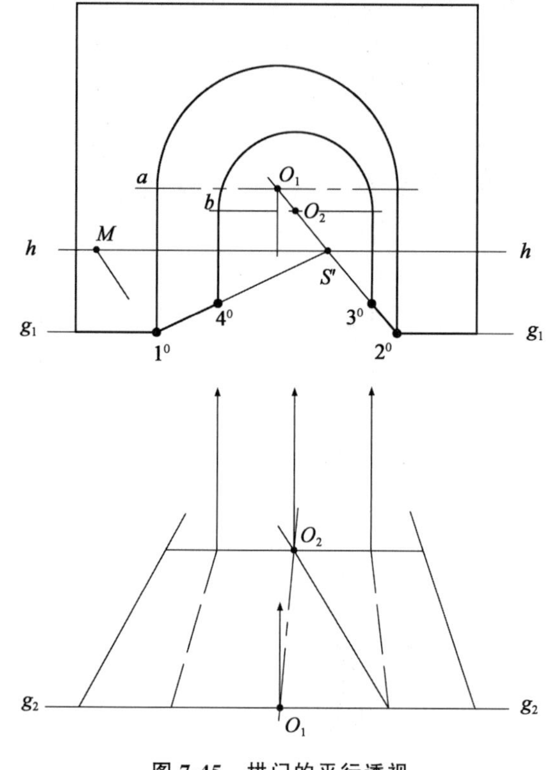

图 7-45　拱门的平行透视

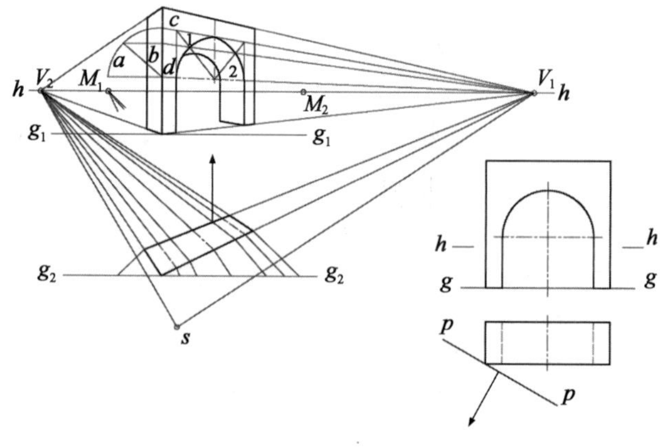

图 7-46　拱门的成角透视

【例 7-12】已知景窗平立面图，求作其成角透视图，如图 7-47(a)所示。

【作图】

(1)利用量点法作出辅助线条的成角透视。

(2)在曲线拐角处 3、4 点和最高处 5 点，最左和最右处的 1 点都同时作水平辅助线和垂直辅助线，为增加准确度，可在曲线线段较长处，再适当增加一些点，如 2 和 2′点，作水平和竖直水平线，求出这些辅助线的透视，找到相应点的透视。

(3)圆滑连接各透视点，完成作图，见图 7-47(b)。

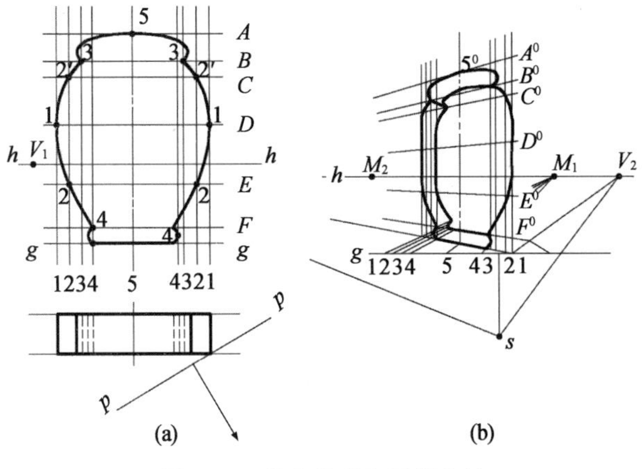

图 7-47 景窗的成角透视作法

7.5 视点、画面、建筑物之间的相对位置

由透视图的画法可知，透视图的图面布局及表达效果与透视角度、视点的高低及视距的远近等因素直接相关，其中最关键的因素是视点的高低和位置，因此，视点位置如何选择，关系到所得出的透视图形象是直观、生动，还是失真、变形。

7.5.1 视点的选择

视点的确定包括观察点角度和视点高度的确定两个方面，观察点的角度应当考虑设计表达需求和人眼的视觉习惯。人们观察物体时，视线呈圆锥状，生理学上称为视锥(图 7-48)，视锥的顶角称视角，锥面与画面的交接范围称为视域。通常，视角在 30°～40°时，视觉效果较好；当视角超过 60°时，透视图就会失真，而且视角越大，失真越严重。视距越近，视角越大，反之则越小(图 7-49)。当视距为 1.5D、2D 时，它们的视角大致 28°～37°，其中 D 表示视锥的底圆直径。

视距不同对透视图都会产生不同的影响，如图 7-50 所示，视距过大，透视灭点就远，从而导致水平线透视收敛过缓，立体感差；而视距过小，则灭点太近，水平线透视收敛过快，从而导致透视形象夸张甚至失真。因此，确定适当的视距对透视图的视觉效果关系极大。通常，为了保证正常适当的视角，一般将视点的位置位于画面中间的 1/3 的范围以内。

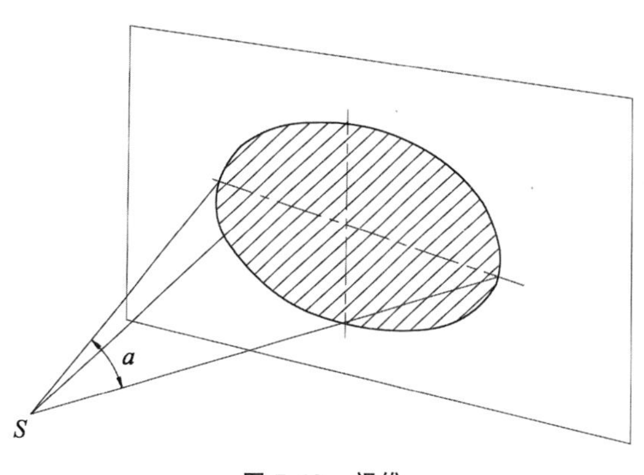

图 7-48 视锥

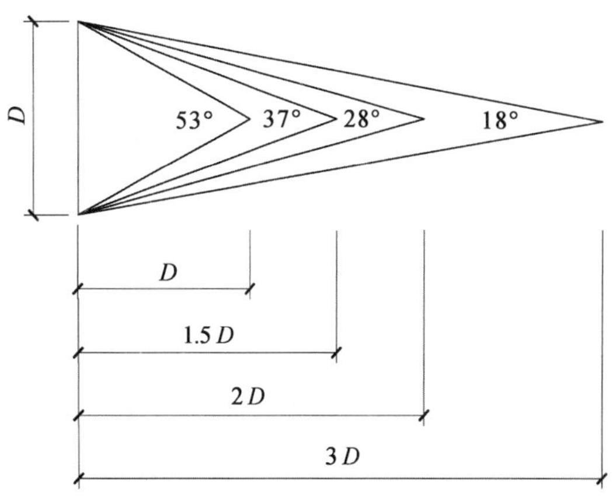

图 7-49 视距与视角的关系

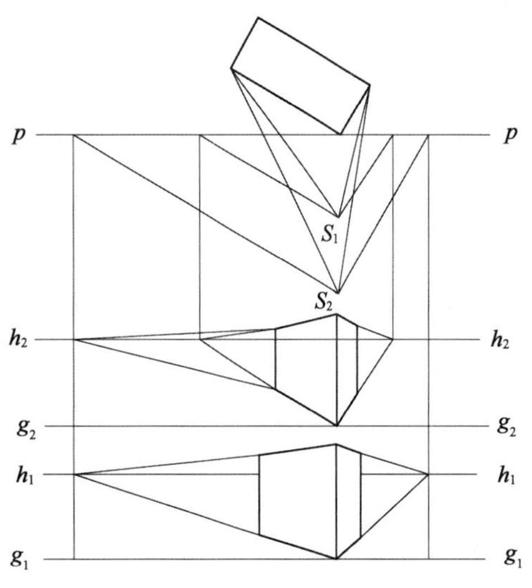

图 7-50 视距对透视的影响

视高即视点到观察基面的垂直距离，视高的变化会改变图面的透视效果（图 7-51），根据人眼的正常高度，一般视高采用 1.5～1.8 m。绘制透视图时，视高也会根据景物的总高进行相应的调整，若景物较为高大，可适当提高视高，若景物较为低矮，则可适当降低视高，使景物上下两条水平透视线收敛匀称。

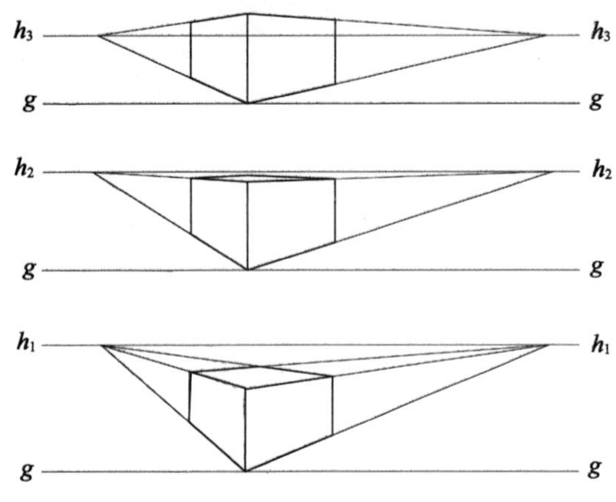

图 7-51　不同视高对透视的影响

此外，视高还与透视图想表达的效果有关，需要使景物表现得高耸雄伟，可以适当降低视高，而为了扩大地面的透视效果，则提高视高。在园林设计中的鸟瞰图常常采用提高视高的方式，使视点高于景物，这样在透视图上能展现更多的园林设计的内容，能体现群体特征，见图 7-52。

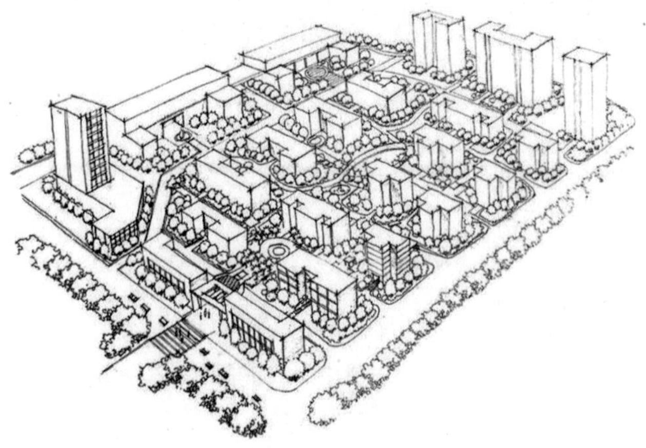

图 7-52　鸟瞰图

7.5.2　画面的选择

当视点相对于景物的位置相对固定时，无论画面远或近，所得的透视角度和图面效果是一致的，只是画幅的大小不同而已，所以，作图时可利用移动视距的远近来改变透视图的大小。但是，当视点与景物之间的夹角即偏角发生改变时，透视图也发生较大变化，如图 7-53 所示，当偏角较小时，主立面轮廓线的透视线灭点较远，水平透视线收敛平缓，该建筑物立面就显得特别宽阔。当建筑物的两个主向立面宽度基本相等时，画面偏角不应选取相等的 45°夹角，否则两个立面的透视轮廓基本对称，没有主次之分，透视效果较呆板（图 7-54）。结合画面偏角选择的特点及规律，并考虑作图方便，通常画面与主立面之间的夹角采用 30°左右为宜。

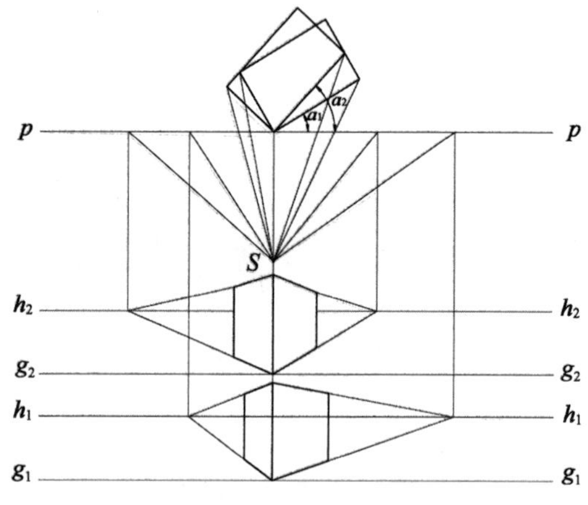

图 7-53　画面偏角对透视的影响

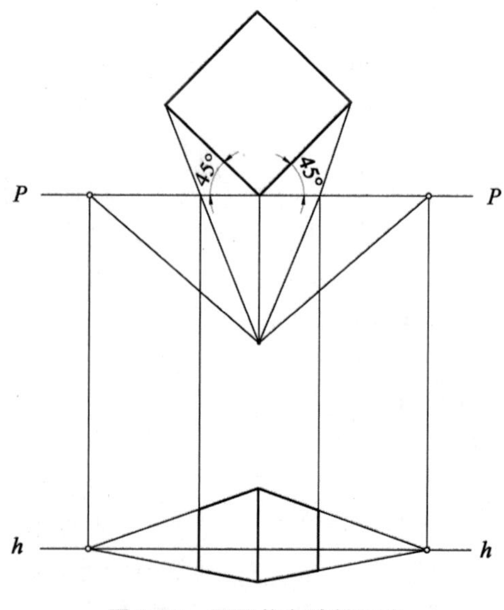

图 7-54　画面偏角选择不当

7.5.3 视点、画面在平面图中的选择方法

1)先定视点，后定画面的方法

(1)首先确定站点 S，自 S 向景物两侧引视线投影 Sa 和 Sc，并使其夹角 $\alpha=30°\sim40°$。

(2)引视线 SO 使其为夹角 α 的平分线，即视线 SO 两侧的分角相等。

(3)过 O 点作垂直于 SO 的直线得画面线 PP，见图 7-55。

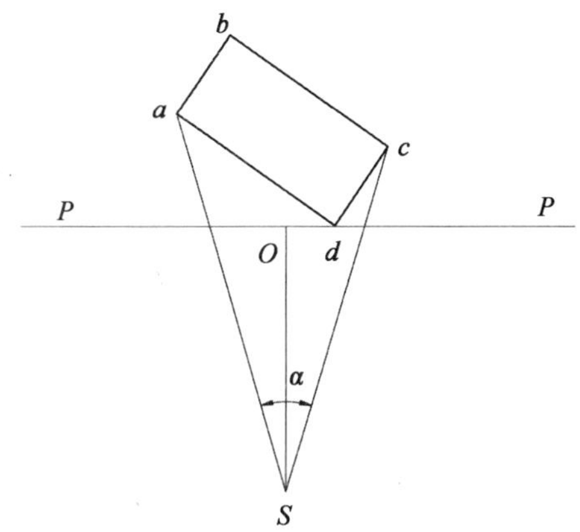

图 7-55 先定视点后定画面的方法

2)先定画面，后定站点的方法

(1)根据偏角(常用 30°)确定画面线 PP。

(2)过转角点 a 和 c 分别向 PP 作垂线得透视近似宽度 M。

(3)在画面线上确定一 O 点，过 O 点作 PP 垂线，在垂线方向上确定站点 S 使 $SO=1.5\sim2.0$ m，见图 7-56。

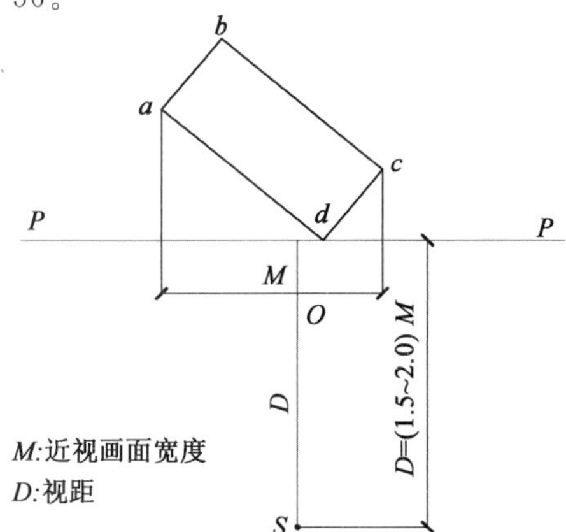

图 7-56 先定画面后定站点的方法

7.6 透视图的辅助画法

在绘制园林建筑或园林景观的透视图时，通常是先绘制出其主要轮廓的透视，然后再绘制细部透视。在具体绘制过程中，面对复杂的透视对象，常采用一些快速简便的辅助方法来绘制。

7.6.1 透视图的简捷画法

绘制透视对象的细部时，由于部分细部尺寸较小，严格按照透视作图方法来作图，不但步骤繁琐，而且误差较大，在实际中常采用简捷作图方法直接画出景物细部的透视。

1)基面平行线的分割

如图 7-57(a)所示，已知基面平行线 AB 的透视 A^0B^0，要求以 2∶3∶3∶2的比例分割线条 AB。作图时，可过 A^0 作平行于 h-h 的直线，在直线上以适当长度为单位，自 A_0 起向右量取 2∶3∶3∶2各点，连 CB^0 并延长使之交 h-h 于 V 点，再由 V 点连接水平线上各分割点，交线条透视 A^0B^0 的各交点即为所求的分割点。

等分方法的作图方法与此相同，如图 7-57(b)所示。

2)矩形的分割与延续

在矩形的透视图上通过利用对角线对矩形进行分割。如图 7-58 所示，在已知矩形的透视图上，首先通过作矩形的两条对角线 A^0C^0 和 B^0D^0，得到两条对角线的交点 E^0，作边线的平行线，即可将矩形二等分。重复此方法，可继续将矩形分割为更小的矩形。

【例 7-13】已知 $abcd$ 用对角线等分矩形为矩形的透视图，求作矩形的垂直等分，如图 7-59(a)所示。

【作图】

(1)过 ad 两端点的任意一点 b 作水平直线，同时将实际等分点 1、2、3、4、5 标在该直线上。

(2)连接两端点 $5c$，并延长与视平线 h-h 相交于点 k。

(3)由 k 点分别与 1、2、3、4 个点连线，分别交 bc 于 e、f、g、h 各点，过各交点作垂直线，即为该矩形的透视垂直等分线。

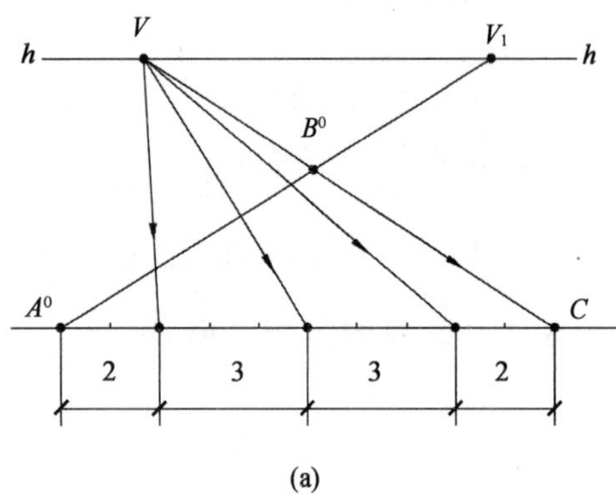

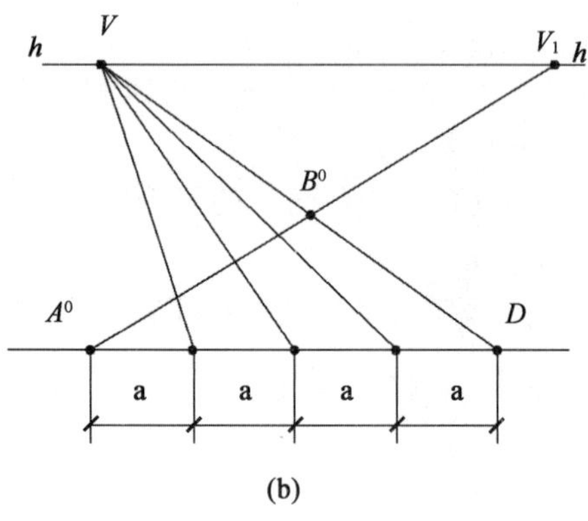

图 7-57　基面平行线的分割

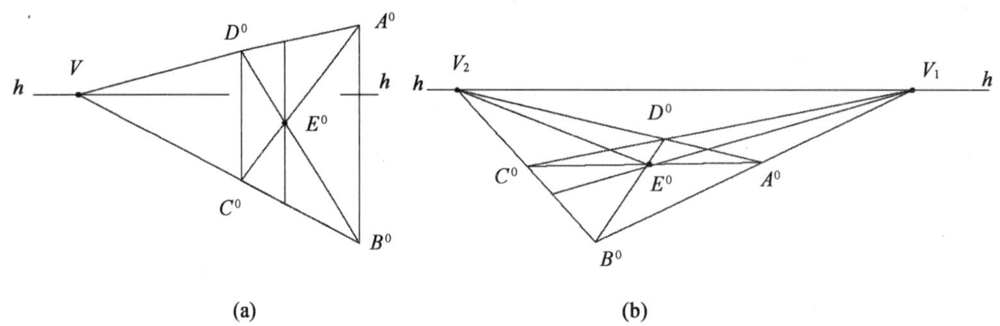

图 7-58　用对角线等分矩形

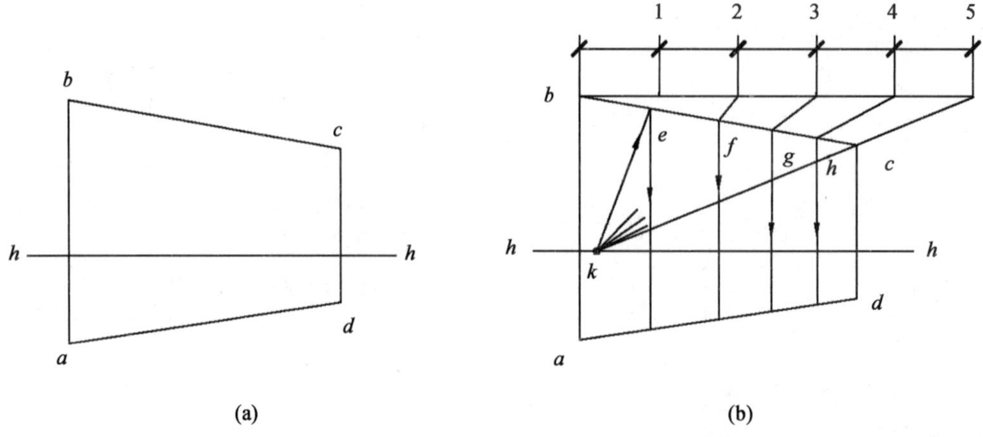

图 7-59　矩形透视图的垂直等分

【例 7-14】已知 $abcd$ 为矩形的透视图和透视中线的中点 e，求作与已知矩形相等的延续矩形，如图 7-60(a)所示。

【作图】

(1)过 e 点与灭点 S' 连接，即为矩形的透视中线，该透视中线与 dc 直线交于 f 点；

(2)连接 bf 并延长与 ad 的延长线交于 g 点，过 g 点作 cd 的平行线 gh，则 $cdgh$ 即为与已知矩形相等的延续矩形，其余延续矩形的作法依此类推，见图 7-60(b)。

7.6.2　灭点在图板外时的透视画法

在画透视图时，常会遇到灭点较远的情况，作图较困难，可以采用下列方法：

(1)利用心点 S'。如图 7-61 所示，灭点 V_1 在图板外，做前立面时，可作直线垂直于画面线 p-p，取画面上的 $E^0E_1^0=A^0A_1^0$，连接 $S'E^0$、$S'E_1^0$ 与点的透视位置线相交于 C^0、C_1^0，连 A^0C^0、$A_1^0C_1^0$。

(2)利用现有灭点。如图 7-62 所示，利用在图板上的另一个主向灭点作为另一方向上取点的点。延长 dc 与画面线 p-p 相交于 f 点，过 f 点作铅垂线与 g-g 线交于 F_1^0，连 V_2，并作 $F_1^0E^0=A^0A_1^0$，再连 V_2E^0、V_2F^0，分别交 C 的透视位置于 C^0、C_1^0，由此画出 A^0C^0、$A_1^0C_1^0$、$C^0C_1^0$。

(3)利用视平线上任意灭点。如图 7-63(a)所示，已 A^0B^0 直线及 B^0 通向视平线上较远灭点 V_1 方向的一段直线。要求过 A^0 及 A^0B^0 上一点 C^0，作与已知线段平行的直线。可在适当地方画一垂线，并截取 A_1、C_1、B_1 与 A^0、C^0、B^0 的高度相等，再以视平线上任一点 V 作灭点，连 VB_1、VC_1、VA_1。VB_1 线与 B^0 通向灭点的直线交于 B_2^0，交 VC_1 于 C_2^0，交 VA_1 于 A_2^0，连 $C^0C_2^0$、$A^0A_2^0$ 即为所求，见图 7-63(b)。

7.6.3　"理想"透视的画法

在绘制建筑物或园林透视图时，为快速达到较好的透视角度和效果，通常先绘制出主要轮廓的透视，在此透视轮廓的基础上加绘细部透视，得到"理想"的透视效果。具体步骤是根据建筑平、立面图中的已知高度，勾画出较理想的建筑物正面透视，然后再画出侧面的透视，并使与已知条件相符。

【例 7-15】已知建筑物的平、立面图，并且画出了较为理想的主立面透视图，求完成建筑物的透视图，见图 7-64。

【作图】

(1)从已画好的部分透视图中延长两个方向的透视轮廓线，以求得两个主方向灭点 V_1 和 V_2，连接 V_1 和 V_2，即为视平线 h-h。

(2)当两个主向灭点距离较近时，作图方法见图 7-65：V_1V_2 为直径画半圆，过 A^0 点(或 B^0 点)作水平线，在 A^0 点右边量 nx 得一截点 c_1，连 c_1 和 C^0 并延长交 h-h 于 M_1 点，然后以 V_1 为圆心，以 V_1M_1 为半径画弧交半圆周于 S 点(即为视点)。再以 V_2 为圆心，以 V_2S 为半径画弧交 h-h 于 M_2。然后，再过 A^0 点左边量 ny 得一截点 e_1，连 e_1 和 M_2 与 A^0V_2 交于 D^0，过 D^0 作垂线，即为所求。

(3)若两个主向灭点距离较远时，作图方法见图 7-66：在适当高度画一水平线，交 A^0V_1、A^0V_2 于 (V_1)、(V_2) 两点，以 $(V_1)(V_2)$ 长为直径画圆，再过 B^0 点作水平线，量取 nx 得一截点 c_1，连 c_1 和 C^0，并延长交 h-h 于 M_1 点，连 A^0M_1 交 $(V_1)(V_2)$ 线于 (M_1) 点，以 (V_1) 为圆心，以 $(V_1)(M_1)$ 为半径，画弧交半圆周于 (S) 点，以 (V_2) 为圆心，以 $(V_2)(S)$ 为半径画弧可求出 (M_2)，连 $A^0(M_2)$ 并延长交 h-h 于 M_2，即为 V_2 方向的量点，再由 ny 截点 e_1，连 M_2e_1 与 B^0V_2 相交，过交点作垂线，即可求出侧面透视。

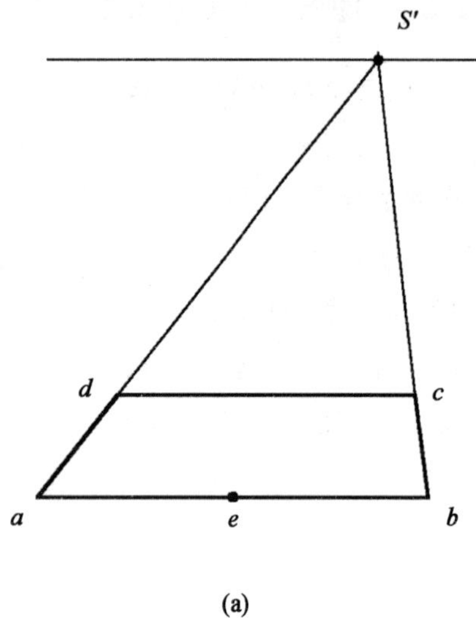

(a)

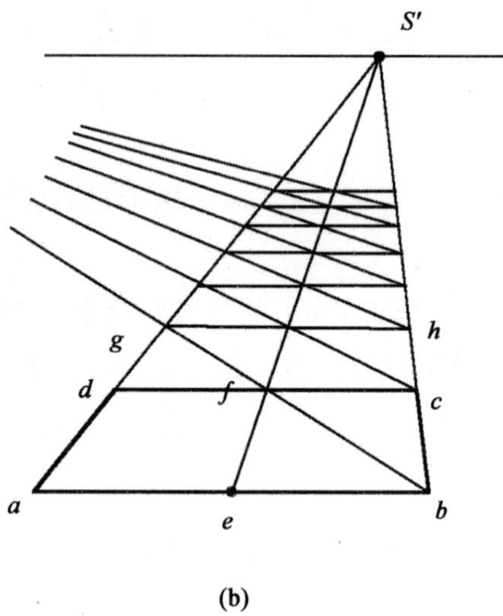

(b)

图 7-60 作与已知矩形相等的延续矩形

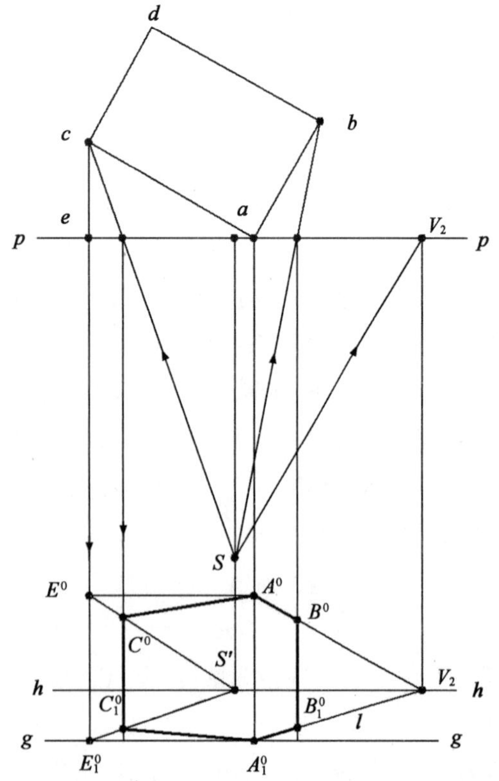

图 7-61 利用心点画透视图

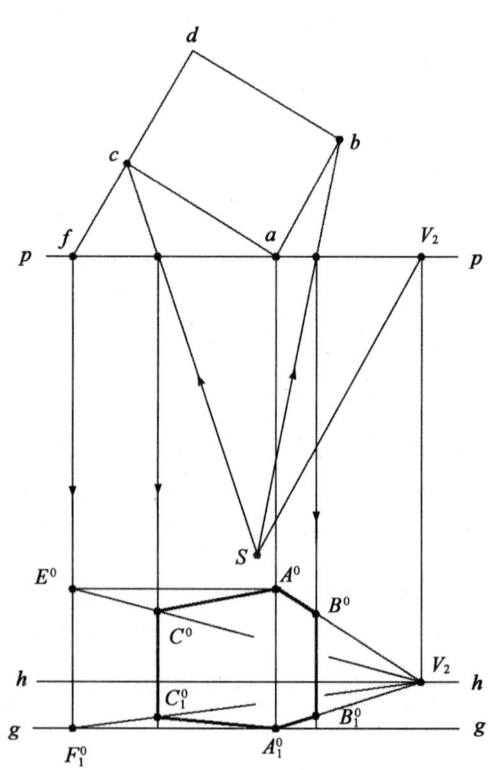

图 7-62 利用现有灭点画透视图

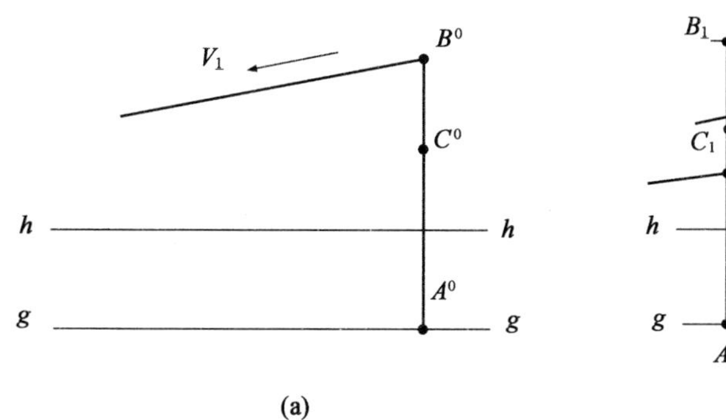

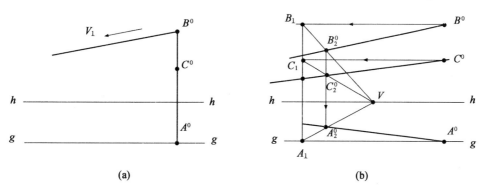

图 7-63 利用视平线上任意灭点画透视图

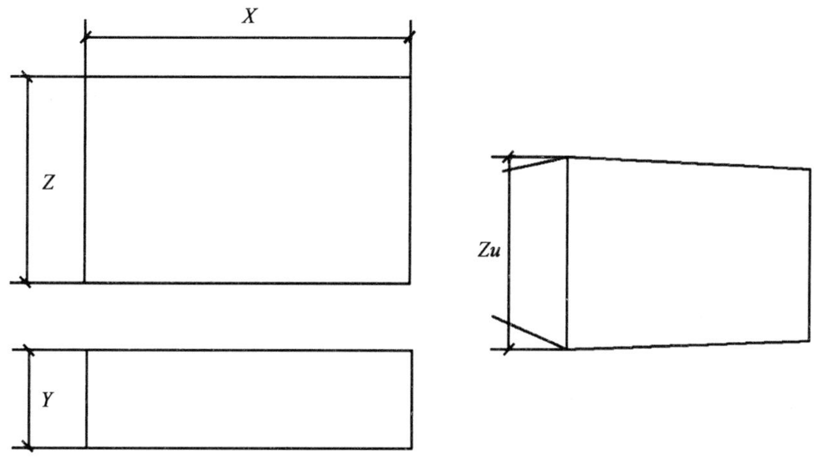

图 7-64 "理想"角度作图已知条件

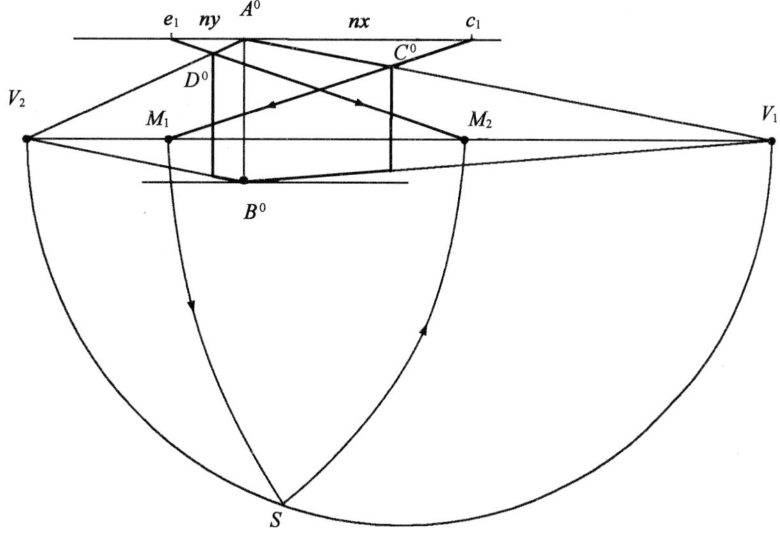

图 7-65 灭点较近时的作图法

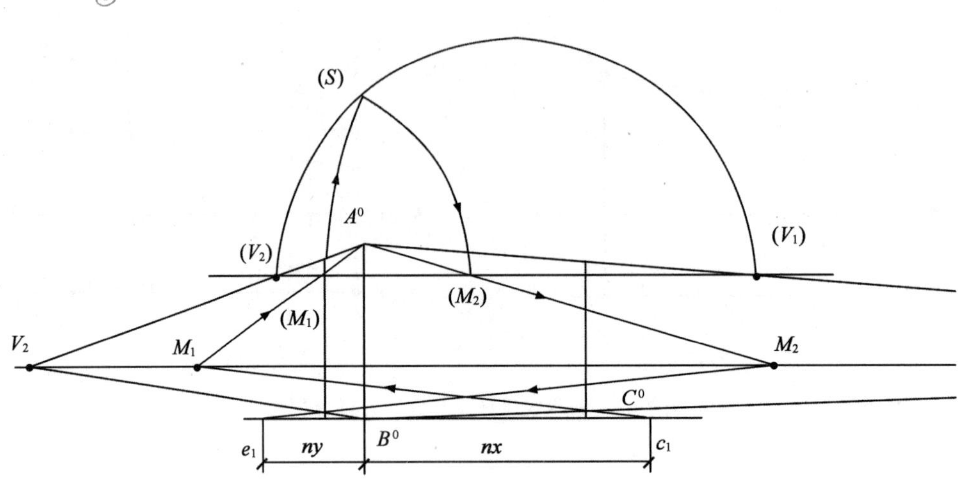

图 7-66　灭点较远时的作图法

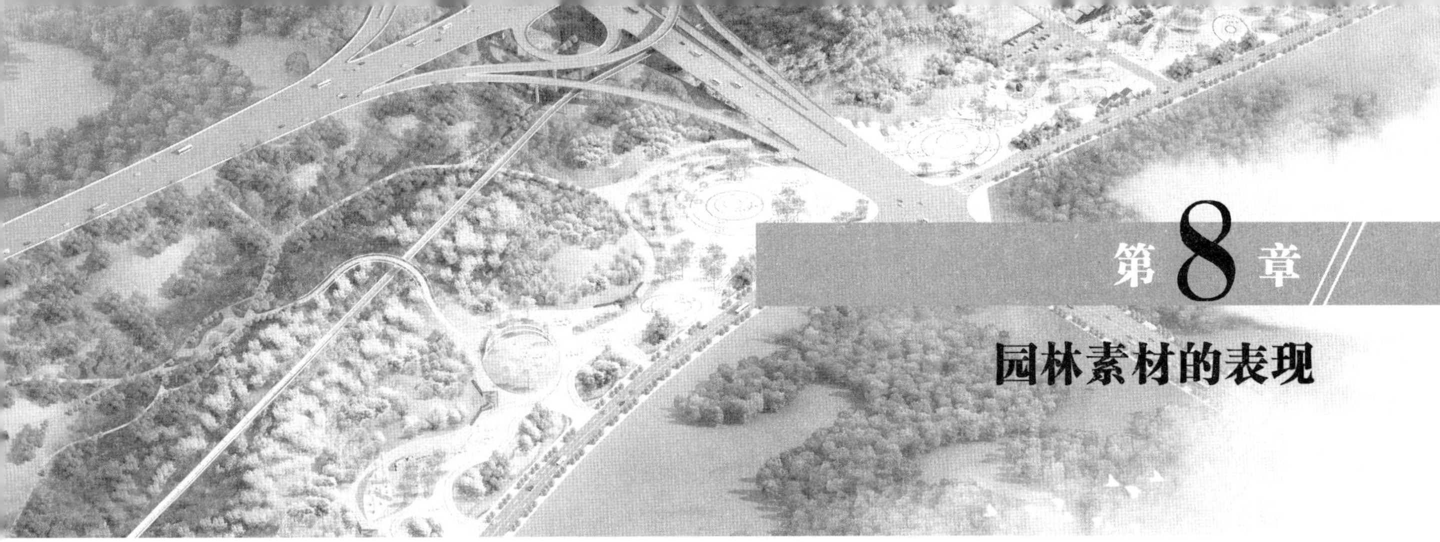

第8章 园林素材的表现

园林素材的表现指通过植物、山石、水体、地形、园路等元素的布局与组合、色彩与纹理、尺度与比例、动态与变化、材料与质感等手段，营造出丰富多样的景观效果。合理运用素材可以创造出和谐、舒适的空间感，增加景观的生动性和层次感，同时考虑其持久性和环境适应性，从而实现设计目标和美学要求。

8.1 植物的表现

园林植物既可独立造景，又是其他园林要素不可缺少的衬托，是重要的造园材料。

园林植物形态各异，植物的分类方法较多，这里根据各自特征，将其分为乔木、灌木、攀缘植物、竹类、花卉、绿篱和草地七大类。不同种类的园林植物画法也不同，一般根据不同植物特征，抓住其本质，采用图例的方式来表现，如图 8-1 所示。

园林植物的平面图是指园林植物的水平投影图，一般采用图例来概括地表示，如图 8-2 所示。不同植物类型的图例表达方法不同，乔木的表现方法为：用圆圈表示树冠的形状和大小，用黑点表示树干的位置及粗细，如图 8-3 所示。树冠的大小应根据树龄按比例画出，成龄的树冠大小如表 8-1 所示。

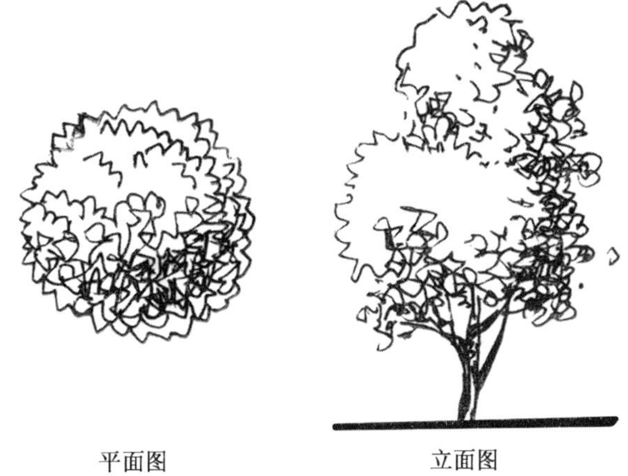

图 8-1 乔木的平立面图

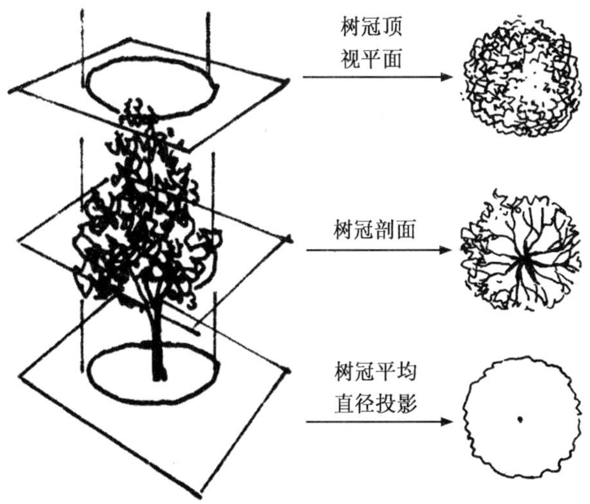

图 8-2 乔木平面表示类型的说明

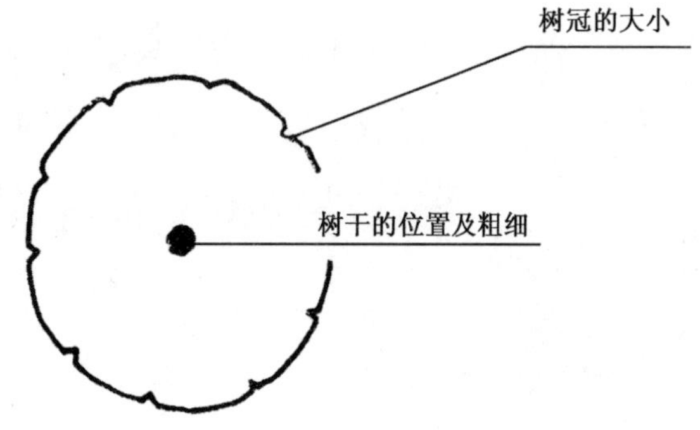

图 8-3 乔木的平面图例

表 8-1 成龄树的树冠冠径 m

树种	冠径
孤植树	10～15
高大乔木	5～10
中小乔木	3～7
常绿乔木	4～8
花灌丛	1～3
绿篱	单行宽度:0.5～1.0
	双行宽度:1.0～1.5

8.1.1 植物的平面画法

8.1.1.1 乔木的平面画法

树木的平面画法通常是用一个圆圈表示树木成龄以后的树冠大小,在圆心用大小不同的黑点表示树木的定植位置和树干的粗细,为了能够形象地区分不同的植物种类,常以不同的树冠线型来表示。

针叶树常以带有针刺状的树冠来表示,若为常绿的针叶树,则在树冠线内加划平行斜线见图 8-4。

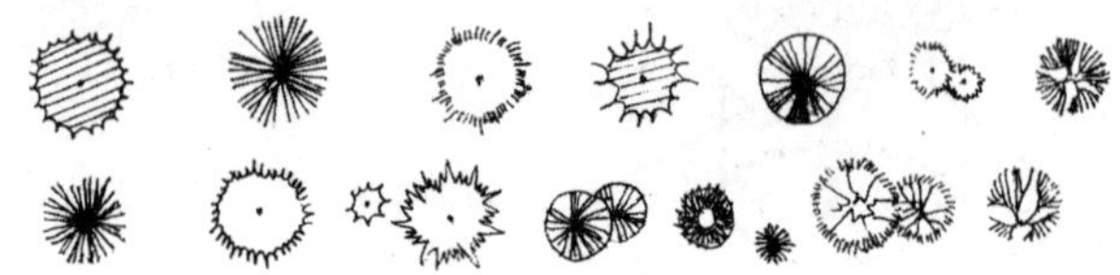

图 8-4 针叶树平面画法

阔叶树的树冠轮廓一般为圆弧线或波浪线,且常绿的阔叶树多表现为浓密的叶子,或在树冠内加画平行斜线,落叶的阔叶树多用枝干表现,见图 8-5。

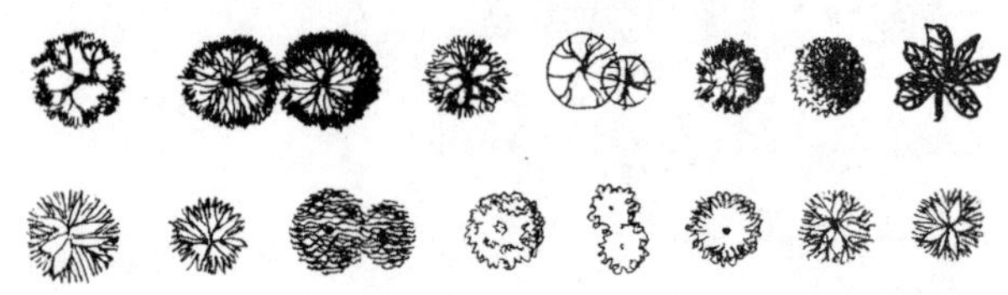

图 8-5 阔叶树平面画法

常用的表现手法有四种,即轮廓法、分枝法、质感法和枝叶法。

1)轮廓法

只用线条绘出树木的平面轮廓,线条可粗可细,轮廓可光滑,也可带有缺口和尖凹,常用于表示枝繁叶茂的树冠投影。

2)分枝法

根据树木的分枝特点用线条表示树枝或分叉,常用于表示冬天整棵树木的顶视平面。

3)质感法

用线条的组合排列表示树冠的质感,常用于表示枝繁叶茂树木的顶视平面。

4)枝叶法

既表示分枝又表示树冠,树冠可用轮廓线法表示,也可以用质感法画出,常用于表示水平面剖切树冠后的树冠剖面。

当表示几株密植树木的平面时,应互相交合,使图面形成整体,如图 8-6 所示。当表示成林树木的平面时可只勾勒林缘线,如图 8-7 所示。

图 8-6 相同相连树木的平面画法

图 8-7 大片树木的平面表示法

8.1.1.2　灌木的平面画法

灌木没有明显主干，多以连片种植的表达形式为主。修剪整形的灌木可用轮廓、分枝或枝叶型表示，不规则形状的灌木宜用轮廓型或质感型表示，表现时以栽植范围为准，见图 8-8。

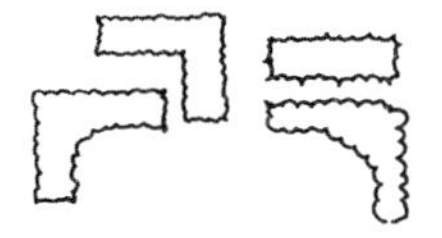

(a) 修建灌木轮廓型表示法

(b) 不规则灌木轮廓型表示法

(c) 分枝型灌木表示法

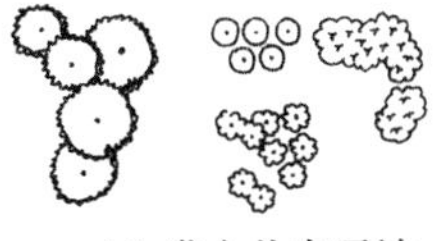

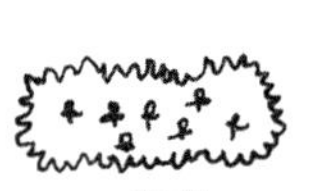

(d) 灌木丛表示法　　地被竹类　　花丛　　(e)

图 8-8　灌木平面表示法

地被植物和藤本植物宜采用轮廓勾勒和质感表现的形式，以地被栽植的范围线为依据，用不规则的细线勾勒出地被的范围轮廓，如图 8-9 所示。

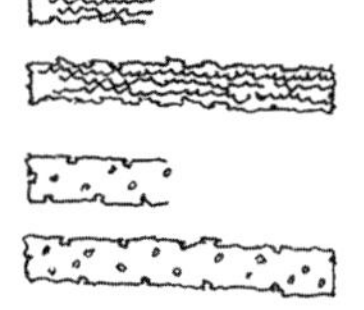

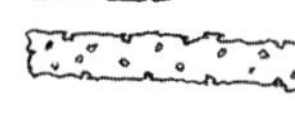

绿篱

千屈菜　鼠尾草

玉带草　麦冬

图 8-9　地被植物表示法

8.1.1.3　草坪和草地的表示方法

草坪和草地作为地表绿色覆盖的常用手法，其表达要求区别于周边的硬地，因此，表示方法很多，下面介绍一些主要的表示方法(图 8-10)。

1)打点法

打点法是较简单的一种表示方法。用打点法画草坪时所打的点大小应基本一致，无论受光背光面，点都要打得相对均匀，见图 8-10(a)。

2)小短线法

将小短线排列成行，每行间距相当，可用来表示草坪，排列不规整的可用来表示草地或管理粗放的草坪，见图 8-10(b)。

(a) 打点法

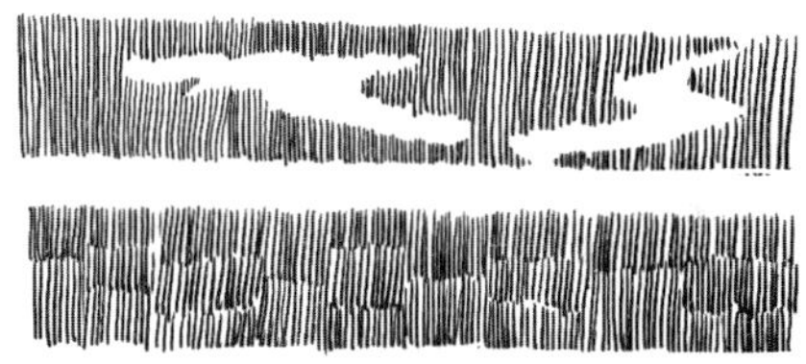

(b) 小短线法

图 8-10　草坪的两种表示方法

3)线段排列法(图 8-11)

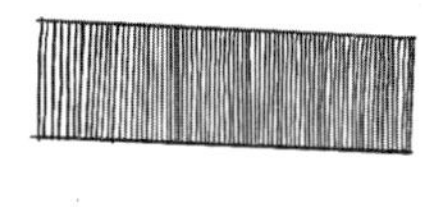

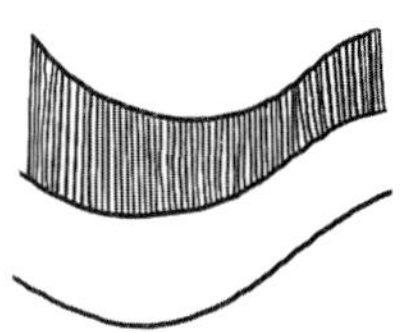

(a) 将原地形用平行稿线表示

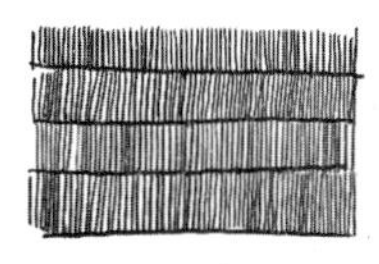

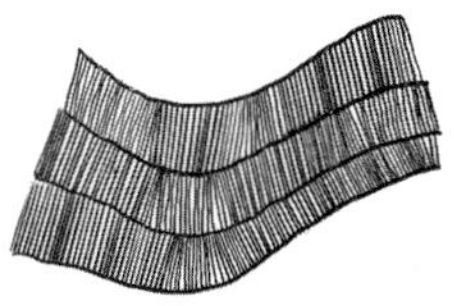

(b) 再用小短线或线段排列来表示草坪

图 8-11　草坪的线段排列画法

8.1.2　植物的立面画法

自然界中的树木是由枝、干、叶构成的，植物的分枝习性决定了各自的形态特征。初学者学画树可从临摹各种形态的树木图例开始，结合风景写生不断训练强化。

1)临摹或写生树木的一般步骤(图 8-12)

(1)画出四边形外框。

(2)确定树木的高宽比。

(3)确定分枝点与干冠比。

(4)明确树干结构。

(5)修改轮廓，分析受光情况。

(6)细化，完善明暗、质感表现等。

2)树木的表现方法

树木的表现有写实、图案式和抽象变形的三种形式。写实的表现形式较重视树木的自然形态和枝干结构，树冠和枝叶的质感刻画得也很细致，显得较逼真(图 8-13)。图案式的表现形式较重视树木的某些特征，如树形、分枝等，并加以概括以突出图案的效果(图 8-14)。抽象变形的表现形式虽然也较程式化，但通过抽象、扭曲和变形的手法，使画面别具一格(图 8-15)。

画树应先画构成整株树木框架的枝干。画枝干以冬季落叶乔木为佳，画枝干应注重枝和干的分枝习性(图 8-16)。

细枝的画法应讲究疏密有致以及整体的均衡，见图 8-16(a)。

主干应讲究主干和侧枝的布局安排，力求重心稳定、开合曲直得当，见图 8-16(b)。添加小枝后可使树木的形态栩栩如生，见图 8-16(c)。

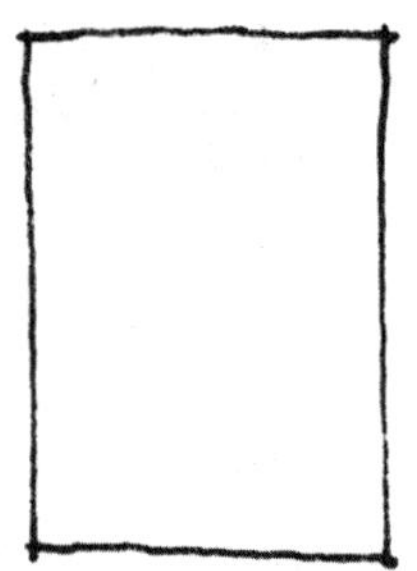

(a) 画出四边形外框

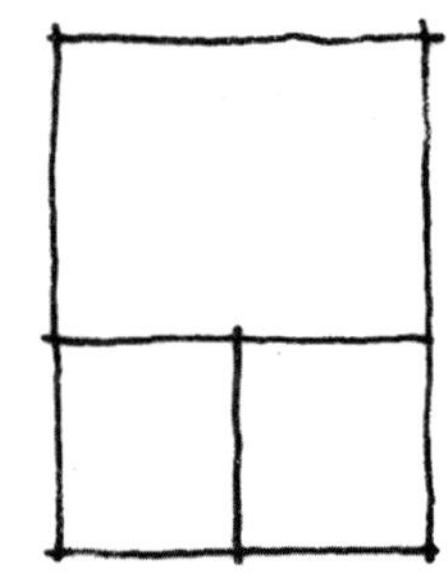

(b) 确定树木的高宽比，若外出写生则可伸直手臂，用笔目测出大致的高宽比

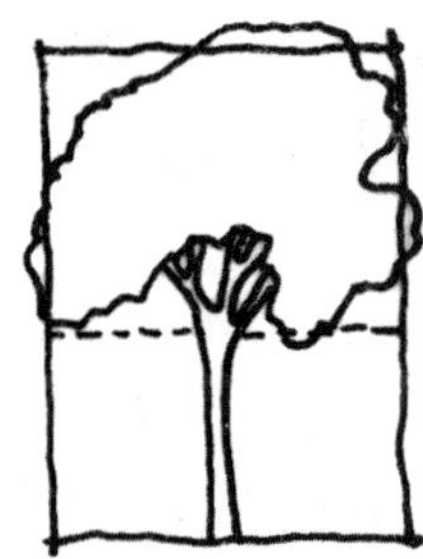

(c) 确定树木的分枝点与干冠比

(d) 略去所有细节，抓住主要轮廓，明确树木的枝干结构

(e) 抓住主要特征修改轮廓，分析树木的受光情况

(f) 选用合适的线条去体现树冠的质感和体积感、主干的质感和明暗

图 8-12　树木临摹和写生的一般步骤

图 8-13　树木的写实画法

图 8-14　树木的图案式画法

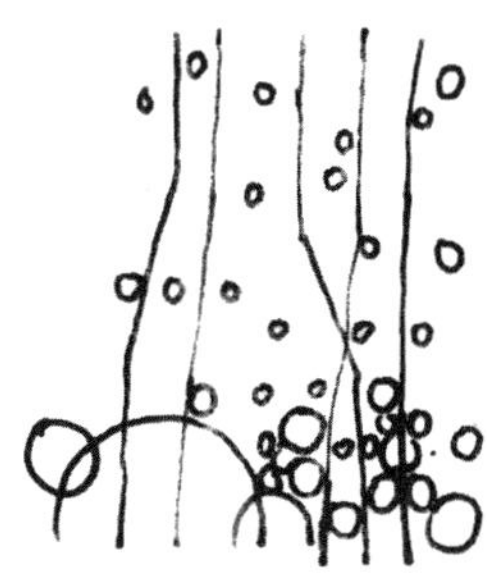

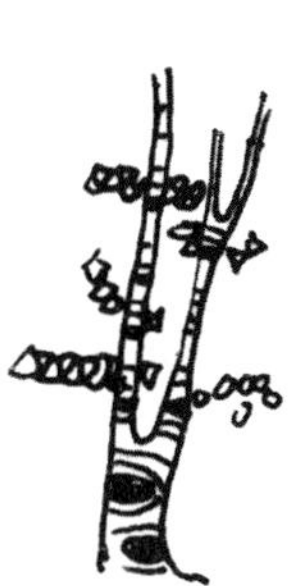

图 8-15　树木的抽象变形画法

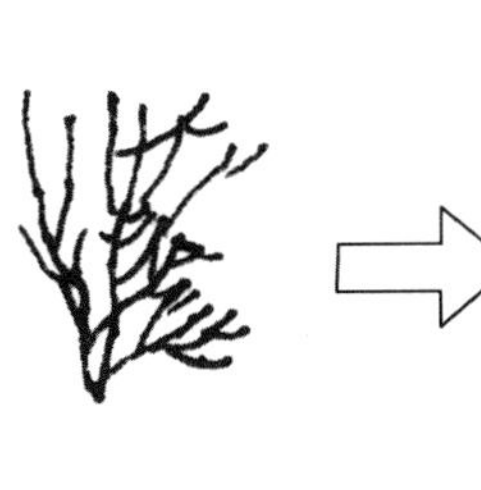
(a)

(b)

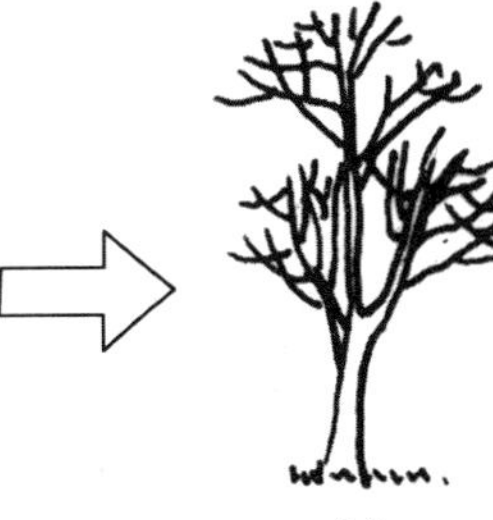
(c)

图 8-16　树木枝干的画法步骤

自然界的树木由于树种的不同，其树形、树干纹理、枝叶形状等表现出不同特征，树木的分枝方式和叶的疏密、多少决定了树冠的形状和质感。当枝叶稀疏时，树冠整体感差；当枝繁叶茂时，树冠的体积感强，小枝通常不易见到。树冠的质感可用短线排列、叶形组合或乱线组合法表现。其中，短线法常用于表现像松柏类的针叶树，也可表现近景树木中叶形相对规整的树木；叶形和乱线组合法常用于表现阔叶树，其适用范围较广，在近景中叶形不规则的树木多用乱线组合法表现。因此应根据树木的种类、远近和特征等选择树木的表现方法。现分述如下(图 8-17 至图 8-22)。

树形可以叶丛的外形和枝干的结构形式为其特征，后者也常见于画面。尤其在建筑物前，为了减少对建筑物的遮挡，常以枝干的表现为主。也可以叶丛的外形为主表现树形。

树的生长是由主干向外伸展。它的外轮廓的基本形体按其最概括的形式来分有：球形、圆锥、圆柱、卵圆体等。除非经过人工的修整，在自然界中很少出现完整的几何形态，都是姿态多样且自然灵活的。但是，在带有装饰性的画面中，也可用简单的几何形来表达树木形象。应注意个体与整体在形式格调上协调一致，并在细部上(枝叶的疏密分布及纹理组织)追求变化(图 8-17)。

落叶树种的表现手法多样，乔木一般有明显的主干，但不同树种，分枝情况有所不同，比如有沿垂直主干朝上出杈、平挑出杈或出杈下挂等方式，也有由主干根部分杈，或枝条在主干顶部向上放射分杈等，各种树形各具特色。灌木一般没有明显的主干，分枝点较低较密集(图 8-18)。

在画面中，树木对建筑物的主要部分不应有遮挡。作为中景的树木，可在建筑的两侧或前面。当其在建筑物的前面时，应布置在既不挡住重点部分又不影响建筑完整性的部位。远景的树木往往在建筑物的后面，起烘托建筑物和增加画面空间感的作用，色调和明暗与建筑要有对比，形体和明暗变化应尽量简化。近景树为了不挡住建筑物，同时也由于透视的关系，一般只画树干和少量的枝叶，使其起“框”的作用，不宜画全貌。

树木的树干类型多样，可以通过树干纹理的刻画表现出不同树种的特征，见图 8-19。树叶的类型也较丰富，表达方式多样，可以通过图 8-20 的表现手法，来表现不同树种树叶的特征。

钢笔画表现树木，可以通过明暗的刻画来体现出立体感，表现中要注意植物作为主景或配景时，明暗表达的差异，见图 8-21。通过明暗对比，黑白灰的组合，还可以表现出树丛的层次，见图 8-22。

树木在平面、立(剖)面图中的表示方法应相同，表现手法和风格应一致，并保证树木的平面冠径与立面冠幅相等，平面与立面对应、树干的位置处于树冠圆的圆心，这样作出的平面、立(剖)面图才统一(图 8-23、图 8-24)。若需要标注植物尺寸时，树木之间距离的尺寸标注法见图 8-25。

图 8-17　乔木的整体形态

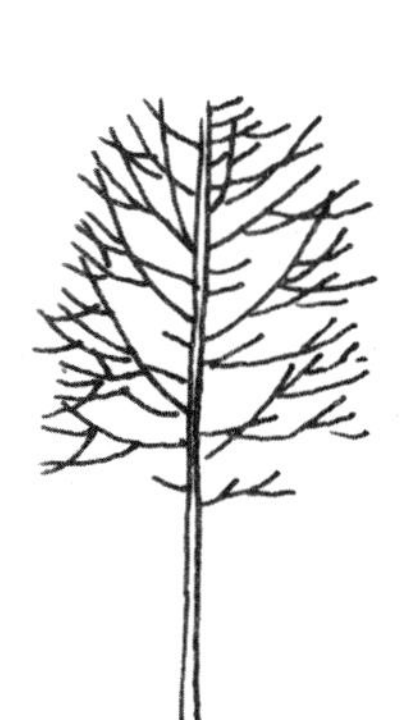

(a) 树枝沿垂直的一根主干朝上出杈，较挺拔高耸

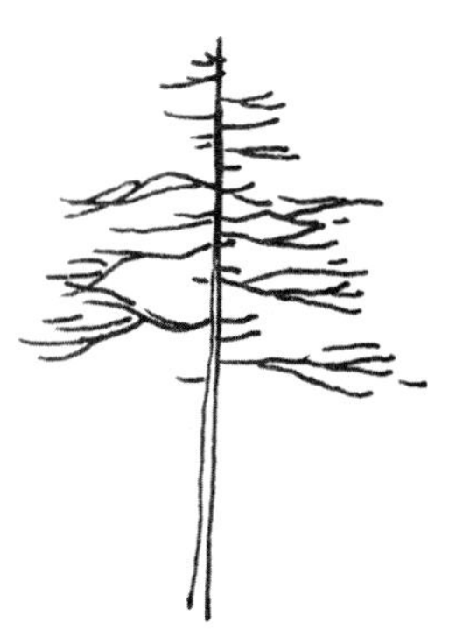

(b) 树枝沿垂直的一根主干平挑出杈，较挺拔高耸

(c) 树枝沿垂直的一根主干出杈下挂，较挺拔高耸

(d) 主干多，多见于灌木

(e) 所有分杈的树枝都倒垂，一般为近水垂柳

(f) 主干从根部开始分杈

(g) 主干顶部向上放射，主干粗大，多见于行道树

(h) 主干到一定高度不断分杈，枝越分越密，形成一茂密树冠

图 8-18　落叶树种的表现方法

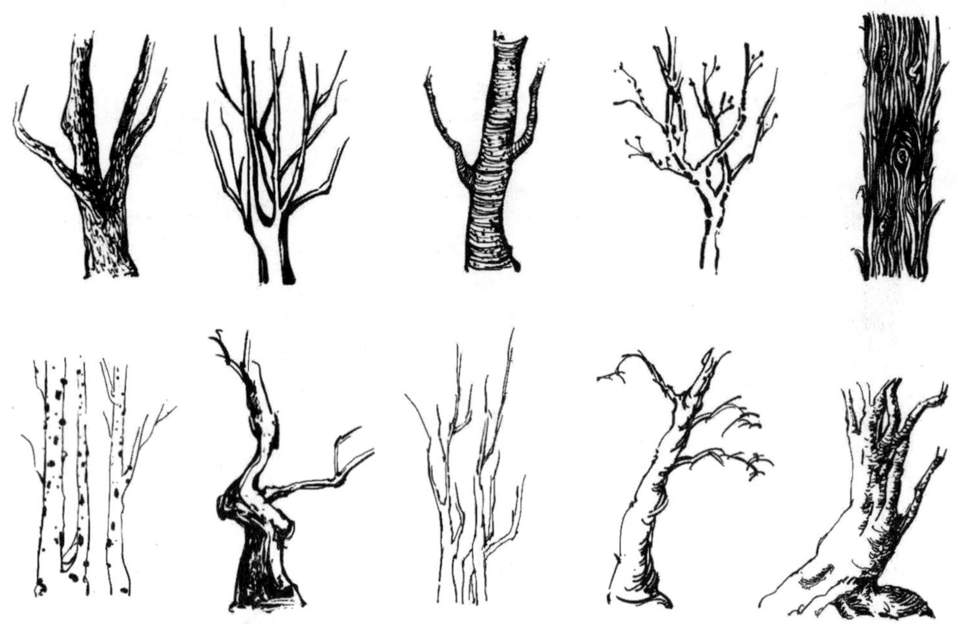

图 8-19　树干的纹理表现

图 8-20　叶丛的表现

(a) 树形为最概括性的简单几何形体形

(b) 自然界中的树木明暗也要丰富得多，现概括为黑、灰、白三色

(c) 阴影处暗，受光部亮

(d) 全暗

(e) 全亮

(f) 前亮后暗

（以上用于装饰性效果）

(g) 全暗　(h) 根据背景变化采用明暗对比手法　(i) 全亮

图 8-21　树木及其作为配景的明暗表现

(a) 近处亮, 远处暗

(b) 近处暗, 远处亮

(c) 使用不同的笔触,
中间的灌木用成
丛的笔触

(d) 利用高光表示层级

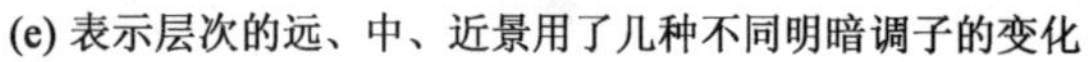

(e) 表示层次的远、中、近景用了几种不同明暗调子的变化

(f) 近树明处亮, 暗处深,
远树灰而平淡

(g) 近树的笔触要有叶的形象, 渐远笔触渐细; 远树不宜强调叶的笔触, 有一个面或大的体量即可, 笔触要有成丛成片的感觉

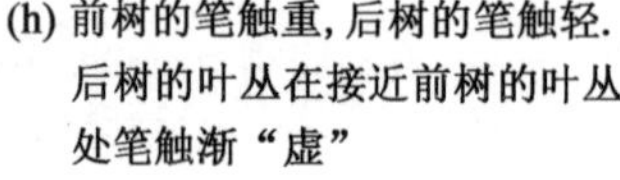

(h) 前树的笔触重, 后树的笔触轻.
后树的叶丛在接近前树的叶丛
处笔触渐“虚”

图 8-22　树木的层次

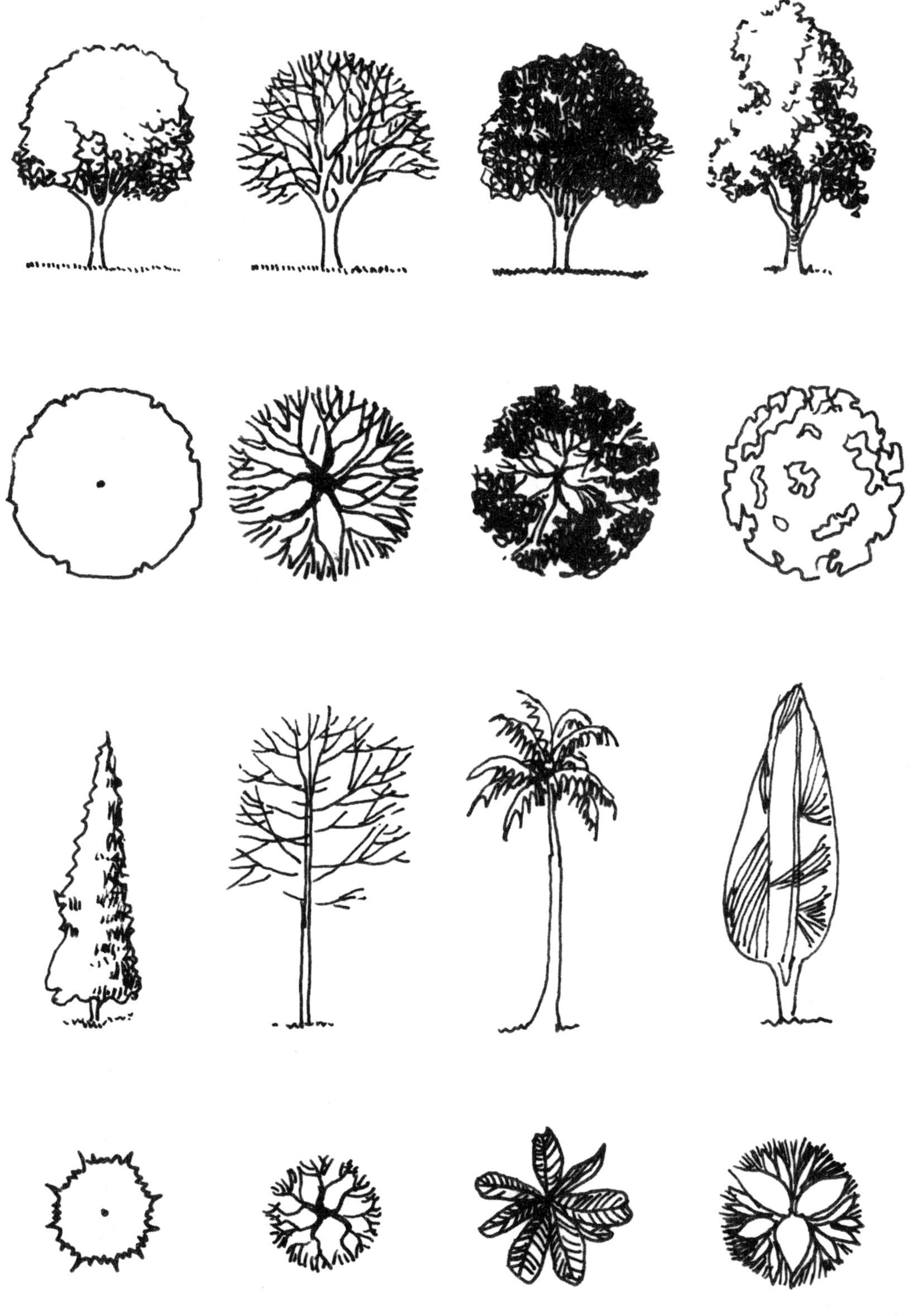

图 8-23　树木平面、立面的统一

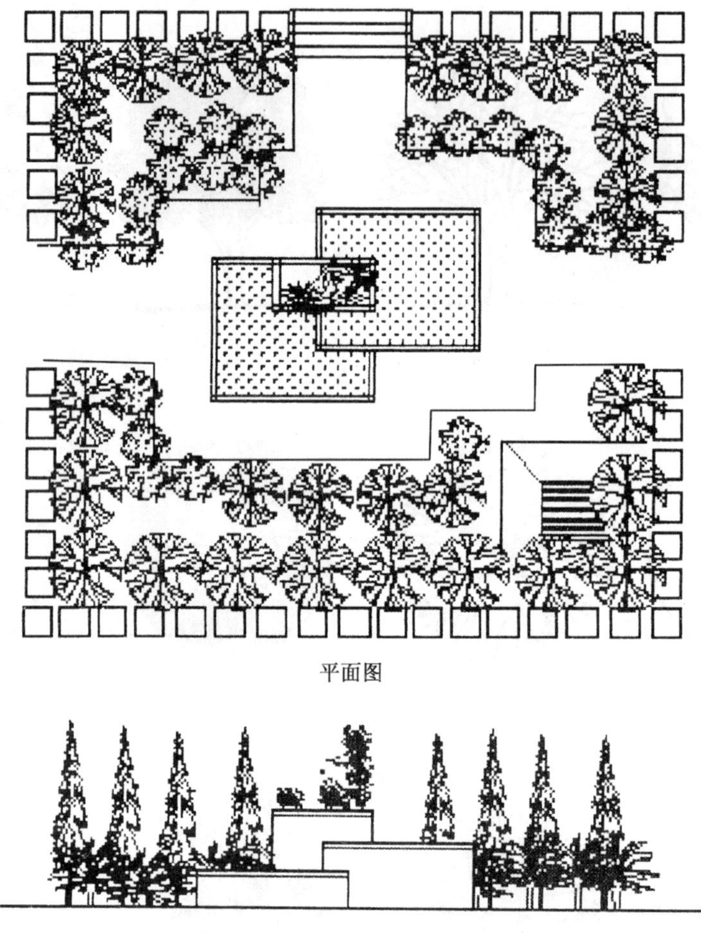

平面图

立面图

图 8-24　树木组合平面、立面的统一

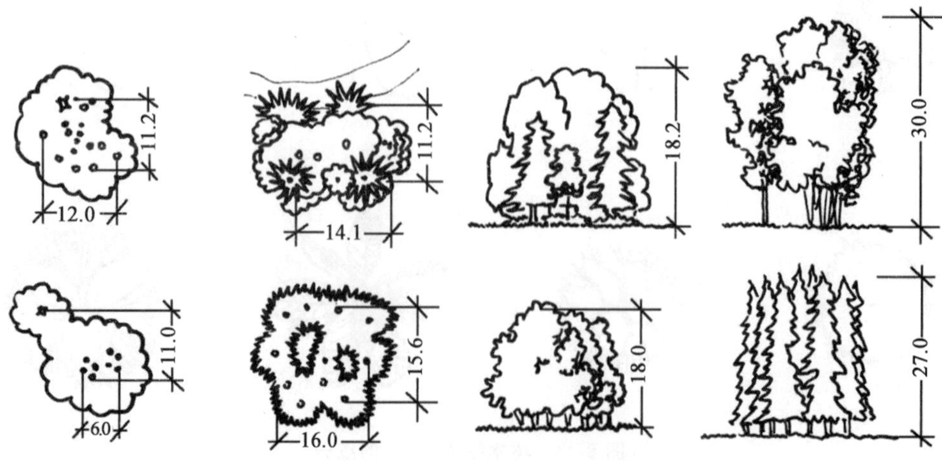

图 8-25　树木之间距离尺寸标注法(单位:cm)

8.2 山石的表现

我国自古就有“园可无山，不可无石”“园无石不雅”之说，足以体现山石在园林造景中是不可或缺的造园要素之一。山石既能观赏，又有诸多实用功能。因此，掌握山石在园林中的功能技巧和表现手法，在设计中具有重要的现实意义。

山石是指人工堆叠在园林景观中的观赏性假山和置石。

园林制图应根据施工的需要，绘制出山石的平、立、剖面图，并标注材料及施工的做法。平面、立面图中的石块通常只用线条勾勒出山石的轮廓，很少采用光线、质感的表现方法，以免失之凌乱。

8.2.1 山石的平面画法

在山石的平面表现用线条勾勒时，轮廓线要粗些，山石块面、纹理可用较浅的线条稍加勾绘，以体现石块的体积感。

山石的平面图，其绘制方法和步骤为(图 8-26)：

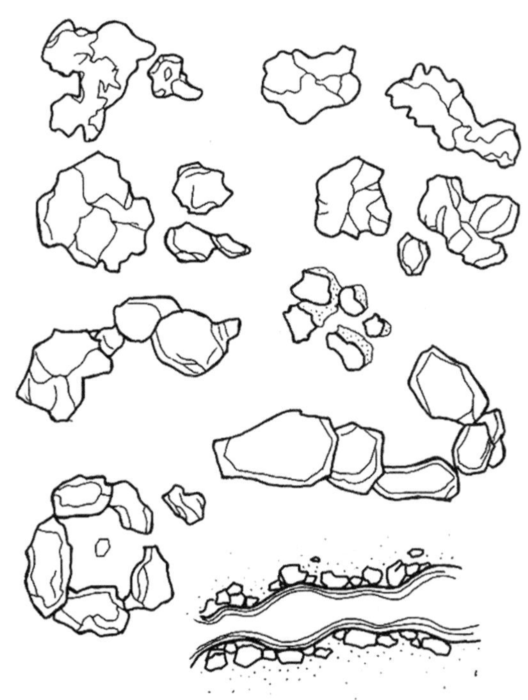

图 8-26 山石的平面画法

(1)根据山石形状特点，用细实线绘出其几何形状。

(2)用细实线切割或画出山石的基本轮廓。

(3)根据不同山石材料的质地、纹理特征，用细实线画出其石块面、纹理等细部特征。

(4)根据山石的形状特点、阴阳向背，依次描深各线条，其中外轮廓线用粗实线，石块面、纹理线用细实线绘制。

8.2.2 山石的立面和立体画法

山石的立面画法与平面图基本一致，用实线勾勒出山石的立面轮廓，轮廓线适当加粗，石纹用细线刻画，石纹线要细、要浅，石脚部画粗实地平线，见图 8-27 左侧前两行图示。山石的立体画法与立面画法一致，因透视关系，石脚处无水平的地平线，而是前后错落，如图 8-27 左侧第 3 行及右侧图示。

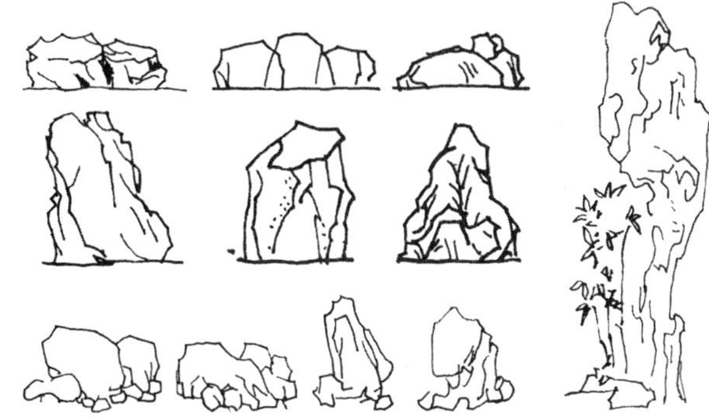

图 8-27 山石的立面和立体画法

8.2.3 山石的剖面画法

剖面上的石块，轮廓线应用剖断线，石块剖面上还可加上斜纹线(图 8-28)。

图 8-28 山石的剖面画法

8.2.4 山石的种类和石质特点

假山和置石中常用的石材有湖石、黄石、青石、石笋、卵石等。由于山石材料的质地、纹理等不同，有的较为圆润光滑，有的棱角分明，其表现方法也有所差异。

太湖石是由石灰岩风化溶蚀而成，因此表面多有沟、缝、洞、穴等，呈现出“瘦漏透皱”的特点。因而整体形态玲珑剔透。因此，画湖石时，首先用曲线勾画出湖石轮廓线，再用随形体线表现纹理的自然起伏，最后着重刻画出大小不同的洞穴，为了画出洞穴的深度，常常用笔加深其背光处，强调洞穴中的明暗对比，如图 8-29 所示。

图 8-29 太湖石的立面画法

房山石属于砾岩，石块表面多有蜂窝状的大小不等的环洞，质地坚硬，有韧性，多产于土中，色泽淡黄或略带粉红。虽不像湖石那样玲珑剔透，但端庄典雅，别有一番风采。

黄石和青石大多呈墩状，形态顽劣，见棱见角。色黄称为黄石，色青称为青石。黄石由细砂岩受气候风化逐渐分裂而成，故其体形敦厚，棱角分明，纹理平直，节理面近乎垂直，雄浑沉实，平正大方，块钝而棱锐，具有强烈的光影效果。画黄石多用直线和折线表现其外轮廓，表现块钝而棱锐的特点，内部纹理应以平直为主。为加强石头的质感和立体感，在背光面带常加重线条或用斜线加深与受光面形成明暗对比。

青石是青灰色片状的细砂岩，其纹理多为相互交叉的斜纹。就形体而言，多呈片状，又有“青石片”之称。画时多用直线和折线表现，水平线条要有力，侧面用折线，石片层次要分明，搭配要错落有致，注意刻画多层片状的特点。

石笋主要以沉积岩为主，采出后直立形成山石小景，外形修长如竹笋类的山石总称。画时应以表现其垂直纹理为主，可用直线，也可用曲线。要突出石齐修长之势，掌握好细长比。石笋细部的纹理要根据石笋特点来刻画。

卵石是经水流常年冲刷而形成的形态圆滑且表面光滑的圆形、椭圆形、条形等的粒状石头，石质多样。画时多以曲线表现其外轮廓，再在其内部用少量曲线稍加修饰即可。

叠石常常是大石和小石穿插，以大石间小石或以小石间大石以表现层次，线条的转折要流畅有力。

8.3 水体的表现

在我国传统园林中，水和山同样重要，园景因为水的存在而充满灵性。因此，将水体塑造成不同的形态，配合山石、花木和园林建筑来组景，是一种典型的造园手法。

从水的形态上，水面可用平面图和透视图表现。从水的状态来分，又可分为静水和动水。

8.3.1 水面的平面表示法

在平面上，水面常采用线条法、等深线法、平涂法和添景物法来表示。

1)线条法

利用工具或徒手排列的平行线条表示水面的方法称为线条法。作图时，既可以将整个水面全部用线条均匀地布满，也可以局部留有空白，或者只局部画些线条。线条可采用波纹线、水纹线、直线或者曲线。组织良好的曲线还能表现出水面的波动感。

针对水面的静、动状态之分，它的画法有所不同：

静水面是指宁静或有微波的水面，如宁静时的海、湖泊、池潭等，给人以平和宁静之感。

为表达水之平静，常用拉长的平行线画水，表示透视图中深远的水平面，这些水平线在透视图上是近粗而疏，远细而密，平行线可以断续并留以空白表示受光部分，如图8-30(a)所示。

动水面是指湍急的河流、喷涌的喷泉或瀑布等，给人以欢快、流动的感觉。

动水常用网巾线表示，运笔时有规则的屈曲，形成网状。其画法多用大波纹线、鱼鳞纹线等活泼动态的线型表现，也可用波形短线条来表示流动的水面，如图8-30(b)所示。

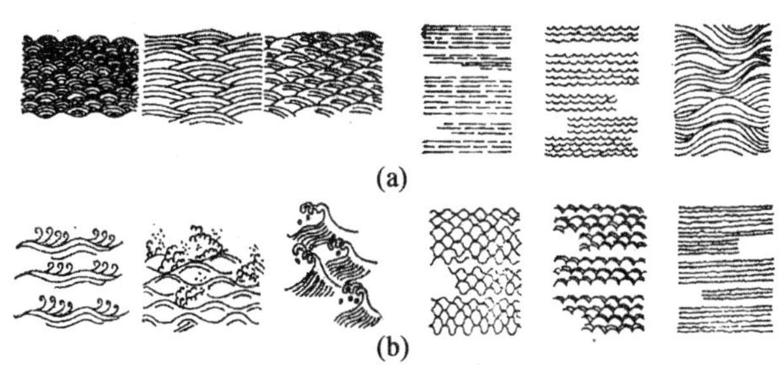

图8-30 水面的线条表现法

2)等深线法

等深线的表示方法是在临近岸线的水面上，依岸线的曲折作一组曲线，这种类似等高线的闭合曲线称为等深线。通常形状不规则的水面用等深线表示(图8-31)。

图8-31 等深线法

3)平涂法

平涂法是用水彩或墨水平涂表示水面的方法。使用水彩平涂时，可将水面渲染成类似等深线的渐变效果。先用淡铅作等深线稿线，等深线之间的间距应比等深线法大些；再分层渲染，使离驳岸较远的水面颜色较深，也可以不考虑深浅，均匀涂黑(图8-32)。

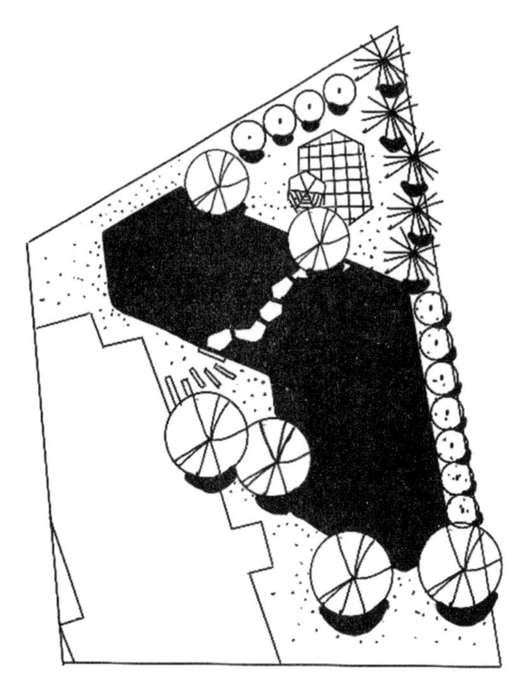

图8-32 平涂法

4)添景物法

添景物法是利用与水景有关的一些景物表示水面的一种方法。与水面有关的内容包括一些水生植物(如荷花、睡莲及湿地植物等)、水上活动工具(船只、游艇等)、码头和驳岸、露出水面的景石及周围的水波纹、微风吹起的涟漪等(图8-33)。

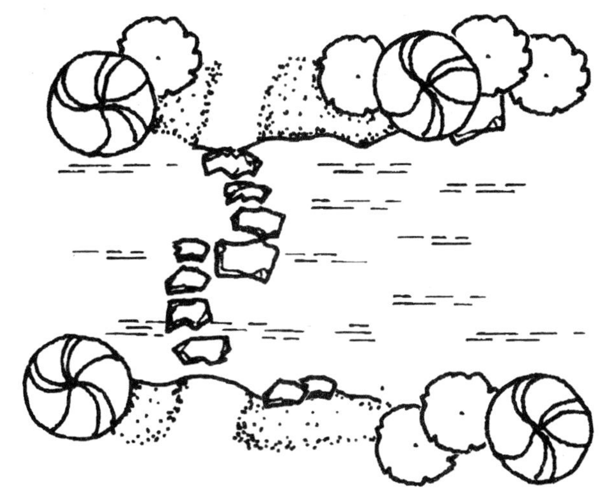

图8-33 添景物法

8.3.2 水体的立面表示法

在立面上，景观水体可采用线条法、留白法、光影法等表示。

1）线条法

线条法是用细实线或虚线勾画出水体造型的一种水体立面表示法。线条法在工程设计图中使用最多。用细实线或虚线勾画出水体造型，注意线条方向与水流方向一致，外轮廓线活泼生动（图8-34）。

跌水、叠泉、瀑布等水体的表现方法一般也用线条法，尤其在立面图上更是常见，它简洁而准确地表达了水体与山石、水池等硬质景观之间的相互关系（图8-35）。用线条法还能表示水体的剖（立）面图（图8-36）。

2）留白法

留白法就是将水体的背景或配景画暗，从而衬托出水体造型的表示手法。留白法常用于表现所处环境复杂的水体，也可用于表现水体的洁白与光亮（图8-37）。

3）光影法

用线条和色块（黑色和深蓝色）综合表现出水体的轮廓和阴影的方法叫水体的光影表现法。留白法与光影法主要用于效果图中（图8-38、图8-39）。

图8-34　线条法表现水体立面

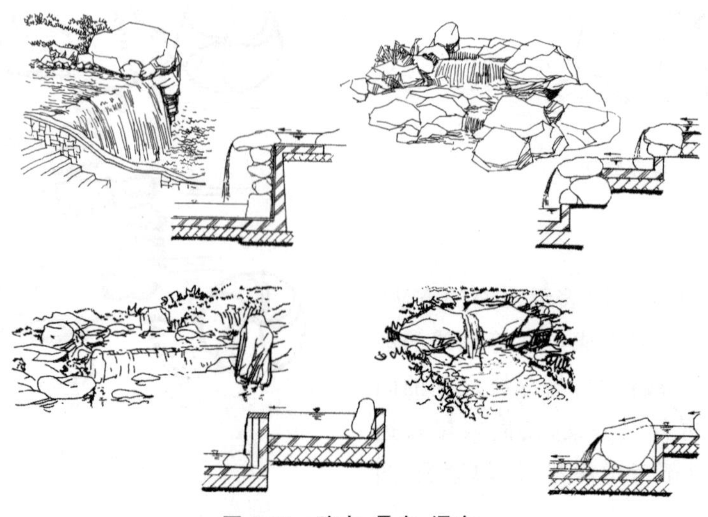

图8-35　跌水、叠泉、瀑布

图 8-36　临水景点立面图

图 8-37　留白法

图 8-38　光影法

图 8-39　小溪中的水石景观

8.4 地形的表现

地貌景观规划及地形竖向设计是对原地形充分修复改造，合理安排各种景观要素、坡度和高程，使所在山、水、植物、园林建筑工程等，满足造景和游人进行各种活动的需求，同时要营建良好的工程地质坡面，避免形成地表径流过大的冲刷，引发滑坡或塌方；还可营造生态园林小气候，以满足度假休养、健康身心的需要。

地形地貌的平面、立面上的规划设计，一般在总体规划阶段称“地貌景观规划”；在详细规划阶段称“地形竖向设计”；在修建设计阶段称“标高设计”；在景观规划环境设计阶段称“地形（地貌）设计”。

8.4.1 地形的平面表示法

地形的表示主要采用图示和标注法。等高线法是地形最基本的图示表示方法，在此基础上可获得地形的其他直观表示法，标注法则主要用来标注地形上某些特殊点的高程。

1)等高线法

等高线法是以某个参照水平面为依据，用一系列等距离假想的水平面切割地形后所获得的交线的水平正投影（标高投影）图表示地形的方法（图 8-40）。两相邻等高线切面 L 之间的垂直距离称为等高距，水平投影图中两相邻等高线之间的垂直距离称为等高线平距，平距与所选位置有关，是个变值。地形等高线图上只有标注比例尺和等高距后才能解释地形。

等高线设计法，能准确勾绘出地形、地物、地貌的整个空间轮廓，将设计等高线、标高数值、平面图三者紧密结合在一起，以生动形象来表达地形的起伏蜿蜒，同时也便于进行土方工程量的计算和模型的制作。

一般的地形图中只用两种等高线，一种是基本等高线，称为首曲线，常用细实线表示；另一种是每隔 4 根首曲线加粗一根并注上高程的等高线，称为计曲线（图 8-41）。有时为了避免混淆，原地形等高线用虚线，设计等高线用实线表示（图 8-42）。

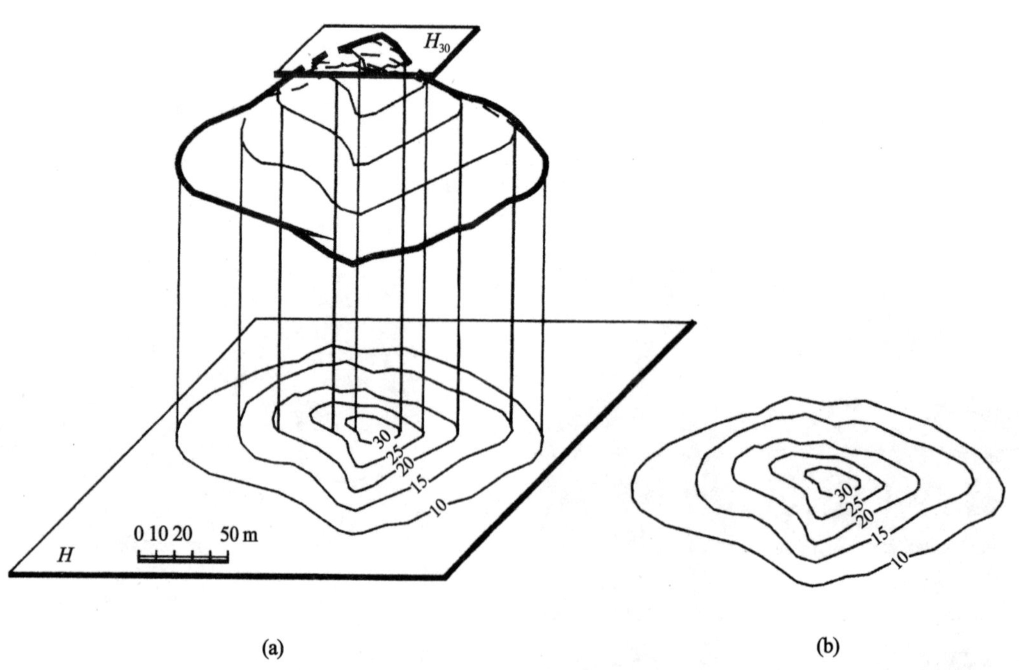

图 8-40 地形等高线法示意

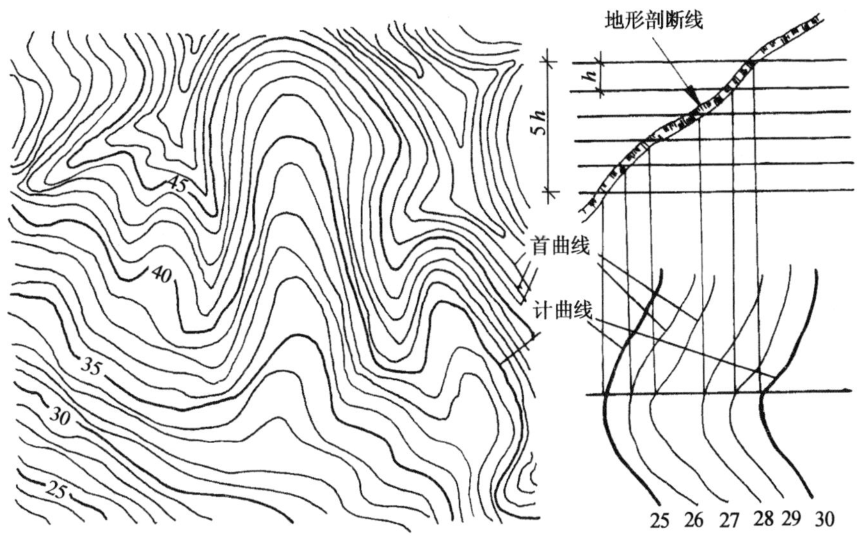

图 8-41 首曲线和计曲线

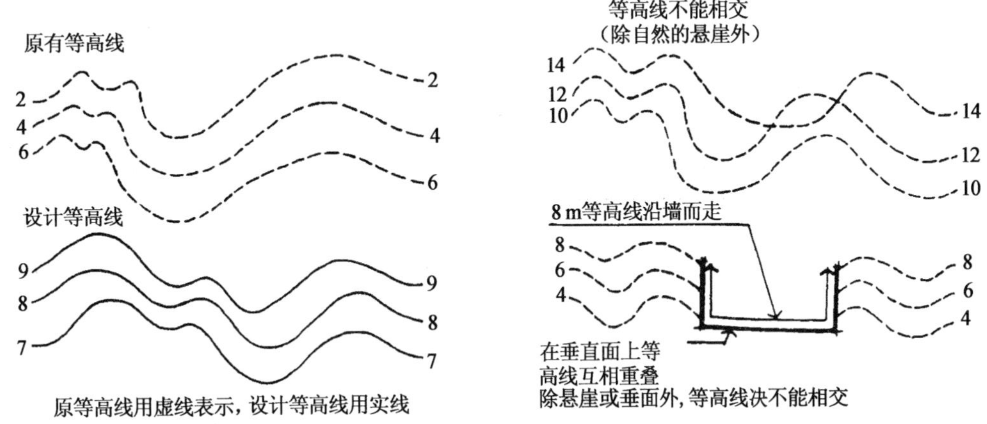

图 8-42 设计等高线表示方法

2)坡级法

在地形图上，用坡度等级表示地形的陡缓和分布的方法称作坡级法。这种图式方法较直观，便于了解和分析地形，常用于基地现状和坡度分析图中。坡度等级根据等高距的大小、地形的复杂程度以及各种工程用地要求坡度段进行划分，利用线条或色彩加以区别，线条的疏密和色彩的深浅则反映坡度的陡缓程度(图 8-43)。

首先定出坡度等级。即根据拟定的坡度值范围，用坡度公式 $a=(h/l)\times100\%$，算出临界平距15%、10%、20%，划分出等高线平距范围，见图8-43(b)。然后，用硬纸片做的标有临界平距的坡度尺[图 8-43(c)]，或者用直尺去量找相邻等高线间的所有临界平距位置，量找时应尽量保证坡度尺或直尺与两根相邻等高线相垂直，见图 8-43(d)，当遇到曲线中间用虚线表示的等高距减半的等高线时，临界平距要相应地减半。最后，根据平距范围确定出不同坡度范围(坡级)内的坡面，并用线条或色彩加以区别，常用的区别方法有影线法和单色或复色渲染法，见图 8-43(e)。

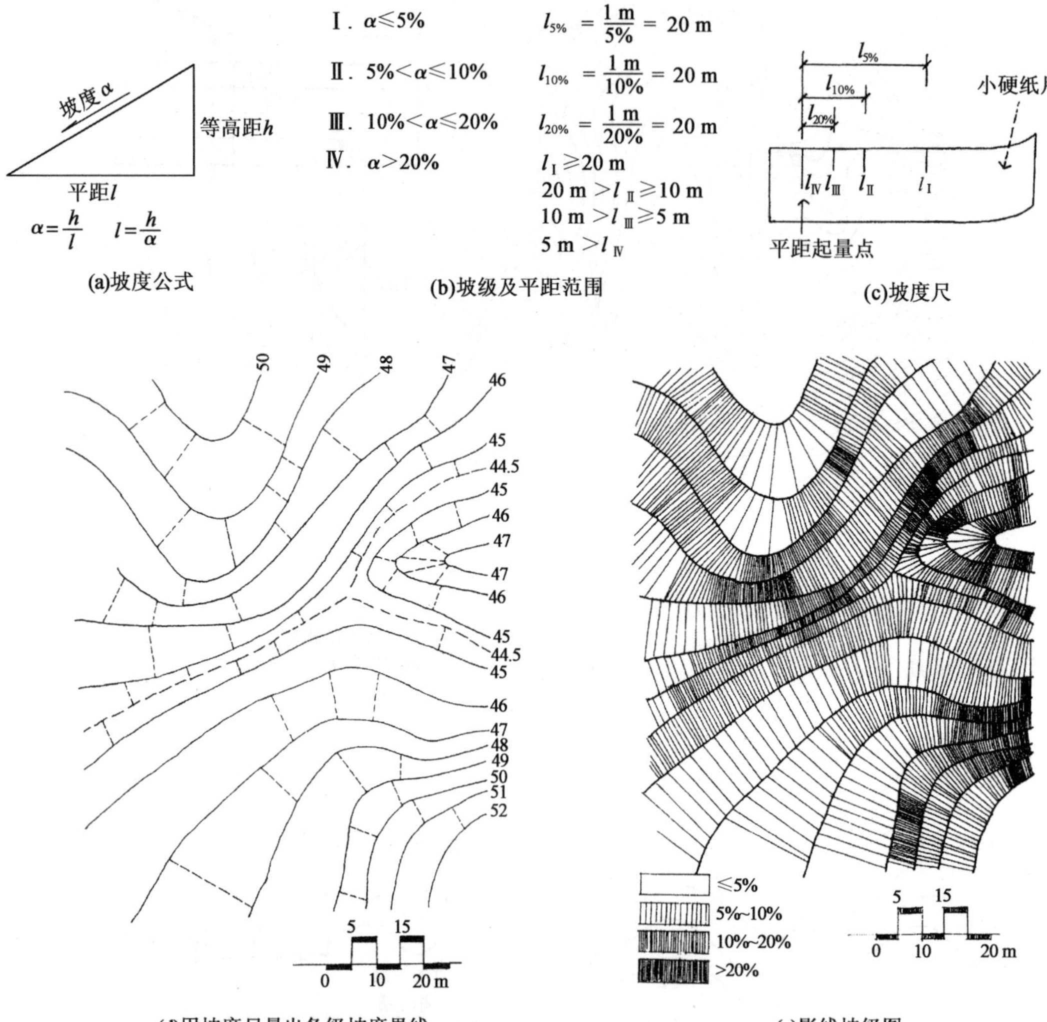

坡度α　等高距h　平距l

$\alpha=\frac{h}{l}$　$l=\frac{h}{\alpha}$

(a)坡度公式

Ⅰ. $\alpha \leqslant 5\%$　$l_{5\%}=\frac{1\ \text{m}}{5\%}=20\ \text{m}$

Ⅱ. $5\%<\alpha \leqslant 10\%$　$l_{10\%}=\frac{1\ \text{m}}{10\%}=20\ \text{m}$

Ⅲ. $10\%<\alpha \leqslant 20\%$　$l_{20\%}=\frac{1\ \text{m}}{20\%}=20\ \text{m}$

Ⅳ. $\alpha>20\%$　$l_{\text{I}} \geqslant 20\ \text{m}$

$20\ \text{m}>l_{\text{II}} \geqslant 10\ \text{m}$

$10\ \text{m}>l_{\text{III}} \geqslant 5\ \text{m}$

$5\ \text{m}>l_{\text{IV}}$

(b)坡级及平距范围

小硬纸片　平距起量点

(c)坡度尺

(d)用坡度尺量出各级坡度界线

$\leqslant 5\%$　$5\%\sim10\%$　$10\%\sim20\%$　$>20\%$

(e)影线坡级图

图 8-43　地形坡级图的作法

3)分级法

地形分布图 8-44(a)主要用于表示基地范围内地形变化的程度、地形的分布和走向。

地形等高线图是地形的另一种直观表示法，如图 8-44(b)，将整个地形的高程划分成间距相等的几个等级，并用单色加以渲染，各高度等级的色度随着高程从低到高的变化也逐渐由浅变深。

4)高程标注法

地形图中，为了尽快进行竖向控制标高计算，往往将图中的某些控制点(园路交叉点、建筑物的转角基底、园桥顶点、涵洞出口处等)用十字、圆点或三角标记符号来标明高程。并在标记旁注上该点到参照面的高程，高程常注写到小数点后第二位，这些点常处于等高线之间，这种地形表示法称为高程标注法。高程标注法适用于标注建筑物的转角、墙体和坡面等顶面和底面的高程，以及地形图中最高和最低等特殊点的高程。因此，场地平整场地规划等施工图中常用高程标注法(图 8-45)。

高程标注法多用于修建性规划的竖向设计，也用于园路段的变坡线的标高标注。

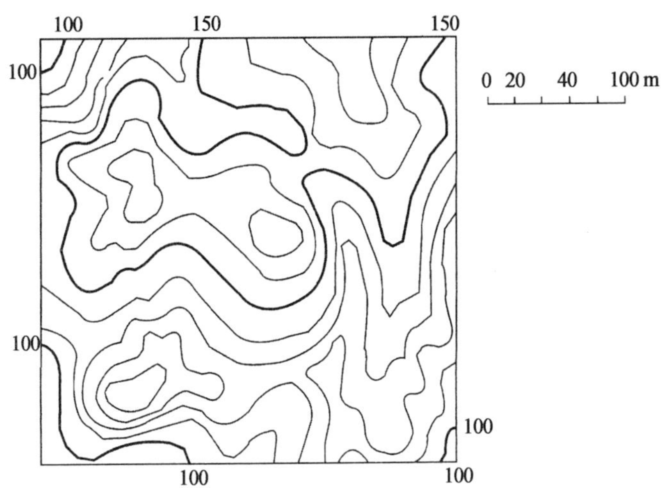

(a)地形等高线图：表示地形变化程度，地形分布及走向

(b)地形分布图：地形等级坡度的分布情况

图 8-44　地形分布图示法

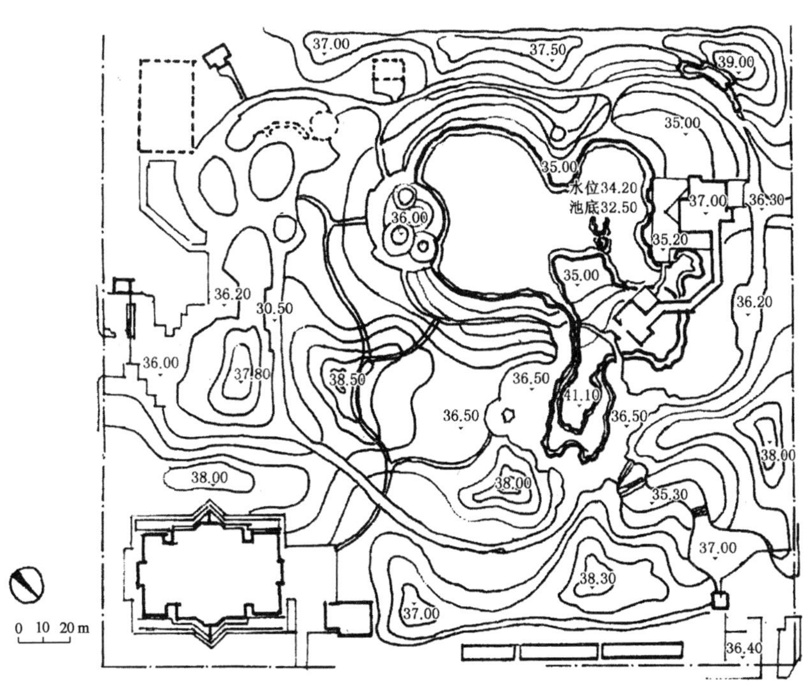

图 8-45　某公园地形设计

8.4.2　地形剖面图的作法

作地形剖面图先根据选定的比例结合地形平面作出地形剖断线，然后绘出地形轮廓线，并加以表现，便可得到较完整的地形剖面图。

地形剖面一般包括以下几种类型：

剖面图：仅表示经垂直于地形平面的切割面后，剖面线上断面所呈现的物像图。

剖立面图：标示出切割线的剖面，特别是剖面线其后所见的种种物像。

剖面透视图：不仅标示出切割线的剖面，还将此剖面后的景象以透视方式一同表现于图上。

1)地形剖断线的作法

首先在描图纸上按比例画出间距等于地形等高距的平行线组，并将其覆盖到地形平面图上，使平行线组与剖切位置线相吻合，然后，借助丁字尺和三角板作出等高线与剖切位置线的交点，见图8-46(a)，再用光滑的曲线将这些点连接起来并加粗、加深即得地形剖断线，见图8-46(b)。

2)垂直比例

地形剖面图的水平比例应与原地形平面图的比例一致，垂直比例可根据地形情况适当调整。当原地形平面图的比例过小、地形起伏不明显时，可将垂直比例扩大5～20倍。采用不同的垂直比例所作的地形剖面图的起伏不同，且水平比例与垂直比例不一致时，应在地形剖面图上同时标出这两种比例。当地形剖面图需要缩放时，最好还要分别加上图示比例尺(图8-47)。

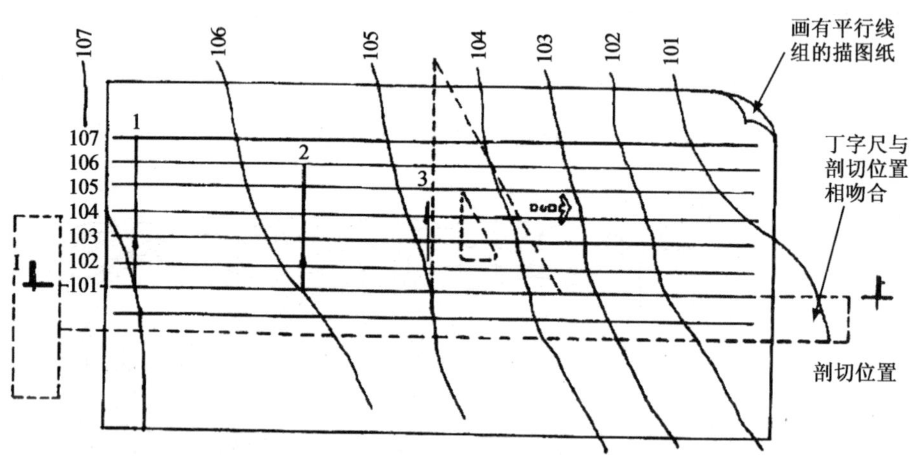

(a)先用描图纸直接覆盖原地形图上求出相应的交点

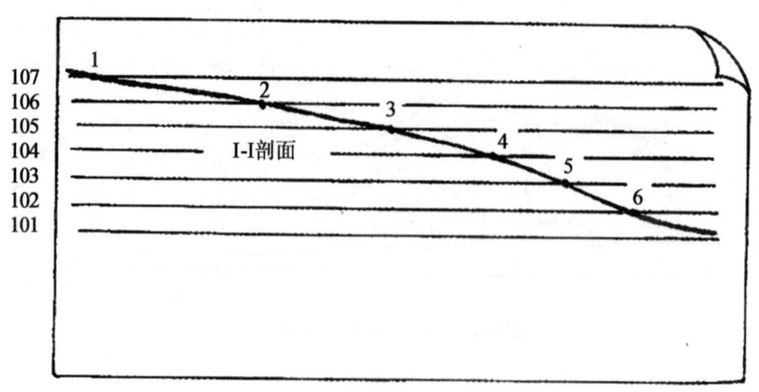

(b)将这些交点用光滑的曲线连起来

图8-46　地形剖断线的作法

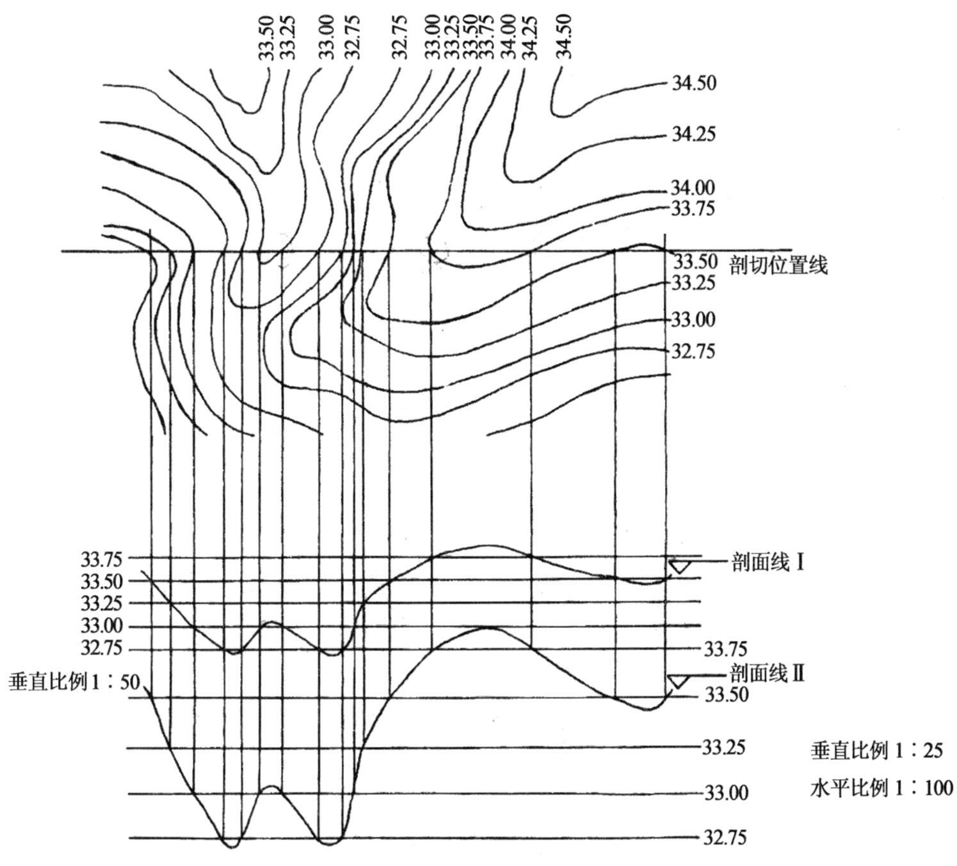

图 8-47　地形断面的垂直比例

3)地形轮廓线

在地形剖面图中除需表示地形剖断线外，有时还需表示地形没有剖切到但又可见的内容，这需要用地形轮廓线法来表示。求作地形轮廓线实际上就是求作该地形的地形剖断线和外轮廓线的正投影。如图 8-48(a)所示，图中虚线表示垂直于剖切位置线的地形等高线的切线，将其向下延长与等距平行线组中相应的平行线相交，所得交点的连线即为地形剖断线。然后再画出剖断线后所能见到的各要素的轮廓线正投影。如，所见的树木轮廓线投影。如图 8-48(b)所示，树木投影的作法为：将所有树木按其所在的平面位置和所处的高度(高程)定到地面上，然后作出这些树木的立面，并根据前挡后的原则擦除被挡住的图线，描绘出留下的图线即得树木投影。

利用上述方法，可利用等高线表示地形，并对应作出剖面图，如图 8-49 所示。作地形剖面图时，若需要表现后面(没被剖切到的)地形轮廓线的剖面图的作法较复杂，若不考虑后面(没被剖切到的)地形轮廓线，则作法要相对容易些(图 8-50)。因此，在平地或地形较平缓的情况下可不作地形轮廓线，当地形较复杂时应作地形轮廓线。

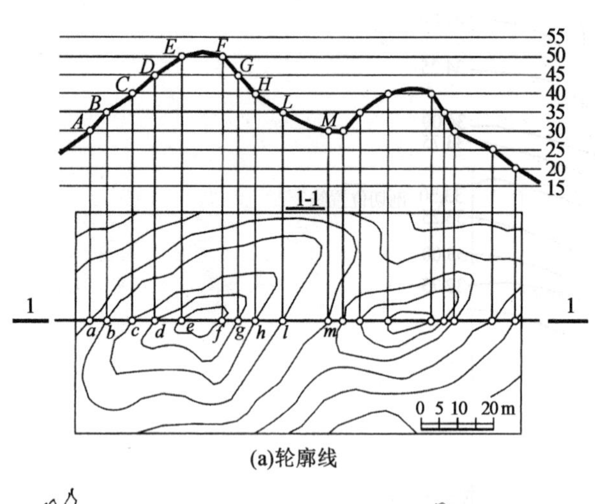

(a)轮廓线

(b)剖面图

图 8-48 地形轮廓线及剖面图的作法

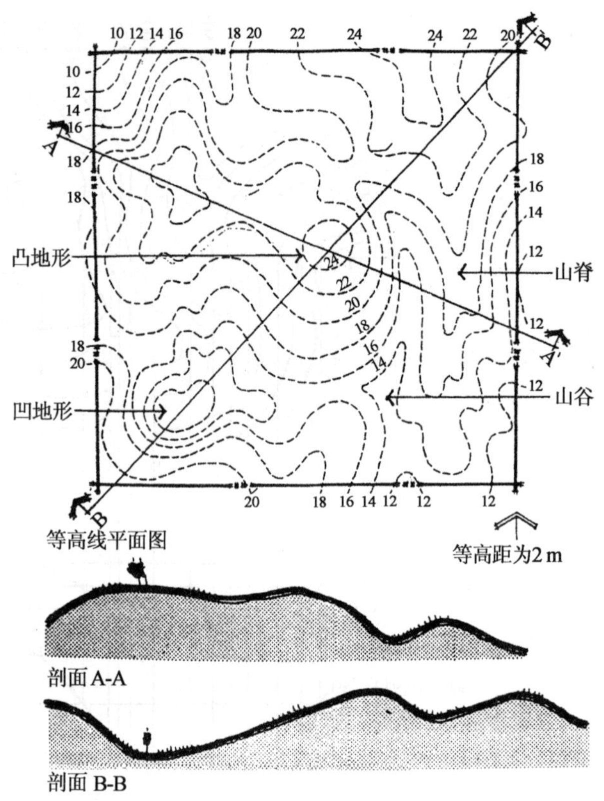

图 8-49 等高线表示地形及其剖面图作法

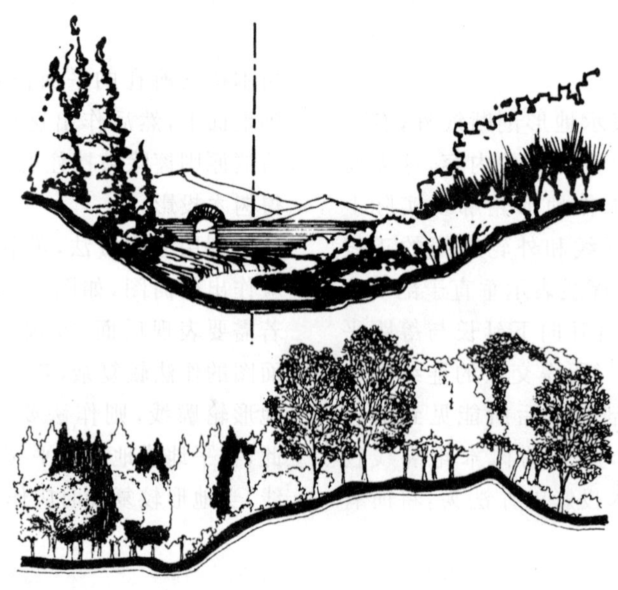

图 8-50 不作地形轮廓线的剖面图

8.5　园路的表现

园林道路平面表示的重点在于道路的线型、路宽、形式及路面式样。

根据设计深度的不同，可将园路平面表示法分为两类，即规划设计阶段的园路平面表示法和施工设计阶段的园路平面表示法。

8.5.1　园路的平面表示法

1）规划设计阶段的园路平面表示法

在规划设计阶段，园路设计的主要任务是与地形、水体、植物、建筑物、铺装场地及其他设施合理结合，满足规划阶段的功能需求，形成完整的路网结构；连续展示园林景观的空间或欣赏前方景物的透视线，并使路的转折、衔接通顺，符合游人、车辆通行的交通规律。因此，规划设计阶段园路的平面表示以图形表示为主，基本不涉及数据的标注（图 8-51）。

绘制园路平面图的基本步骤如下：

（1）确立道路中线，见图 8-51（a）。

（2）根据设计路宽确定道路边线，见图 8-51（b）。

（3）确定转角处的转弯半径或其他衔接方式，并可酌情表示路面材料，见图 8-51（c）。

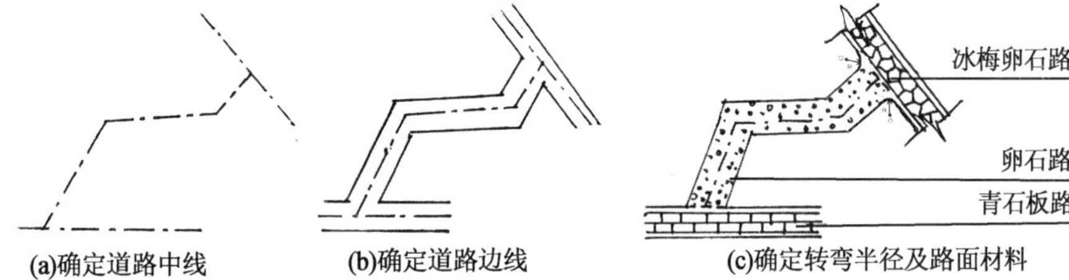

图 8-51　园路平面图绘制步骤

2）施工设计阶段的园路平面表示法

所谓施工设计，简单地讲就是能直接指导施工的设计，它的主要特点是：

（1）图、地一一对应，即施工图上的每一个点、每一条线都能在实地上一一对应地准确找到。因此，施工设计阶段的园路平面图必须有准确的方格网和坐标，方格网的基准点必须在实地有准确的固定地物的位置。

（2）标注相应的数据。在施工设计阶段，用比例尺量取数值已不够准确，因此，必须标注尺寸数据。

园路施工设计的平面图通常还需要大样图，以表示一些细节上的设计内容，如路面的纹样、铺装和结构设计等（图 8-52）。

在园路纹样设计中，不同的路面材料和铺地样式有不同的表示方法（图 8-53）。

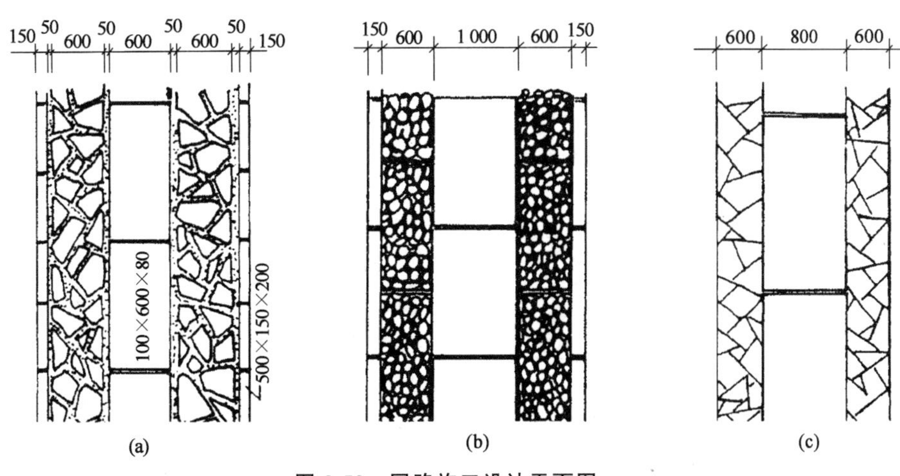

图 8-52　园路施工设计平面图

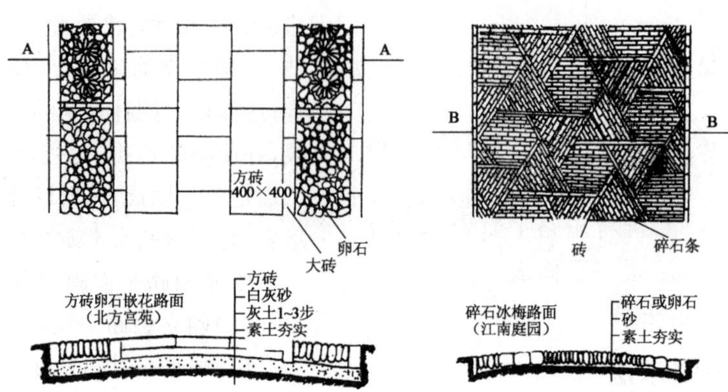

(a)卵石及砖路面纹样设计

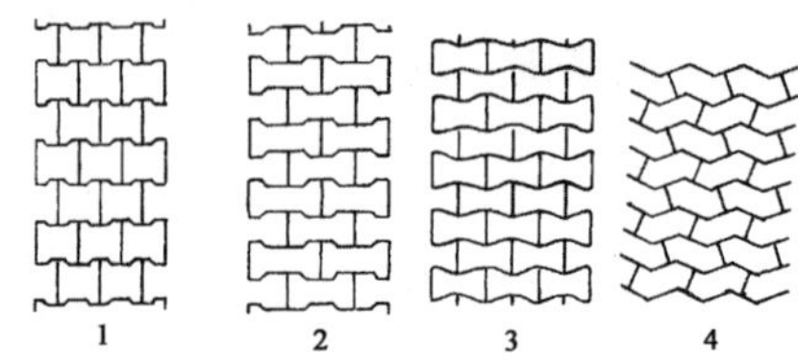

(b)水泥混凝土预制块路面（含异形砖）纹样设计

注：1.工字形块　2.双头形块　3.弯曲形块　4.S形块

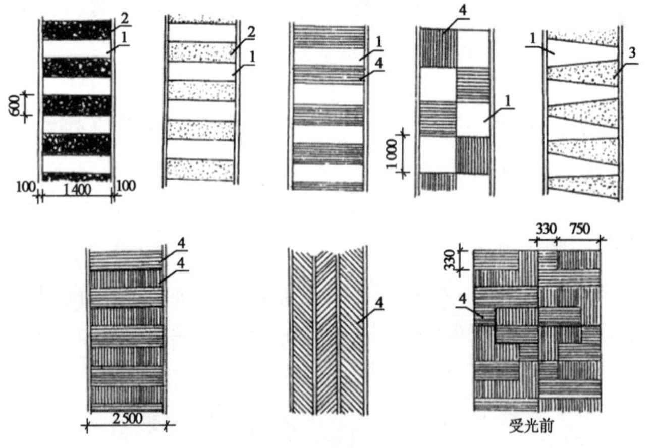

(c)混凝土现浇路面纹样设计

1.抛光　2.拉毛　3.水刷　4.用橡皮刷拉道

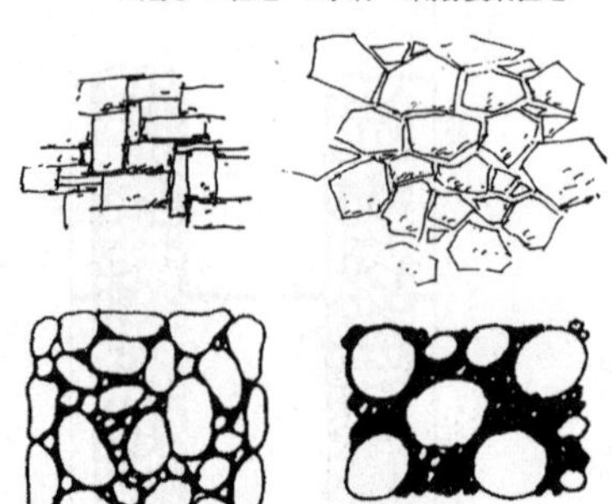

(d)园林铺地式样设计

图 8-53　各种路面及铺地的式样设计

8.5.2　园路的断面表示法

园路的纵断面图主要表现道路的竖曲线、设计纵坡以及设计标高与原标高的关系等。

1)纵断面图表示法

绘制设计线的具体步骤：

(1)标出高程控制点(路线起讫点地面标高，相交道路中心标高，相交铁路轨顶标高，桥梁桥面标高，特殊路段的路基标高，填挖合理标高点等)。

(2)拟定设计线。根据行车及有关道路技术准则要求，先行拟定设计线，即进行道路纵向“拉坡”。可用大头针插在转坡点上，并用细棉线代表设计线，在原地面线上下移动。结合道路平面和横断面斟酌填挖工程量的大小，决定变坡点的恰当位置。定好后，可沿细棉线把各段的设计线用笔画定。定设计线时，除注意在纵断面上的填挖平衡，还应结合沿途小区、街坊的竖向规划设计考虑。

(3)确定设计线。在拟定设计线后，还要进行各项设计指标的调整察验，如道路的最小纵坡、坡度、坡度折减、桥头线型、纵断面和横断面及平面线型的配合协调等。

(4)设计竖曲线。根据设计纵坡折角的大小，选用竖曲线半径，并进行有关计算。当外距小于 5 cm 时，可不设竖曲线。有时也可插入一组不同坡的竖折线来代替竖曲线，以免填挖方过多。

(5)标出桥、涵、驳岸、闸门、挡土墙等具体位置与标高，以及桥顶标高和桥下净空及等级。

(6)绘制纵断面设计全图，见图 8-54。

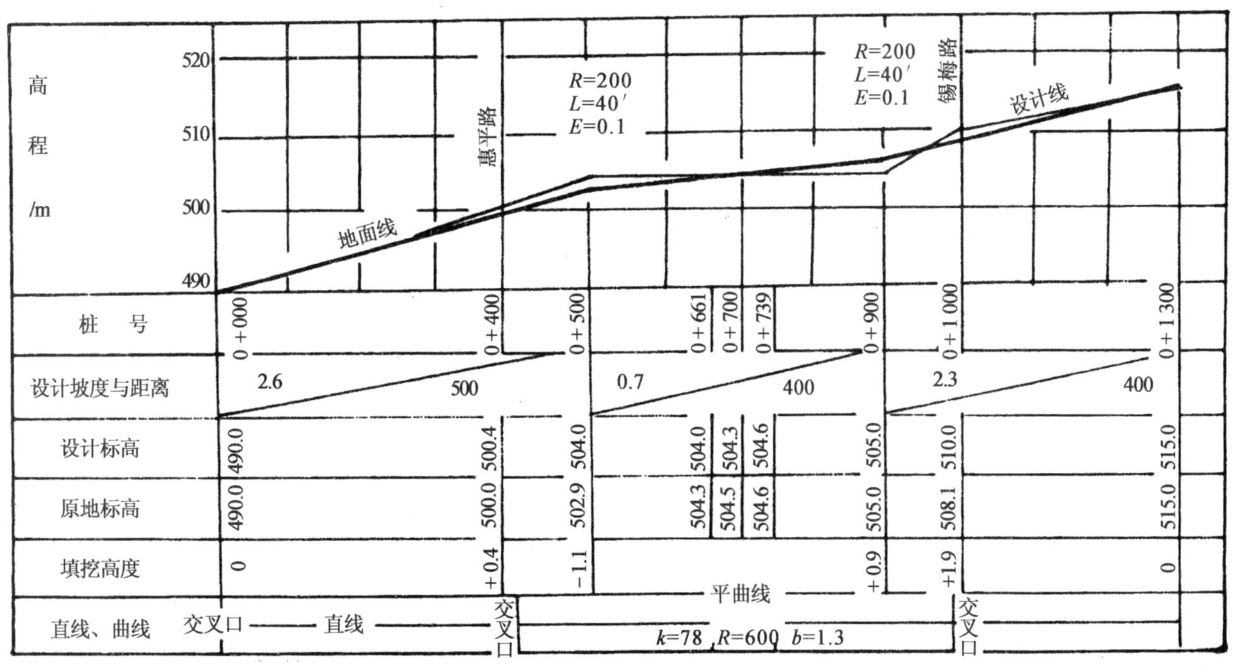

图 8-54　纵断面设计全图

2)园路的横断面表示法

园路的横断面图主要表现园路的横断面形式及设计横坡(图 8-55)。

道路横断面设计，需在总体规划中所确定的园路路幅或在道路红线范围内进行。它由下列各部分组成：车行道、人行道或路肩、绿带、地上和地下管线(给水、电力、电信等)共同敷设带(简称共同沟)、排水(雨水、中水、污水)沟道、电力电信照明电杆、分车导向岛、交通组织标志、信号和人行横道等，见图 8-55。

3)园路结构断面表示法

园路的结构断面图主要表现园路各构造层的铺填厚度与所用材料，并通过图例和文字标注两部分来表达具体做法和技术要求(图 8-56)。

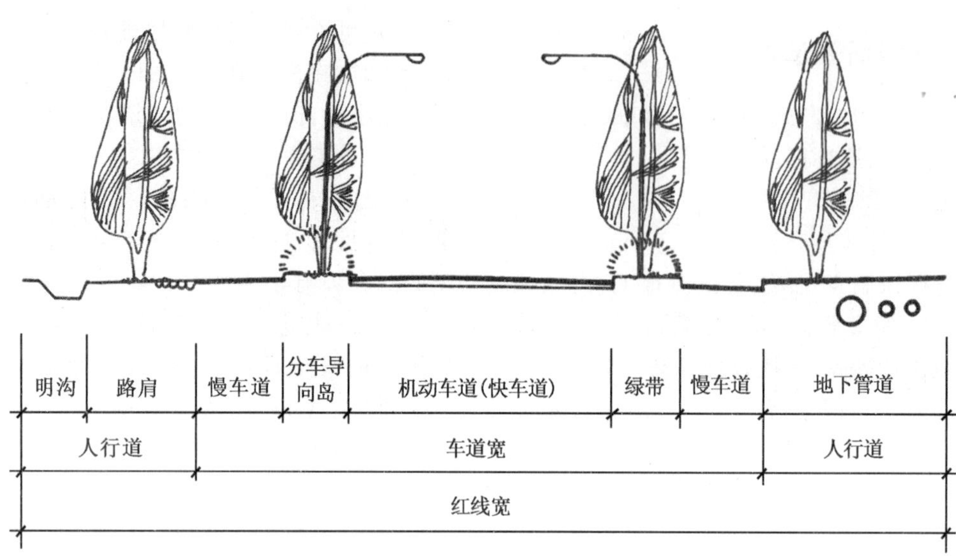

图 8-55　标准横断面图

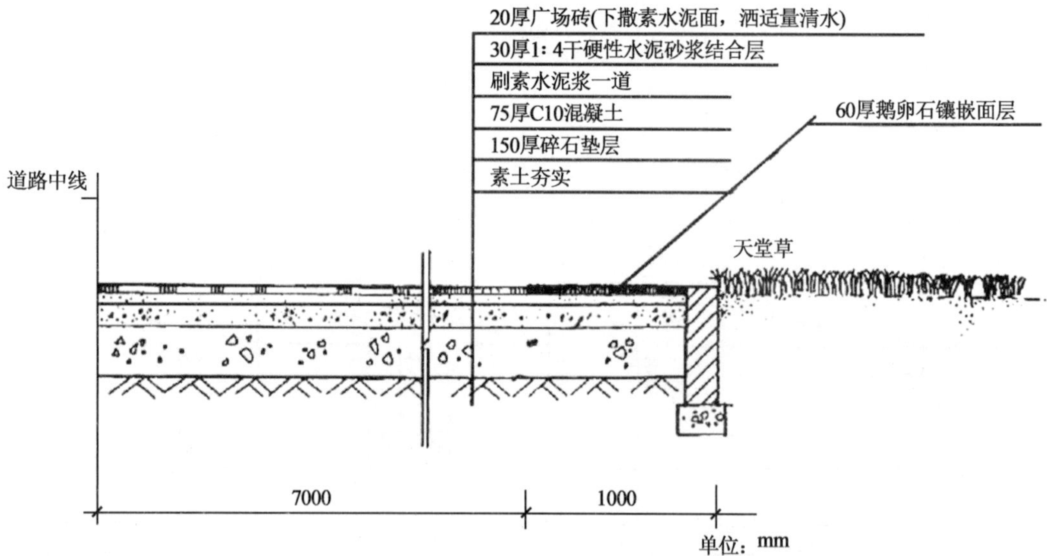

图 8-56　道路铺装结构断面图(单位:mm)

第9章 园林工程图

园林设计一般分为方案设计、扩初设计和施工图设计三个阶段。根据这三个阶段进程的不同，制图内容深度也有所差别，其中施工图在规范制图方面尤为重要，因此本章以园林工程图施工阶段的图纸为主要讲解内容。

1)园林工程图的特点

园林工程图要表现的对象是山水泉石、园林植物、园林建筑及园林小品等诸多自然景观和人工景观，其种类繁杂、形态各异。

园林工程图所表达的自然景观及人工景观是通过人的设计创意、艺术加工和工程技术等手段，创造出符合一定要求的园林景观。它是集多门学科为一体的景观环境再现，融合和表现了美学、艺术、建筑、绘画、文学等多学科理论知识，因此，具有较强的综合表现特点。

2)园林工程图的内容分类

(1)按照图纸的基本构成来分类

①总平面图：主要反映各造园要素的平面位置、大小及周边环境等内容。它是反映园林工程总体设计意图的主要图纸，也是绘制其他图纸及造园施工定位的依据。

②竖向设计图：包括竖向设计平面图及剖面图等。主要是利用等高线及高程标注的方法，表示用地范围内各园林要素在垂直方向上的位置高低及地面的起伏变化情况。

③种植设计图：包括种植设计平面图、立面图及效果图等。主要反映植物配置的方法、种植形式、种植点位置、品种和数量等。

④园路设计图：反映园路的平面布置、立面起伏、断面结构及路面的铺装图案等。

⑤园林设施设计图：反映园林建筑，园林水景(湖、池、瀑布、喷泉等)，假山置石，园桥等设施工程的平立面形状、大小及内部结构等。

⑥管线综合平面图：反映各种管道的平面位置、走向、竖向标高等信息，以及管道与建筑物、构筑物、其他管道和专业之间的关系，如给水管、排水管、电缆管的平面位置、走向、竖向标高，以及阀门井、检查井、雨水井等管道附属设施的平面位置和竖向标高等。

(2)按园林工程图的表达形式分类

①平面图：包括总平面图、局部平面图。平面图是以水平正投影形式表示的园林工程图，表示园林各要素的平面位置、形状、大小和相对关系。

②立面图、断面图及剖面图：立面图是表示园林素材外部横向方位及竖向高低、层次关系的图样。剖面图是表示园林素材在剖切平面上的横向方位及竖向高低、层次关系的图样。断面图是表示经垂直于地平面的平面切入地面，在剖切面上呈现的物像图。剖面图不仅可以表示出剖切面上的物像，还能表示出剖切面后可见的物像。

③工程详图：工程详图是将局部工程的结构部分扩大1∶(5～50)并详细地绘制，达到更准确清晰地表达设计内容的图样。

④效果图：效果图常用透视画法，如一点透视、二点透视等，透视是以人眼为投射中心所绘制的投影图，是一种具有立体感和远近感的效果图。透视图是视点为眼高所看到的效果图。鸟瞰图是视点较高时(十几米或更高)绘制的透视图，如飞鸟在空中往下看到的效果。

(3)按园林设计程序分类

①方案设计：对自然现状和社会条件进行分析，确定性质、功能、风格特色、内容、容量，明确交通组织流线、空间关系、植物布局、综合设施管网安排、综合效益分析等。

主要图纸：位置图，用地范围图，现状分析图，总平面图，功能分区图，竖向图，建筑、构筑物及园林小品布局图，道路交通图，植物配置图，综合设施管网图，重点景区平面图，效果图等。

总图均应包括以下内容：用地边界、周边的市政道路及地名和重要地物名称的相关情况、比例或比例尺、指北针或风玫瑰图。

位置图：标明用地所在位置及周围环境。

用地范围图：用地范围、规划的周边条件在现状地形图上标明具体位置。如内容简单可与位置图、现状图合并。

现状分析图：用地内和周边的现状情况及分析。

总平面图：完整清晰地标明山形水系、道路和广场的位置、形式和尺度，建筑、构筑物及园林小品，绿地，植物的空间关系等。

功能分区图：标明各功能分区的位置、名称。

竖向图：标明用地周边相关环境的竖向标高，反映地形变化的设计等高线、标高点(套用现状地形图)，主要建筑物、道路广场的标高；用地内水体的最高水位和常水位；山石、挡土墙、陡坡、水体、台阶、蹬道的位置。

建筑、构筑物及园林小品布局图：位置、性质、平面形式、尺度、风格的说明及意向图片。

道路交通图：外部的道路条件和主要出入口；道路广场布局，包括入口分类、道路广场分类；桥梁的位置及性质；内外交通组织分析等。

植物配置图：常绿植物、落叶植物、地被植物及草坪的布局、种植形式。

综合设施管网图：给水、排水、电气等内容的干线布局方案，与局部管网的关系。

重点景区平面图：对重要部分或较大规模项目的重点区域作局部平面表现。

效果图及意向图：以能说明设计意图为准。

②初步设计：确定平面、道路广场铺装形状及材质、山形水系、竖向；明确植物分区、类型；确定建筑内部功能、位置、体量、形象、结构类型；园林小品的体型、体量、材料、色彩等；能进行工程概算。初步设计图是在总体规划图设计文件得到批准及待定问题得以解决后，所做出的设计图样。

主要图纸：总平面图，放线图，竖向图，植物种植图，道路铺装及部分详图索引平面图，重点部位详图，建筑、构筑物及小品平、立、剖面图，园林给排水初步设计图，园林电气初步设计图。

③施工图设计：标明平面位置尺寸、竖向、放线依据、工程做法；植物种类、规格、数量、位置；综合管线的路由、管径及设备选型；能进行工程预算。施工图是在初步设计批准后所绘制的图样，是指导园林工程施工的技术性图样。

主要图纸：总平面图，放线图，竖向图，种植设计图，道路铺装及详图索引平面，子项详图，建筑、构筑物及小品施工详图，园林给排水施工设计图，园林电气施工设计图。

④竣工图：竣工图是在工程完成之后，按工程完成后的实际情况所绘制的图样，是验收与结算的依据。如竣工后的实际情况与原设计图纸变动不大，则只需在原来设计图的基础上增补有出入的部分即可。不同图纸内容比例可参照表9-1。

园林图的种类比较多，但并不是所有的图样都要绘制，而是根据实际需要有目的地重点选择，绘制一些必需的图样。简单的园林绿化设计只需要画一张绿化种植设计图，表示清楚设计意图和要求，即可满足需要，绿化种植图用平面图表示，必要时可画出立面、断面和大样图。一般的园林设计需要绘制总平面图和种植设计图。必要时增绘透视图、鸟瞰图，以反映园林设计全貌。比较复杂的园林设计应根据需要绘制包括总平面图、竖向设计图和种植设计图在内的三种以上的图样。

表 9-1　园林施工图常用参照比例

图纸内容	常用比例	可选用比例
总平面图	1:500	1:200,1:300,1:1000,1:2000
放线图	1:500	1:200,1:1000
竖向图	1:500	1:100,1:200,1:1000
道路铺装及详图索引平面	1:200	1:100,1:200, 1:500
植物种植图	1:200	1:50,1:100,1:200,1:300, 1:500
道路绿化标准断面图	1:100	1:50,1:100, 1:200
园林给排水、电气图	1:200	1:100,1:200, 1:500, 1:1000
建筑、构筑物、山石、园林小品等平面图、立面图、剖面图	1:50	1:50,1:100,1:200
详图	1:20	1:5, 1:10,1:20, 1:30

注：具体设计图比例根据设计场地大小、表达需要程度而做具体调整。

9.1　园林设计总平面图

9.1.1　概述

园林设计总平面图是表现规划设计区域范围内的各种造园要素的水平投影图，是反映园林工程总体设计意图的主要图样，也是绘制其他园林图样(如地形设计图、种植设计图、工程管线设计、建筑布局设计等)及造园施工管理的主要依据。总平面图必须以相应的规划现状平面图为设计依据图形。

总平面图均应包括以下内容：规划总平面图应标明用地边界线、道路红线；用地四邻原有及规划道路的位置，注明主要建筑物、构筑物(包括地下建筑、构筑物的表示)的位置、名称；道路广场、出入口、停车场等的位置；建筑、构筑物及园林小品的位置；山石、挡土墙、陡坡、水体、台阶、蹬道的位置；注释本图所用的比例；完成图例；标明本图方位的指北针或风玫瑰图；设计图中也应相应地完成本图设计说明，图中写清本图的经济技术参数等。在具体设计中，根据设计阶段和项目复杂程度，分为规划现状平面图、规划平面图、索引平面图等内容。

(1)规划现状平面图。根据面积大小，提供1:2000,1:1000,1:500或其他比例的园址范围内总平面地形图。图纸应明确显示以下内容：设计范围(红线范围、坐标数字)。园址范围内的地形、标高及现状物(现有建筑物、构筑物、山体、水系、植物、道路、水井，还有水系的进、出口位置、电源等)的位置。现状物中，要求将保留利用、改造和拆迁等情况分别注明。四周环境情况：与市政交通联系的主要道路名称、宽度、标高点数字以及走向和道路、排水方向；周围机关、单位、居住区的名称、范围，以及今后发展状况，见图 9-1。

(2)规划平面图。绿地以点填充表示。标注建筑、构筑物、园林小品的平面名称或编号。标明广场、停车场、运动场地、道路、无障碍设施、排水沟、挡土墙、护坡等。将相应的经济技术参数编制在经济技术指标表中。

(3)索引平面图。所有要说明的子项——水体、建筑、构筑物、园林小品等索引，应索引到具体本套图纸的具体位置上。若工程内容简单可与总平面图合并；若工程项目较大还应绘出分幅线和分幅索引。

9.1.2　总平面图绘图

由于园林设计总平面图涉及的内容较多，且范围较大，只要在工程内容较简单的情况下，各项内容可合并于一张总平面图中。否则，还需分项绘出各子项工程的总平面图，相关图纸的索引(复杂工程可出专门的索引平面图)。如园路总平面图、种植总平面图、综合管线总平面图等，见图 9-2。

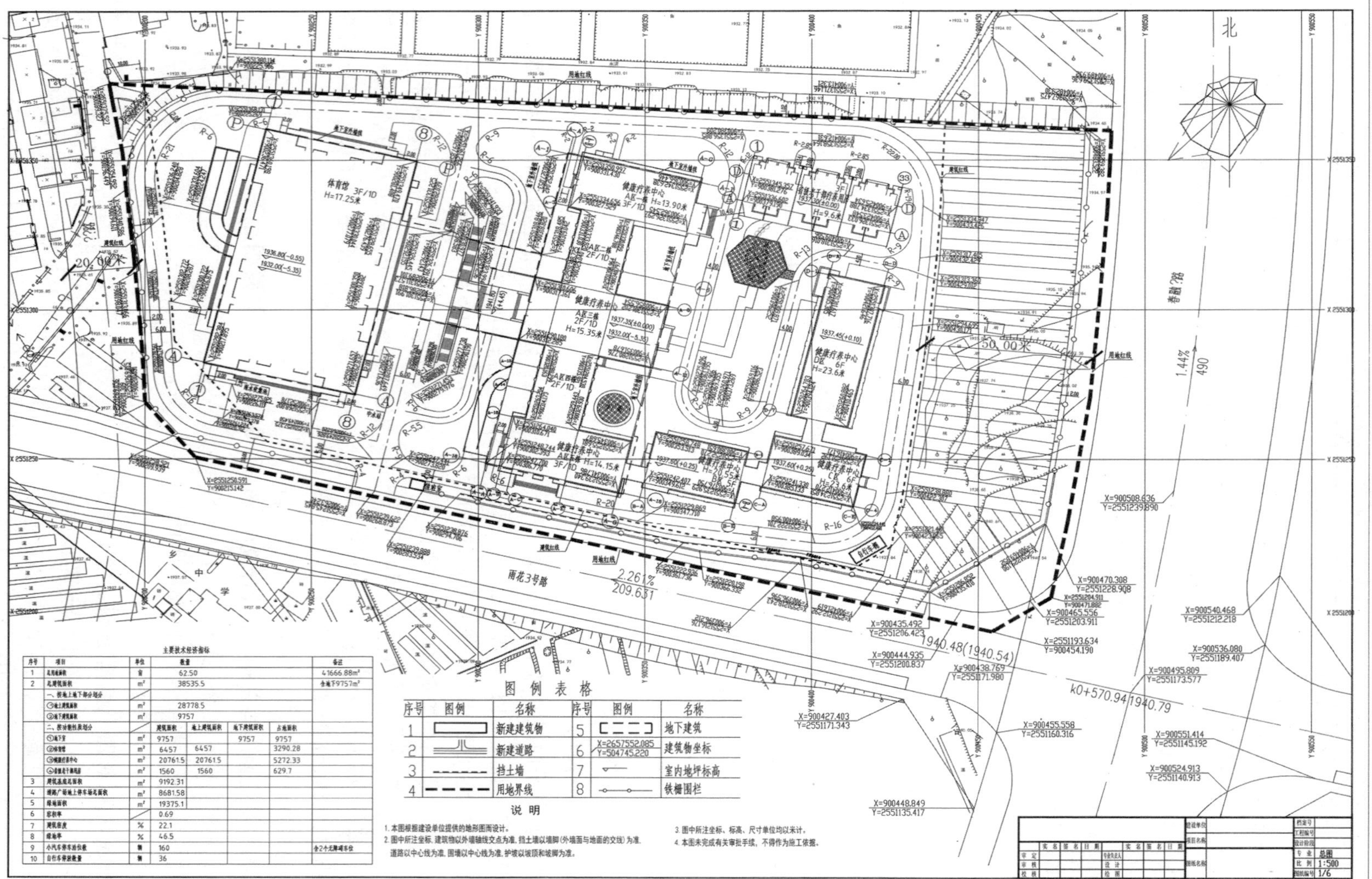
北
雨花3号路
主要技术经济指标
序号 项目 单位 数量 备注
1 总用地面积 亩 62.50 41666.88m²
2 总建筑面积 m² 38535.5 含地下9757m²
一、按地上地下部分划分
①地上建筑面积 m² 28778.5
②地下建筑面积 m² 9757
二、按功能性质划分 建筑面积 地上建筑面积 地下建筑面积 占地面积
①地下室 m² 9757 9757 9757
②体育馆 m² 6457 6457 3290.28
③健康疗养中心 m² 20761.5 20761.5 5272.33
④省级老干部用房 m² 1560 1560 629.7
3 建筑基底总面积 m² 9192.31
4 道路广场地上停车场总面积 m² 8681.58
5 绿地面积 m² 19375.1
6 容积率 0.69
7 建筑密度 % 22.1
8 绿地率 % 46.5
9 小汽车停车泊位数 辆 160 含2个无障碍车位
10 自行车停放数量 辆 36
图例表格
序号 图例 名称
1 新建建筑物
2 新建道路
3 挡土墙
4 用地界线
5 地下建筑
6 X=2657552.085 Y=504745.220 建筑物坐标
7 室内地坪标高
8 铁栅围栏
说明
1. 本图根据建设单位提供的地形图而设计。
2. 图中所注坐标、建筑物以外墙轴线交点为准，挡土墙以墙脚(外墙面与地面的交线)为准，道路以中心线为准，围墙以中心线为准，护坡以坡顶和坡脚为准。
3. 图中所注坐标、标高、尺寸单位均以米计。
4. 本图未完成有关审批手续，不得作为施工依据。
比例 1:500

图 9-1 规划现状平面图

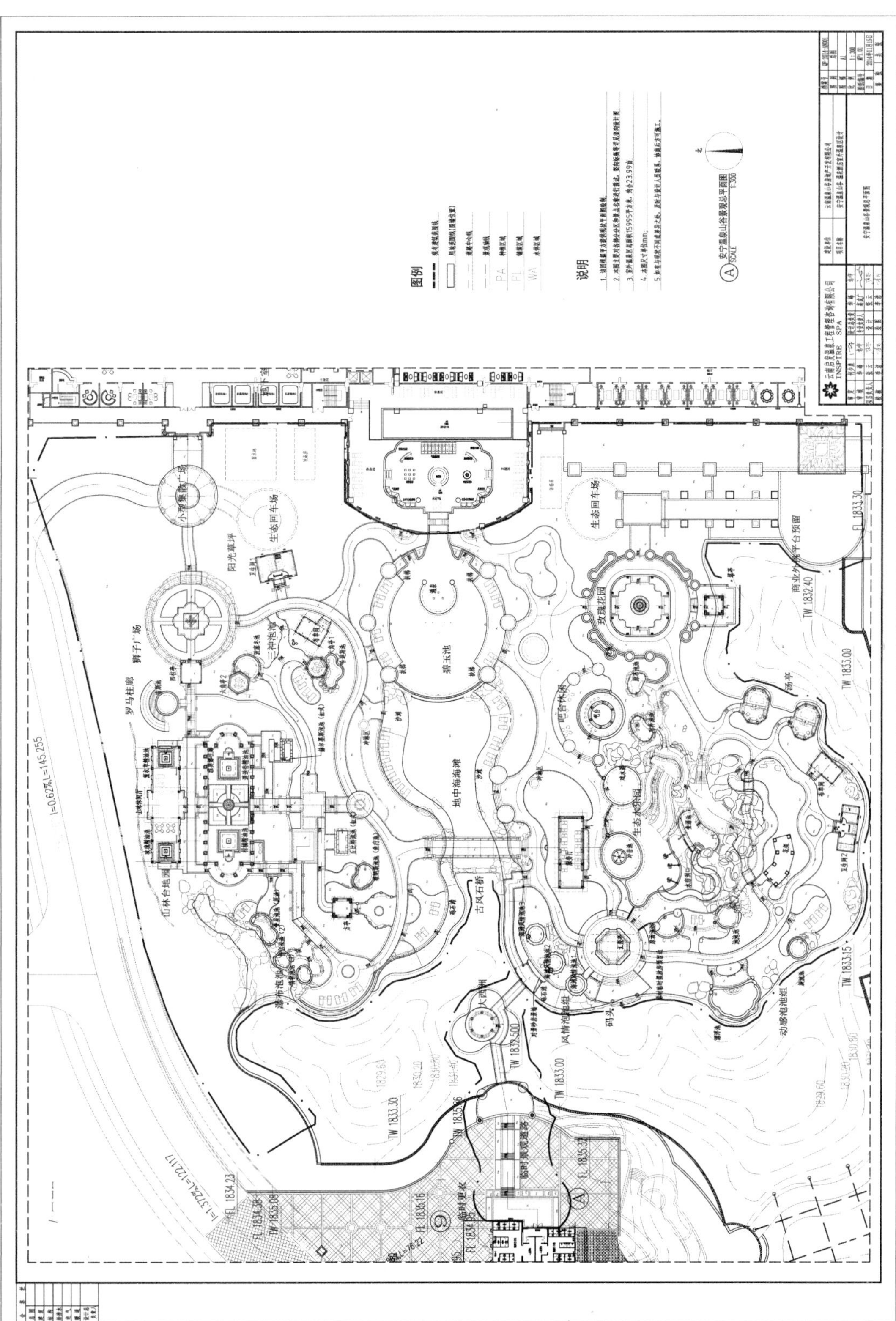

图例
说明
安宁温泉山谷景观总平面图
SCALE 1:300
狮子广场
罗马柱廊
阳光草坪
生态回车场
小型集散广场
三神泡池
碧玉池
地中海海滩
古风石桥
山林台地园
瀑布泡池
大酉洲
风情泡池组
码头
玫瑰花园
西台林阴
生态水景园
商业外摆平台预留
动感泡池组
临时更衣

图 9-2　规划总平面图

(1)选定绘图比例。总平面图通常选择1:(500～1000)的比例尺，若用地面积大，总体布置内容较少，可考虑选用较小的绘图比例。若用地面积较小而总体布置内容较复杂，为使图面清晰，应考虑采用较大的绘图比例。面积较小的小游园、庭院、屋顶花园等，可选用1:200或更大的绘图比例。

(2)确定各造园要素的平面图例。造园要素的平面图例根据设计的要求，需绘制各种造园要素的平面图例。图例说明：所有的图例都应在图样中的适当位置画出，并注明其含义。为了使图面清晰，便于阅读，也可对图例予以编号，然后再注明相应的名称。园林景观设计元素以图例表示或以文字标注名称及其控制坐标。

(3)根据需要确定坐标原点及坐标网格的精度，完成测量和施工坐标网。设计场地范围、坐标、与其相关的周围道路红线、建筑红线及其坐标。

(4)完成地形线性的绘制。在园林设计平面图中，地形的高低变化及其分布情况用等高线表示。设计地形等高线用细实线表示，原地形等高线用细虚线绘制。

(5)绘制园林建筑及小品的平面投影。园林景观建筑、小品，如亭、台、榭、廊、桥、门、墙、小品、架、柱、花坛、园路等需表示位置、名称、形状、园路走向、主要控制坐标。在大比例图样中，有门窗的建筑可用通过门、窗洞中间部位的水平剖面图来表示；没有门窗的建筑用通过支撑柱部位的水平剖面图表示；也可以用屋顶平面图表示(仅适用坡屋顶和曲面屋顶)，用粗实线画出外轮廓，用细实线画出屋面线。花坛、花架等建筑小品用实线画出投影轮廓。在小比例图样中，只需用粗实线画出建筑水平投影外轮廓线，也可将建筑平面涂黑，建筑附属设施及小品可不画。现有地形的主要地上物，如原有建筑物、构筑物、道路、围墙等的可见轮廓线用细实线表示，地下管线用粗虚线画出。场地中建筑物以粗实线表示一层(也有称为底层或首层)(±0.00)外墙轮廓，并标明建筑坐标或相对尺寸、名称、层数、编号、出入口及±0.00设计标高；根据工程情况表示园林景观无障碍设计。

(6)按尺寸绘制出道路、广场。园路用细实线画出路缘，铺装路面也可按设计图案用细实线简略表示。标注场地出入口位置，注写道路中心线交叉点坐标。用细实线绘制广场或活动场地的外轮廓，并标注相应的尺寸和标高(根据工程情况表示大致铺装纹样)。

(7)绘制水体，明确水位等高线。自然水系、人工水系、水景应标明。水体一般用三条线表示，外面一条为驳岸线，属高水位线，用粗实线绘制；中间一条为常水位线，用细实线绘制；里面的一条为最低水位线，用细实线绘制。

(8)绘制山石。山石均采用其水平投影轮廓线概括表示，以粗实线绘出边缘轮廓，以细实线绘出纹理。

(9)绘制植物。绿地宜以填充表示，屋顶绿地的填充形式稍作区别。园林植物的种类繁多，姿态各异，在平面图中无法详尽地表达，一般采用图例作概括表达。所绘图例应区分针叶树、阔叶树、乔木、灌木、常绿树、落叶树、绿篱、草花、草坪、水生植物、疏林、密林等，图形形象概括，树冠的投影要按成龄以后的树冠大小画。

(10)对设计图纸标注相应的尺寸、标高，注明景点、硬质物名称等。

(11)绘制图框、比例尺、指北针，填写标题、标题栏、会签栏、编写说明及图例表。

(12)图纸上编写相应的说明。

9.1.3 园林设计总平面图的阅读

(1)看标题框、会签栏。了解本项目的设计单位名称，设计组成人员及专业结构关系，设计图纸名称，项目名称、相应的图纸份数、设计时间、设计的阶段等内容。

(2)看风玫瑰图或指北针、图例、与周边的环境道路关系等。了解整个项目地的风向、朝向等空间位置关系。

(3)看文字说明、经济参数。了解设计意图、工程性质、设计范围、经济参数等各项指标关系。

(4)看项目地内的等高线和水位线。了解项目地的地形和水体布置情况。

(5)看道路广场、出入口情况，了解园林的道路广场空间布局关系。

(6)看建筑物的布局情况,了解整个园林空间的建筑群布局及服务关系。

(7)看植物基本布局形式,了解园林植物空间的形态及植物选择与造景特色。

9.1.4　施工总平面图绘制的要求

(1)布局与比例。图纸应按上北下南的方向绘制,根据场地形状或布局,可向左或右偏转,但不宜超过 45°。施工总平面图一般用 1∶500、1∶1000、1∶2000 的比例绘制。

(2)图例。《总图制图标准》列出了建筑物、构筑物、道路、铁路以及植物等的图例,具体内容参见相应的制图标准。如果某些原因必须另行设定图例,应该在总图绘制专门的图例表进行说明。

(3)图线。在绘制总图时应该根据具体内容采用不同的图线,具体内容参照第 1 章图线的使用。

(4)单位。施工总平面图中的坐标、标高、距离宜以"m"为单位,并应至少取至小数点后两位,不足时以"0"补齐。详图宜以 mm 为单位,如不以 mm 为单位,应另加说明。道路纵坡度、场地平整坡度、排水沟沟底纵坡度宜以百分计,并应取至小数点后一位,不足时以"0"补齐。

9.2　放线图

9.2.1　概述

放线图是指以尺寸标注或坐标标注标明园林中的道路、广场、园林建筑、小品相对于某固定基点的定位关系、控制尺寸及相互位置关系作的图形。当图形复杂时,往往把坐标定位标注图、尺寸定位图、施工网格图也分开来表达,避免图形尺寸等标注太多而造成的识图困难、表达不清晰。

网格放线是建筑、景观专业施工图的重要组成部分,主要通过垂直、平行线组成的十字网格来确定平面图形的方位,尤其适用于景观中的曲线等不规则部分。通常把场地中固定不变的一个标志点作为定位基准点,如建筑角点,基准点坐标设为(0,0),向左向右则为＋10,－10 等,每条网格线之间的间距为固定的值,如 5 m、10 m,纵横方向用不同的方式代替,如 A0,A10;B0,B10 等,以此作为现场施工放线的依据。以"＋"为放线原点符号并加文字标注;放线基准点应选择固定建筑或构筑物基点或轴线基点,一般不选在道路上。特殊情况除外,如改造设计道路位置不变,此时应选择道路。

在放线图中,应注明清楚:用地边界坐标,主要道路中心线坐标及道路宽度,铺装广场定位坐标及控制尺寸,建筑、构筑物、主要园林小品的定位坐标及控制尺寸,水体定位坐标,假山定位坐标及控制尺寸,放线系统、原点、网格间距、单位等,见图 9-3。

9.2.2　放线图绘图

1)确定坐标网格体系

坐标分为测量坐标和施工坐标,测量坐标为绝对坐标。图中应具备坐标原点、坐标轴、主要点的相对坐标。

测量坐标网应画成交叉十字线,坐标代号宜用 X、Y 表示。施工坐标为相对坐标,相对零点通常选用已有建筑物的交叉点或道路的交叉点,为区别于绝对坐标,施工坐标用大写英文字母 A、B 表示。平面图上有测量和施工两种坐标系统时,应在附注中注明两种坐标系统的换算公式。

坐标原点的选择:固定的建筑物构筑物角点,或者道路交点,或者水准点等。

方格网:以原始固定地物为基准,在图纸上确定起始基点坐标,即坐标(0,0)点,再以一定的尺寸画好方格网。施工坐标网格应以细实线绘制。网格的间距根据实际面积的大小及其图形的复杂程度,一般画成 100 m×100 m 或者 50 m×50 m 的方格网,当然也可以根据需要调整。面积较小的场地可以采用 5 m×5 m,或者 10 m×10 m 的施工坐标网(图 9-3),具体详图网格有时要用到 1.0 m×1.0 m,或者更小的网格,见图 9-4。

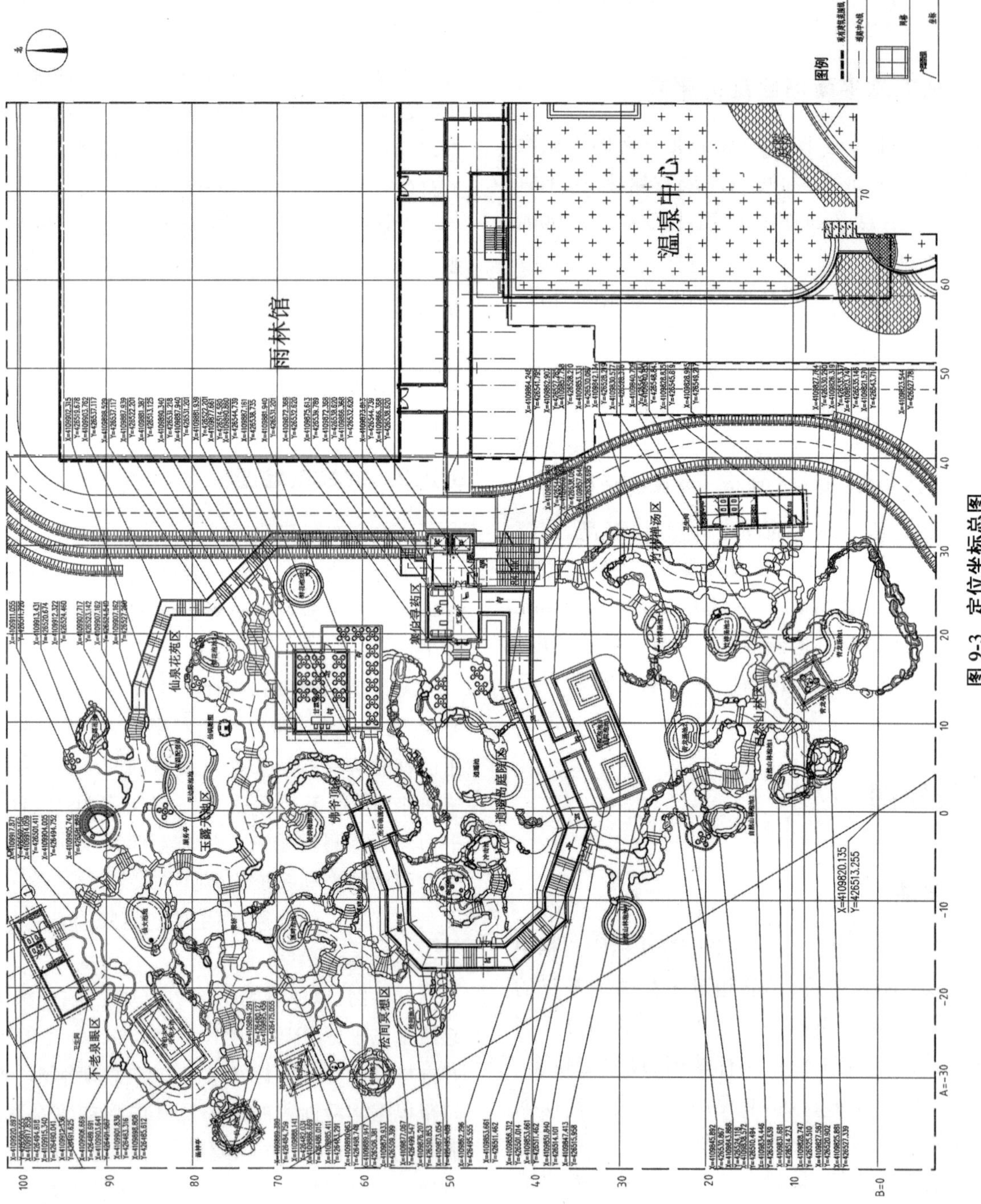
雨林馆
温泉中心
仙泉花苑区
玉露天池区
佛爷顶区
松间冥想区
不老泉眠区
竹林禅汤区
X=4109820.135
Y=426513.255

图 9-3 定位坐标总图

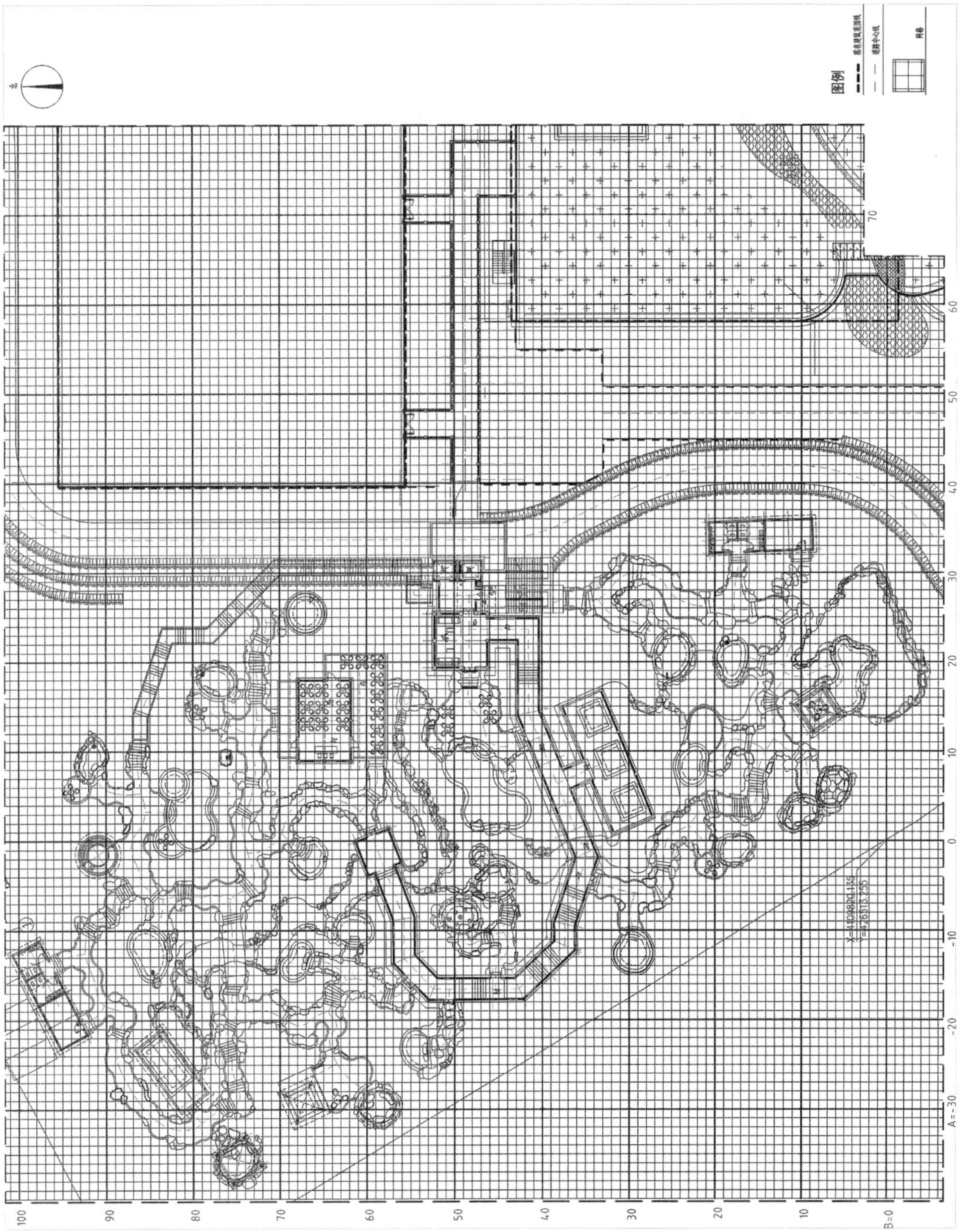

图 9-4 坐标网格总图

2)进行坐标标注

坐标宜直接标注在图上，如图面无足够位置，用 X、Y 坐标表标注，如坐标数字的位数太多，可将前面相同的位数省略，其省略位数应在附注中加以说明。

不仅要对平面尺寸进行标注，还要对立面高程进行标注(高程、标高)。道路中心线交点、转折点、控制点的定位坐标;道牙以双线表示，标出道路宽度;道路交汇处转弯半径。标明广场定位坐标及尺寸线;不同形式的铺装应绘出分界线。水池驳岸定位坐标，详细尺寸见详图。假山定位坐标及控制尺寸，详细尺寸见详图。建筑、构筑物、园林小品的定位坐标，复杂的要引出大样进行标注。

建筑物、构筑物、铁路、道路等应标注下列部位的坐标:建筑物、构筑物的定位轴线(或外墙线)或其交点，圆形建筑物、构筑物的中心，挡土墙墙顶外边缘线或转折点。表示建筑物、构筑物位置的坐标宜注其三个角的坐标，如果建筑物、构筑物与坐标轴线平行，可注对角坐标。

3)图形中应具备施工总平面图包括的内容

(1)指北针(或风玫瑰图)，绘图比例(比例尺)，文字说明，景点、建筑物或者构筑物的名称标注，图例表。

(2)道路和铺装的位置、尺度、主导点的坐标、标高以及定位尺寸，见图 9-5。

(3)小品主要控制点坐标及小品的定位、定形尺寸。

(4)地形和水体的主要控制点坐标、标高及控制尺寸。

(5)植物种植区域轮廓。

(6)对无法用标注尺寸准确定位的自由曲线、园路广场、水体等，应给出该部分局部放线详图，用放线网表示，并标注控制点坐标。

9.2.3 园林放线图的阅读

(1)看坐标标注的情况，了解景物相互位置关系，明确坐标原点位置。

(2)看网格间距大小，了解项目地尺寸关系。

(3)看各处的尺寸及高程标注，了解场地情况。

(4)看图中索引，了解图形之间的关系。

9.2.4 园林放线图的要求

(1)要精准坐标原点的选择:应选择固定的建筑物、构筑物角点，或者道路交点，或者水准点等。

(2)确定合适的网格间距:根据实际面积的大小及其图形的复杂程度来确定网格间距。

(3)要注意对图形进行标注，不仅要对平面尺寸进行标注，还要对立面高程进行标注(高程、标高)。

(4)面积较大较复杂的图形，应绘制分区索引图，以对应各个分区。

(5)放线图网格体系用细实线进行绘制。

(6)放线图应在图上进行相应的说明。

9.3 竖向设计图

9.3.1 概述

竖向设计是指在一块场地中进行垂直于水平方向的布置和处理，也就是地形高程设计。竖向设计图是根据设计平面图及原地形图绘制的地形详图，借助标注高程的方法，表示地形在竖直方向的变化情况及各造园要素之间位置高低的相互关系。它主要表现地形、地貌、建筑物、植物和园林道路系统的高程等内容。它是设计者从园林的实用功能出发，统筹安排园内各种景点、设施和地貌景观之间的关系，使地上设施和地下设施之间、山水之间、园内与园外之间在高程上有合理的关系所进行的综合竖向设计，见图 9-6。

竖向设计图包括竖向设计平面图、立面图、剖面图及断面图等。竖向设计图的内容包括以下内容。

(1)指北针、图例、比例、文字说明和图名。文字说明应该包括标注单位、绘图比例、高程系统的名称、补充图例等。

(2)现状与原地形标高、地形等高线、设计等高线的等高距一般取 0.25～0.5 m，当地形较为复杂时，需要绘制地形等高线放样网格。

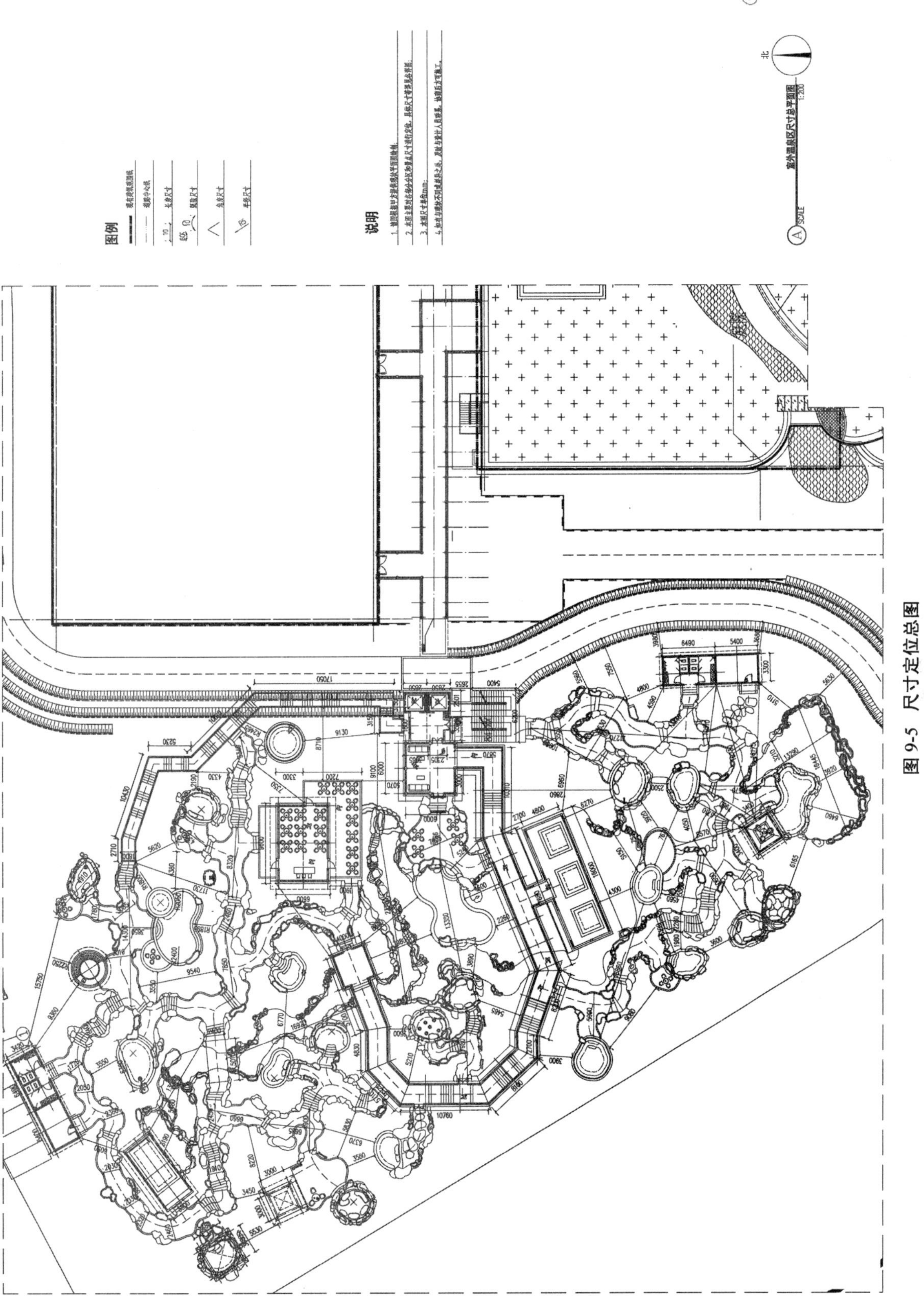

图 9-5　尺寸定位总图

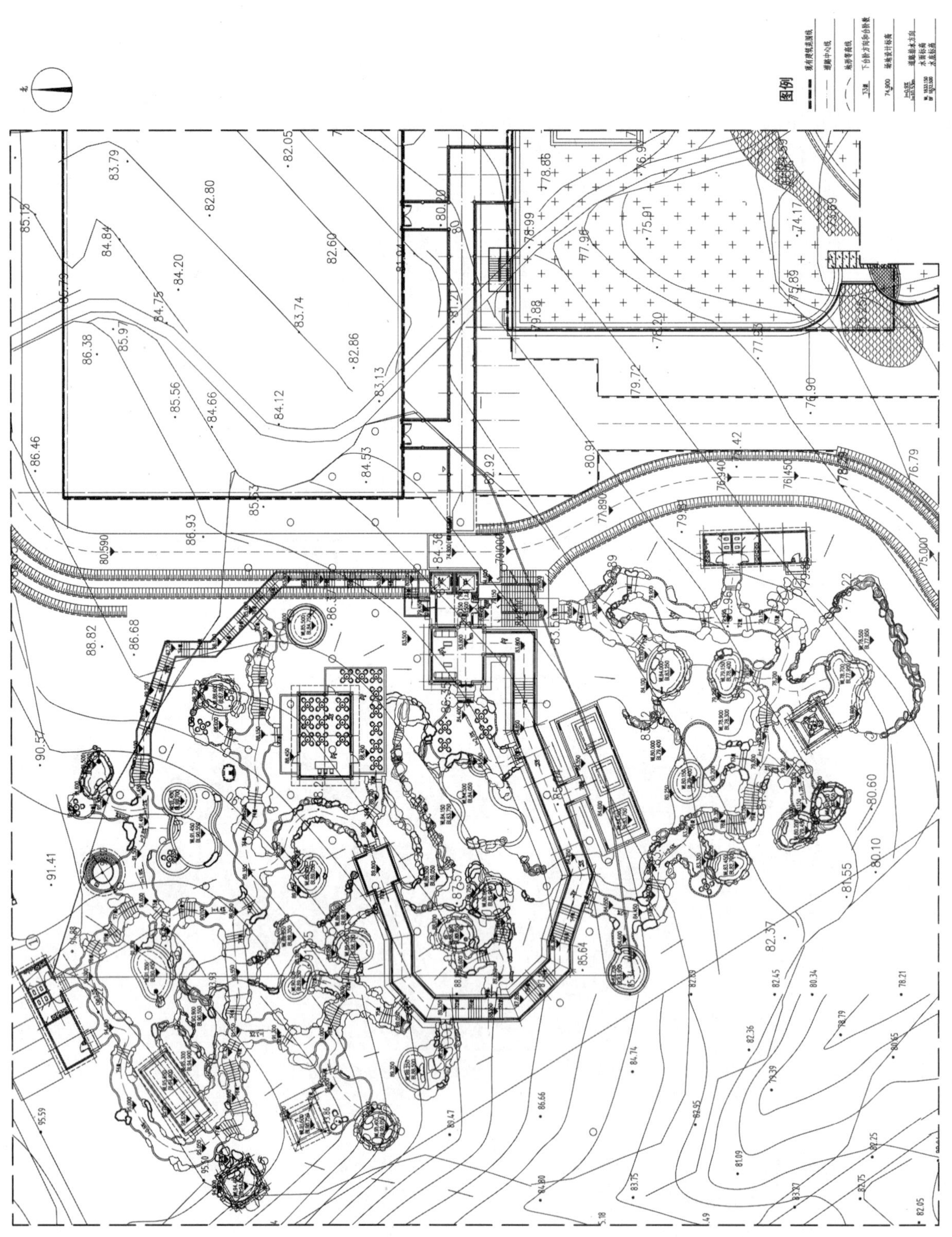

图 9-6 竖向设计图

(3)最高点或者某些特殊点的坐标及该点的标高。如道路的起点、变坡点、转折点和终点等的设计标高(道路在路面中、沟渠在沟顶和沟底)、纵坡度、纵坡距、纵坡向、平曲线要素、竖曲线半径、关键点坐标;建筑物、构筑物室内外设计标高;挡土墙、护坡或土坡等构筑物的坡顶和坡脚的设计标高;水体驳岸、岸顶、岸底标高,池底标高,水面最低、最高及常水位。

9.3.2　竖向设计图绘图

(1)确定场地坐标高程±0.00 点。一般以与园林场地相关的建筑物室内首层地面高度为±0.00 点作为相对标高值,或者场地上车行道路中心线交叉点或场地起点的标高点为竖向设计高程±0.00 点。

(2)确定绘图比例及等高距。平面图比例尺选择与总平面图相同。等高距(两条相邻等高线之间的高程差)根据地形起伏变化大小及绘图比例选定。当绘图比例为 1:200、1:500、1:1000 时,等高距分别为 0.2 m、0.5 m、1 m 等。

(3)使用恰当的表示方法完成竖向设计绘制。常用的竖向表示方法有高程箭头法、纵横断面法、设计等高线法。地形设计常采用等高线等方法绘制于图面上,并标注其设计高程。设计地形等高线用细实线绘制,原地形等高线用细虚线绘制。等高线上应标注高程,高程数字处等高线应断开,高程数字的字头应朝向山头,数字要排列整齐。假设周围平整地面高程定为 0.00,高于地面为正,数字前"+"号省略;低于地面为负.数字前应注写"−"号。高程单位为"m",要求保留两位小数。

①高程箭头法。高程箭头法其表达内容(图 9-7)如下:

根据竖向设计的原则及有关规定,在总平面图上确定设计区域内的自然地形;

注明建、构筑物的坐标与四角标高、室内地坪标高和室外设计标高;

注明道路及铁路的控制点(交叉点、变坡点)处的坐标及标高;

注明明沟沟底面起坡点和转折点的标高、坡度、明沟的高度比;

用箭头标明地面的排水方向;

较复杂地段可直接给出设计剖面,见图 9-8。

②纵横断面法。纵横断面法其表达内容如下:

绘制方格网;

确定方格网交点的自然标高;

选定标高起点;

绘制方格网的自然地面立面图;

确定方格网交点的设计标高,见图 9-9;

设计场地的土方量,见图 9-10。"+"号表示填方,"−"号表示挖方。

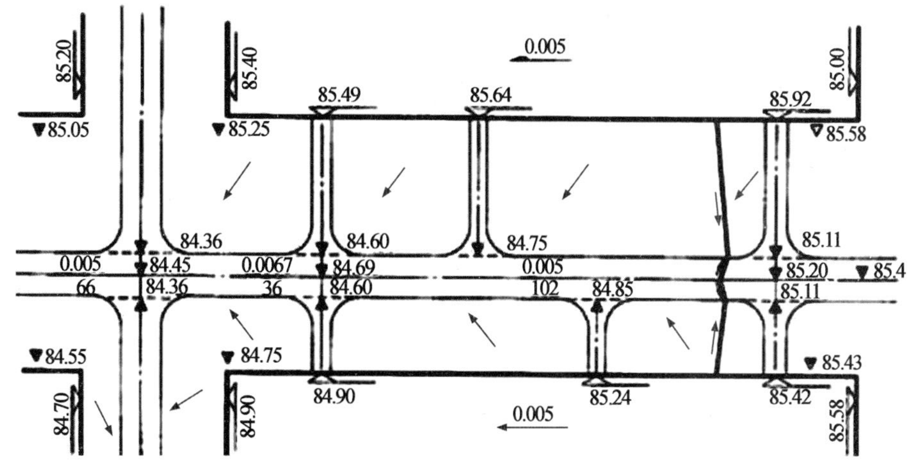

图 9-7　高程箭头法

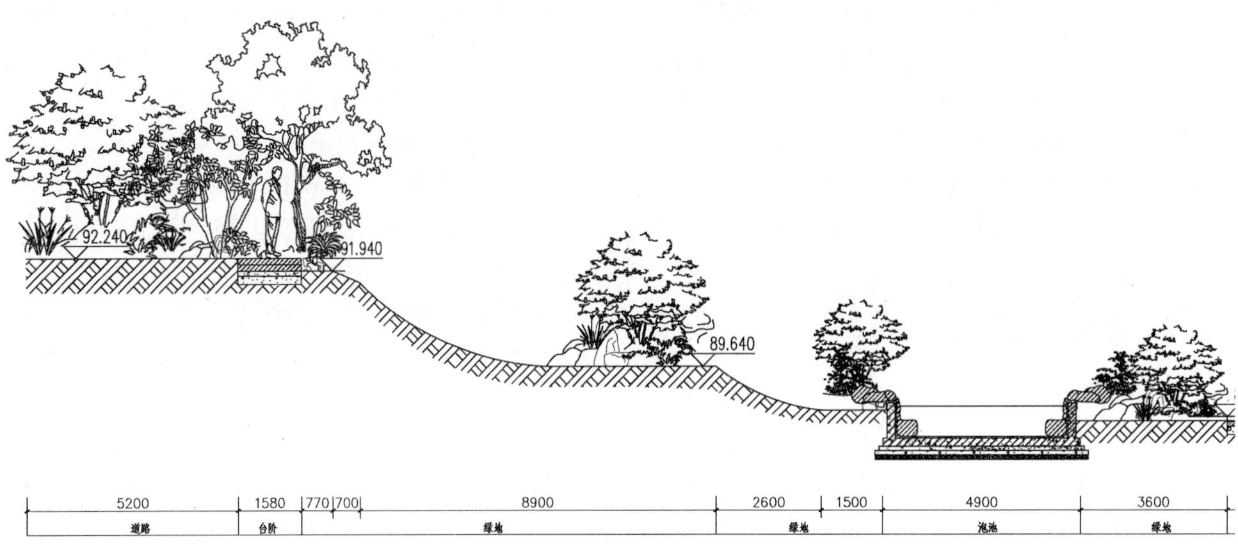

图 9-8 断面竖向设计

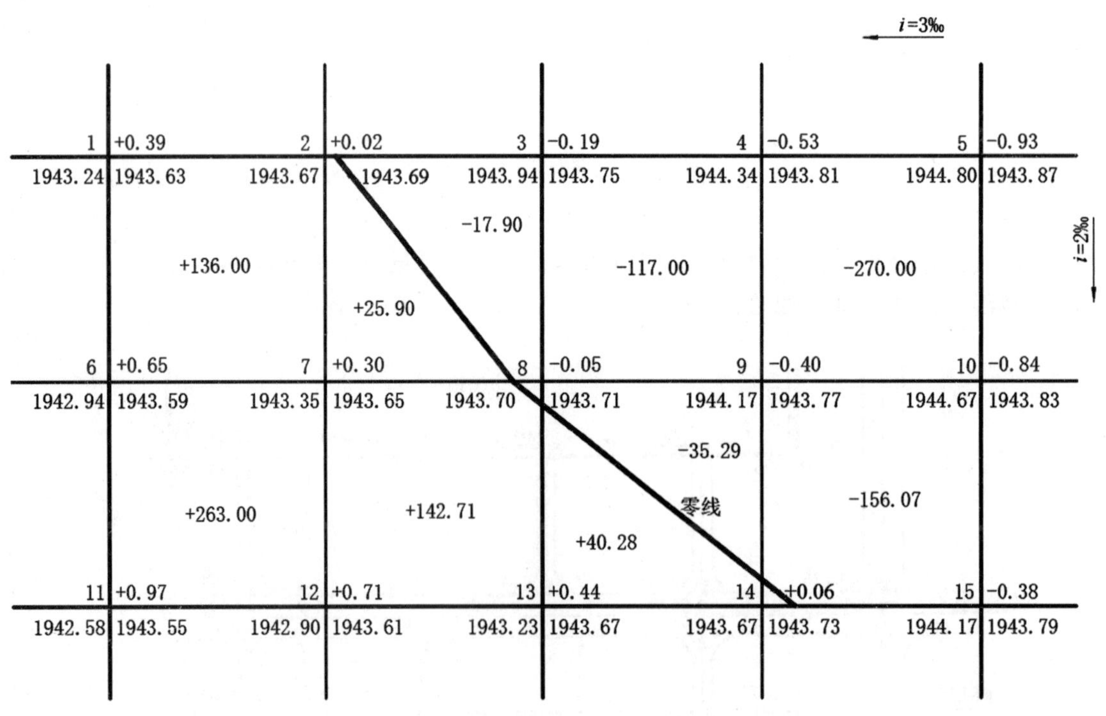

图 9-9 网格法

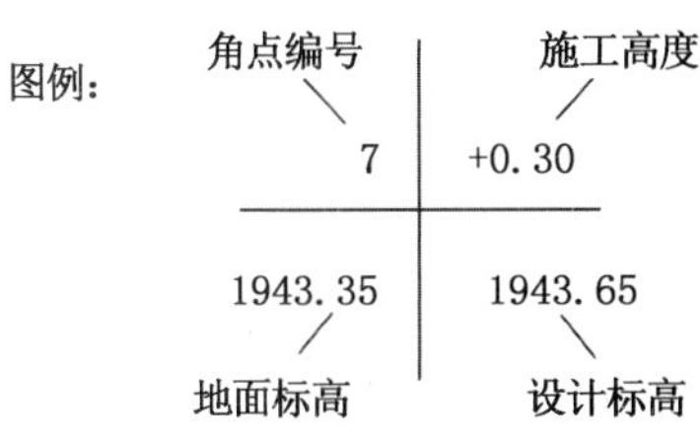

图 9-10　设计土方量网格标注

③设计等高线法。地形等高线，设计等高线的等高距一般取 0.25～0.5 m。按设计高度、原地形高程关系来确定等高线的分布方式，见图 9-11。

(4)对其他造园要素的竖向标注。

园林建筑及小品：按比例采用中实线绘制其外轮廓线，并标注出室内首层地面标高。

水体：标注出水体驳岸岸顶高程、常水水位及池底高程。湖底为缓坡时，用细实线绘出湖底等高线并标注高程。若湖底为平面时，用标高符号标注湖底高程。

山石：用标高符号标注各山顶处的标高。

排水及管道：地下管道或构筑物用粗虚线绘制，并用单箭头标注出规划区域内排水管道的排水方向。为使图形清楚可见，竖向设计图中通常不绘制园林植物。

(5)绘制相应的立面竖向图，辅助表达地形的处理情况。立面图是在竖向设计图中用更形象明了的方式表达设计地形高低起伏的轮廓，或因设计方案进行推敲的需要，可以绘出立面图，即正面投影图，使视点水平方向所见地形、地貌一目了然。根据表达需要，在重点区域、坡度变化复杂的地段，还应绘出剖面图或断面图，以便直观地表达该剖面上竖向变化情况，见图 9-12。

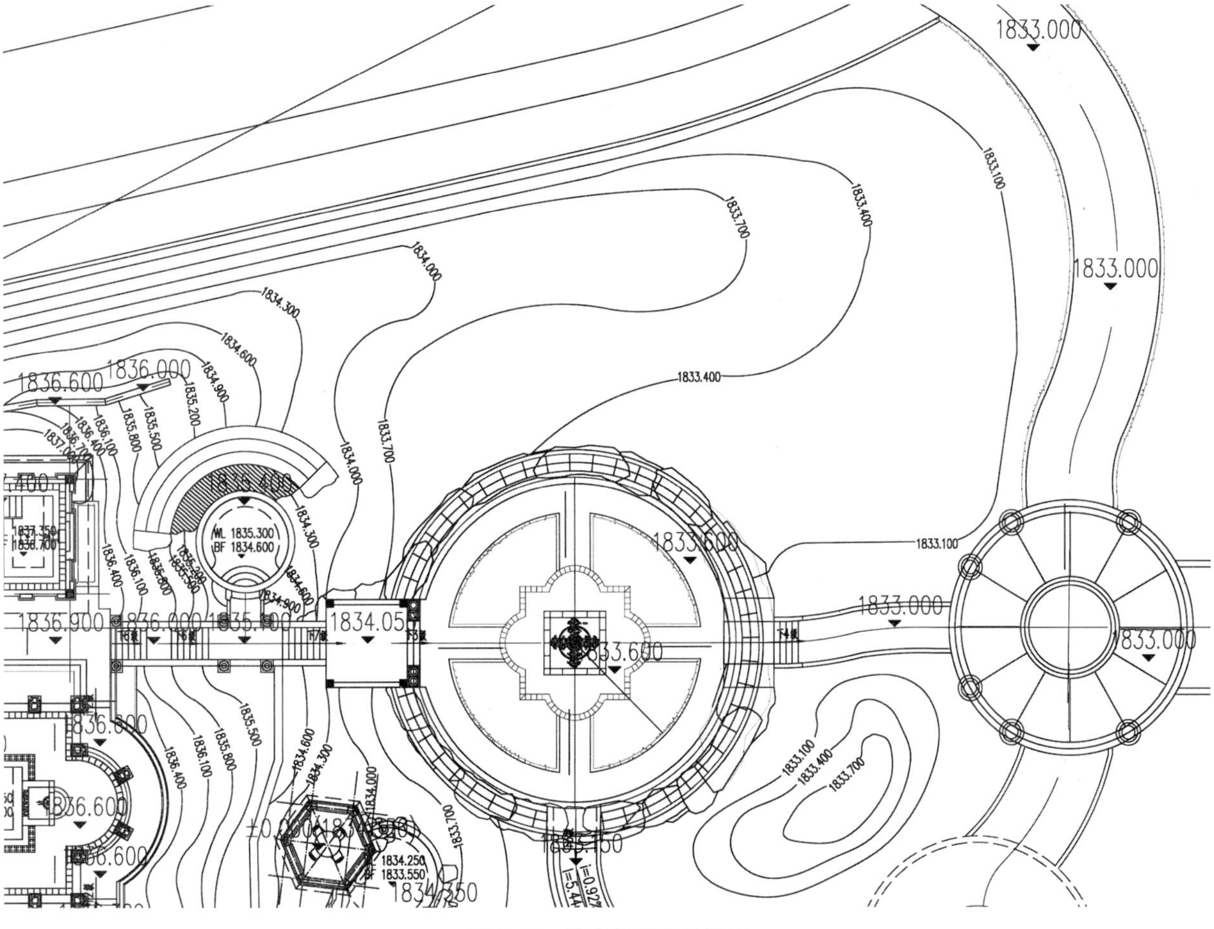

图 9-11　等高线竖向设计图

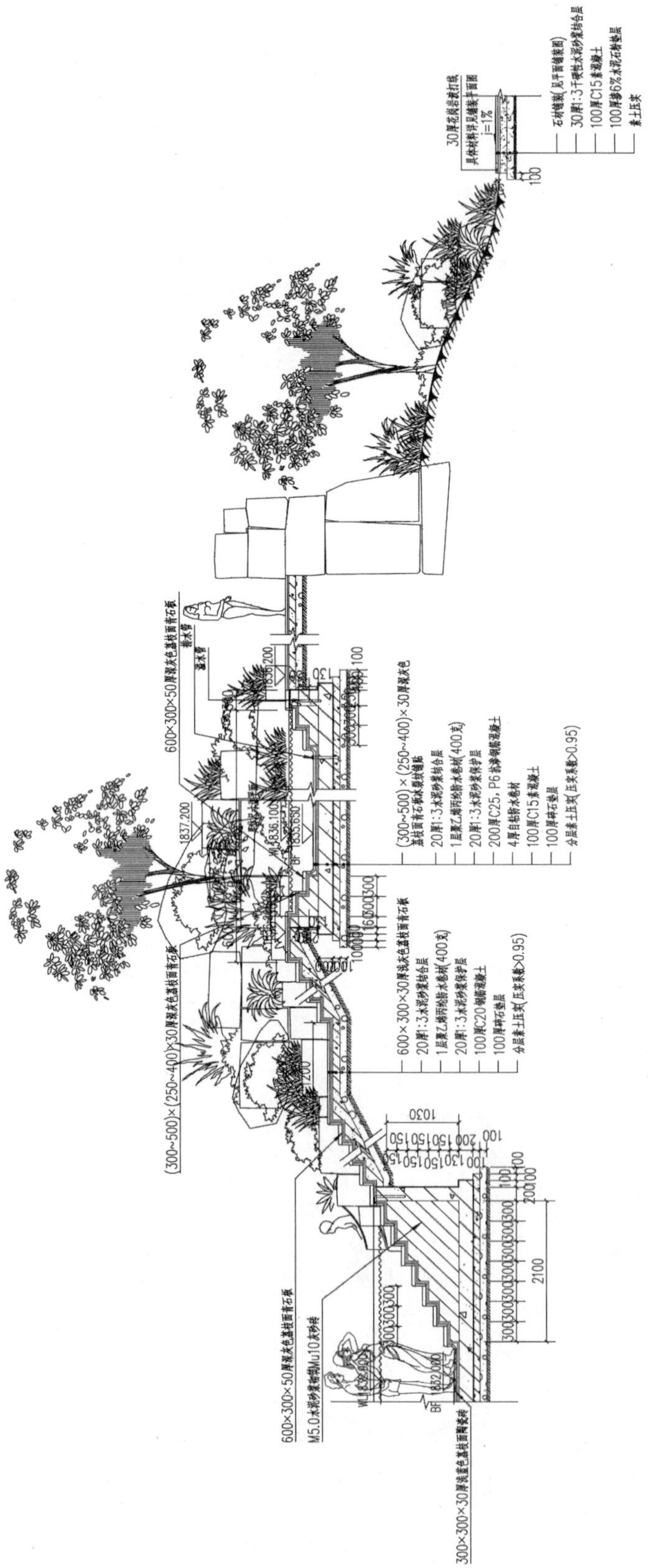

图9-12 竖向设计剖面图

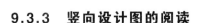

9.3.3　竖向设计图的阅读

(1)通过对图纸图名、比例、指北针、文字说明的注释,了解工程名称、设计内容、所处方位和设计范围。

(2)通过研究等高线的分布及高程标注,分析原地形高程与设计高程关系,了解地形高低变化、水体深度及与原地形对比,了解土方工程情况。

(3)分析建筑、山石和道路高程;了解道路、广场与绿地的高程关系。

(4)通过排水方向,了解整个场地的坡度变化情况,确定给排水、雨水等的基本流向。

9.3.4　竖向设计制图要求

(1)确定竖向设计计量单位。通常标高的标注单位为 m,如果有特殊要求应该在设计说明中注明。

(2)绘制线型。竖向设计图中比较重要的就是地形等高线,设计等高线用细实线绘制,原有地形等高线用细虚线绘制,汇水线和分水线用细单点长划线绘制。

(3)坐标网格及其标注。坐标网格采用细实线绘制,网格间距取决于施工的需要以及图形的复杂程度,一般采用与施工放线图相同的坐标网体系。对于局部的不规则等高线,或者单独作出施工放线图,或者在竖向设计图纸中局部缩小网格间距,提高放线精度。竖向设计图的标注方法同施工放线图,针对地形中的最高点、建筑物角点或者特殊点进行标注。

(4)地表排水方向和排水坡度。用箭头标明绿地、园路、广场、道路等的排水方向;标明雨水口位置(视项目要求),并用图例说明。利用箭头表示排水方向,并在箭头上标注排水坡度。

(5)竖向的标注和表达必须完全清晰、科学合理。

标注建筑室内标高、出入口及室外标高;标注道路的拐点、交叉点、变坡点高程;标注纵坡及横坡坡向、坡度、坡长。

标注铺装场地变坡点的高程、排水坡向和坡度。若广场有高差变化,用箭头标明高差变化方向,并标明高程。

水体竖向设计应标明水体驳岸岸顶、常水位标高、池底标高、水流方向、坡度。绘制水池标准段、特殊段的横剖面图,标明高程变化及横坡坡度,必要时绘制水池纵剖面图。

标注绿地变坡点的高程、排水坡向;标注地形等高线和等高线高程(等高线高程标注数字应置于等高线中并平行于等高线)、地形的控制点标高;标注挡土墙的位置、墙顶标高,并用图例说明。

在坡度变化复杂地段增加剖面图,标明各关键部位标高。

使用说明文字说明高程设计依据、排水原则、地形处理原则。

9.4　种植设计图

9.4.1　概述

植物是构成园林的基本要素之一。园林植物种植设计图是表示园林植物种类、种植位置、种植方式、种植数量、规格等的设计图样,是组织种植施工、编制绿化预算的重要依据。常用种植平面图、分区平面图、种植详图等进行设计表达。常用比例 1:(200～500)。

种植设计图的组成:种植设计总说明、种植总平面图、分区平面图、种植立面图剖面图等详图;根据场地复杂情况,又可分成乔木种植图、灌木种植图、地被种植图、水生植物种植图等;苗木名录表。

场地范围内的各种种植类别、位置以图例或文字标注等方式区别乔木、灌木、攀缘、地被、常绿落叶等(根据习惯拆分,应表示清楚)。

苗木表:乔木重点标明名称(中名及拉丁名)、树高、胸径、定干高度、冠幅、数量等;灌木、树篱可按高度、棵数与行数计算、修剪高度等;地被和草坪标注面积、范围、名称;水生植物标注名称、数量。

9.4.2　种植设计图绘制

1)明确总平面图场地情况

研究设计场地情况,明确现状植物及保留情况、土质情况、绿地情况等。以总平面图及竖向图为布局依据。园林道路、建筑及小品按比例采用中实线只绘制其外轮廓线，水体画出驳岸线及水深线。

2)绘制各种植物平面图例

将各种植物按平面图例绘制在所设计的种植位置上，用圆点标出树干的位置，再根据成龄树木冠幅的大小画出树冠线。树冠线通常用细实线勾画，有时为了强调孤植树或常绿针叶树的特殊效果，也可加粗该树冠线；规则行列式种植时，仅注写在两端的树冠内(数字或名称)。为了便于区分树种、计算株数，应将不同树种统一编号，标注在树冠图例内(采用阿拉伯数字)，也可将植物名称直接写在树冠内或附近。同一种树可用中实线，从树干中心将它们连接在一起注写植物名称或统一编号。树林、树群在种植范围内写明树种(编号或名称)并标注种植数量。草坪用小圆点表示，小圆点绘制疏密有致，凡在道路、建筑、山石、水体等边缘处应密集，然后逐渐稀疏，见图 9-13。

以不同图例标明植物类别，如落乔、常绿、花灌木、植物球、色带等；一般来讲，落叶乔木图例直径为4～5 m，常绿植物图例直径为 2～4 m，花灌木图例直径为 1～2 m，植物球图例直径为 1～2 m，地被按种植图案成片表达。

3)绘图比例及放线网格、分区图

(1)绘图比例。比例尺选择与总平面图相同。图中应标明设计等高线、关键高程点(特别是山地种植)。

(2)确定放线网格尺寸或放线尺寸。一般种植施工图网格 2～10 m，根据场地复杂情况确定。

(3)确定平面分区图。当园林植物设计场地较大、较为复杂时，对设计图进行分区，以分区图进行详细表达。在总种植平面图上，表示分区及区号、分区索引。分区应明确，不可重叠，用方格网定位放大时，标明方格网基准点(基准线)位置坐标、网格间距尺寸等，见图 9-14 至图 9-16。

4)植物平面配置方式的确定及相应表达方法

对于景观要求细致的种植局部，施工图应有表达植物高低关系，植物造型形式的立面图、剖面图、参考图或通过文字说明与标注。

对于种植层次较为复杂的区域应该绘制分层种植图，即分别绘制上层乔木的种植施工图和中下层灌木地被等的种植施工图。

(1)原有保留植物。保留的原有树木以另外一种图例按实际冠幅大小绘出，并标注植物的名称和数量。

(2)新设计植物。

①行列式栽植。行列式的种植形式(如行道树、树阵等)可用尺寸标注出株行距，始末树种植点与参照物的距离。

②自然式栽植。自然式的种植形式(如孤植树)可用坐标标注种植点的位置或采用三角形标注法进行标注。孤植树往往对植物的造型、规格的要求较严格，应在施工图中表达清楚，除利用立面图、剖面图表示外，可与苗木表相结合，用文字来加以标注。

③片植、丛植。施工图应绘出清晰的种植范围边界线，标明植物名称、规格、密度等。边缘线呈规则的几何形状的片状种植可用尺寸标注方法标注，为施工放线提供依据；而对边缘线呈不规则的自由线的片状种植应绘坐标网格，并结合文字标注。

④草皮种植。草皮是用打点的方法表示，标注应标明其草坪名、规格及种植面积。

5)植物种植详图

植物栽植方式详图：表示清楚植物配置的基本方式或栽植模式。

植栽设施详图(如树池、护盖、树穴、鱼鳞穴等)平面、节点材料做法详图；常用立面图、剖面图表达。

如是屋顶种植图，常用比例 1:(20～100)。表示建筑物幢号、层数，屋顶平面绘出分水线、汇水线、坡向、坡度、雨水口位置以及屋面上的建构筑物、设备和设施等位置、尺寸，并标出各建构筑物顶面绝对标高及屋面绝对标高，各类种植位置、尺寸及详图，视工程情况可单独出图。在剖面图中表示覆土厚度、坡度、坡向、排水及防水处理，植物防风固根处理等特殊保护措施及详图索引。同时标明种植置换土要求。

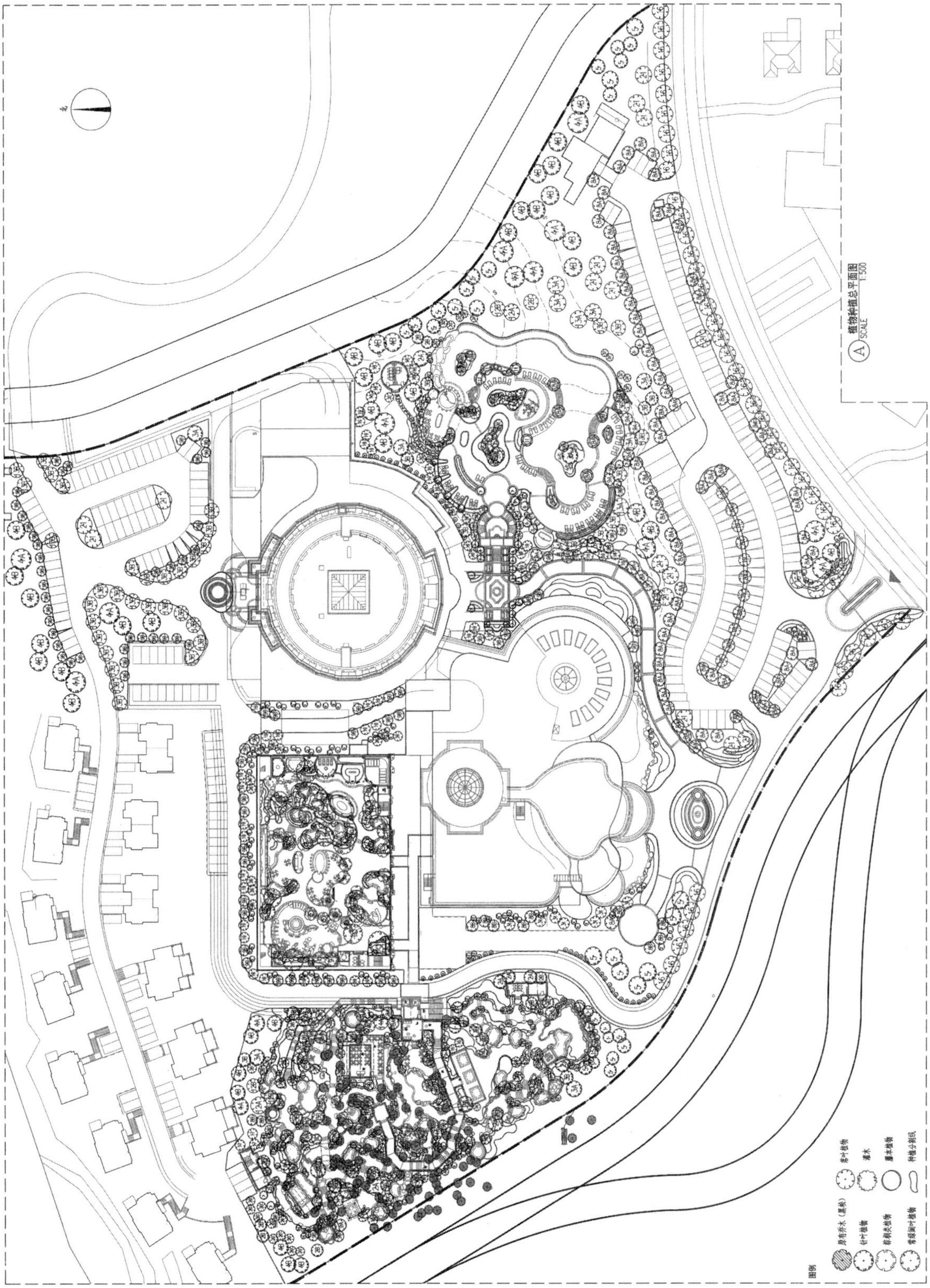

图9-13　种植设计平面图

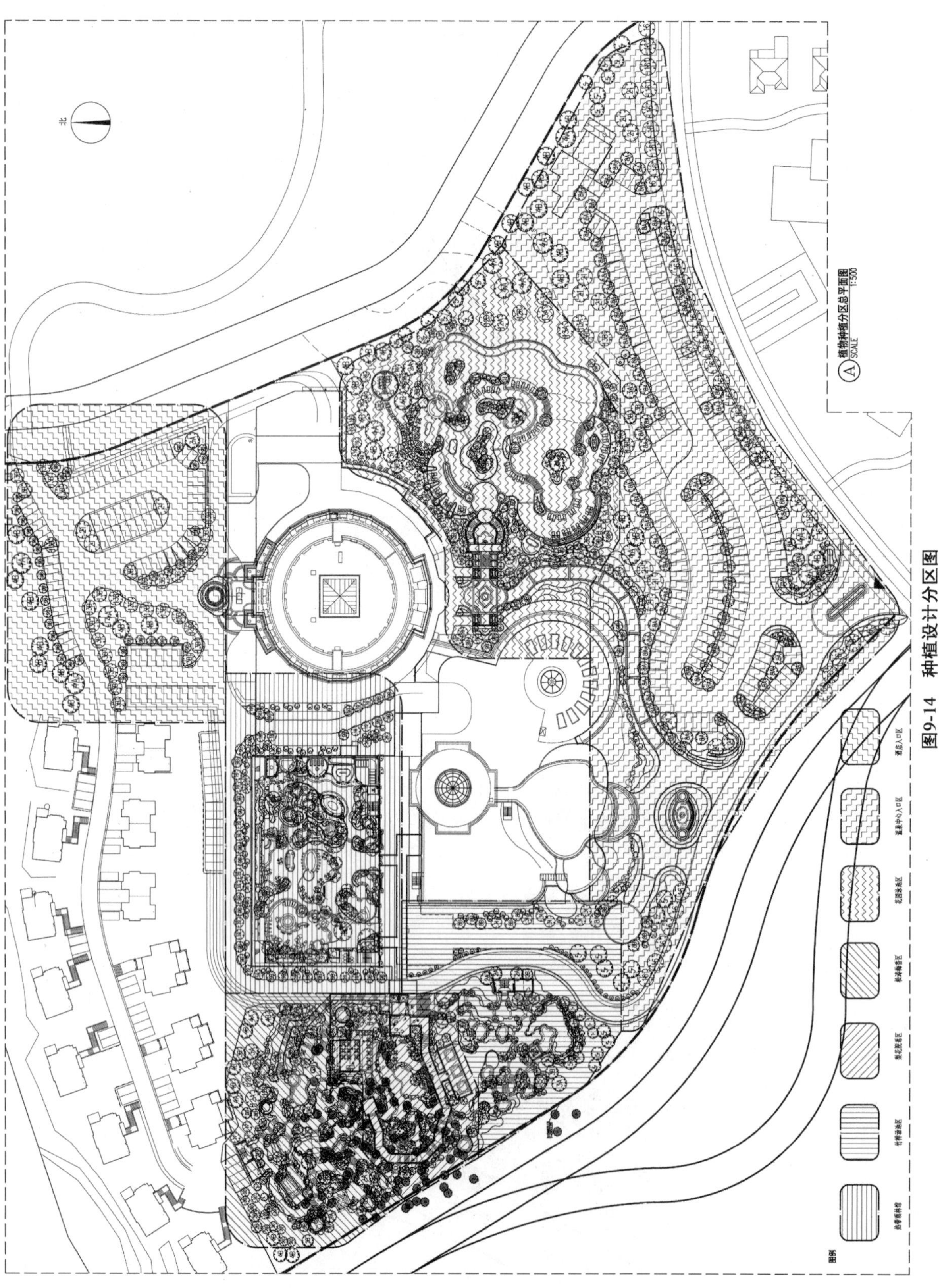

图9-14　种植设计分区图

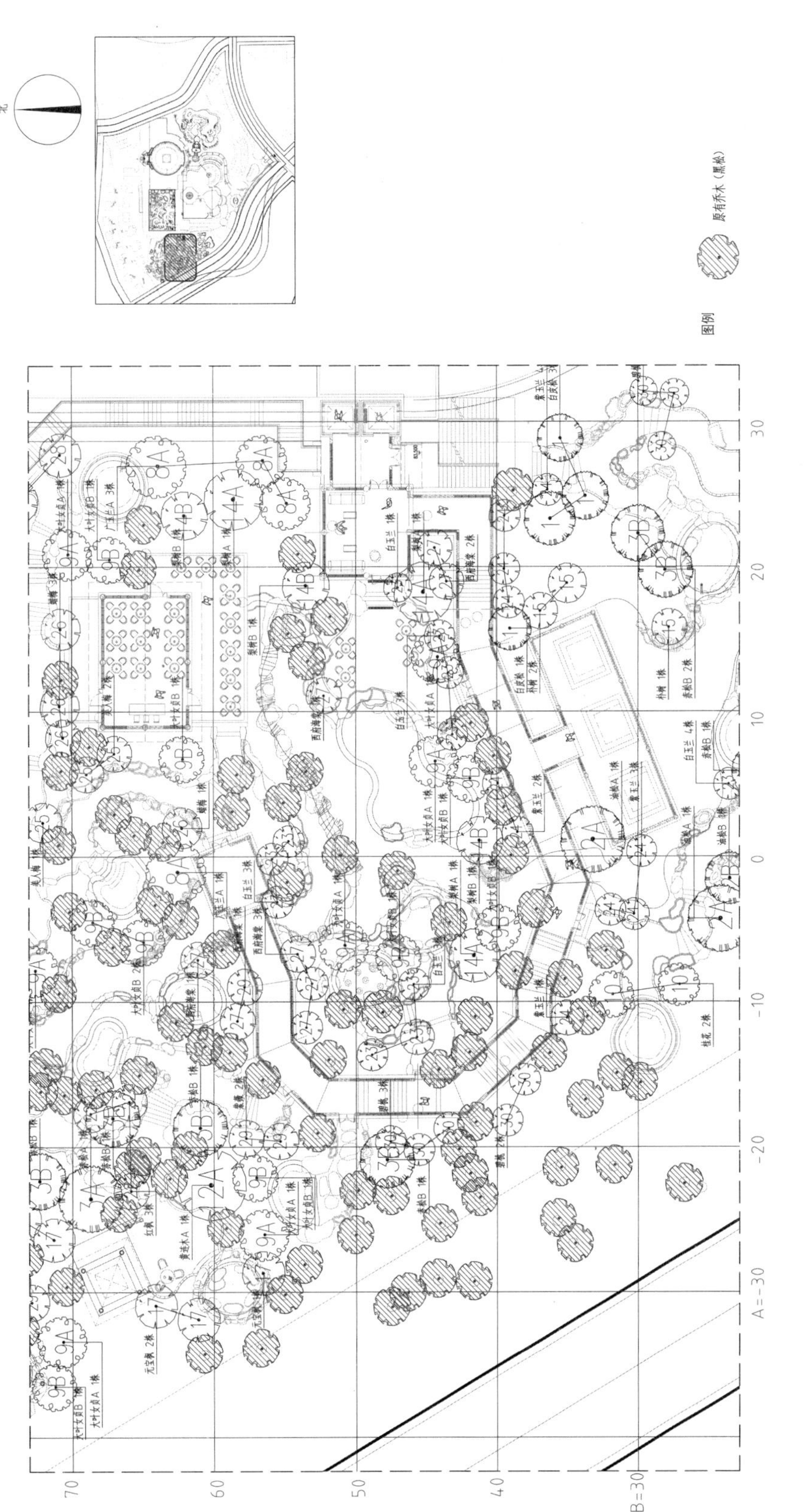

图9-15　乔木种植图

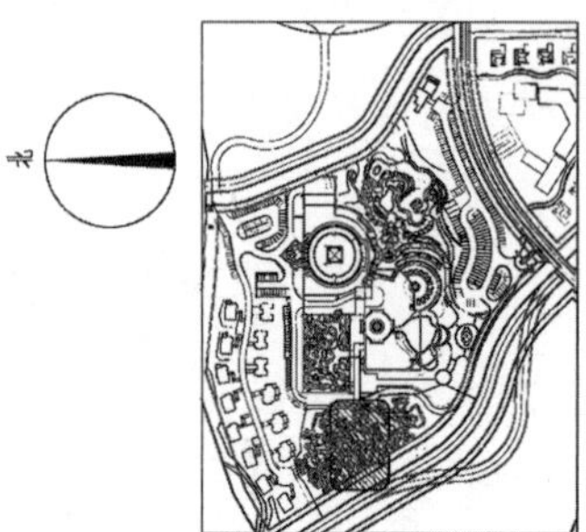

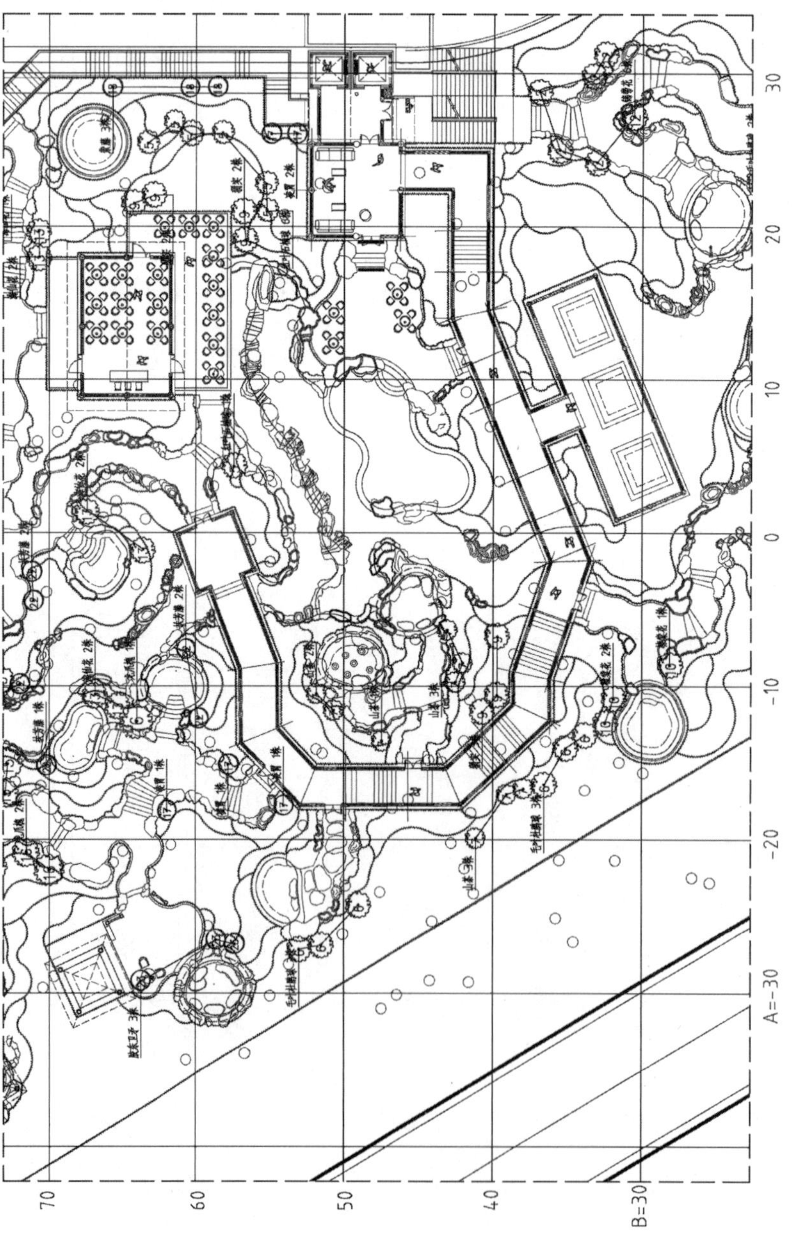

图9-16　灌木种植图

6)植物标注

标明植物种类、名称、株行距、群植位置、范围、数量,表示方法见图 9-15 和图 9-16,关键植物应标明与建筑物、构筑物、道路或地上管线的距离尺寸。植物种植施工图,在图中应连接相同植物的中心点,并引出注明植物名称及数量;地被应注明植物名称及面积;图中应标清原有保留植物。用标注引出线标明植物的品种及数量,要求连线的点落于图例中心点,对于成片的植栽以"·"表示落点。当需修剪植物时,或对苗木形态有特殊要求时,应绘制立面表现图并加文字说明。单独注明现状保留植物品种及数量;单独注明特殊规格的植物品种及数量。

7)苗木表制作

制作植物苗木表,根据场地复杂情况,分出乔木表、灌木表、地被表、水生植物表等。苗木表应包括:序号、中文名称、拉丁学名、苗木规格、单位、数量、备注等。乔木重点标明名称(中名及拉丁名)、树高、胸径(或地径)、定干高度、冠幅、数量等;灌木、树篱可按高度、棵数与行数计算、修剪高度等;地被及草坪标注面积、范围;水生植物标注名称、数量;特殊造型植物应该在备注中注明具体情况,见表 9-2、表 9-3。

表 9-2　室外乔木统计

序号	图例	名称	拉丁名	规格/cm				数量	单位	备注
				胸径	高度	冠幅	枝下高			
1	1	白皮松	*Pinus bungeana*	15～18	350～450	300～400	250 以上	11	株	全冠假植苗,树冠饱满,树形优美
2	2A	油松 A	*Pinus tabuliformis*	18～20	400～500	300～400	250 以上	9	株	全冠假植苗,树冠饱满,树形优美
3	2B	油松 B		14～16	300～400	250～300	200 以上	9	株	全冠假植苗,树冠饱满,树型优美
4	3A	赤松 A	*Pinus densiflora*	18～20	400～500	300～400	250 以上	10	株	全冠假植苗,树冠饱满,树形优美
5	3B	赤松 B		14～16	300～400	250～300	200 以上	22	株	全冠假植苗,树冠饱满,树形优美
6	4A	雪松 A	*Cedrus deodara*	20～22	500～600	500～600		14	株	假植苗,主干直,不露脚,裙摆完整
7	4B	雪松 B		15～18	300～400	300～400		36	株	假植苗,主干直,不露脚,裙摆完整
8	5	云杉	*Picea asperata*	20～22	700～800	400～500		29	株	假植苗. 全冠,主干直,枝叶饱满
9	16	龙柏	*Sabina chinensis* cv.	10～12	400～500	200～300		6	株	全冠假植苗,树冠饱满,树形优美
10	17	圆柏	*Sabina chinensis*	12～15	400～500	200～250		32	株	全冠假植苗,树冠饱满,树形优美
11	6A	广玉兰 A	*Magnolia grandiflora*	12～15	400～500	300～350	200 以上	98	株	全冠假植苗,树冠饱满,树形优美
12	6B	广玉兰 B		10～12	300～350	250～300	200 以上	16	株	全冠假植苗,树冠饱满,树形优美

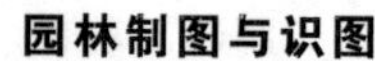

续表 9-2

序号	图例	名称	拉丁名	规格/cm				数量	单位	备注
				胸径	高度	冠幅	枝下高			
13	7A	长叶女贞 A	*Ligustrum compactum*	12～15	450～500	250～300	200 以上	18	株	全冠假植苗，树冠饱满，树形优美
14	7B	长叶女贞 B		10～12	350～400	250～300	200 以上	93	株	全冠假植苗，树冠饱满，树形优美
15	10	木樨	*Osmanthus fragrans*	12～15	350～400	250～300	200 以上	3	株	全冠假植苗，树冠饱满，树形优美
16	11	红楠	*Machilus thunbergii*	10～12	300～400	250～300	200 以上	4	株	全冠假植苗，树冠饱满，树形优美
17	8A	黄连木 A	*Pistacia chinensis*	22～25	600～700	400～500	250 从上	3	株	全冠假植苗，树冠饱满，树形优美
18	8B	黄连木 B		15～18	500～600	300～400	250 以上	4	株	全冠假植苗，树冠饱满，树形优美
19	9A	银杏 A	*Ginkgo biloba*	20～22	700～800	400～500	200 以上	7	株	全冠假植苗，树冠饱满，树形优美
20	9B	银杏 B		15～18	600～700	300～400	200 以上	38	株	全冠假植苗，树冠饱满，树形优美
21	10A	梨树 A	*Pyrus sorotina*	18～20	500～600	300～400	250 以上	3	株	全冠假植苗，树冠饱满，树形优美
22	10B	梨树 B		10～12	400～500	250～350	200 以上	3	株	全冠假植苗，树冠饱满，树形优美
23	11	朴树	*Celtis sinensis*	20～22	700～800	400～500	200 以上	3	株	全冠假植苗，树冠饱满，树形优美
24	12	悬铃木	*Platanus acerifolia*	20～22	600～700	400～500	250 以上	46	株	全冠假植苗，树冠饱满，树形优美
25	13	元宝槭	*Acer truncatum*	18～20	450～500	300～350	200 以上	10	株	全冠假植苗，树冠饱满，树形优美
26	14	槐	*Sophora japonicum*	15～17	400～450	300～350	200 从上	10	株	全冠假植苗，树冠饱满，树形优美
27	18	栾	*Koelreuteria paniculata*	15～18	500～600	300～400	250 以上	54	株	全冠假植苗，树冠饱满，树形优美
28	19	白桦	*Betula platyphylla*	12～15	450～500	250～300	200 以上	10	株	全冠假植苗，树冠饱满，树形优美
29	20	合欢	*Albizia julibrissin*	15～18	500～600	300～400	250 以上	17	株	全冠假植苗，树冠饱满，树形优美
30	22	红枫	*Acer palmatum Atropurpureum*	8～10	250～300	150～200	200 以上	11	株	全冠假植苗，树冠饱满，树形优美
31	21	玉兰	*Yulonia denudata*	6～8	350～450	200～250	180 以上	17	株	全冠假植苗，丛生，树形优美
32	22	紫玉兰	*Magnolia liliflora*	6～8	350～450	200～250	180 以上	13	株	全冠假植苗，树冠饱满，树形优美

续表 9-2

序号	图例	名称	拉丁名	规格/cm				数量	单位	备注
				胸径	高度	冠幅	枝下高			
33	23	美人梅	*Prunus×blireana meiron*	8～10	200～250	150～200		6	株	全冠假植苗，低分枝
34	25	蜡梅	*Chimonanthus praecox*	8～10	200～250	200～250		21	株	全冠假植苗，低分枝
35	26	西府海棠	*Malus×micromalus*	8～10	350～400	220～250		16	株	假植苗，8 枝以上/丛
36	27	日本晚樱	*Prunus serrulata* var. *lannesiana*	6～8	350～400	250～300	180 以上	13	株	全冠假植苗，树冠饱满，树形优美
37	28	紫薇	*Lagerstroemia indica*	6～8	200～250	150～200		17	株	全冠假植苗，低分枝
38	29	碧桃	*Amygdalus persica Duplex*	6～8	200～250	150～200		21	株	全冠假植苗，树冠饱满，树形优美
39	30	紫荆	*Cercis chinensis*	6～8	300～350	150～200		12	株	分叉枝 15 枝以上
40	31	紫丁香	*Syringa oblata*	10～12	300～400	200～300		13	株	全冠假植苗，树冠饱满，树形优美

表 9-3　灌木及地被统计

序号	中名	拉丁名	数量	单位	高度/m	冠幅/m	备注
1	鸡树条	*Viburnum opulus* subsp. *calvescens*	214	株	H=1.2～1.5	Φ=1.2～1.5	
2	刺桐	*Erythrina Variegata*	107	株	H=1.0～1.2	Φ=0.8～1.0	
3	珍珠梅	*Sorbaria sorbifolia*	69	株	H=1.2～1.5	Φ=1.2～1.5	
4	黄栌	*Cotinus coggygria* var. *cinereas*	33	株	H=1.2～1.5	Φ=1.2～1.5	
5	紫丁香	*Syringa oblata*	80	株	H=1.2～1.5	Φ=1.2～1.5	
6	红瑞木	*Cornus alba*	411	m^2	H=1.0～1.2	Φ=1.0～1.2	
7	锦带花	*Weigela florida*	178	m^2	H=1.0～1.2	Φ=1.0～1.2	
8	粉花绣线菊	*Spiraea japonica*	920	m^2	H=0.8～1.0	Φ=0.8～1.0	
9	麻叶绣线菊	*Spiraea canteniensis*	110	m^2	H=1.0～1.2	Φ=1.0～1.2	
10	平枝栒子	*Cotoneater horizontalis*	252	m^2	H=0.5～0.6	3～4 年生	
11	火棘	*Pyracantha fortuneana*	694	m^2	修剪后 H=0.6	刺(果)篱	9 株/m^2
12	棣棠	*Kerria japonica*	136	m^2	H=0.8～1.0	Φ=0.8～1.0	
13	丰花月季	*Posa(Floribunda Grous)*	160	mz	3～4 年生		12 株/m^2
14	金叶女贞	*Ligustrum×vicaryi*	125	m^2	修剪后 H=0.6	3～4 年生	12 株/m^2
15	迎春花	*Jasminum nudiflorum*	165	m^2	H=0.8～1.0	3～4 年生	
16	西安桧	*Sabina chinensis xionbai*	378	m^2	修剪后 H=1.2	Φ=0.6～0.7	3 株/m^2
17	箬竹	*Indocalamus latifolius*	117	m^2	3～4 年生		
18	马蔺	*Iris ensata*	263	m^2	3 年生		
19	白车轴草	*Trifolium repens*	293	m^2			播种
20	结缕草	*Zoysia japonica*	4902	m^2			播种

8)种植设计说明(应符合城市绿化工程施工及验收规范要求)

(1)种植土要求;

(2)种植场地平整要求;

(3)苗木选择要求;

(4)植栽种植要求:季节、施工要求;

(5)植栽间距要求;

(6)屋顶种植的特殊要求;

(7)其他需要说明的内容,见图 9-17。

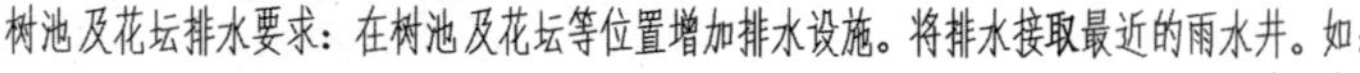

树池及花坛排水要求:在树池及花坛等位置增加排水设施。将排水接取最近的雨水井。如:

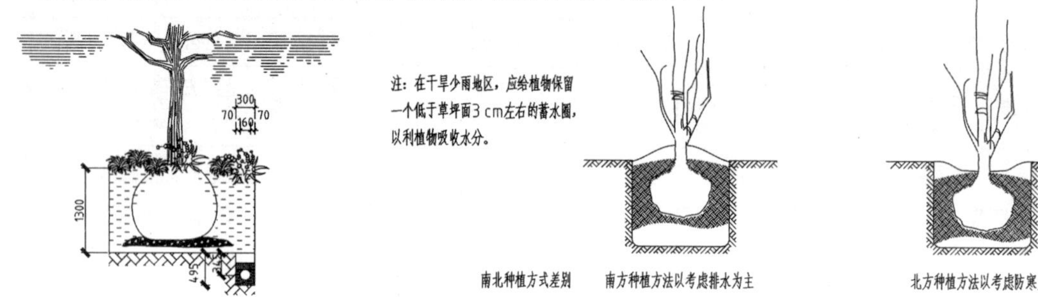

注:在干旱少雨地区,应给植物保留一个低于草坪面3cm左右的蓄水圈,以利植物吸收水分。
南北种植方式差别
南方种植方法以考虑排水为主
北方种植方法以考虑防寒为主

种植乔木、灌木时,应根据人的最佳观赏点及乔木本身的阴阳面来调整乔木的种植面。将乔木的最佳观赏面正对人的最佳观赏点,同时尽量使乔木种植后的阴阳面与乔木本身的阴阳面保持吻合,以利植物尽快恢复生长。

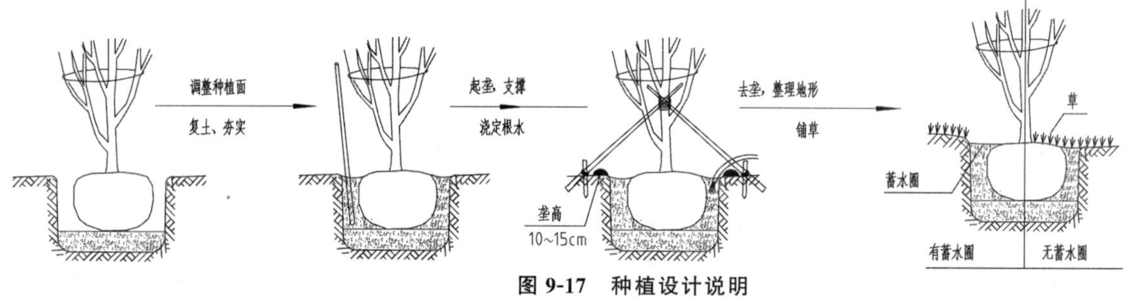

图 9-17　种植设计说明

9.4.3　种植设计图的阅读

(1)看标题框、比例、指北针、设计文字说明,了解工程名称,明确工程设计意图、工程性质、范围规模及方位。

(2)研究植物总平面图、植物分区图索引,了解整个图纸的构成。

(3)看各种植物苗木表,了解植物的种类、名称,明确工程任务量。

(4)看植物的具体平面布局,明确植物的种植形式、配置方法及与整个环境的关系。

(5)看图示植物的种植位置,了解植物与用地内其他物体之间的距离,明确栽种植物与现有或规划的各种建筑物、构筑物、其他景物、地物和市政管线的相互位置关系。

(6)看植物详图,了解植物设计详细做法。

9.4.4　植物设计制图要求

(1)图中要标明现状植物的相应位置。

(2)植物设计网格应与总平面图、放线图网格体系一致。

(3)植物设计苗木表要清晰完整,写清楚植物的规格、数量统计精确。

(4)植物平面图的冠幅表达,应与植物苗木表的规格设计一致。

(5)植物分区分幅图,排图的基本位置应保持一致,在总平面图分幅图中应有具体的展示。

9.5 道路广场设计图

9.5.1 概述

园林道路与广场都属于园林中的硬质景观部分，园路、广场的设计应结合景区意境，衬托景色，美化环境。园林的路径不同于一般纯交通的道路，其交通功能从属于游览的要求。园路的迂回曲折与一定的景石、景树、池岸等景观相配，不仅为景观组织所需求，还具有延长游览路线、扩大景观空间的效果，同时在烘托园林气氛、创造雅致的园林空间艺术效果等方面都起着重要的作用。通过绘制出入口、次要入口与专用入口等以及主要广场的位置、主要环路的位置、消防通道等；同时确定主干道、次干道等的位置以及各种路面的宽度、排水纵坡，进而确定主要道路的路面材料，铺装形式等的设计图形。图纸上用虚线画出等高线，再用不同的粗线、细线表示不同级别的道路及广场，并将主要道路的控制标高注明。

道路广场设计图主要包括道路广场平面图、铺装物料总平面图、纵断面图和横断面图、详图等。

9.5.2 道路广场设计图绘制

1)道路广场平面图

(1)绘图比例及定位坐标。总道路广场平面图绘图比例选择与总平面图相同。分部局部道路广场大样平面图常用1:(5～20)的比例。道路以中心线定位，标注中心线交叉点坐标，庭院路以网格尺寸定位。

平面图要根据道路系统的总体设计，在施工总图的基础上画出各种道路、广场、地坪、台阶、盘山道、山路、汀步、道桥等的位置，并注明每段的高程、纵坡、横坡的坡度大小。一般园路分主路、支路和小路3级。当公园总面积小于2 hm^2 时，园林的主路宽度为2.0～4.0 m，支路宽度1.2～2.0 m，小路宽度0.9～1.2 m。其他公园规模的路宽参见《公园设计规范》(GB 51192—2016)。国际康复协会规定残疾人使用的坡道最大纵坡为8.33%，所以主路纵度上限为8%。山地公园主路纵坡应小于12%。支路和小路纵坡宜小于18%，超过18%的纵坡，宜设台阶、梯道。通行机动车的园路最小曲率半径应大于12 m。园路纵断面设计应符合：主路不设台阶；主路、次路纵坡宜小于8%，同一纵坡坡长不宜大于200 m；山地区域的主路、次路纵坡应小于12%，超过12%应作防滑处理；积雪或冰冻地区道路纵坡不应大于6%；支路和小路，纵坡宜小于18%；纵坡超过15%路段，路面应作防滑处理；纵坡超过18%，宜设计为梯道。

(2)道路广场平面设计制图。

园路：用细实线绘制园路的轮廓，用具体尺寸标明路面宽度。对于结构不同的路段，应以细虚线分界，虚线应垂直于园路的纵向轴线，并在各段标注横断面详细索引号。对于自然式园路来说，由于平面曲线过于复杂，交点和曲线半径都难以确定，不便单独绘制平面曲线，其平面图形可由平面图中方格网控制。当园路平面图采用坐标方格网控制时，其轴线编号应与总平面图相符，以表示它在总平面图中的位置。

广场：用细实线绘制广场的外轮廓。并标注其轮廓的具体尺寸。广场的中心和四周应标明标高，图中应标明排水方向，若用地下管道排水时，要标明雨水口位置。

以“+”为放线原点符号并在图例中说明，且该原点在放线总图中应有定位。

标明道路、广场与放线基准点的相对关系、控制尺寸及细部尺寸，用点标高标明广场高差变化。

标明路面宽度及细部尺寸，自然式布局的园路、广场，以方格网为放线依据，见图9-18。

(3)道路广场铺装平面图。

铺装物料总平面图：在总平图中用图例详细标注区域内硬质铺装材料材质、颜色及其尺寸(对于不再进行铺装详图设计的铺装部分，应标明铺装的分格、材料规格、铺装方式、铺设尺寸等)，材料设计选用说明、铺装材料图例、铺装材料用量统计表(按面积计)。标明面层铺装大样及铺装材料的颜色、材质、规格等，标明铺装做法索引。标注的方法见材料名称标注部分，见图9-19。

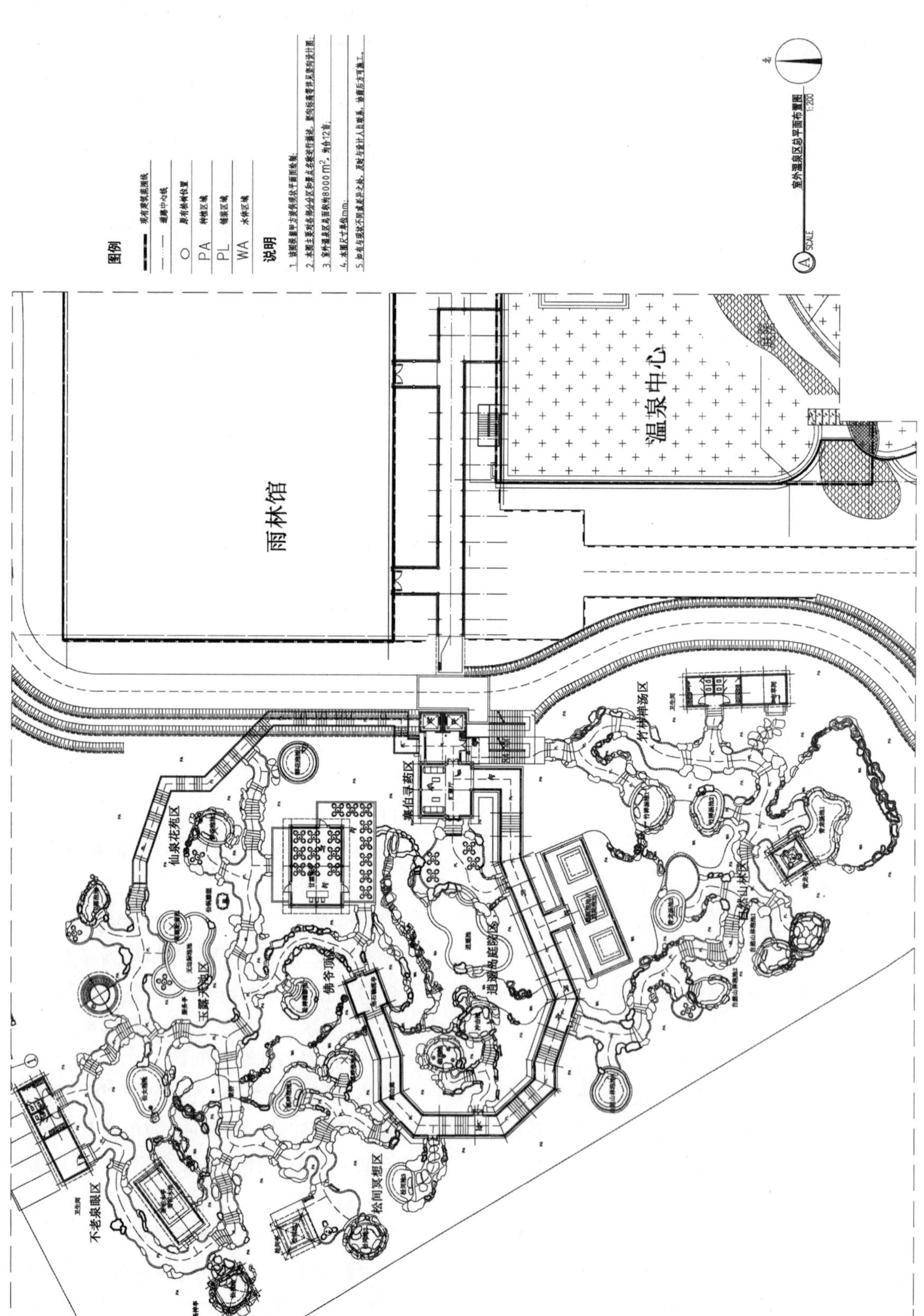

图9-18 道路广场平面图

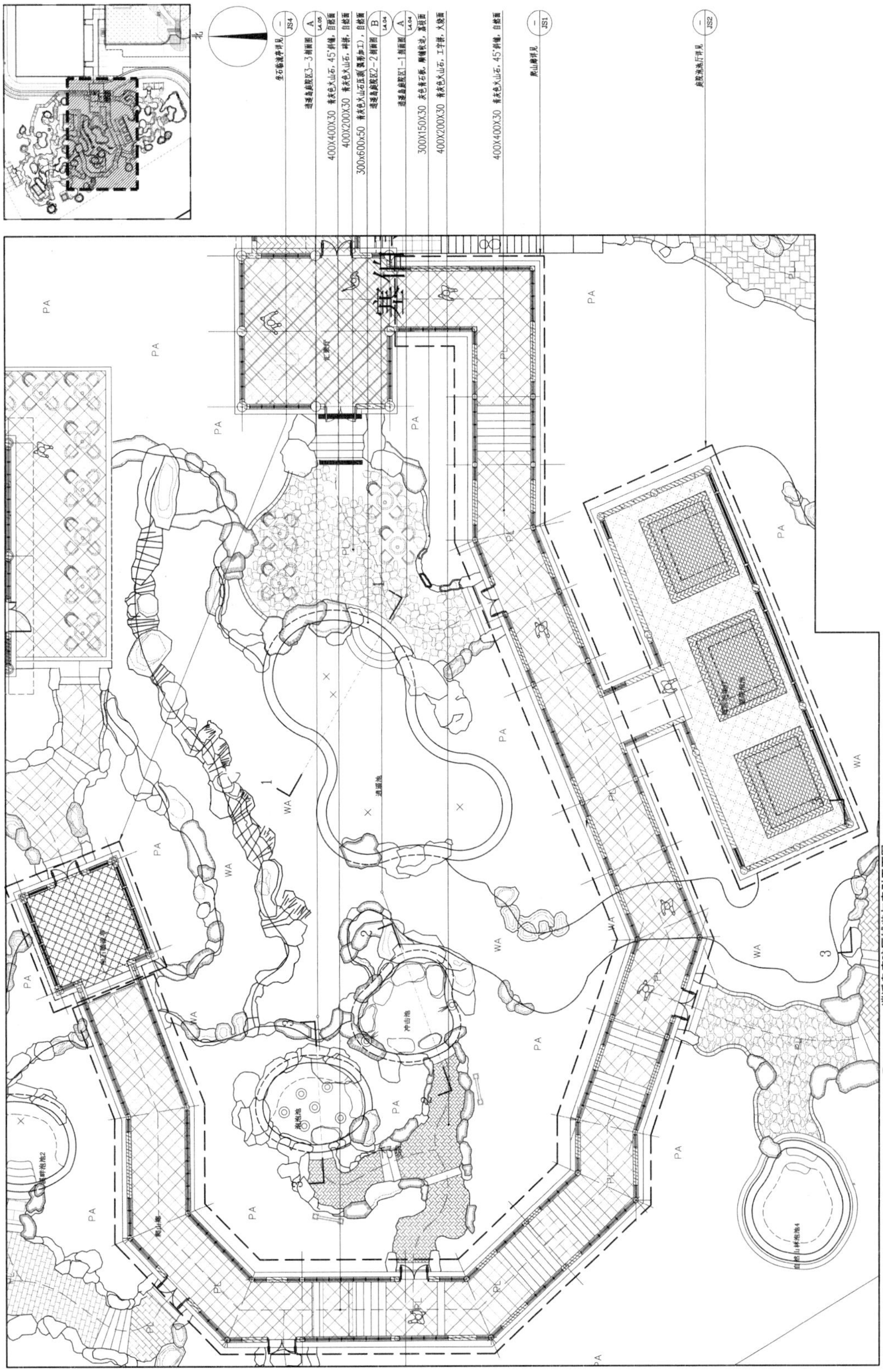

图9-19　道路广场铺装平面图

2)道路广场纵断面图

(1)纵断面图。纵断面图是假设用铅垂面沿园路中心轴线剖切,然后将所得断面图展开而绘制的立面图。纵断面图显示出设计曲线与原地形曲线的关系,表示某一区段园路的起伏变化情况。

绘制纵断面图时,由于路线的高差比路线的长度要小得多,如果用相同比例绘制,就很难将路线的高差表示清楚,因此路线的长度和高差一般采用不同的比例绘制。

常用1∶(5～20)的比例绘出道路广场纵横断面图,主要表示各种路面、山路、台阶的宽度及其材料、道路的结构层(面层、垫层、基层等)厚度做法。绘制重要、复杂地段的立面图和剖面图,并在图纸中标明绿地、道牙、路面、广场的高程关系;标明或索引出路面、广场结构层做法。注意每个剖面都要编号,并与平面配套。

纵断面图的内容包括:

①地面线。地面线是道路中心线所在,是原地面高程的连接线,应用细实线绘制。

②设计线。设计线是道路的路基纵向设计高程的连接线,应用粗实线绘制。

③竖曲线。当设计线纵坡变更处的两相邻坡度之差的绝对值超过一定数值时,在变坡处应设置竖向圆弧,来连接两相邻的纵坡,该圆弧称为竖曲线。竖曲线分为凸形竖曲线和凹形竖曲线,见图9-20。

④资料表。资料表的内容主要包括区段和变坡点的位置、原地面高程、设计线高程、坡度和坡长等。

(2)横断面图。横断面图是假设用铅垂切平面垂直园路中心轴线剖切而成的断面图,一般与局部平面图配合,表示路面布置形式及艺术效果等。横断面图做成构造详图,绘制具体工程做法,标注各结构层的内容及材料、色彩等,见图9-21。

3)园路及广场的铺装材料

路面采用不同材料的组合及不同的铺砌方式可形成各种平面的连续图形,使得路面或具有自然情调,或显得活跃、生动,成为园林景观中的一道靓丽的风景。

大面积拼花广场铺装,应有具体规格、尺寸、角度、厚度、表面及铺装的放样,这对于购置材料的数量与施工时的准确性较为关键。大面积拼花广场的沉降缝须标示出,既考虑功能,又考虑与拼花结合的美观。大面积铺装图上均须标明横向找坡、排水(消防通道中线标高与边缘标高须不同)。道路铺装,每隔5 m设一个沉降缝,可用与铺装不同的材料包缝边。不同材料之间必须有包边分隔,包边颜色须比道路铺装颜色深。

铺装详图:各类广场、活动场地、园路等不同铺装分别表示。

一般应说明的材料包括:饰面材料、木材、钢材、防水疏水材料、种植土及铺装材料等。

(1)铺装分区平面图:详细绘制各分区平面内的硬质铺装花纹,详细标注各铺装花纹的材料材质及规格。重点位置平面索引。

详细绘制各分区平面内的硬质铺装花纹,应标注清楚每一种铺贴的名称、规格及铺贴方式,由于各地对材料命名不同,为了便于分辨材料品种,材料名称统一用尺寸＋颜色＋材料种类的方式命名(如300×300×30厚芝麻黑火烧面花岗岩)。

常用面材样式:光面、火烧面、荔枝面、龙岩面、菠萝面、仿古面、蘑菇面、自然面、机切面、拉丝面(拉丝面应给出拉丝宽度大样)等。

大中型项目根据图纸内容应统一制作材料表并附图片,便于施工过程送样定样。

(2)局部铺装平面图:铺装分区图中索引到的重点平面铺装图,详细标注各铺装花纹的材料材质及规格,见图9-22。

(3)铺装大样图:详细绘制铺装花纹的大样图,标注详细尺寸及所用材料的材质、规格,见图9-23。

(4)铺装详图:各类铺装材料的详细剖面工程做法、台阶做法详图、坡道做法详图等,见图9-24。

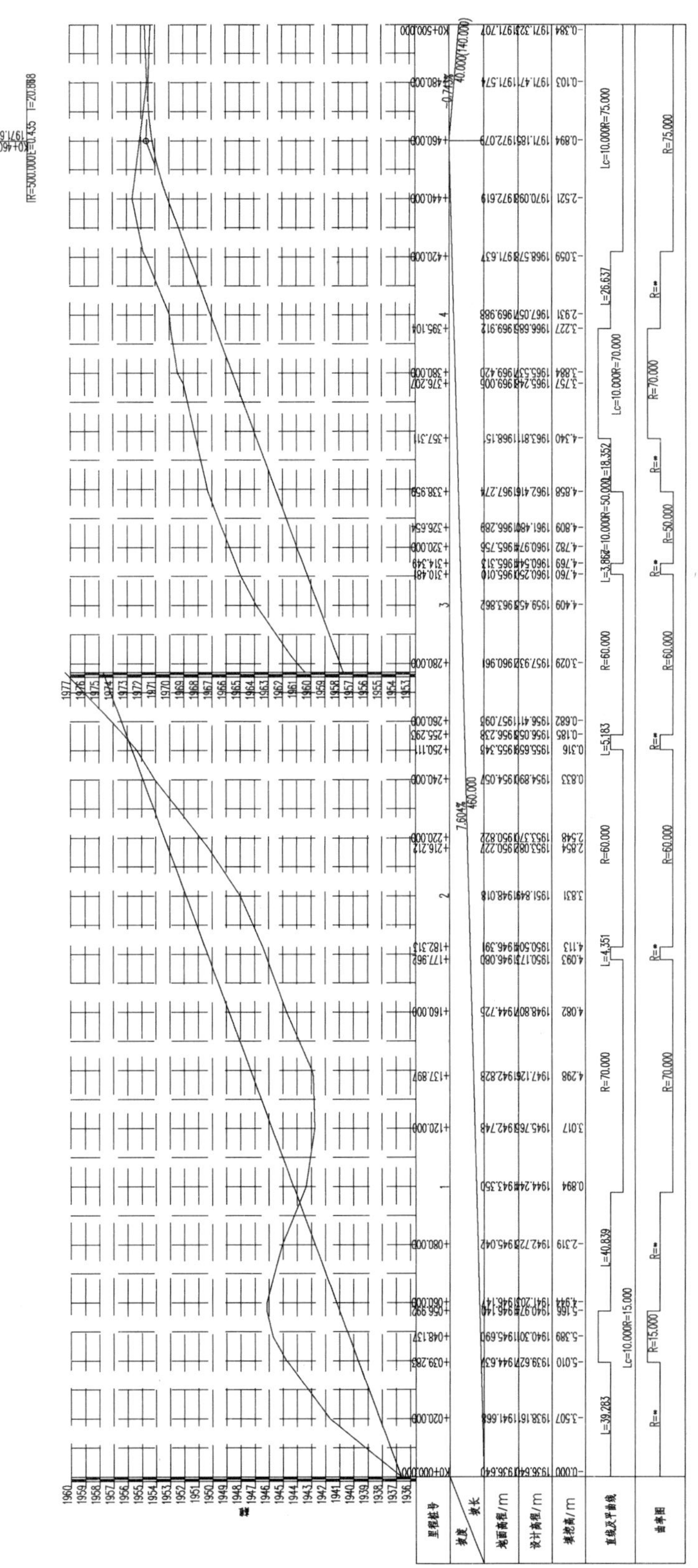

图9-20　道路广场纵断面图

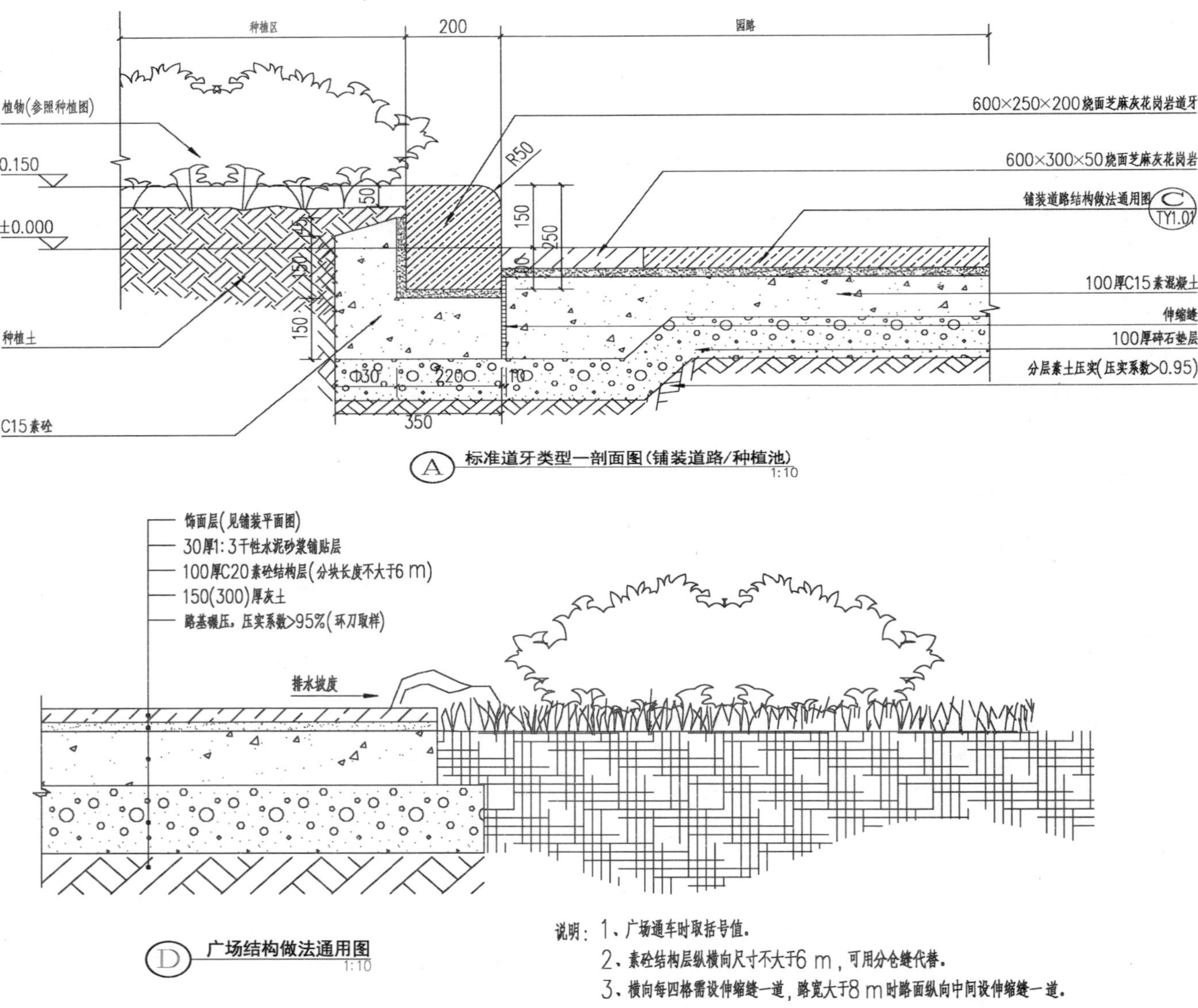

说明：1、广场通车时取括号值。

2、素砼结构层纵横向尺寸不大于6 m，可用分仓缝代替。

3、横向每四格需设伸缩缝一道，路宽大于8 m时路面纵向中间设伸缩缝一道。

4、当车行道为市政路结构时，结构不变，饰面层与粘帖层按本图施工。

图9-21 道路广场横断面图

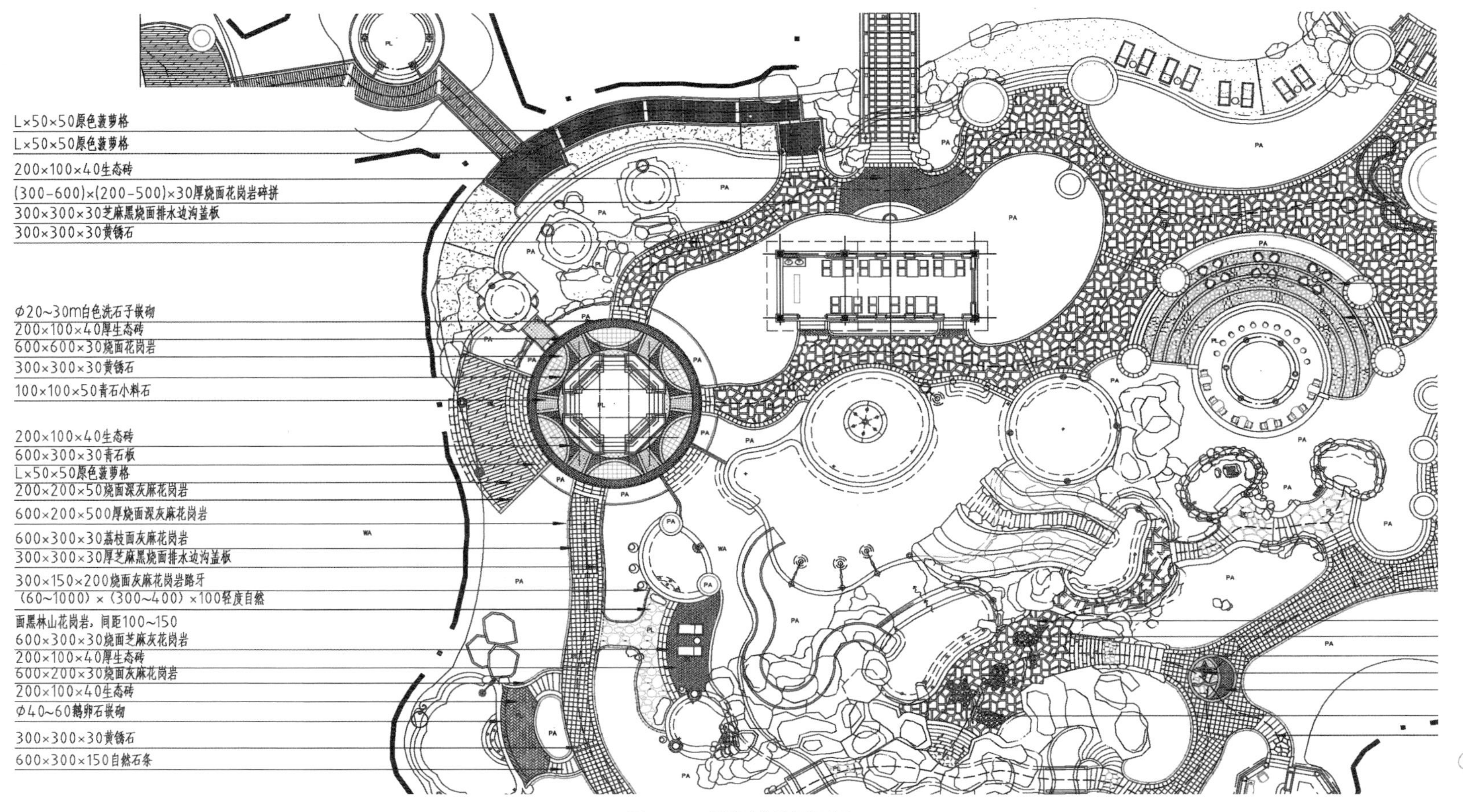

图9-22　局部铺装平面图

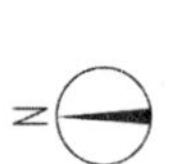

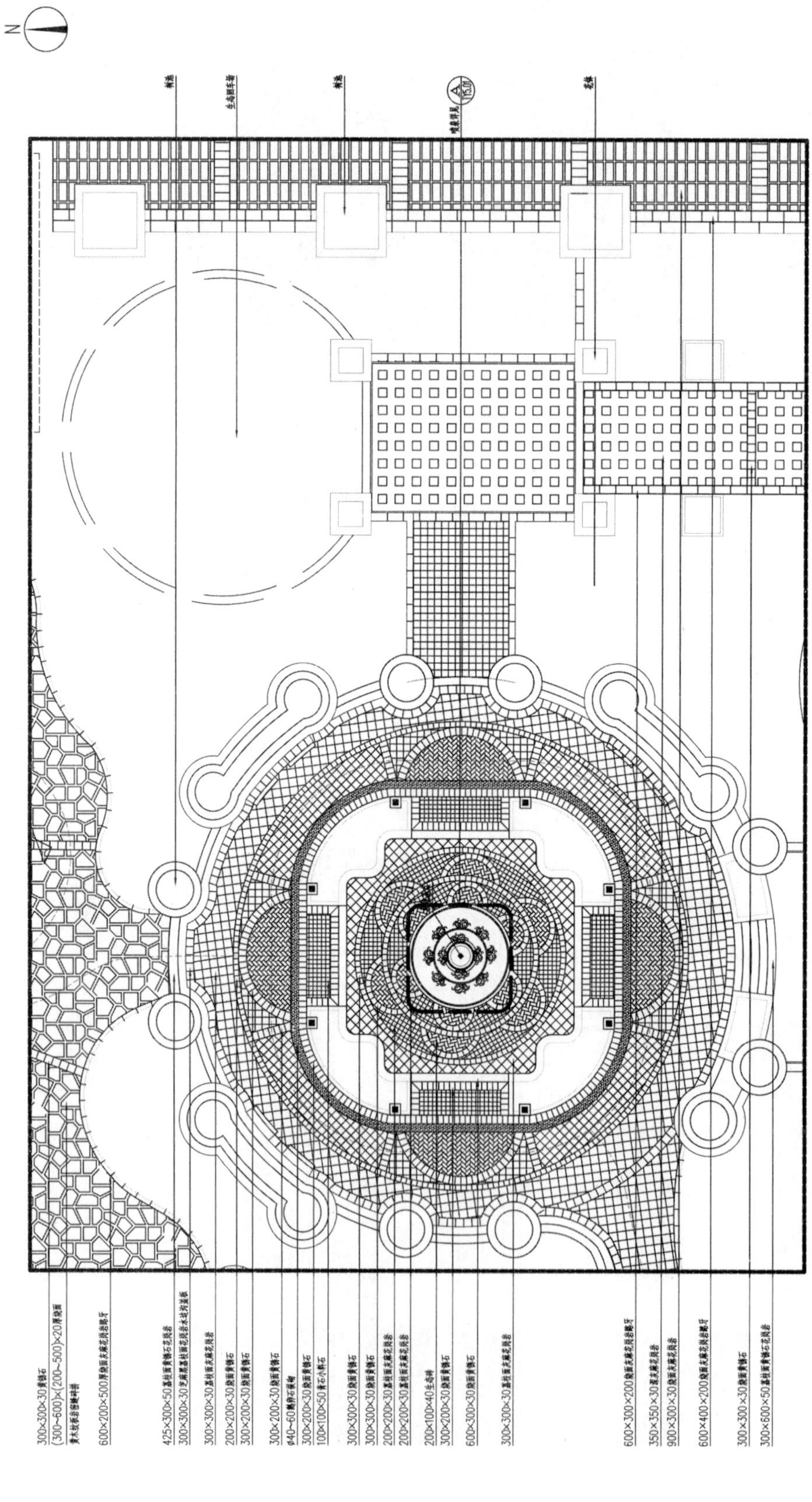

图9-23 局部铺装平面大样图

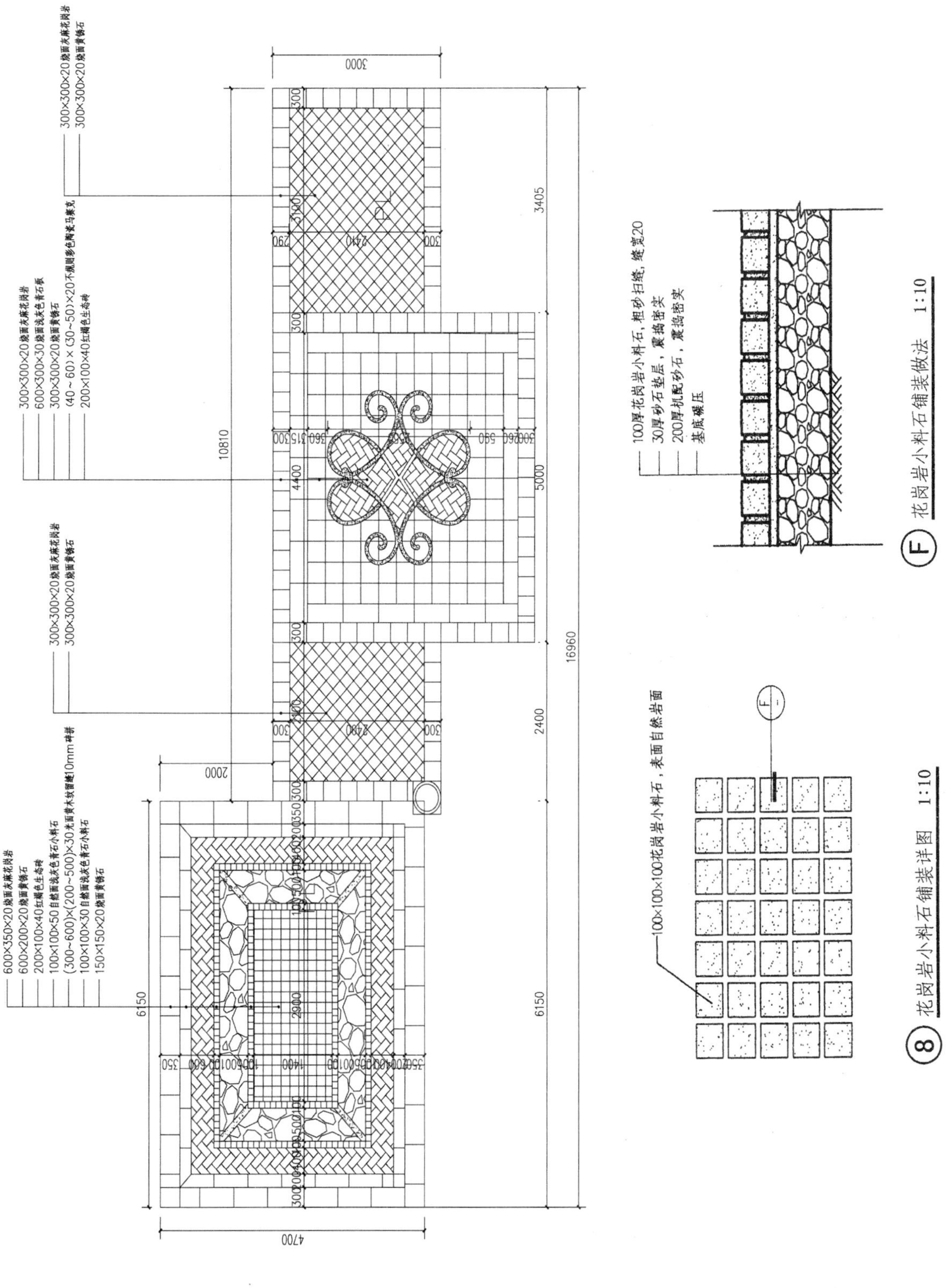

600×350×20烧面灰麻花岗岩
600×200×20烧面黄锈石
200×100×40红褐色生态砖
100×100×50自然面浅灰色青石小料石
(300~600)×(200~500)×30光面黄木纹留缝10mm碎拼
100×100×30自然面浅灰色青石小料石
150×150×20烧面黄锈石

300×300×20烧面灰麻花岗岩
300×300×20烧面黄锈石

300×300×20烧面灰麻花岗岩
600×300×30烧面浅灰色青石板
300×300×20烧面黄锈石
(40～60)×(30~50)×20不规则彩色陶瓷马赛克
200×100×40红褐色生态砖

300×300×20烧面灰麻花岗岩
300×300×20烧面黄锈石

6150　4700　2000　10810　3000　6150　2400　5000　3405　16960

100×100×100花岗岩小料石，表面自然岩面

⑧ 花岗岩小料石铺装详图　1:10

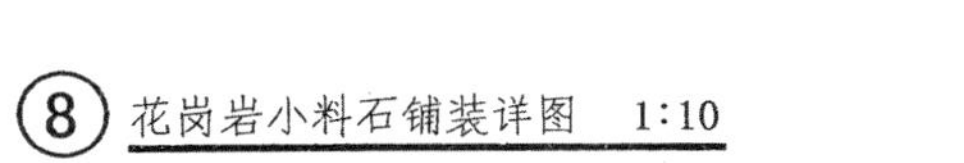

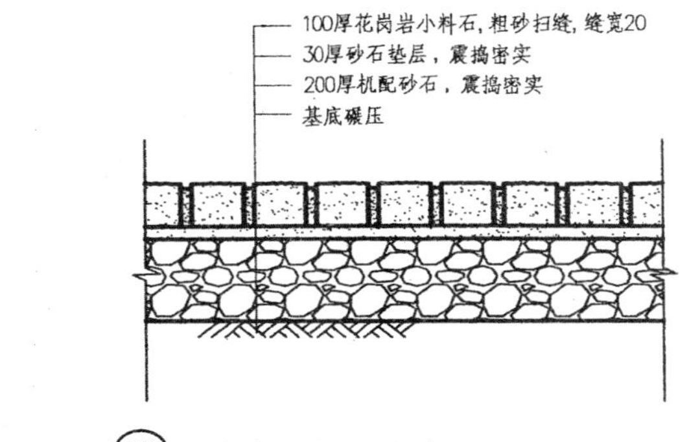

Ⓕ 花岗岩小料石铺装做法　1:10

图 9-24　铺装详图

(5)铺装材质、形式等可进行图片示意。

4)道路及广场设计标注

园路、广场等拐角处必须给坐标。铺装是规则形状时,以中心点和转折点定位标注坐标或相对尺寸进行绘制,并引出相应的标注线,上面注释材料内容;不规则形状或者特殊形式的铺装图案,以外轮廓定位,用网格法进行表达,在网格上标注尺寸。

9.5.3 道路广场设计图的阅读

(1)看标题框、比例、指北针、设计文字说明,了解工程名称,明确工程设计意图、工程性质、范围规模及方位。

(2)研究道路广场铺装总平面图、分区图索引,了解整个图纸的构成,以及道路广场与周边环境的关系、流线关系等。

(3)研究道路纵横断面,了解道路走向及坡度等情况。

(4)研究铺装的平面布局图案,明确铺装图案形式。

(5)研究铺装物料表,了解铺装材料的种类、规格、名称,明确各种材料的工程量。

(6)看道路广场剖面大样图,了解具体的道路广场细部尺寸、色彩、结构做法等关系。

(7)看道路广场详图,了解具体的材料尺寸,规格和做法,并结合海绵城市设计理念,了解道路广场的结构层关系。

9.5.4 道路广场制图要求

(1)道路广场应标注相应的定位坐标,坐标体系与总平面图、放线图同。

(2)铺装详图应把各类广场、道路、活动场地等的不同铺装分别表示,分清不同材料界限。

(3)铺装结构层次要清晰,材料要把规格、名称、色彩等表达清楚。

(4)详图索引符号要前后对应起来。

9.6 园林工程详图

9.6.1 概述

用较大比例绘制出园林细部的构造图样,称为工程详图。常用比例为 1∶5、1∶10、1∶20、1∶30、1∶50 等。

工程详图,可详细地表达出园林工程细部的尺寸、材料、色彩、做法等,是进行园林施工和园林概预算的依据。详图一般有水景详图、道路广场做法详图、假山工程详图、铺装详图、种植详图、建筑小品详图等内容。

详图的主要特点:用能清晰表达所绘节点或构配件的较大比例绘制,尺寸标注齐全,文字说明详尽。详图一般表达构配件的详细构造,如材料、规格、相互连接方法、相对位置、详细尺寸、标高、施工要求和做法的说明等。

详图一般在相应位置都对应着详图索引符号。

工程详图,一般也以局部详细设计图为依据。详细设计平面图要求标明建筑平面、标高及与周围环境的关系;道路的宽度、形式、标高;主要广场、地坪的形式、标高;花坛、水池面积大小和标高;驳岸的形式、宽度、标高。同时平面上标明雕塑、园林小品的位置。为更好地表达设计意图,在局部艺术布局最重要部分,或局部地形变化部分,作出断面图;总图中不能完全明示的细节及子项以局部放大平面图表示。各分区放大平面图,常用比例 1∶(100～200)表示各类景点定位及设计标高,标明分区网格数据及详图索引、指北针、图纸比例。局部放大平面图上应该详细索引详图位置,以便在详图内参阅,见图 9-25。

局部放大平面图要详细定位各景点的尺寸和坐标关系。

(1)亭、榭一般以轴线定位,标注轴线交叉点坐标;廊、台、墙一般以柱、墙轴线定位;标注起、止点轴线坐标或以相对尺寸定位(作法见园林建筑施工图部分);

(2)柱以中心定位,标注中心坐标;

(3)道路以中心线定位,标注中心线交叉点坐标;庭园路以网格尺寸定位;

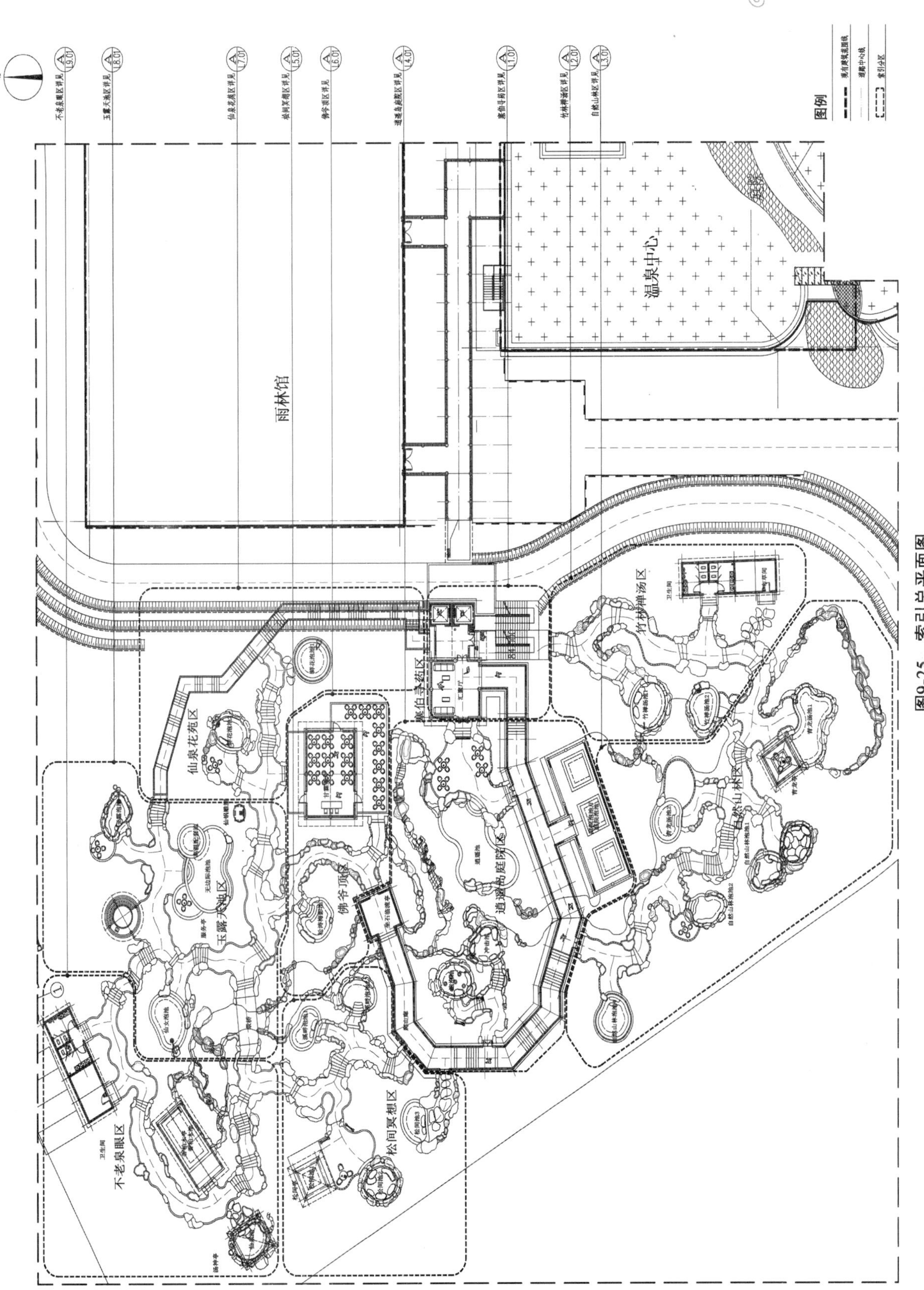

图9-25　索引总平面图

(4)人工湖不规则形状以外轮廓定位,在网格上标注尺寸;

(5)水池规则形状以中心点和转折点定位标注坐标或相对尺寸;不规则形状以外轮廓定位,在网格上标注尺寸;

(6)铺装规则形状以中心点和转折点定位标注坐标或相对尺寸;不规则形状以外轮廓定位,在网格上标注尺寸;

(7)观赏乔木或重点乔木以中心点定位,标中心点坐标或以相对尺寸定位;灌木、树篱、草坪、花境可按面积定位;

(8)雕塑以中心点定位,标中心点坐标或相对尺寸;

(9)其他均在网格上标注定位尺寸,见图 9-26、图 9-27。

9.6.2 详图做法

局部放大平面图:总图中不能完全明示的细节及子项以局部放大平面图表示,每个详图内容包括放线、竖向、道路及种植。详图必须画出详图符号,应与被索引的图样上的索引符号相对应,在详图符号的右下侧注写比例。在详图中如再需另画详图时,则在其相应部位画上索引符号。对于套用标准图或通用详图的构配件和节点,只要注明所套用图集的名称、编号或页次,就不必再画详图。详图里一般都应画出材料图例。详图中的标高应与平面图、立面图、剖面图中的位置一致。详图中定位轴线的标号圆圈直径可为 10 mm,见图 9-28。

选择合适的比例进行设计绘图。一般常用比例为 1:5、1:10、1:20、1:30、1:50 等。如果放大比例则为 2:1、1:1等。

道路广场做法详图、园林建筑做法详图、植物种植设计详图参看前面后面相应章节。以下重点介绍水体、假山雕塑、园林小品做法详图。

1)水体做法详图

(1)水景

a. 人工水体,剖面图,表示各类驳岸构造、材料、做法(湖底构造,材料做法)(图 9-29)。

b. 各类水池。

平面图:表示定位尺寸、细部尺寸、水循环系统构筑物尺寸、剖切位置、详图索引。

立面图:水池立面细部尺寸、高度、形式、装饰纹样、详图索引。

剖面图:表示水深、池壁、池底、构造材料做法、节点详图见图 9-30。

(2)溪流

a. 平面图:表示源、尾,以方格网定位尺寸,标明不同宽度、坡向、剖切位置、详图索引。

b. 剖面图:溪流坡向、坡度、底和壁等构造材料做法及高差变化,详见图 9-31。

(3)跌水

a. 平面图:表示形状、细部尺寸、落水位置、形式、水循环构筑物位置尺寸、剖切位置、详图索引。

b. 立面图:形状、宽度、高度、水流界面细部纹样、落水细部、详图索引。

c. 剖面图:跌水高度、级差、水流界面构造、材料、做法、节点详图、详图索引见图 9-32、图 9-33。

(4)旱喷泉

a. 平面图:定位坐标、铺装范围、剖切位置、详图索引。

b. 立面图:喷射形状、范围、高度。

c. 剖面图:铺装材料、构造做法(地下设施)、详图索引节点详图。

可根据实际情况由喷泉公司进行深入设计。

2)假山雕塑做法详图

园林假山、雕塑等是园林造景中的重要因素。一般最好做成山石施工模型或雕塑小样,便于施工过程中,能较理想地体现设计意图。在园林设计中,主要提出设计意图、高度、体量、造型构思、色彩等内容,以便于与其他行业相配合。

(1)假山做法详图

a. 地形平面放线图:在各分区平面图中用网格法给地形放线。

b. 假山平面放线图:在各分区平面图中用网格法给假山放线。

c. 假山立面放样图:用网格法为假山立面放样。

d. 假山做法详图:假山基座平、立、剖面图,山石堆砌做法详图,塑石做法详图,见图 9-34。

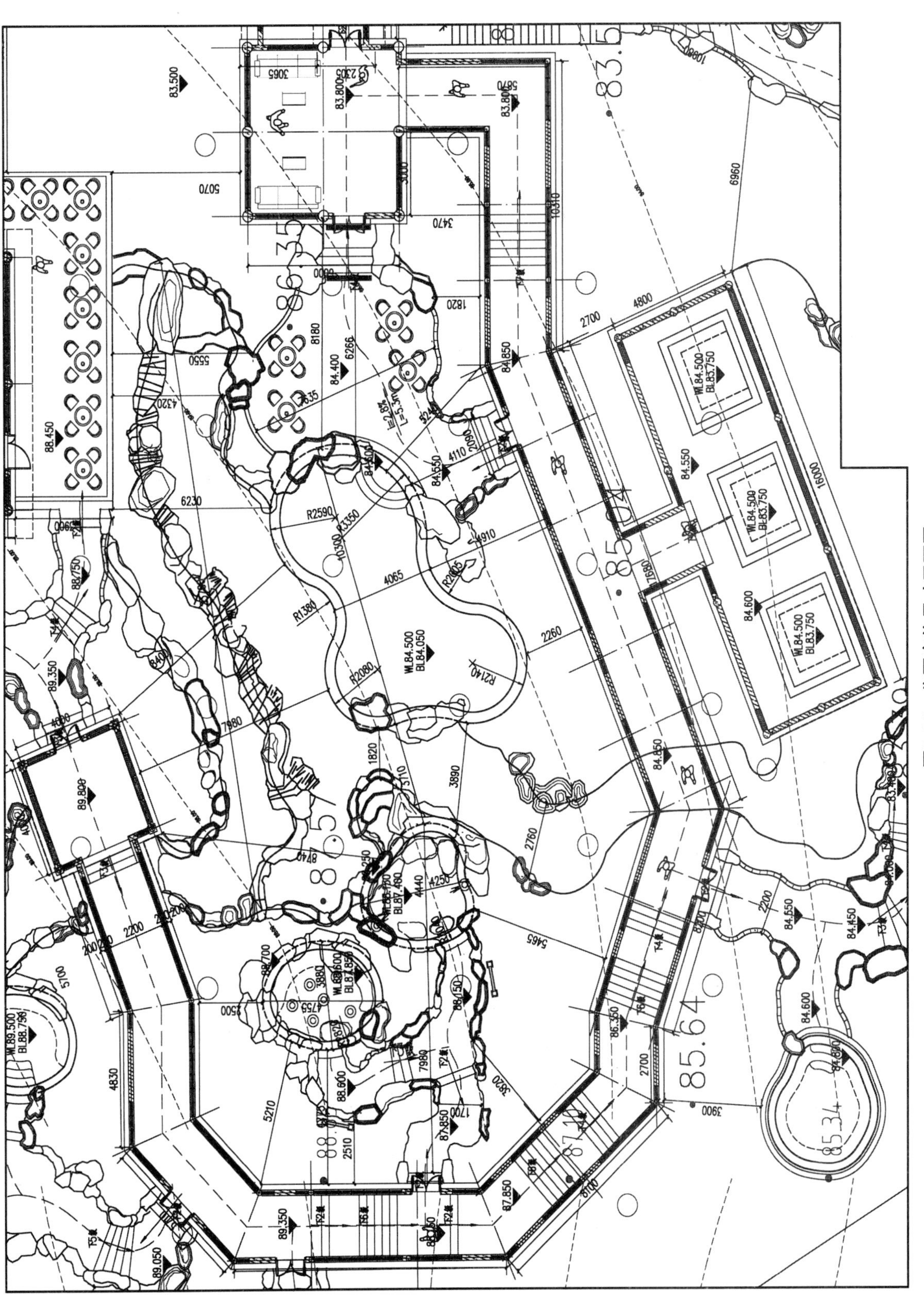

图9-26　分区定位尺寸平面图

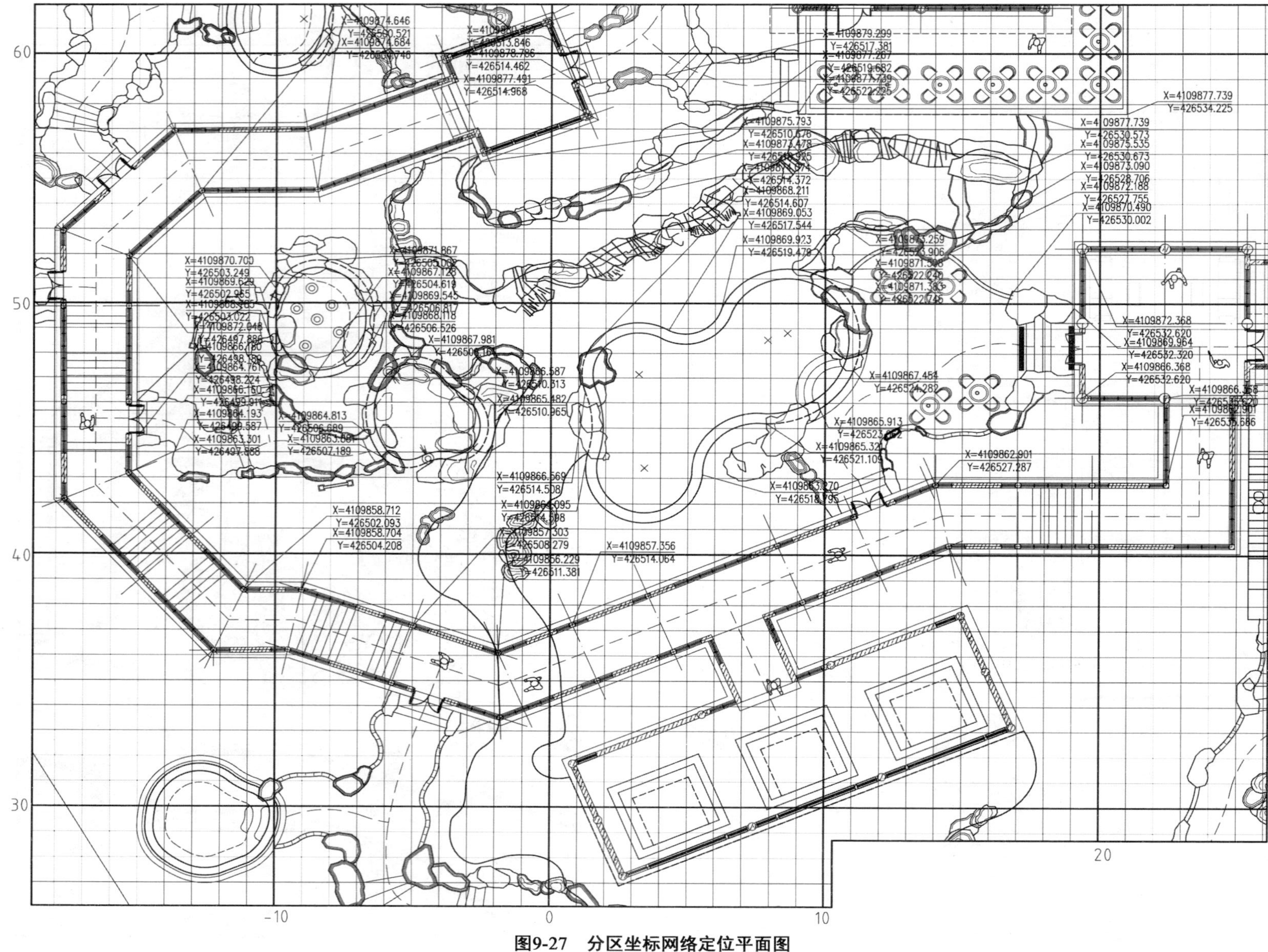

图9-27　分区坐标网络定位平面图

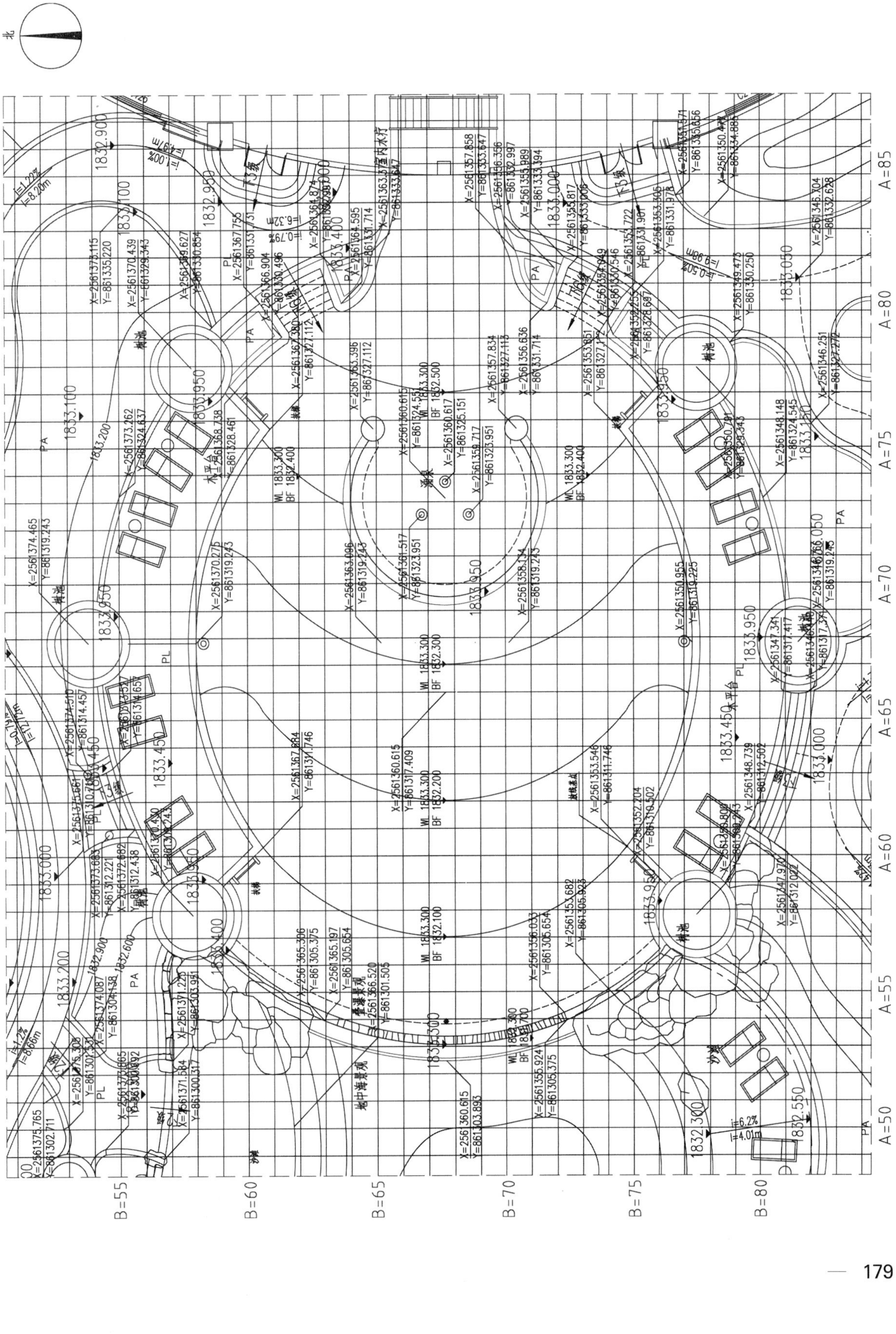

图9-28　水景局部放大平面图

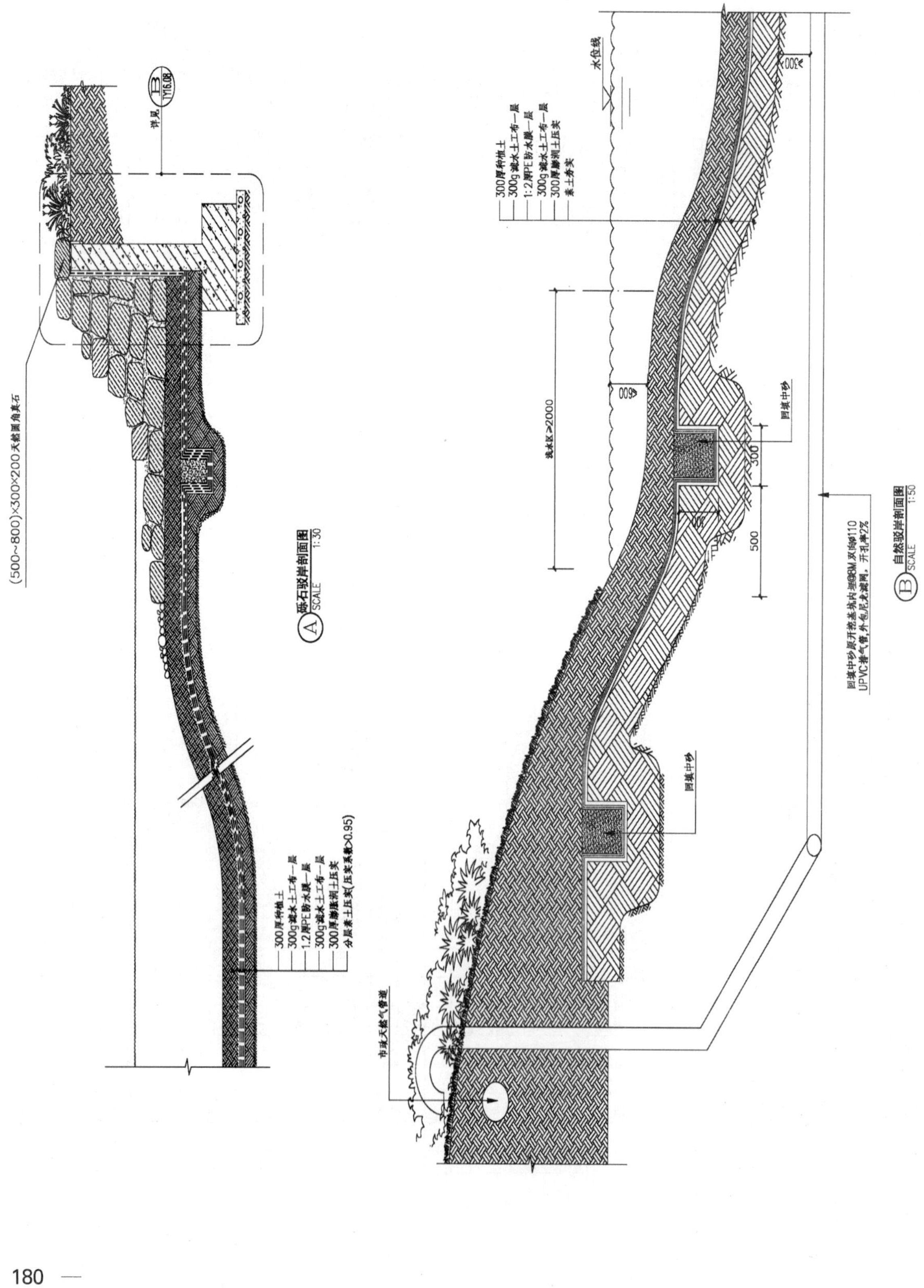

(500~800)×300×200天然圆角景石
详见 B TY16.08
300厚种植土
300g滤水土工布一层
1.2厚PE防水膜一层
300g滤水土工布一层
300厚膨胀润土压实
分层素土压实(压实系数>0.95)
A 砾石驳岸剖面图 SCALE 1:30
市政天然气管道
浅水区≥2000
300厚种植土
300g滤水土工布一层
1:2厚PE防水膜一层
300g滤水土工布一层
300厚膨润土压实
素土夯实
水位线
600
300
500
300
回填中砂
回填中砂
回填中砂原开挖基坑内埋@8M双向φ110
UPVC排气管,外包尼龙滤网,开孔率2%
B 自然驳岸剖面图 SCALE 1:50

图 9-29 驳岸剖面图

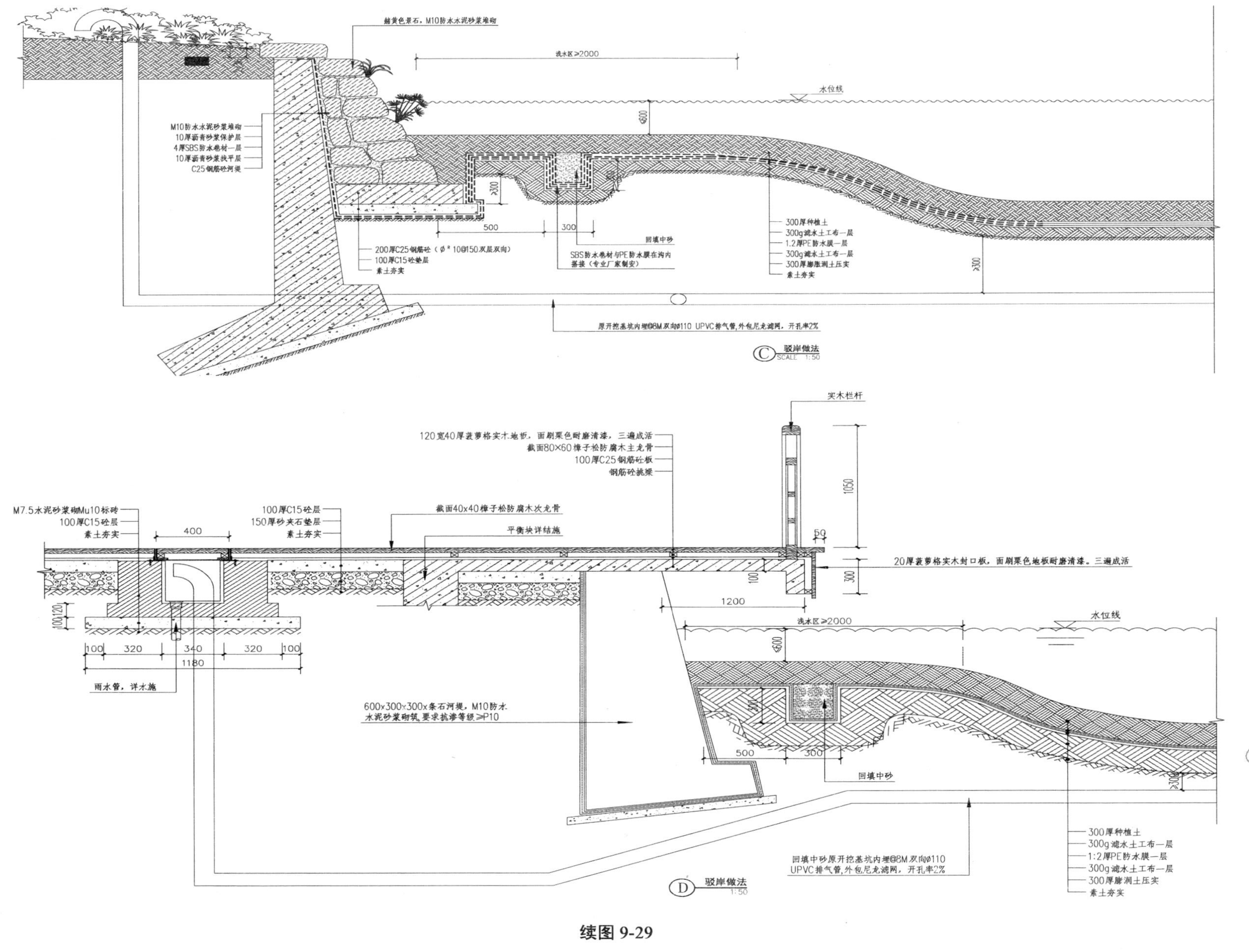
赭黄色景石，M10防水水泥砂浆堆砌
洗水区≥2000
水位线
M10防水水泥砂浆堆砌
10厚沥青砂浆保护层
4厚SBS防水卷材一层
10厚沥青砂浆找平层
C25钢筋砼河堤
500
300
200厚C25钢筋砼（ϕ°10@150双层双向）
100厚C15砼垫层
素土夯实
SBS防水卷材与PE防水膜在沟内搭接（专业厂家制安）
回填中砂
300厚种植土
300g滤水土工布一层
1.2厚PE防水膜一层
300g滤水土工布一层
300厚膨胀润土压实
素土夯实
原开挖基坑内埋@8M双向ϕ110 UPVC排气管，外包尼龙滤网，开孔率2%
驳岸做法
SCALE 1:50
实木栏杆
120宽40厚菠萝格实木地板，面刷栗色耐磨清漆，三遍成活
截面80×60樟子松防腐木主龙骨
100厚C25钢筋砼板
钢筋砼挑梁
1050
M7.5水泥砂浆砌Mu10标砖
100厚C15砼层
素土夯实
100厚C15砼层
150厚砂夹石垫层
素土夯实
截面40x40樟子松防腐木次龙骨
平衡块详结施
400
50
20厚菠萝格实木封口板，面刷栗色地板耐磨清漆，三遍成活
300
100
1200
水位线
100|120
100
320
340
320
100
1180
雨水管，详水施
600x300x300x条石河堤，M10防水水泥砂浆砌筑，要求抗渗等级≥P10
500
300
回填中砂
300厚种植土
300g滤水土工布一层
1:2厚PE防水膜一层
300g滤水土工布一层
300厚膨润土压实
素土夯实
回填中砂原开挖基坑内埋@8M双向ϕ110 UPVC排气管，外包尼龙滤网，开孔率2%
驳岸做法
1:50

续图 9-29

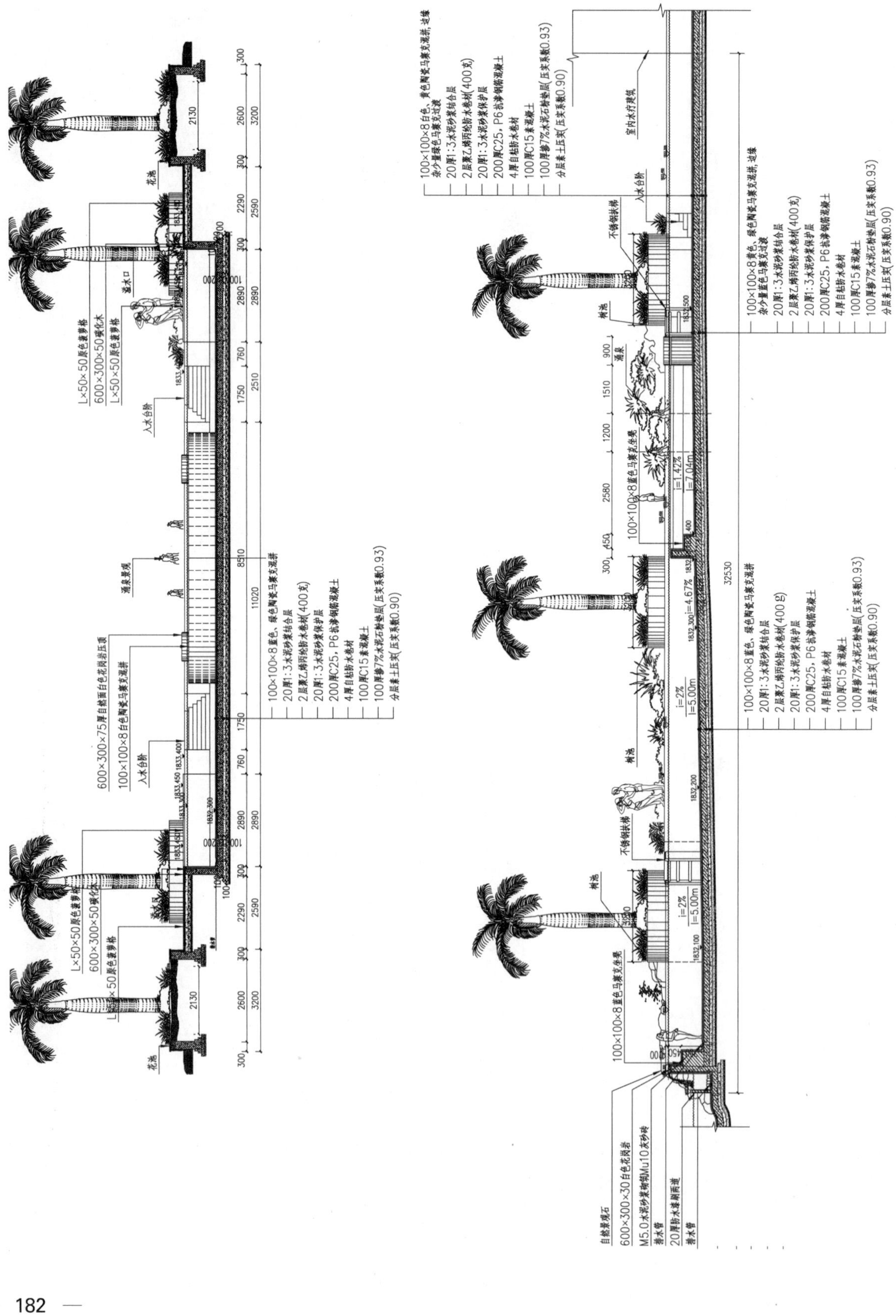

图9-30　水景剖面图

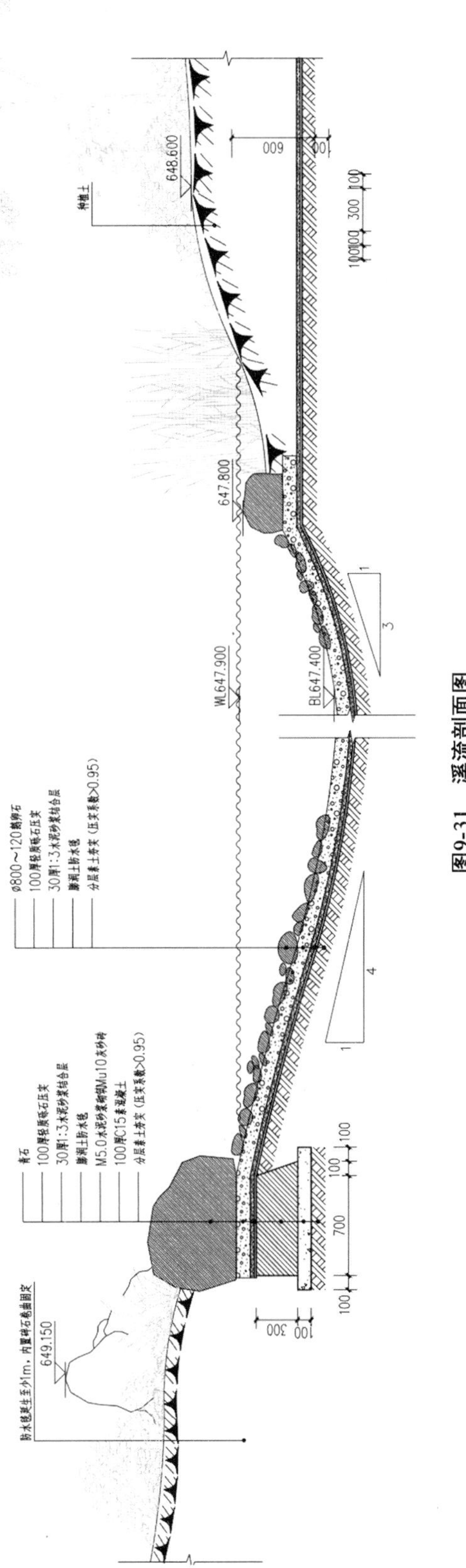

图9-31　溪流剖面图

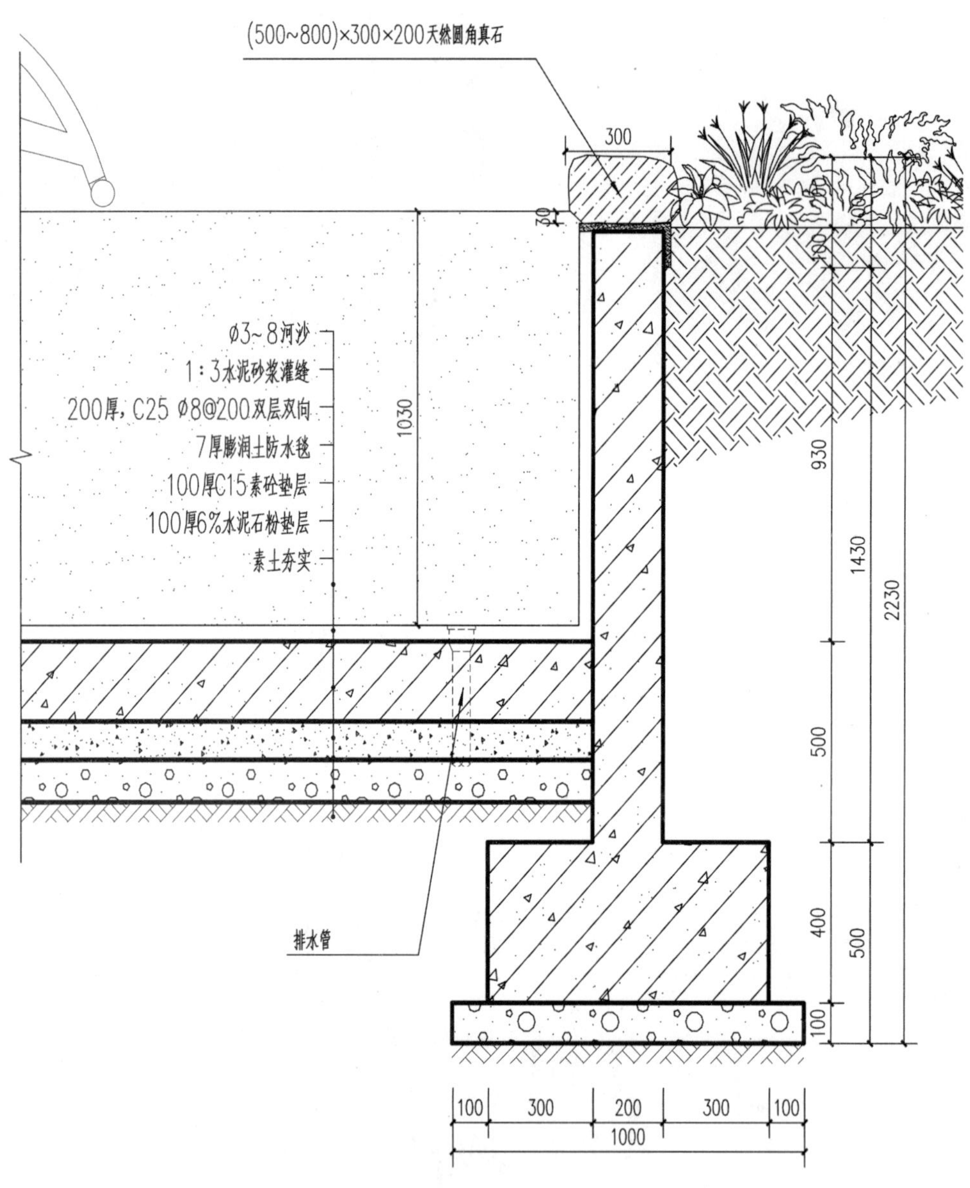

(500~800)×300×200天然圆角真石
300
30
300
100
ø3~8河沙
1:3水泥砂浆灌缝
200厚,C25 ø8@200双层双向
7厚膨润土防水毯
100厚C15素砼垫层
100厚6%水泥石粉垫层
素土夯实
1030
930
1430
2230
500
400
500
100
排水管
100
300
200
300
100
1000

图 9-32　沙滩收边(垂直驳岸)剖面图

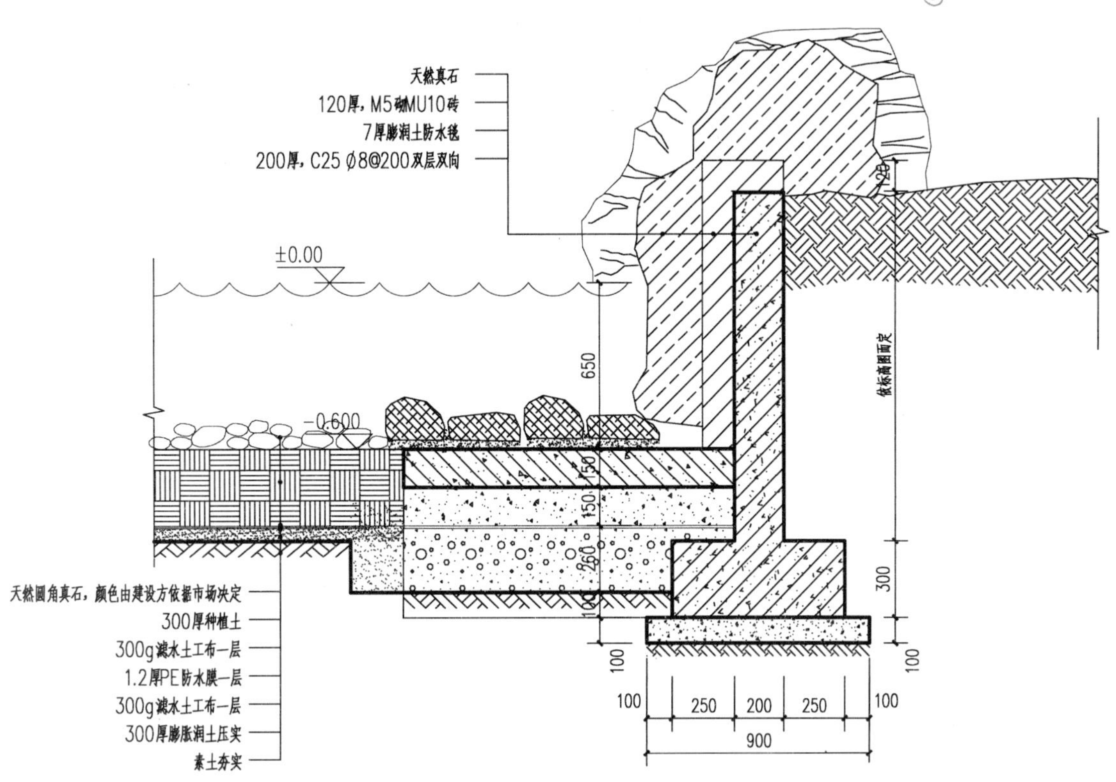

图 9-33　沙滩收边(自然石驳岸)剖面图

(2)雕塑

a. 雕塑详图：雕塑主要立面表现图、雕塑局部大样图、雕塑放样图、雕塑设计说明及材料说明。

b. 雕塑基座施工图：雕塑基座平面图（基座平面形式、详细尺寸），雕塑基座立面图（基座立面形式、装饰花纹、材料标注、详细尺寸），雕塑基座剖面图（基座剖面详细做法、详细尺寸），基座设计说明。

c. 图片示意可根据实际情况由专门雕塑公司进行深入设计。

3)园林小品做法详图

使用平面图、立面图、剖面图及节点做法详图（必要时须画出立体示意图）等应标明小品的尺寸、材料、颜色及做法；以建筑、结构设计规范为标准；使用说明文字来说明技术要求。

(1)亭、廊、空间结构等有遮蔽顶盖和交往空间的景观建筑。

a. 平面图：表示承重墙、柱及其轴线（注明标高）、轴线编号、轴线间尺寸（柱距）、总尺寸、外墙或柱壁与轴线关系尺寸及与其相关的坡道散水、台阶等尺寸、剖面位置、详图索引及节点详图。

b. 顶视图：详图索引。

c. 立面图：立面外轮廓，各部位形状花饰，高度尺寸及标高，各部位构造部件尺寸、材料样式、颜色，剖切位置，详图索引及节点详图。

d. 基础平面图。

e. 剖面图：单体剖面、墙、柱、轴线及编号，各部位高度或标高，构造做法，详图索引。

f. 节点、大样详图。

(2)景观小品，如景墙、台、架、桥、栏杆、花坛、座椅等。

a. 平面图：平面形式、详细尺寸、材料标注。

b. 立面图：主要立面，材料（样式、规格、颜色），详细尺寸。

c. 剖面图：剖面详细构造做法图。

d. 做法详图：局部索引详图、基座做法详图，见图 9-35 至图 9-37。

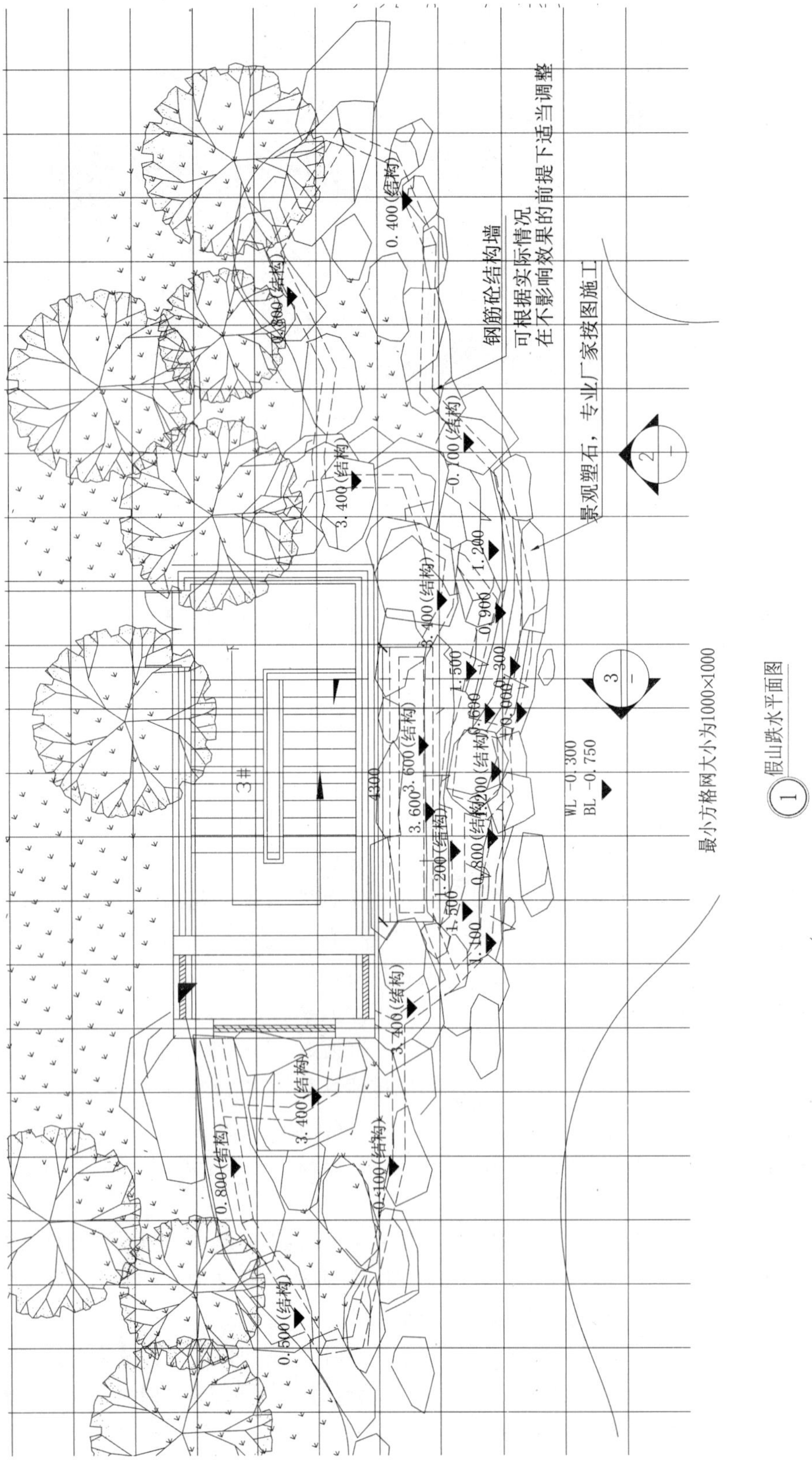

0.800(结构)
0.500(结构)
3.400(结构)
3#
0.800(结构)
3.400(结构)
4300
-0.100(结构)
3.400(结构)
3.600
3.600(结构)
3.400(结构)
0.400(结构)
1.200(结构)
1.500
1.500
-0.100(结构)
1.100
0.800(结构)
1.200(结构)
0.600
0.900
1.200
±0.000
0.300
钢筋砼结构墙
可根据实际情况
在不影响效果的前提下适当调整
WL -0.300
BL -0.750
景观塑石，专业厂家按图施工
3
2
最小方格网大小为1000×1000

① 假山跌水平面图

图 9-34　假山做法详图

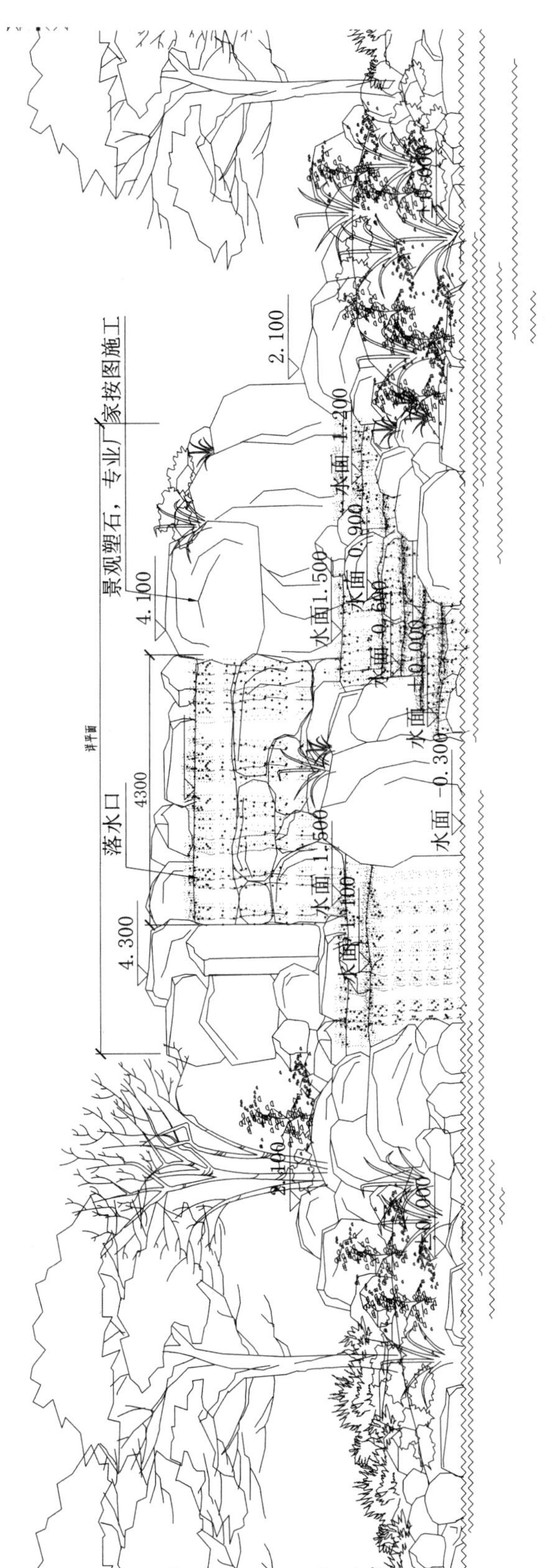

② 假山跌水立面图

续图 9-34

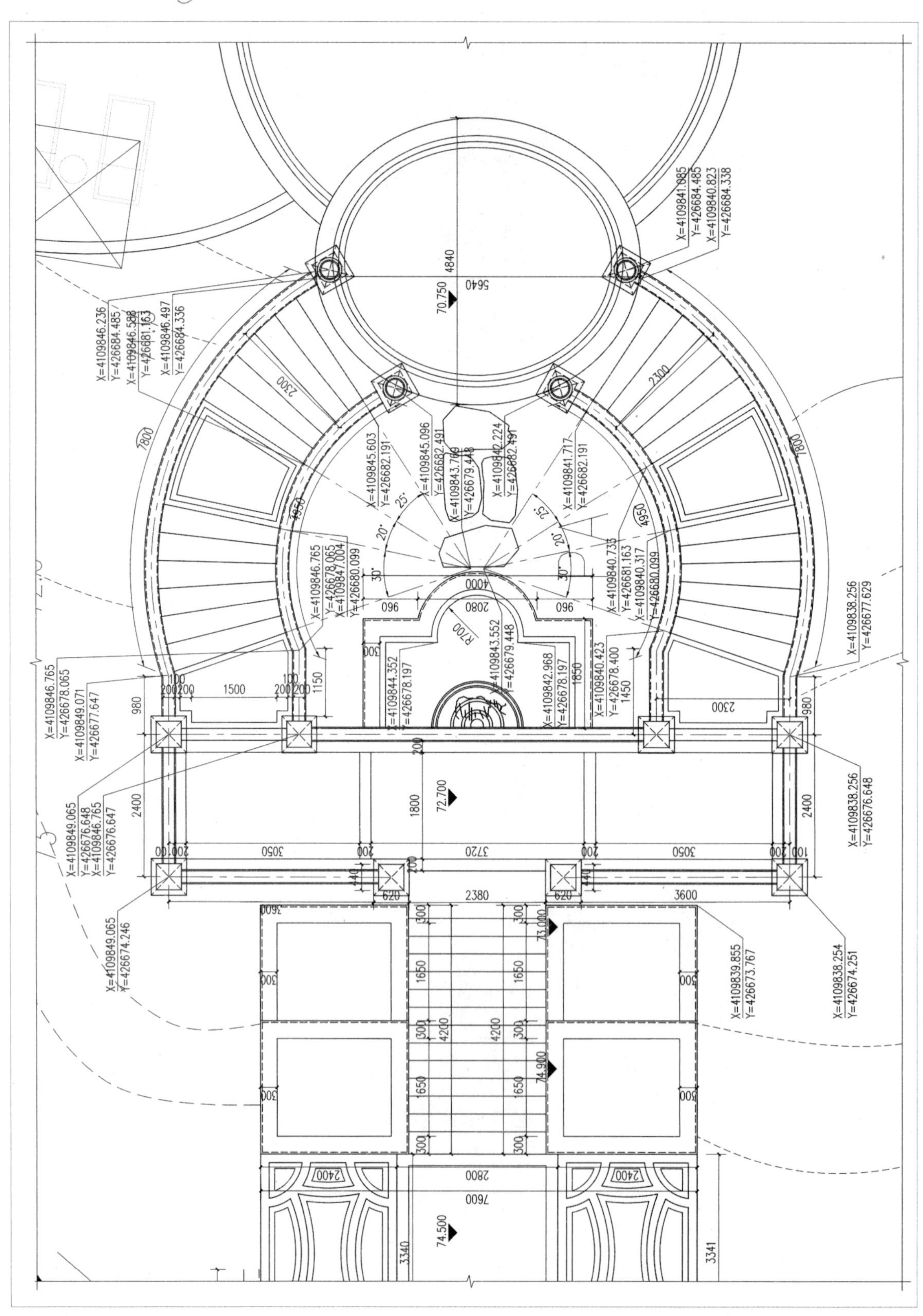

图 9-35　花池栏杆小品平、剖面图

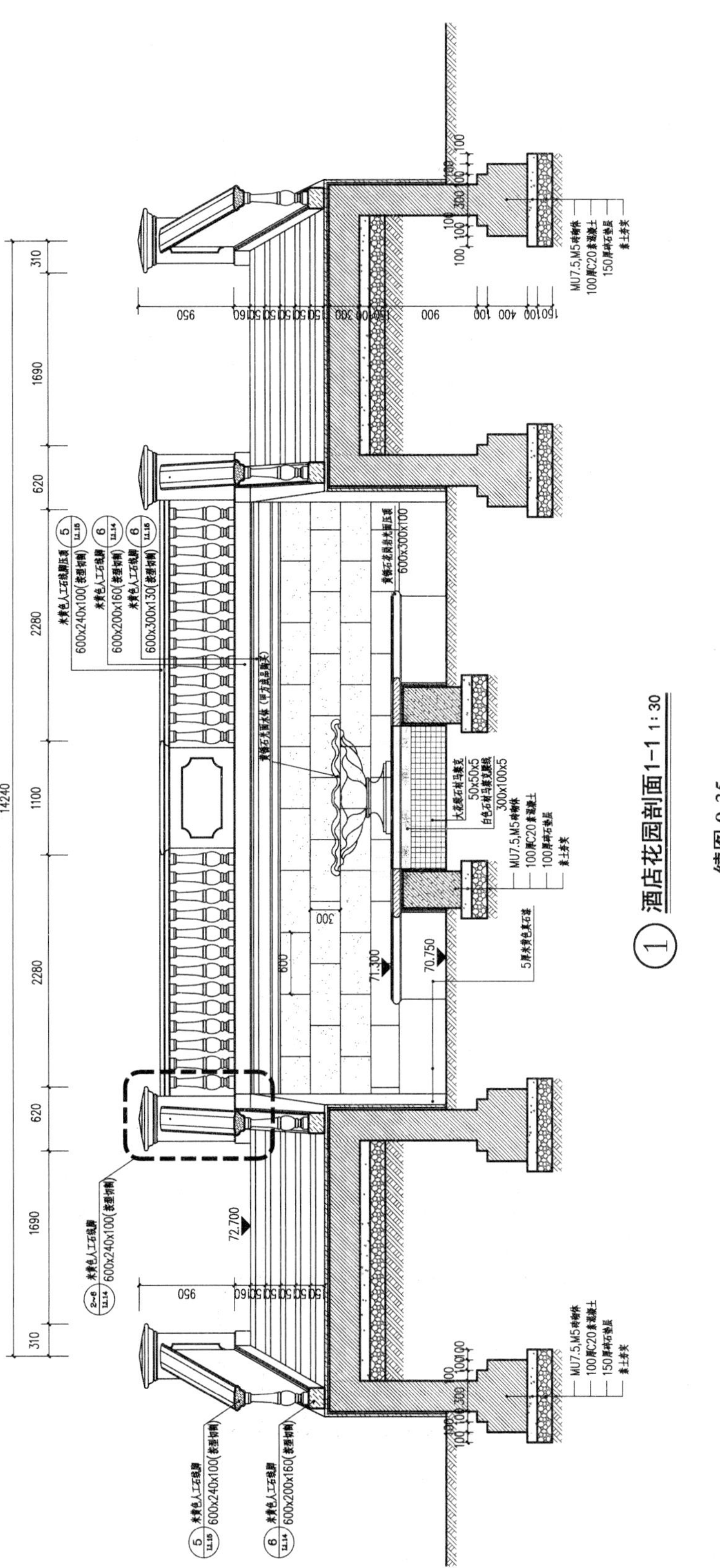

① 酒店花园剖面1-1 1:30

续图 9-35

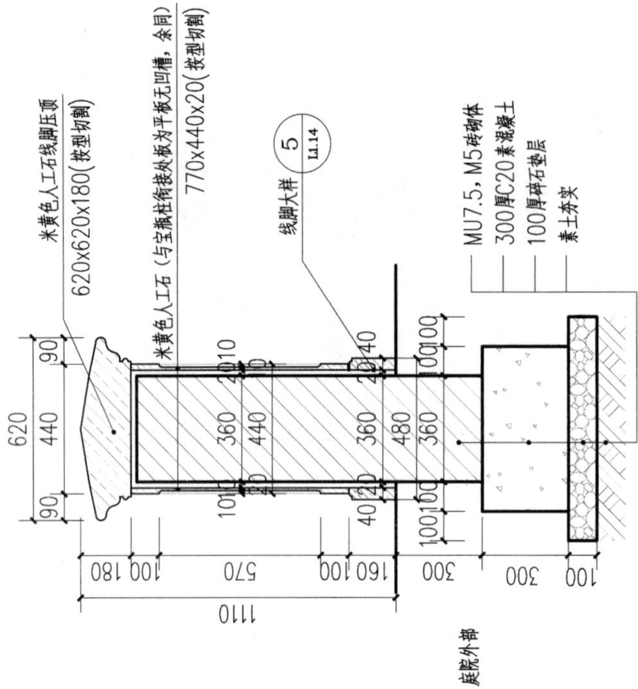
米黄色人工石线脚压顶
620x620x180(按型切割)
米黄色人工石（与宝瓶柱衔接处板为平板无凹槽，余同）
770x440x20(按型切割)
线脚大样
5
LL14
MU7.5，M5砖砌体
300厚C20素混凝土
100厚碎石垫层
素土夯实
庭院外部

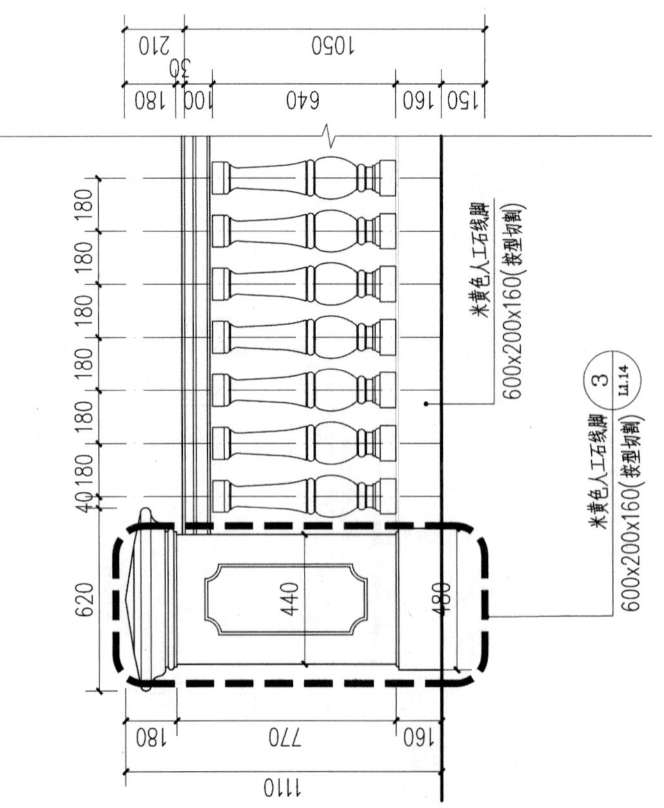
米黄色人工石线脚
600x200x160(按型切割)
米黄色人工石线脚
600x200x160(按型切割)
3
LL14

续图 9-35

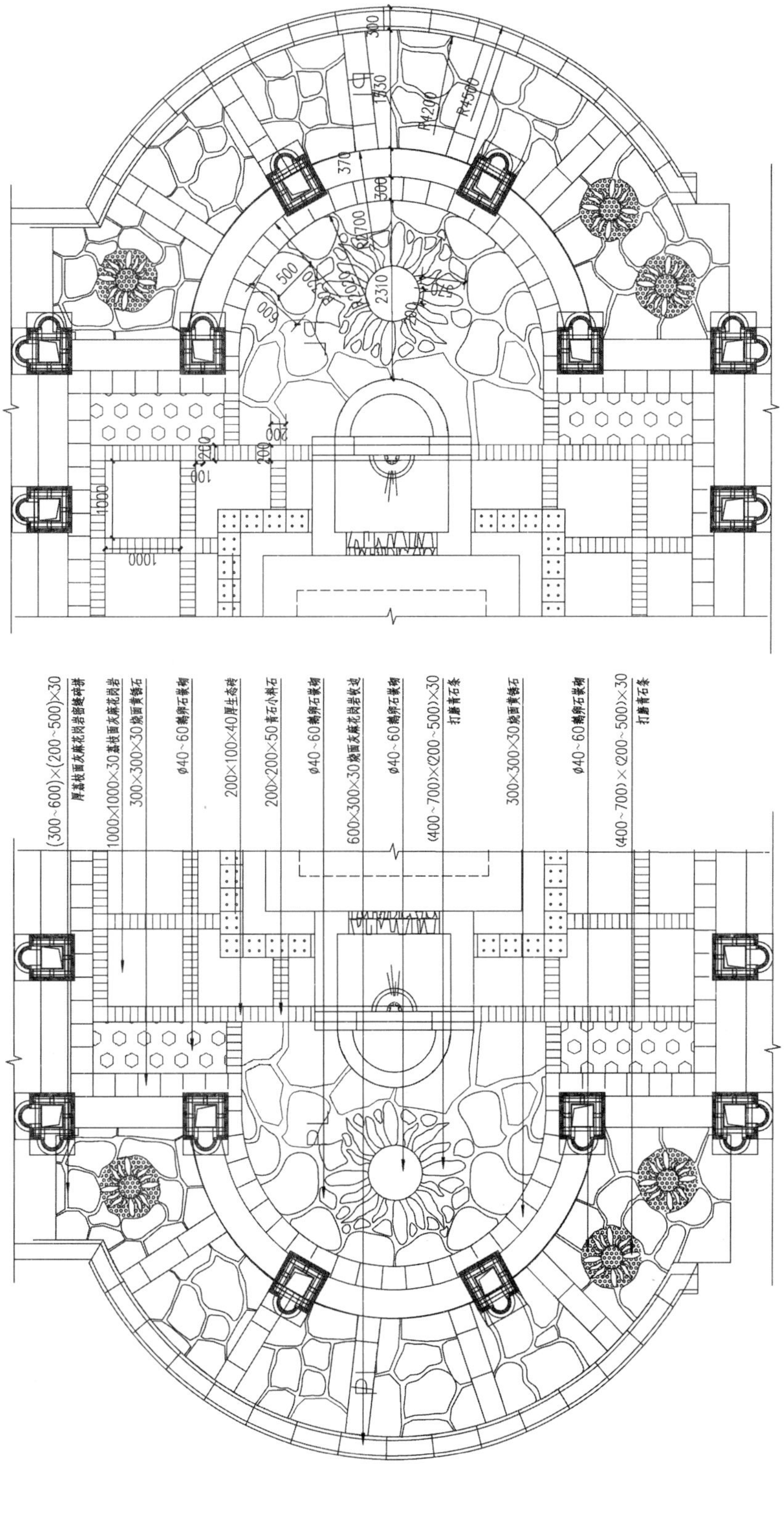

(300~600)×(200~500)×30 厚荔枝面灰麻花岗岩密缝碎拼
1000×1000×30 荔枝面灰麻花岗岩
300×300×30 烧面黄锈石
ø40~60 鹅卵石嵌砌
200×100×40 厚生态砖
200×200×50 青石小料石
ø40~60 鹅卵石嵌砌
600×300×30 烧面灰麻花岗岩收边
ø40~60 鹅卵石嵌砌
(400~700)×(200~500)×30 打磨青石条
300×300×30 烧面黄锈石
ø40~60 鹅卵石嵌砌
(400~700)×(200~500)×30 打磨青石条

1000
1000
100
200
200
200
600
500
R2220
R2020
R2700
370
2310
300
1530
300
200
250
R4200
R4500

Ⓒ 廊柱铺装大样图四
1:50

续图 9-35

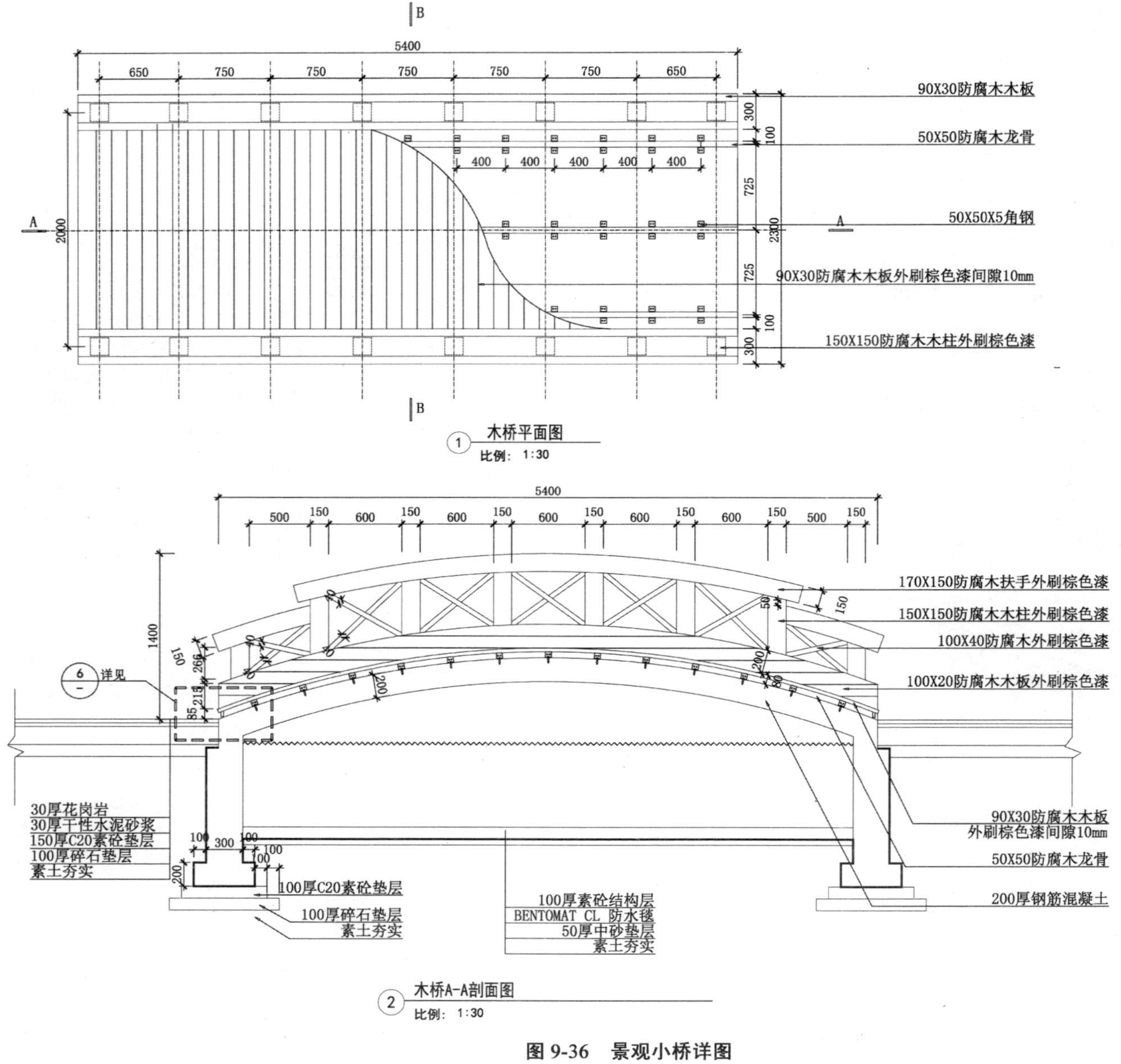

90X30防腐木木板
50X50防腐木龙骨
50X50X5角钢
90X30防腐木木板外刷棕色漆间隙10mm
150X150防腐木木柱外刷棕色漆
木桥平面图
比例：1:30
170X150防腐木扶手外刷棕色漆
150X150防腐木木柱外刷棕色漆
100X40防腐木外刷棕色漆
100X20防腐木木板外刷棕色漆
详见
30厚花岗岩
30厚干性水泥砂浆
150厚C20素砼垫层
100厚碎石垫层
素土夯实
100厚C20素砼垫层
100厚碎石垫层
素土夯实
100厚素砼结构层
BENTOMAT CL 防水毯
50厚中砂垫层
素土夯实
90X30防腐木木板
外刷棕色漆间隙10mm
50X50防腐木龙骨
200厚钢筋混凝土
木桥A-A剖面图
比例：1:30

图 9-36　景观小桥详图

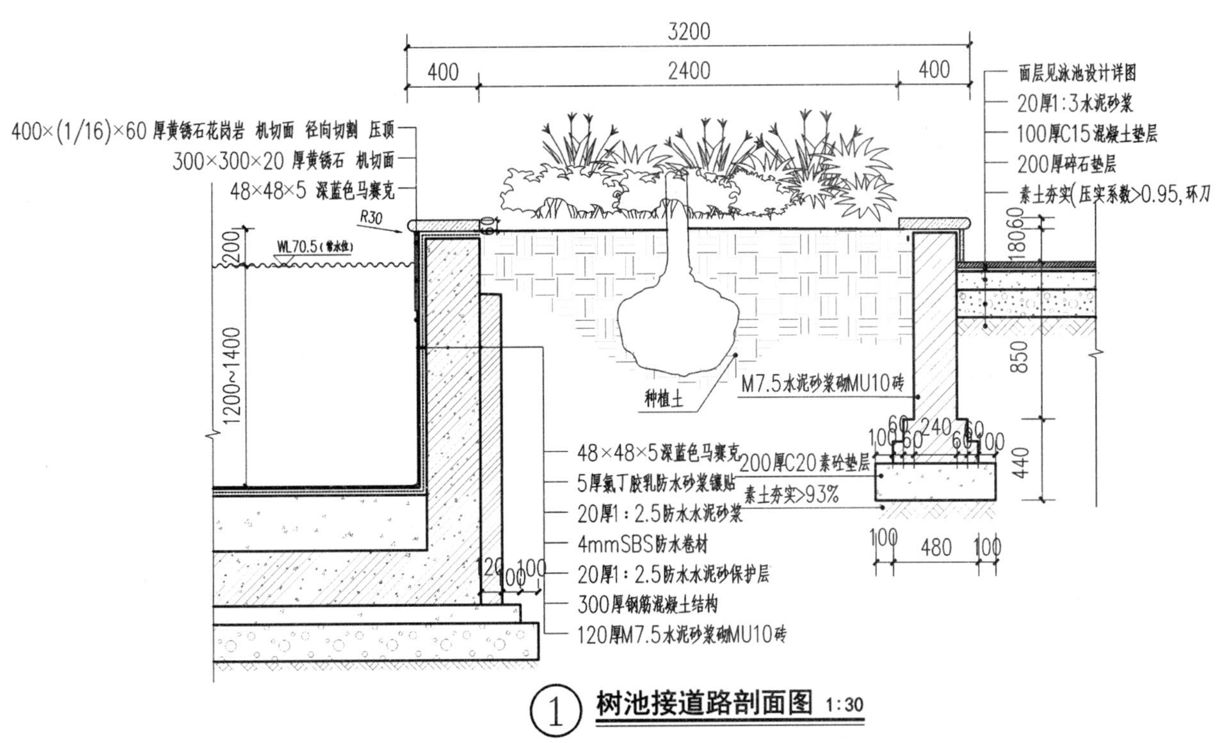

图 9-37 树池详图

9.7 园林给排水工程图

9.7.1 概述

1)园林给水

园林是游人休息游览的场所,又是园林植物较集中的地方。由于游人活动、植物养护管理及造景用水等需要,园林中不但用水量很大,而且对水质和水压都有较高的要求。

(1)园林中根据水的用途可将水分为以下几类:

a.生活用水。指人们日常用水,如办公室、餐厅、内部食堂、茶室、小卖部、消毒饮水器及卫生设备等的用水。生活用水对水质要求很高,直接关系到人身健康,其水质标准应符合《生活饮用水卫生标准》(GB 5749—2022)的要求。

b.养护用水。包括植物灌溉、动物笼舍的冲洗及夏季广场园路的喷洒用水等,这类用水对水质的要求不高。

c.造景用水。各种水体(溪涧、湖泊、池沼、瀑布、跌水、喷泉等)的用水。

d.消防用水。按国家建筑规范规定,所有建筑都应单独设消防给水系统。

(2)给水管网的基本布置形式和要点。

树状管网:这种布置方式较简单,省管材。布线形式就像树干分杈分枝,它适合于用水点较分散的情况,对分期发展的公园有利。但树状管网供水的安全可靠性较差,一旦管网出现问题或需维修时,影响用水面较大。

环状管网:环状管网是把供水管网闭合成环,使管网供水能互相调剂。当管网中的某一管段出现故障,也不致影响供水.从而提高了供水的可靠性。但这种布置形式较费管材,投资较大。

2)园林排水

园林排水一般应结合海绵城市标准要求进行相应设计。

(1)污水的分类。污水按照来源可分为三类:生活污水、工业废水和天然降水。

a.生活污水。在园林中主要指从办公楼、小卖部、餐厅、茶室、公厕等排出的水。生活污水中多含氮、磷、病菌等有害物质,需经过处理后方能排放到水体或用于灌溉等。

b.工业废水。它是指工业生产过程中产生的废水,园林中一般没有。

c.天然降水。它主要指雨水和雪水,降水的特点是比较集中,流量比较大,可直接排入园林水体和排水系统中。

(2)排水系统的体制。对生活污水、工业废水和降水所采用的不同收集和输送方式所形成的排水系统,称为排水体制,又称排水制度,可分为合流制和分流制两类。

a.合流制排水系统。将生活污水、工业废水和雨水混合在一个管渠内排除的系统,又分为直排式合流制、截流式合流式和全处理合流制。

b.分流制排水系统。将生活污水、工业废水和雨水分别在两个或两个以上各自独立的管渠内排除的系统,又可分为完全分流制、不完全分流制和半分流制。

(3)园林排水的特点。

a.主要是排除雨水和少量生活污水;

b.园林中为满足造景需要,形成山水相依的地形特点,有利于地面水的排除,雨水可排入水体当中,充实水体;

c.园林可采用多种方式排水,不同地段可根据其具体情况采用适当的排水方式;

d.排水设施应尽量结合造景;

e.排水的同时还要考虑土壤能吸收到足够的水分,以利植物生长,干旱地区尤应注意保水。

(4)地面排水。地面排水主要用来排除天然降水,在园林竖向设计时,不仅要考虑造景的需要,也要考虑园林排水的要求,尽量利用地形将降水排入水体,降低工程造价。地面排水最突出的问题是产生地表径流,冲刷植被和土壤,在设计时要减缓坡度,控制坡长或采取多坡的形式;在工程措施上采取景石、植被等,减缓水的流速,减少冲刷。

地面排水出水口的处理对于一些集中汇集的天然降水,主要是将一定的面积内的天然降水汇集到一起,由明渠等直接注入水体,出水口的水量和冲力都比较大,为保护水体的驳岸不受损坏,常采取一些工程措施,一般用砖砌或混凝土浇筑而成,对于地面与水面高差较大的,可将出水口做成台阶或礓礤状,不仅减缓水流速度,还能创造水的音响效果,增加游园情趣。

(5)管渠排水。园林绿地应尽可能利用地形排除雨水,但在某些局部如广场、主要建筑周围或难以利用地面排水的局部,可以设置暗管,或开渠排水。生活污水可就近排入市政污水管网,雨水可根据场地的竖向设计进行汇水分区的划分,在每个分区内分别设计雨水管渠的子系统排入附近的水体或市政雨水管网。

9.7.2 园林给排水图纸构成和内容

在施工图设计阶段,给水排水设计专业设计文件应包括图纸目录、施工图设计说明、设计图纸、主要设备表、计算书等部分。

(1)给水总平面图:给水管道布置平面、管径标注及阀门井的位置(或坐标)编号、管段距离;水源接入点、水表井位置;详图索引号,见图 9-38。

(2)排水总平面图:排水管径、管段长度、管底标高及坡度;检查井位置及编号;检查井处的设计地面及井底标高;与市政管网的接口处市政检查井的位置、标高、管径、水流方向;详图索引号,见图 9-39 和图 9-40。

(3)系统轴测图或系统原理图:标明管径、坡度。

(4)子项详图:各种喷灌取水器位置、型号;水景喷泉配管平面,各管段管径;泵坑位置、尺寸,设备位置。水池的补水、溢水、泄水管道标高、位置;水池给排水管道相应的检查井、闸门井等给排水构筑物型号和位置,见图 9-41。

(5)局部详图:设备间平、剖面图、系统图;水景泵房、绿化用水水质处理设备间;水池景观水循环过滤泵房;雨水收集利用设施等。

(6)节点详图。在雨水排水管网中常见的附属构筑物节点有检查井、跌水井、雨水口和出水口等。

a.检查井。检查井的功能是便于管道维护人员检查和清理管道,另外它还是管段的连接点。检查井通常设置在管道交汇、方向、坡度和管径改变的地方。

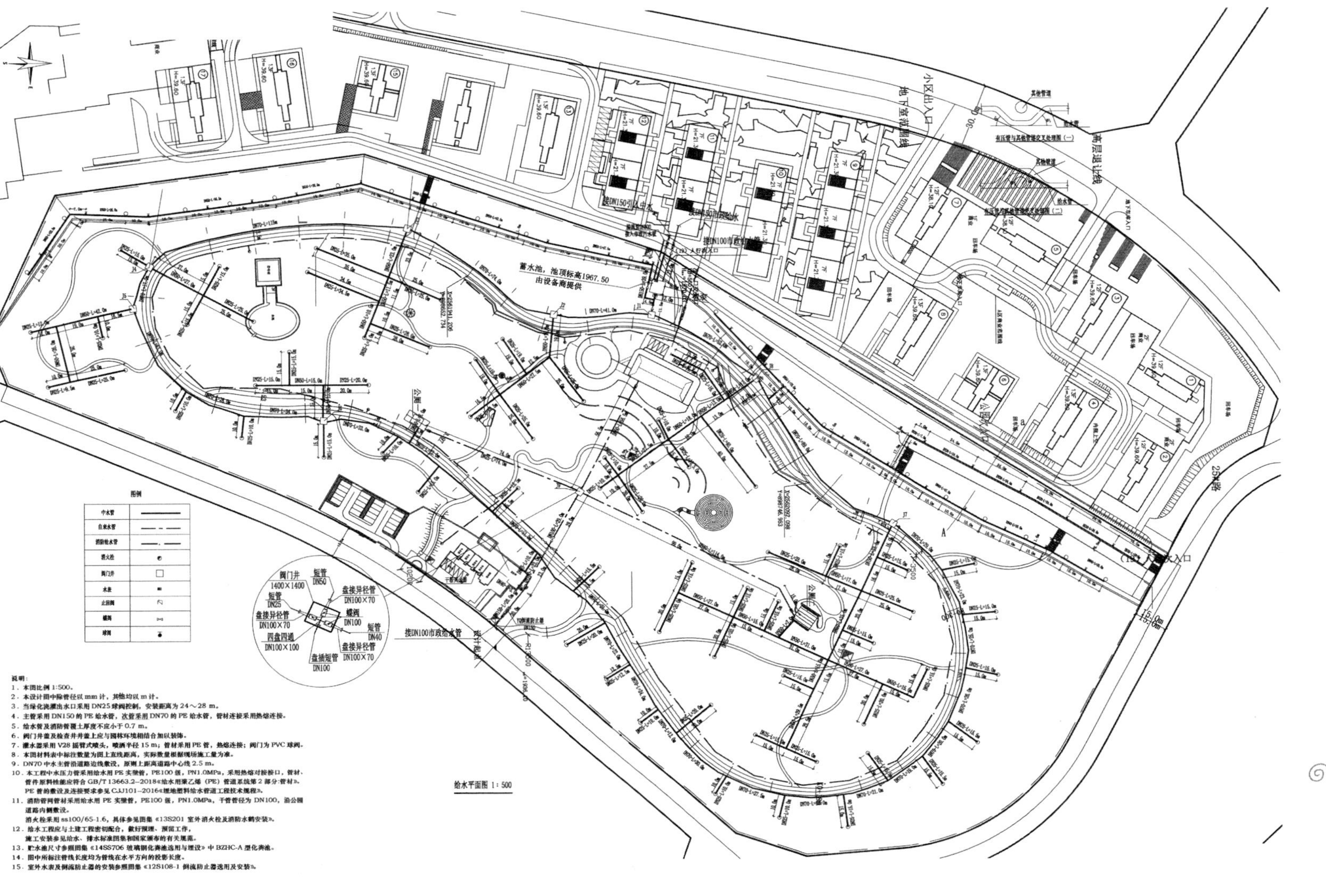

图例

图例	
中水管	———
自来水管	—— - ——
消防给水管	——.——
消火栓	◐
阀门井	□
水表	■
止回阀	⋈
蝶阀	⋈
球阀	●

说明：

1．本图比例 1:500。
2．本设计图中除管径以 mm 计，其他均以 m 计。
3．当绿化浇灌出水口采用 DN25 球阀控制，安装距离为 24～28 m。
4．主管采用 DN150 的 PE 给水管，次管采用 DN70 的 PE 给水管，管材连接采用热熔连接。
5．给水管及消防管覆土厚度不应小于 0.7 m。
6．阀门井盖及检查井井盖上应与园林环境相结合加以装饰。
7．灌水器采用 V28 插管式喷头，喷洒半径 15 m；管材采用 PE 管，热熔连接；阀门为 PVC 球阀。
8．本图材料表中标注数量为图上直线距离，实际数量根据现场施工量为准。
9．DN70 中水主管沿道路边线敷设，原则上距离道路中心线 2.5 m。
10．本工程中水压力管采用给水用 PE 实壁管，PE100 级，PN1.0MPa，采用热熔对接接口，管材、管件原料性能应符合 GB/T 13663.2—2018《给水用聚乙烯（PE）管道系统第 2 部分:管材》。PE 管的敷设及连接要求参见 CJJ101—2016《埋地塑料给水管道工程技术规程》。
11．消防管网管材采用给水用 PE 实壁管，PE100 级，PN1.0MPa，干管管径为 DN100，沿公园道路内侧敷设。
消火栓采用 ss100/65-1.6，具体参见图集《13S201 室外消火栓及消防水鹤安装》。
12．给水工程应与土建工程密切配合，做好预埋、预留工作，
施工安装参见给水、排水标准图集和国家颁布的有关规范。
13．贮水池尺寸参照图集《14SS706 玻璃钢化粪池选用与埋设》中 BZHC-A 型化粪池。
14．图中所标注管线长度均为管线在水平方向的投影长度。
15．室外水表及倒流防止器的安装参照图集《12S108-1 倒流防止器选用及安装》。

图9-38　给水平面图

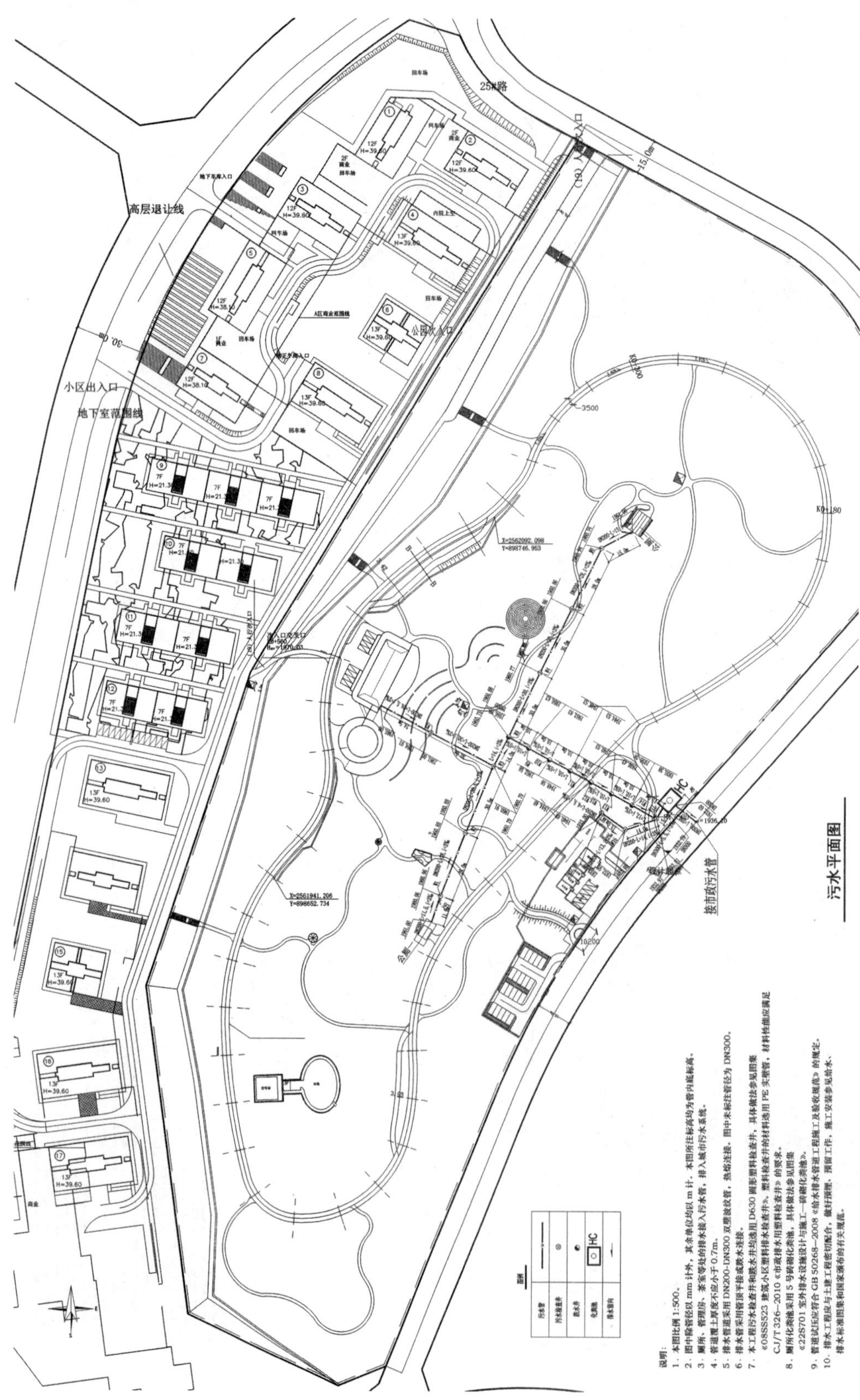

图9-39　污水平面图

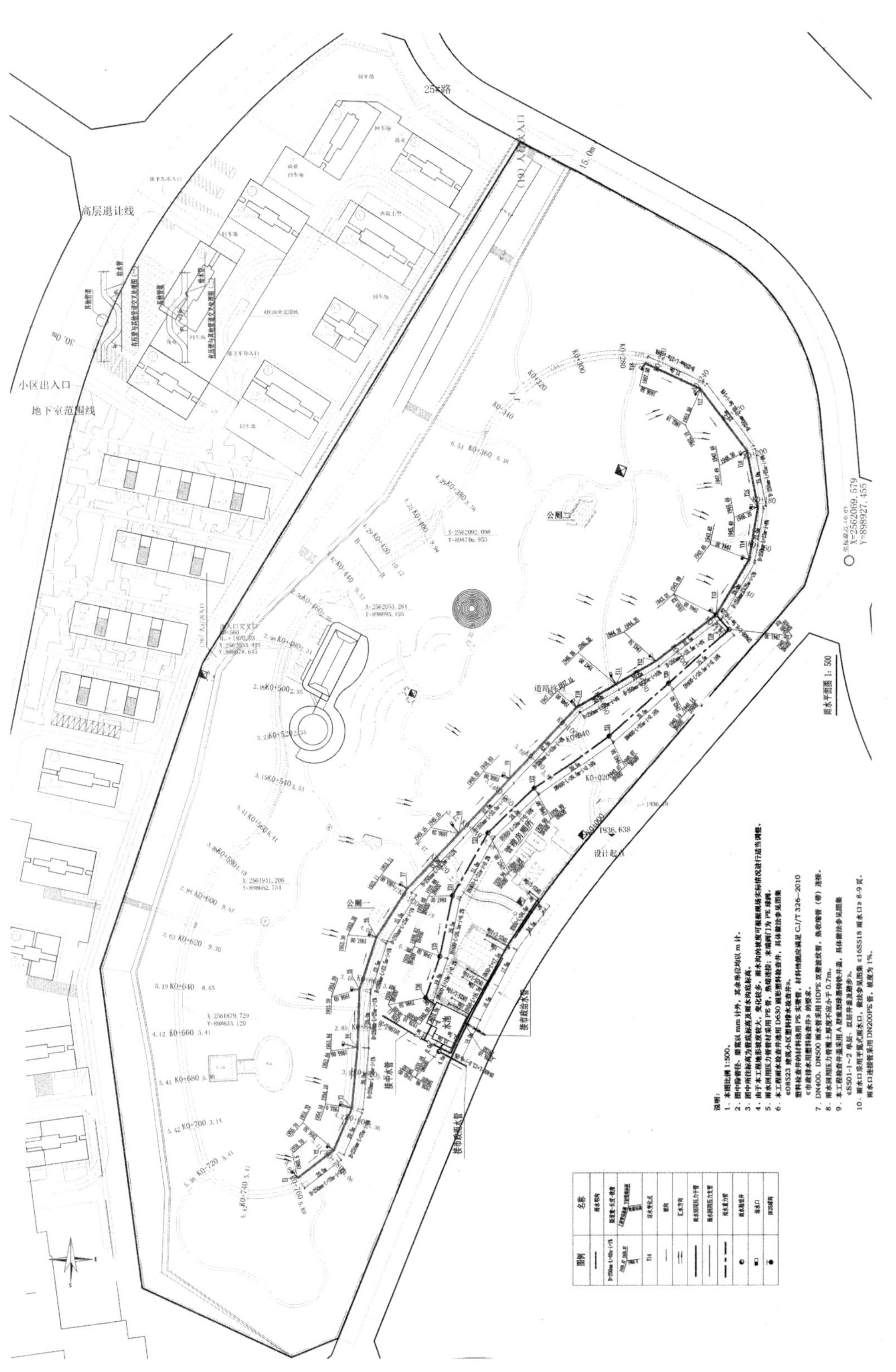

图9-40　雨水排水平面图

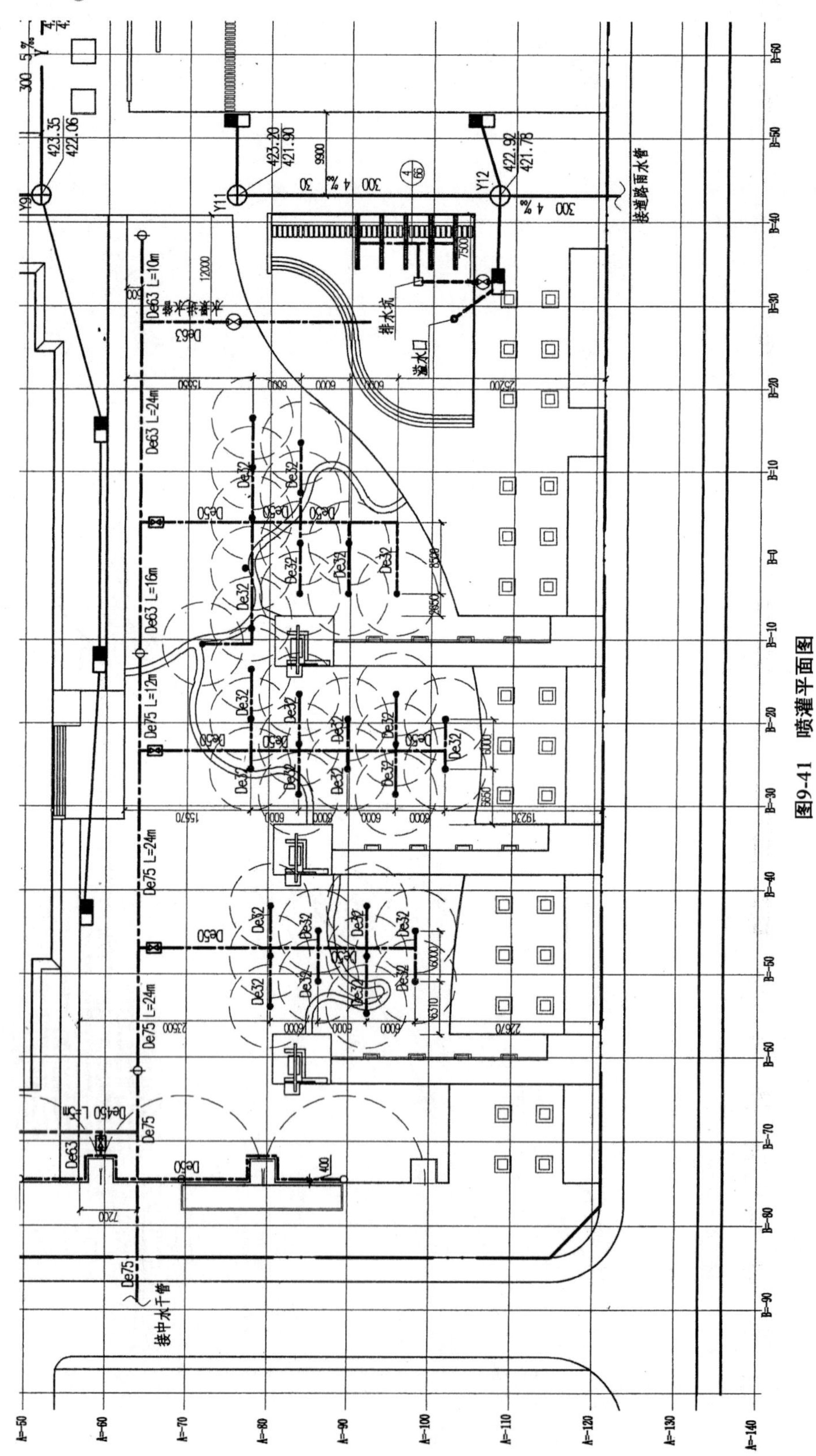

图9-41　喷灌平面图

检查井的构造主要由井底、井身、井盖座和井盖等组成，详图见标准图集。

井底材料一般采用 C15 或 C20 低标号混凝土，井深一般采用砖砌筑或混凝土、钢筋混凝土浇筑，井盖多为铸铁预制而成。

b. 跌水井。跌水井是设有消能设施的检查井，一般在管道转弯处不宜设跌水井，在地形较陡处，为了保证管道有足够覆土深度设跌水井，跌水水头在 1 m 以内的不做跌水设施，在 1～2 m 宜做，大于 2 m 应做。常用的跌水井有竖管式和溢流堰式两种类型。竖管式适用于直径等于或小于 400 mm 的管道；大于 400 mm 的管道中应采用溢流堰式跌水井。跌水井的构造详图见标准图集。

c. 雨水口。雨水口通常设置在道路边沟或地势低洼处，是雨水排水管道收集地面径流的孔道。雨水口设置的间距，在直线上一般控制在 30～80 m，它与干管常用 200 mm 连接管；其长度不得超过 25 m。

雨水口的设置位置，应能保证快速有效地收集地面雨水。一般应设在交叉路口、路侧边沟的一定距离处以及没有道路边石的低洼地区，以防止雨水漫过道路或造成道路及低洼地区积水而妨碍交通。雨水口的形式和数量，通常应按汇水面积所产生的径流量和雨水口的泄水能力确定，一般一个平箅(单箅)雨水口可排泄 15～20 L/s 的地面径流量，该雨水口设置时宜低于路面 30～40 mm，在土质地面上宜低于路面 50～60 mm，道路上雨水的间距一般为 20～40 m(视汇水面积大小而定)。在路侧边沟上及路边低洼地点，雨水口的设置间距还要考虑道路的纵坡和路边的高度，同时应根据需要适当增加雨水口的数量。

进水箅多为铸铁预制，标高与地面持平或稍低于地面，进水箅条方向与进水能力有关，箅条与水流方向平行进水效果好，因此进水箅条常设成纵横交错的形式，以便排泄路面上从不同方向流来的雨水。

雨水口的井筒可用砖砌筑或用钢筋混凝土预制，井筒的深度一般不大于 1 m，在有高寒地区井筒四周应设级配砂石层缓冲冻胀；在泥沙量较大地区，连接管底部留有一定的高度，沉淀泥沙。雨水口的连接管最小管径为 200 mm，坡度一般为 1%，连接管长度不宜超过 25 m，连接在同一连接管上的雨水口一般不宜超过 3 个。

d. 出水口。出水口是排水管道向水体排放污水、雨水的构筑物。排水管道出水口的设置位置应根据排水水质、下游用水情况、水文及气象条件等因素而定。应取得规划、卫生、环保、航运等有关部门同意，如原有水体系鱼类通道，或重要水产资源基地，还应取得相关部门同意。出水口不能设置在取水构筑物保护区附近，不能影响到下游居民点卫生和饮用水，在河渠的桥、涵、闸附近设置雨水出水口时，应选在这些构筑物的下游。

雨水排水口不低于平均洪水水位，污水排水口应淹没在水体水面以下。

园林中的雨水口、检查井和出水口的外观应该作为园景的一部分来考虑。有的在雨水井的篦子或检查井盖上铸(塑)出各种美丽的图案花纹；有的则采用园林艺术手法，以山石、植物等材料加以点缀。这些做法在园林中已很普遍，效果很好。不管采用什么方法进行点缀或伪装，都应以不妨碍这些排水构筑物的功能为前提。

9.7.3　园林给排水专业图纸绘制

(1)编辑图纸目录。先列新绘制图纸，后列选用的标准图集或重复利用图。

(2)设计总说明。

设计依据阐述。

给水排水系统概述。

凡不能用图示表达的施工要求，均应以施工说明来表述。

有特殊需要说明的可分别列在相关图之上。

相关应用的图例。

(3)给排水设计图纸。

a. 给排水设计总平面图：在总平面图中详细标注给水系统与外网给水系统的接入位置、水表位置、检查井位置、闸门井位置，标出排水系统的雨水口位置、水体溢-排水口位置、排水管网及管径，给排水图例，给水系统材料表、排水系统材料表，见图 9-38 至图 9-40。

绘出全部建(构)筑物、道路、广场等的平面位置(或坐标)、名称、标高和指北针(或风玫瑰图)，并绘制方格网。

绘出全部给水排水管网及构筑物的位置(或坐标)、距离、检查井及详图索引号。

对较复杂工程，应将给水、排水总平面图分开绘制，以便于施工(简单工程可绘在一张图上)。

给水管注明管径、埋设深度或敷设的标高，宜标注管道长度，并绘制节点图，注明节点结构、阀门井尺寸、编号及引用详图(一般工程给水管线可不绘节点图)。

排水管标注检查井编号和水流坡向，标注管道接口处，场地内雨水排至市政管网的检查井位置、检查井编号、管内底标高、管径、水流坡向。

b. 排水管道高程表：将排水管道的检查井编号、井距、管径、坡度、地面设计标高、管内底标高等写在表内。简单的工程，可将上述内容直接标注在平面图上，不列表。

c. 水景给水排水图纸：绘出给水排水平面图，注明节点。绘出系统轴测图或系统原理图，标明管径、坡度。详图应绘出泵坑(泵房布置图)，喷头安装示意图。

d. 喷灌系统施工图。

灌溉系统平面：(大型项目可分区绘制灌溉系统平面图)详细标明管道走向、管径、喷头位置及型号、快速取水器位置、止回阀位置、泄水阀位置、检查井位置等，材料图例，材料用量统计表，指北针(图 9-41)。

灌溉系统放线图：用网格法对各区域各分区内的灌溉设备进行定位。

e. 喷泉水施工图

喷泉设备平面图：在水体平面图中详细绘出喷泉设备位置、标注设备型号、详细标注设备布置尺寸，设备图例、材料用量统计表、指北针。

喷泉给排水平面图：在喷泉设备平面图中布置喷泉给排水管网，标注管线走向、管径、材料用量统计表、指北针。

水型详图：绘制主要水景的平、立面图，标注水型类型，水型的宽度、长度、高度及颜色。用文字说明水型设计的意境及水型的变化特征。

(4)主要设备材料表。主要设备、仪表、管道及配件可在首页或相关图上列表表示。

9.8 园林电气照明工程图

9.8.1 概述

电气照明工程图用来解决园区总用电量、最大负荷利用小时数、分区供电设施、配电方式、电缆的敷设以及各区各点的照明方式及广播、通信等的布局位置而做的图形。一般分为强电体系和弱电体系。

园林建设的强电体系一般指园区的功能性照明、景观照明及动力用电体系。

园林建设的弱电体系主要包括由园区弱电管理用房至区内各个建筑物的弱电线路设计。具体线路包括电话线路、电视线路、网络线路和广播扩音线路等。

(1)强电外线设计

①强电线路敷设。主要包括由园区箱式变电站至区内各个景观建筑物配电箱以及各室外照明配电箱、景观动力配电箱等的线路设计。沿同一路径敷设的室外电缆 8 条及以下采用直埋敷设，园林工程内建筑物较少，用电量不大，一般可采用直埋敷设低压铠装电缆，敷设在绿地内。

②强电井的设置。强电井分为人孔井和手孔井两种，人孔井又可分为直通型、三通型、四通型和 90°、135°等多角度的人孔井。具体设计时采用何种电缆井要根据实际情况确定，电缆井设置的原则要根据工程的实际情况设置，规范上没有明确规定。

(2)弱电外线设计。园林工程的弱电外线设计主要包括由园区弱电管理用房至区内各个建筑物的弱电线路设计。具体线路包括电话线路、电视线路、网络线路和广播扩音线路等。弱电线路敷设也要根据需要设置弱电井。

9.8.2　园林电气专业图纸的组成

在施工图设计阶段，园林电气专业设计文件应包括图纸目录、施工设计说明、设计图纸主要设备表、计算书(供内部使用及存档)。

9.8.3　园林电气专业图纸的绘制

(1)电气专业图纸目录：图纸目录先列新绘制图纸，后列重复使用图。

(2)施工设计说明：

①工程设计概况应将审批定案后的初步(或方案)设计说明书中的主要指标录入。

②各系统的施工要求和注意事项(包括布线、设备安装等)。

③设备订货要求(也可附在相应图纸上)。

④防雷及接地保护等其他系统有关内容(也可附在相应图纸上)。

⑤本工程选用标准图图集编号、页号。

(3)设计图纸

①施工设计说明，电气设计说明及设备表：详细的电气设计说明；详细的设备表，标明设备型号、数量、用途。补充图例符号、主要设备表可组成首页，当内容较多时，可分设专页。

②电气总平面图

a. 标注建(构)筑物、标高、道路、地形等高线和用户的安装容量。

b. 标注变、配电站位置、编号；变压器台数、容量发电机台数、容量。

c. 室外配电箱的编号、型号；室外照明灯具的规格、型号、容量。

d. 架空线路应标注线路规格及走向、回路编号、杆位编号、挡数、挡距、杆高、拉线、重复接地、避雷器等(附标准图集选择表)。

e. 电缆线路应标注线路走向、回路编号、电缆型号及规格、敷设方式(附标准图集选择表)、人(手)孔位置。

f. 绘制图例符号、指北针，见图 9-42 和表 9-4。

③电气系统图：详细的配电柜系统图(室外照明系统、水下照明系统、水景动力系统、室内照明系统、室内动力系统、其他用电系统、备用电路系统)，电路系统设计说明标明各条回路所使用的电缆型号、所使用的控制器型号、安装方法、配电柜尺寸，见图 9-43。

④电气平面图：在总平图基础上标明各种照明用和景观用灯具的平面位置及型号、数量，线路布置，线路编号、配电柜位置，图例符号，指北针。

⑤动力系统平面图：在总平图基础上标明各种动力系统中的泵和大功率用电设备的名称、型号、数量、平面位置线路布置，线路编号、配电柜位置，图例符号，指北针。

⑥水景电力系统平面图：在水体平面中标明水下灯和水泵等的位置及型号，标明电路管线的走向及套管、电缆的型号，材料用量统计表，指北针。

⑦变、配电站。

a. 高、低压配电系统图(一次线路图)。图中应标明母线的型号、规格；变压器、发电机的型号、规格；标明开关、断路器、互感器、继电器、电工仪表(包括计量仪表)等型号、规格、整定值。

图下方表格标注：开关柜编号、开关柜型号、回路编号、设备容量、计算电流、导体型号及规格、敷设方法、用户名称、二次原理图方案号(当选用分格式开关柜时，可增加小室高度或模数等相应栏目)。

b. 相应图纸说明图中表达不清楚的内容，可随图作相应说明。

⑧配电、照明。

a. 配电箱(或控制箱)系统图：应标注配电箱编号、型号、进线回路编号；标注各开关(或熔断器)型号、规格、整定值、配出回路编号、导线型号规格(对于单相负荷应标明相别)；对有控制要求的回路应提供控制原理图；对重要负荷供电回路宜标明用户名称。上述配电箱(或控制箱)系统内容在平面图上标注完整的，可不单独出配电箱(或控制箱)系统图。

b. 配电平面图：应包括建筑物、道路、广场、方格网；布置配电箱、控制箱，并标明编号、型号及规格；控制线路始、终位置(包括控制线路)，标注回路规格、编号、铺设方式、图纸应有比例、指北针。

c. 图中表达不清楚的，可随图做相应说明。

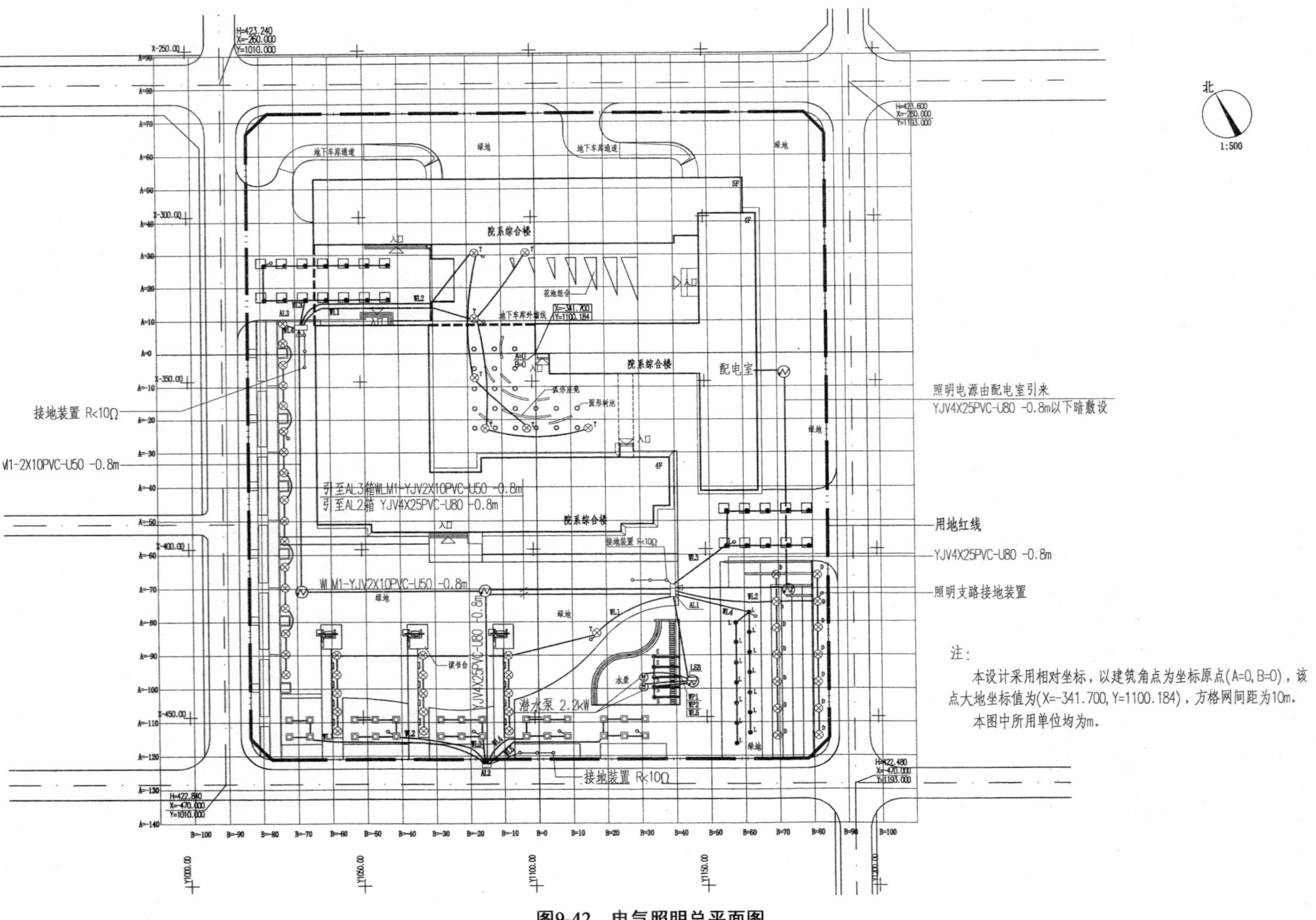

图9-42 电气照明总平面图

表 9-4　主要设备材料

序号	图例	名称	型号/规格	数量	单位	备注
1	⊗T	庭院灯	150 W 高压钠灯　节能型电感镇流器　杆高 4.5 m　IP65	8	盏	
2	⊗	草坪灯	13 W 节能灯　色温:3000 K　高 0.6 m　IP65	32	个	
3	⊗D	草坪灯	18 W 节能灯　色温:3000 K　高 0.4 m　IP65	14	个	
4	●	地埋灯	20 W 节能灯　色温:3000 K　IP67	24	个	
5	●L	地埋灯	70 W 绿色金卤灯　节能型电感镇流器　IP67	14	个	
6	●S	水下地埋灯	LED 光源 10.2 W　白色 12 V　IP68 灯具直径 150	5	个	
7	回	树池结合座凳	每组 8 个地脚灯(光源:13 W 节能灯) 色温:3000 K　灯具下皮距地 0.2 m　IP55	22	组	
8		电缆手孔井	参见《建筑电气安装工程图集》	5	个	
9	AL	照明配电箱	防水型　落地安装	3	个	
10	LEB	局部等电位联结端子板	4 个端子　安装在水池东侧电缆井内	1	个	
11		绝缘电缆	YJV-0.6/1 kV　4×25　2×10		m	
12		铜芯绝缘导线	RVV-450V　2×4		m	
13		绝缘电缆	YCW-0.6/1 kV　3×4		m	

⑨防雷、接地及安全。

a. 接地平面图。绘制接地线、接地极等平面位置，标明材料型号、规格、相对尺寸等，涉及的标准图集编号、页码(当利用自然接地装置时，也可以不出此图)，图纸应标注比例。

b. 随图说明可包括：防雷类别和采取的防雷措施(包括防侧击雷、防雷击电磁脉冲、防高电位引入)；接地装置形式、接地极材料要求、敷设要求、接地电阻值要求。

c. 除防雷接地外的其他电气系统的工作或安全接地的要求(如：电源接地形式，直接接地，局部等电位、总等电位接地等)，如果采用共用接地装置，应在接地平面图中表述清楚，交代不清楚的应绘制相应图纸(如：局部等电位平面图等)。

⑩其他系统。

a. 各系统的系统图。

b. 说明各设备定位安装、线路型号规格及敷设要求。

c. 配合系统承包方了解相应系统的情况及要求，审查系统承包方提供的深化设计图纸。

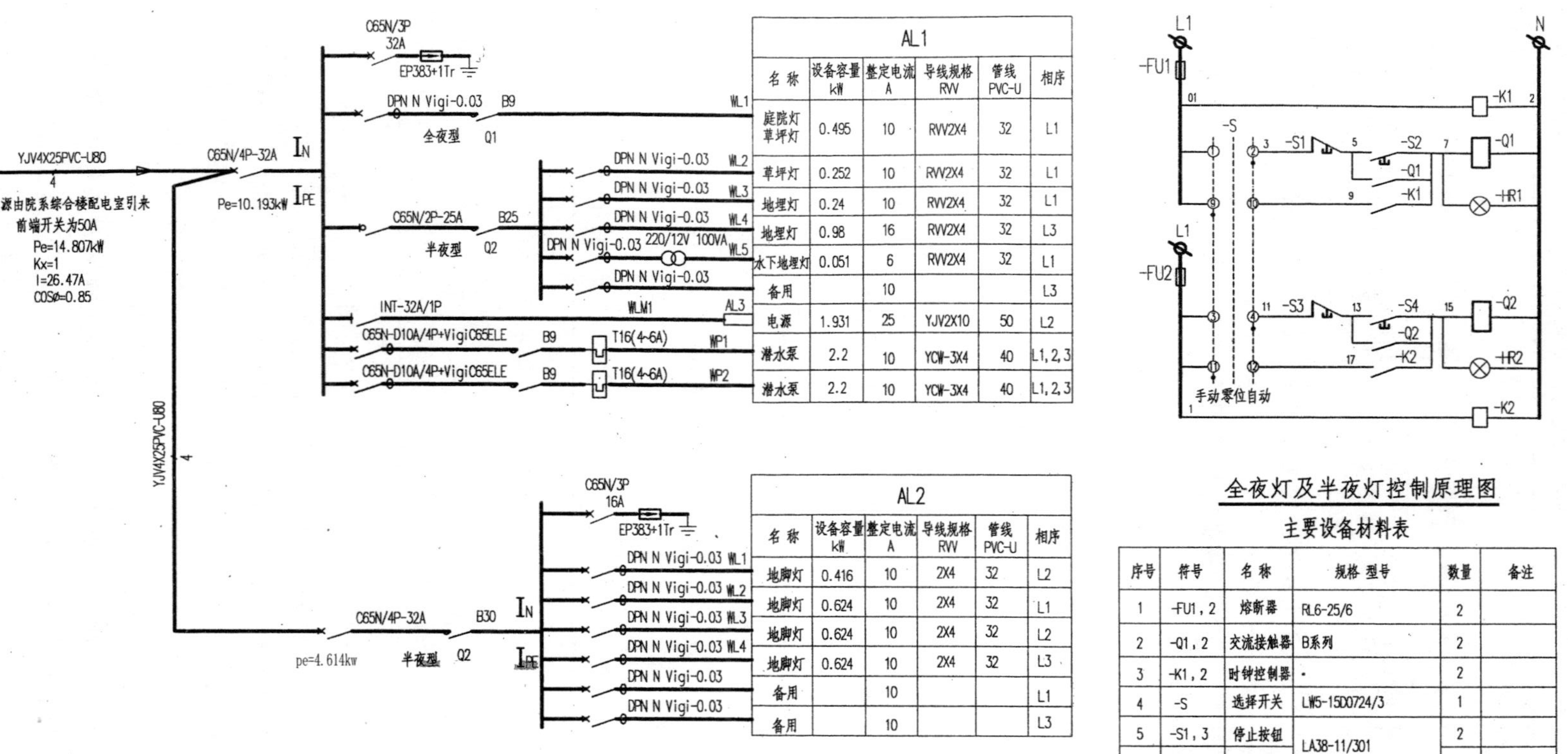

AL1					
名 称	设备容量 kW	整定电流 A	导线规格 RVV	管线 PVC-U	相序
庭院灯 草坪灯	0.495	10	RVV2X4	32	L1
草坪灯	0.252	10	RVV2X4	32	L1
地埋灯	0.24	10	RVV2X4	32	L1
地埋灯	0.98	16	RVV2X4	32	L3
水下地埋灯	0.051	6	RVV2X4	32	L1
备用		10			L3
电源	1.931	25	YJV2X10	50	L2
潜水泵	2.2	10	YCW-3X4	40	L1,2,3
潜水泵	2.2	10	YCW-3X4	40	L1,2,3

AL2					
名 称	设备容量 kW	整定电流 A	导线规格 RVV	管线 PVC-U	相序
地脚灯	0.416	10	2X4	32	L2
地脚灯	0.624	10	2X4	32	L1
地脚灯	0.624	10	2X4	32	L2
地脚灯	0.624	10	2X4	32	L3
备用		10			L1
备用		10			L3

主要设备材料表

序号	符号	名 称	规格 型号	数量	备注
1	-FU1，2	熔断器	RL6-25/6	2	
2	-Q1，2	交流接触器	B系列	2	
3	-K1，2	时钟控制器	·	2	
4	-S	选择开关	LW5-15D0724/3	1	
5	-S1，3	停止按钮	LA38-11/301	2	
6	-S2，4	启动按钮		2	
7	-H R1，2	红色信号灯	AD11-25/21	2	

图9-43 照明系统控制图

(4)主要设备表

注明主要设备名称、型号、规格、单位、数量。见表9-4。

(5)计算书(供内部使用及归档)

施工图设计阶段的计算书,只补充初步设计阶段时应进行计算而未进行计算的部分,修改因初步设计文件审查变更后需重新进行计算的部分。

(6)设计制图要求

①各专业分别编制,文字标注形式与总图、详图一致,详图编号与平、立、剖面上索引号一致。图面排版合理,图面丰富,识图方便,图纸标注内容表述清晰。

②施工图的设计说明各专业分别编制,总图中的标高、距离以米为单位取小数点后两位。坡度以百分比计,取小数点后一位。

③整套图纸图例、标注统一。线形设置合理,图面美观。

④所用材料明确(规格尺寸、质量标准、颜色、表面处理),使用合理,构造交代清楚、合理,工序得当,施工方便,设计意图充分体现。

第10章 园林建筑工程图

10.1 概述

建筑物按其使用功能的不同，大致分为工业建筑（如厂房、仓库）、农业建筑（如谷仓、饲养场）及民用建筑（如居住建筑、园林建筑、公共建筑）三大类。

《风景园林基本术语标准》(CJJ/T 91—2017)中对园林建筑定义为：园林中供人游览、观赏、休憩并构成景观的建筑物或构筑物的统称，它一方面给游人提供小憩，提供观赏上的方便和舒适；另一方面起着点缀风景、分隔空间和组织游览路线等作用。在园林规划设计中，低处凿池，临水筑榭、架桥，高处堆山，居高建亭、引廊，叠石造洞，莳花种树以陪衬，同时充分考虑建筑格调、位置、朝向、高度、体量、形态、色彩等方面与环境取得协调统一。园林建筑是园林艺术中的点睛之笔，也是空间组织、功能实现、文化传承、设计创新的关键要素。

园林建筑工程图是以投影原理为基础，按国家规定的制图标准，把已经建成或尚未建成的建筑工程的形状、大小等准确地表达在平面上的图样，并同时标明工程所用的材料以及生产、安装等的要求。它是工程项目建设的技术依据和重要的技术资料。建筑工程图按工程阶段可以包括方案图、初步设计图、扩大初步设计图或技术设计图、施工图和竣工图。由于工程建设各个阶段的任务要求不同，各类图纸所表达的内容、深度和方式也有差别。各类施工图里常包含园林建筑施工图、园林建筑结构施工图、园林建筑设备施工图。

本章以园林建筑施工图为主要讲解内容。

10.1.1 建筑物的组成部分、园林建筑类型和作用

10.1.1.1 建筑物的组成部分

各种建筑物虽然使用要求、空间组合、外形、规模等各不相同，并且由许多构件、配件和装饰装修件组成，但建筑物的组成部分（图 10-1）及其作用基本上是一致的，一般包括以下几个方面。

(1)起支承载荷作用、分隔空间的构件，如基础、墙（或柱）、楼（地）面和梁等；

(2)起防侵蚀或干扰作用的围护构件，如屋面、雨篷和外墙等；

(3)起沟通房屋内外及上下交通作用的构件，如门、走廊、楼梯和台阶等；

(4)起通风、采光作用的部分，如窗、漏窗、花饰等；

(5)起排水作用的部件，如天沟、雨水管和散水等；

(6)起保护墙身作用的结构，如勒脚和防潮层等。

10.1.1.2 园林建筑类型和作用

园林建筑的类型主要包括以下几类：

(1)游憩性建筑：常见类型包括亭、廊、花架、榭、舫等。如亭子提供遮阳避雨和短暂休憩之处，廊道则为游人串联景点、遮风挡雨，榭和舫则是临水而建，主要服务游客的休息和游赏需求。

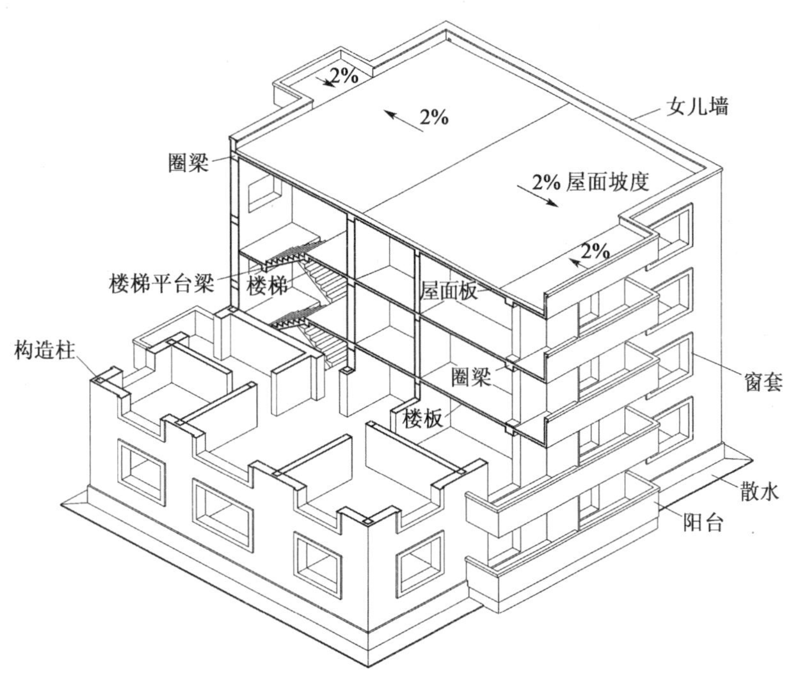

图 10-1　建筑物的组成部分

(2)园林建筑小品：如园灯、园椅、展览牌、景墙、栏杆等以装饰园林环境为主要目的，同时兼具一定的实用功能。

(3)服务性建筑：常见如小卖部、茶室、小吃部、餐厅、厕所等服务于游客日常生活需要的建筑设施，为游客提供饮食、购物、卫生设施，提升游览体验。

(4)文化娱乐设施：常见如游船码头、演出厅、露天剧场、展览厅等，包含各类用于举办活动、提供文化娱乐服务的建筑，丰富园林的文化内涵，满足游客参与互动、文化休闲娱乐的需求。

(5)办公管理设施：主要用于公园运营管理和科研工作的建筑，如公园大门、办公室、实验室、栽培温室等。动物园等特殊类型的园林还包括兽室等特定设施，用以照料和展示动物。

(6)交通建筑：分布于游览路线上的各类交通设施，包括栈道、桥梁，以及码头、船埠等，确保游客能够顺畅、安全地在园林内通行，自身也常常成为园林景观的重要组成部分。

园林建筑的类型多样且功能各异，它们共同构成了园林空间的骨架，既满足了实用功能需求，又极大地丰富了园林的艺术表现和游览体验。这些不同类型建筑的巧妙布局与和谐共生，是营造优美园林环境的关键要素(图 10-2)。

10.1.2　园林建筑设计阶段及园林建筑工程图分类

10.1.2.1　园林建筑的设计阶段分类

园林建筑的设计阶段一般分为方案设计、初步设计和施工图设计三个阶段，每个阶段的图纸表达也有一定的区别。

方案设计：是指在园林建筑项目实施之前，根据项目要求和所给定的条件确立的设计主题、项目构成、内容和形式的过程。园林建筑方案图通常包括平面图、立面图、剖面图和透视图等，初步展示建筑的布局、形态、结构和材料等。方案设计阶段是园林建筑设计的最初阶段，为初步设计、施工图设计奠定了基础，是具有创造性的一个关键环节。

初步设计：根据项目的任务书及建设方提供的各项条件，诸如地质勘测资料、经费和需求等，明确要求，收集资料，踏勘现场，调查研究，对建筑物的平面布置、立面和剖面的形式、主要尺寸、设计说明及有关经济指标等主要问题，进行反复综合构思，做出

图 10-2　梁思成注释《营造法式》殿堂(阁)型木构架

1.飞子　2.檐椽　3.橑檐方　4.斗　5.栱　6.华栱　7.下昂　8.栌斗　9.罗汉方　10.柱头方　11.遮椽板　12.栱眼壁　13.阑额　14.由额　15.檐柱　16.内柱　17.柱櫍　18.柱础　19.牛背槫　20.压槽方　21.平槫　22.脊槫　23.替木　24.襻间　25.驼峰　26.蜀柱　27.平梁　28.四椽栿　29.六椽栿　30.八椽栿　31.平棊方　32.托脚　33.乳栿(明栿月梁)　34.四椽明栿(月梁)　35.平棊方　36.平棊　37.殿阁照壁板　38.障日版(牙头护缝造)　39.门额　40.四斜毬文格子门　41.地栿　42.副阶檐柱　43.副阶乳栿(明栿月梁)　44.副阶乳栿(草栿斜栿)　45.峻脚椽　46.望板　47.须弥座　48.叉手

方案。绘制建筑总平面图、平面图、立面图、剖面图等初步设计图,必要时还要画出透视图和做出小比例模,并报送业主有关部门审批。

施工图设计:是园林建筑设计的最重要的一步,它包含了建筑物的平面布局、立面设计、剖面展示等多个方面。目的是使承包商和施工人员能够理解和实现设计师的意图,从而准确地完成建设项目。因此,施工图必须提供详细的细节和规格,包含建筑施工图、结构施工图、设备施工图,以确保园林建筑的质量和安全性。

10.1.2.2　园林建筑工程图分类

一套园林建筑工程施工图,根据其内容和作用的不同,一般分为:

(1)首面图。包括图纸目录和设计总说明、汇总表等。简单图纸可省略。

(2)园林建筑施工图(简称建施)。主要表达园林建筑设计的内容,包括建筑物的总体布局、内部各室布置、外部形状及细部构造、装修、设备和施工要求等。基本图纸包括建筑总平面图、建筑平面图、建筑立面图、建筑剖面图和建筑详图等。

(3)结构施工图(简称结施)。主要表达结构设计的内容,包括建筑物各承重结构的形状、大小、布置、内部构造和使用材料的图样。结构施工图包括基础平面图,基础剖面图,屋盖结构布置图,楼层结构布置图,柱、梁、板配筋图,楼梯图,结构构件图或表,以及必要的详图。

(4)设备施工图(简称设施)。主要表达设备设计的内容,包括各专业的管道、设备的布置及构造。基本图纸包括给排水(水施)、采暖通风(暖施)、电气照明(电施)等设备的布置平面图、系统轴测图和

详图。

在园林建筑工程图中，各类施工图所表达的建筑物配件、材料、轴线、尺寸（包括标高）和设备等必须统一，并互相配合与协调。

大型民用建筑一般应在初步设计和施工图设计之间增加一个技术设计阶段，主要探讨该项建筑计划的技术可行性、经济性、结构选型及其社会效益等。

10.1.2.3　园林建筑施工图的编排顺序

通常，一套简单的园林建筑施工图只有几张图纸，一套大型复杂建筑物的图纸则有几十张、上百张，甚至会有几百张之多。因此，为了便于看图，易于查找，应把这些图纸按顺序编排。

园林建筑工程施工图一般的编排顺序是：首面图（包括图纸目录、施工总说明、汇总表等）、建筑施工图、结构施工图、给水排水施工图、采暖通风施工图、电气施工图等。如果是以某专业工种为主体的工程，则应该另外编排突出该专业的施工图。

各专业的施工图应按图纸内容的主次关系系统地排列，如基本图在前、详图在后，总体图在前、局部图在后，主要部分在前、次要部分在后，布局图在前、构件图在后，先施工的图在前、后施工的图在后等。

10.1.3　园林建筑施工图的有关规定

为了保证绘图质量，提高效率，使表达统一，以方便阅读和交流，在绘图时，必须严格遵守国家标准中的有关制图规定。下面对有关标准进行介绍。

10.1.3.1　定位轴线

定位轴线是园林建筑施工图中借以定位、放线的重要依据。凡承重墙、柱子、大梁或屋架等主要承重构件应画出定位轴线以确定其位置，并在轴线端部的圆圈内注写出编号。非承重墙或次要承重构件的编写附加定位轴线。

定位轴线用细点画线绘制；定位轴线端部的圆圈用细实线绘制，直径为8～10 mm，其圆心应在定位轴线的延长线上或延长线的折线上，见图10-3(a)。

平面图上定位轴线的编号宜标注在图样的下方与左侧；必要时，图形上方和右侧也可标注。编号注写的方法是：横向编号应用阿拉伯数字，从左至右顺序编写；竖向编号应用大写拉丁字母，从下至上顺序编写。拉丁字母中的I、O、Z不得用作轴线编号，以免与数字1、0、2混淆。如字母数量不够使用，可增用双字母或单字母加数字注脚表示。圆形平面图中定位轴线的编号，其径向轴线宜用阿拉伯数字表示，从左下角开始，按逆时针顺序编写；其圆周轴线宜用大写拉丁字母表示，从外向内顺序编写。

定位轴线也可采用分区编号，编号注写的形式为："分区号-该区定位轴线编号"。分区号的表示同上述编号方式，采用阿拉伯数字或大写拉丁字母表示。如："1-2"或"1-A"，其中"1"为分区号，属一区；"2"或"A"为属于该区的定位轴线号。

附加定位轴线是对于一般不设定位轴线的非承重墙以及其他次要承重构件等，在必要时定位轴线之间附加的定位轴线。

附加定位轴线的编号应以分数形式表示，并应按下列规定编写：

(1)两根轴线之间的附加轴线应以分母表示前一轴线的编号；分子表示附加轴线的编号，用阿拉伯数字顺序编写，见图10-3(b)。

(2)1号轴线或A号轴线之前的附加轴线的分母应以01或0A表示，见图10-3(c)。

通用详图的定位轴线只画圆圈不标注轴号；对于详图上的轴线编号，若该详图同时适用多根定位轴线，则应同时注明各有关轴线的编号。

10.1.3.2　标高与等高线

1)标高

建筑物的标高是表示其各个部分对标高零点(±0.000)的相对标高。

标高符号的形式和画法如图10-4所示。引线的长度视需要填写标高数字等所占的长度而定。标高符号的尖端应指至被标注的高度，尖端可向上，也可向下[图10-4(c)]。

标高数值以m为单位，标注到小数点后第三位；在总平面图中，也可标注到小数点后一位。零点标高应标注成±0.000，正数标高不注"+"，负数标高应注"−"。标高数字应标注在标高符号的左侧或右侧。在同一位置需表示几个不同标高时，标高数字可按图10-4(d)的形式标注。

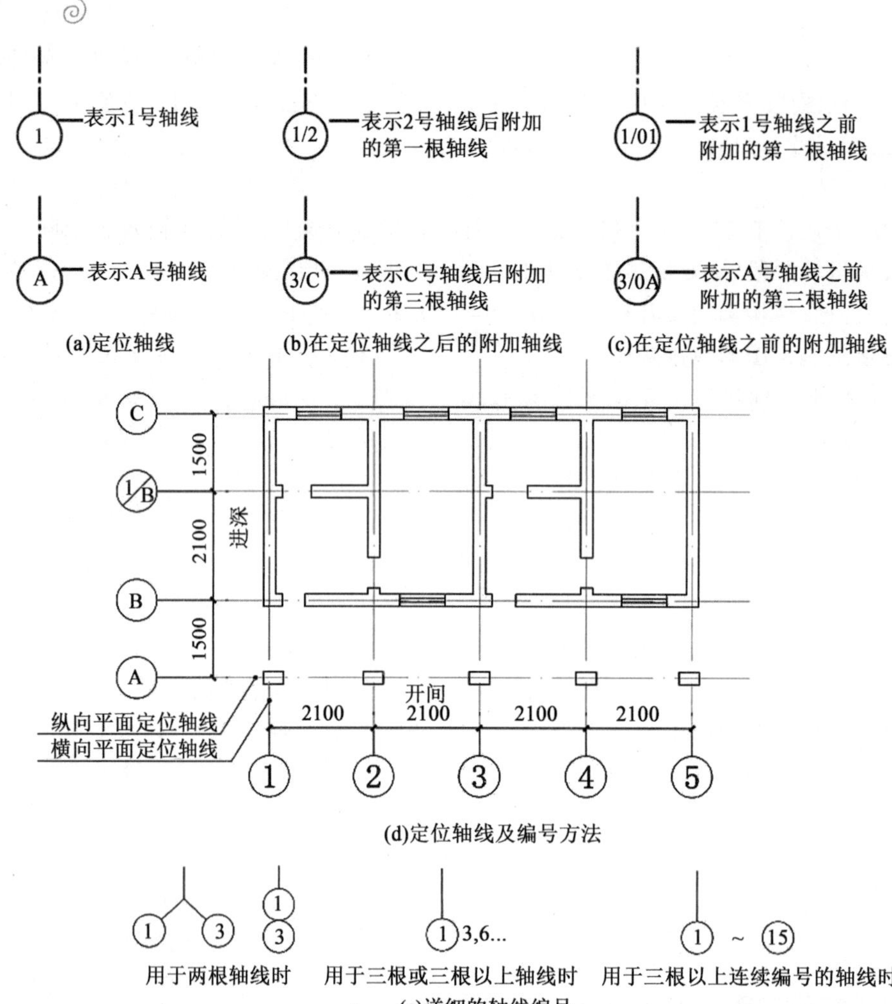

图 10-3　常见的定位轴线的标注形式

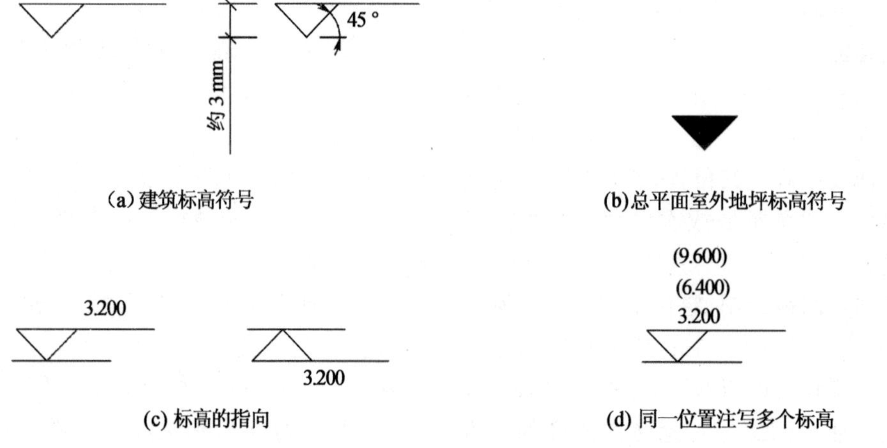

图 10-4　标高的标注

标高根据基准面的选定有绝对标高和相对标高两种。

绝对标高：我国规定，把我国东部青岛市附近的黄海平均海平面定为绝对标高的零点，其他各地标高均以它作为基准。

相对标高：根据工程需要选定标高的基准面，相对于该基准面的标高称为相对标高。一般将建筑物的室内首层地面的标高定为该建筑物的相对标高基准面，用“±0.000”表示，标高数字一般保留三位小数，总平图中可保留至第二位小数，不足部分用“0”补齐。相对标高与绝对标高的关系一般在总说明中说明。

标高根据所标注的部位不同，分为建筑标高和结构标高两种。

建筑标高：“建施”图中，标注在各部位的完成面的标高。

结构标高：“结施”图中，标注在结构构件的上、下表面处的标高(图 10-5)。

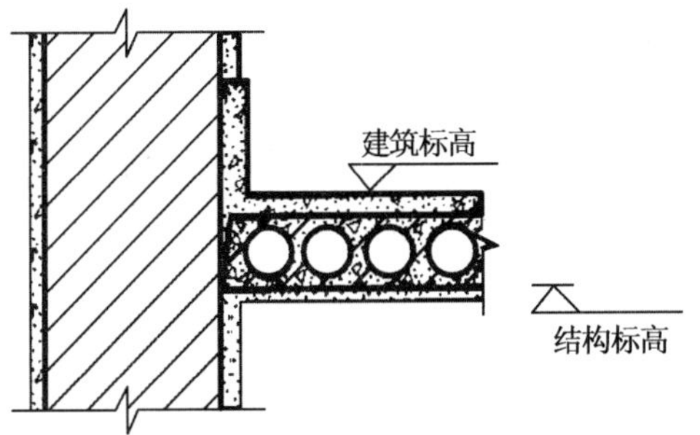

图 10-5　建筑标高和结构标高的标注

2)等高线

室外地面的标高也可采用等高线表示。

所谓等高线，就是假想用一组高差相等的水平面截切地形面，得到的一组高程不同的截交线。绘出地形面等高线的水平投影，并按规定将标高数字的字头朝向上坡方向标注，即得地形面的标高投影，工程上称为地形图(图 10-6)。

等高线有如下一些特性：①等高线一般是封闭曲线；②除悬崖峭壁的地方外，等高线不相交；③由等高线可以从平面图看出地形面的高低起伏。等高线越密表明其地势越陡；反之地势越平坦。若等高线的高程在中间位置高而外面低，则表示山丘；反之，则表示洼地。相邻两等高线的高度差和水平距离之比，就是该处的地面坡度。

10.1.3.3　图例

国标规定的图例是一种图形符号，用来表示建筑物的位置、配件、建筑材料及设计意图等。

(1)建筑材料图例如表 10-1 所示。绘图时在被剖切到的实体截断面(称为剖面区域)投影轮廓内应画出该物体相应的材料图例，且同一物体的各个剖面区域，其剖面线或材料图例的画法应一致；当不指明物体的材料时，可采用通用剖面符号(可按普通砖的图例)表示。

(2)建筑构造及配件图例，如表 10-2 所示。

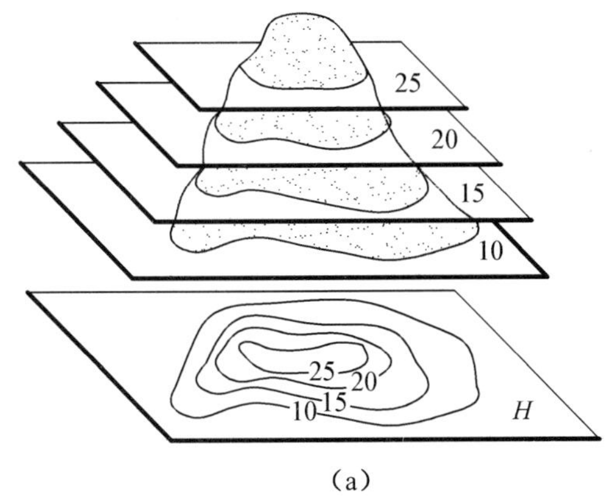

(a)

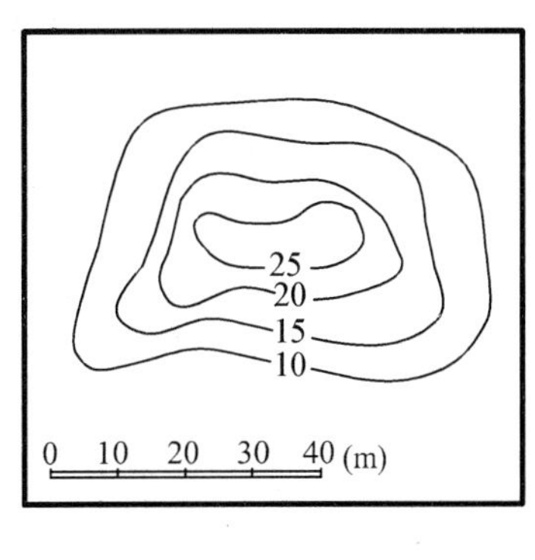

(b)

图 10-6　标高投影

表 10-1　常见建筑材料图例

序号	名称	图例	备注
1	自然土壤		包括各种自然土壤
2	夯实土壤		
3	砂、灰土		靠近轮廓线绘较密的点
4	沙砾石、碎砖三合土		
5	石材		
6	毛石		
7	普通砖		包括实心砖、多孔砖、砌块等砌体。断面较窄不易绘出图例线时，可涂红
8	耐火砖		包括耐酸砖等砌体
9	空心砖		指非承重砌体
10	饰面砖		包括铺地砖、马赛克、陶瓷锦砖、人造大理石等
11	混凝土		(1)本图例指能承重的混凝土及钢筋混凝土 (2)包括各种强度等级、骨料、添加剂的混凝土 (3)在剖面图上画出钢筋时，不画图例线 (4)断面图形小，不易画出图例线时，可涂黑
12	钢筋混凝土		
13	木材		(1)上图为横断面，上左图为垫木、木砖或木龙骨 (2)下图为纵断面
14	金属		(1)包括各种金属 (2)图形小时，可涂黑

表 10-2　园林建筑施工图常见的图例——门窗图例(GB/T 50104—2010)

名称	图例	备注
单扇门		(1)立面图图例中斜线表示开启方向和位置，实线表示向外开，虚线表示向内开(以下图例同) (2)两线相交处表示固定端(以下图例同) (3)本图例表示向外开，右侧为固定端，左侧为开启端

续表 10-2

名称	图例	备注
双扇门	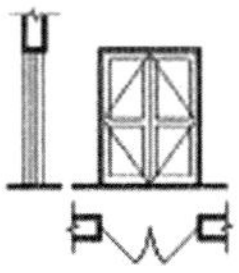	中间向外开，两侧为固定端
推拉门	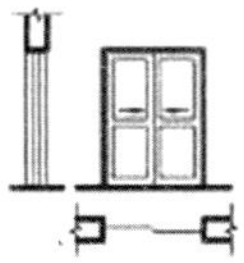	箭头指明推拉方向
单扇双面弹簧门	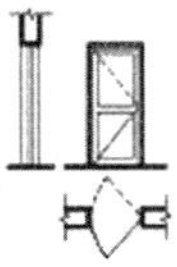	实线与虚线表示向内向外均可开启，右侧为固定端
双扇双面弹簧门	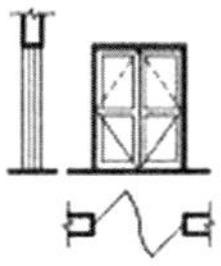	实线与虚线表示向内向外均可开启．两侧为固定端
新建的墙和窗	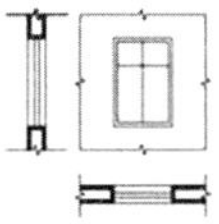	(1)窗的名称代号用 C 表示 (2)在平面图中，下为外，上为内 (3)在立面图中，开启线实线为外开，虚线为内开。开启线交角的一侧为安装合页一侧。开启线在建筑立面图中可不表示，在门窗立面大样图中需绘出 (4)在剖面图中，左为外，右为内，虚线仅表示开启方向，项目设计不表示 (5)附加纱窗应以文字说明，在平、立、剖面图中均不表示 (6)立面形式应按实际情况绘制
固定窗	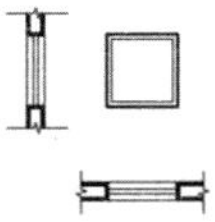	
单层外开平开窗	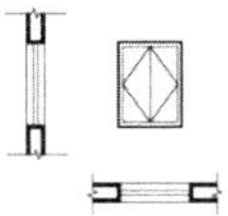	
单层推拉窗	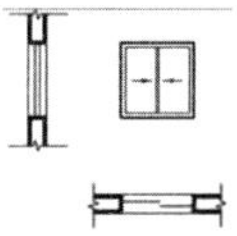	(1)窗的名称代号用 C 表示 (2)立面形式应按实际情况绘制
墙体	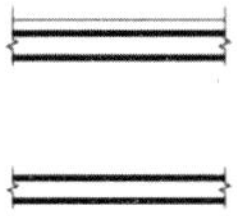	(1)上图为外墙，下图为内墙 (2)外墙细线表示有保温层或有幕墙 (3)应加注文字或涂色或图案填充表示各种材料的墙体 (4)在各层平面图中防火墙宜着重以特殊图案填充表示

续表 10-2

名称	图例	备注
台阶	下 下 下	上图为两侧垂直的门口坡道 中图为有挡墙的门口坡道 下图为两侧找坡的门口坡道
楼梯	下 下 上 上	(1)上图为顶层楼梯平面,中图为中间层楼梯平面,下图为底层楼梯平面 (2)需设置靠墙扶手或中间扶手时,应在图中表示
电梯		(1)电梯应注明类型,并按实际绘出门和平衡锤或导轨的位置 (2)其他类型电梯应参照本图例按实际情况绘制

10.1.3.4　索引符号与详图符号

索引符号:在图样中需要绘制详图的某一局部或构件处,注明详图的编号和详图所在图纸(图 10-7)。

如图 10-7 所示,索引符号是用一引出线指出所画详图的地方,在线的另一端绘一个直的细实线圆。引出线对准圆心,圆圈内画出水平直径,上半圆中用阿拉伯数字注明该详图的编号,下半圆中用阿拉伯数字注明该详图所在图纸的编号。索引出的详图与被索引的图样同在一张图纸内,则在下半圆中画一段水平细实线。索引出的详图,如采用标准图,应在索引符号水平直径的延长线上标注该标准图集的编号。

当索引符号用于表示索引剖面详图时,则在被剖切的部位绘制剖切位置线,并以引出线引出索引符号,引出线所在的一侧为投射方向。

详图符号:详图中注明详图的编号和位置(被索引的详图所在图纸的编号)的符号。详图符号用粗实线圆圈表示,直径为 14 mm。详图与被索引的图样同在一张图纸内时,应在符号内用阿拉伯数字注明详图编号。如不在同一张图纸内,可用细实线在符号内画一条水平直径,在上半圆中注明详图编号,在下半圆中注明被索引图纸号。

对零件、钢筋、杆件、设备等的编号,以直径为 4～6 mm(同一图样应保持一致)的细实圆表示,其编号应用阿拉伯数字按顺序编写。

名称	符　号	说　明
详图的索引标志	5 / — 详图编号 详图在本张图纸上	细实线单圆直径应为 10 mm
	5 / — 局部剖面详图的编号 剖面详图在本张图纸上	详图在本张图纸上
	5 / 4 详图的编号 详图所在的图纸编号	详图不在本张图纸上
	5 / 4 局部剖面详图的编号 剖面详图所在的图纸编号	
	J103 5 / 4 标准图册编号 详图的编号 详图所在的图纸编号	标准详图
详图的标志	5 详图的编号	粗实线单圆直径应为 14 mm 被索引在本张图纸上
	5 / 2 详图的编号 被索引的图纸编号	被索引的不在本张图纸上

图 10-7　详图索引的符号

10.1.3.5　引出线

对图样中某些部位由于图形比例较小，其具体内容和要求无法在图形中标注时，常采用引线标注。

引出线应采用细实线绘制，宜采用水平方向的直线，或以与水平方向成 30°、45 °、60°、90°的直线，或经由上述角度再折为水平直线。文字说明宜注写在横线的上方；也可以注写在横线的端部；索引详图的引出线应对准索引符号的圆心。

同时引出几个相同部分的引出线，宜互相平行；也可绘成集中于一点的放射线。

10.1.3.6　对称符号

若图形本身是对称的，可在图形的对称中心线上绘对称符号，这样可省略绘出图形的对称部分。

对称符号由对称线及其两端的两对平行线组成。对称线采用细点画线绘制。平行线用细实线绘制，其长度宜为 6～10 mm，每对的间距宜为 2～3 mm。对称线垂直平分于两对平行线，两端超出平行线宜为 2～3 mm(图 10-8)。

图 10-8　对称符号

10.1.3.7　指北针与风向频率玫瑰图

指北针的形状如图 10-9 所示，其圆的直径为 24 mm，用细实线绘制；指针头部应注写出“北”或“N”字，指针尾部宽度宜为直径的 1/8。

风向频率玫瑰图也称风玫瑰图(图 10-10)。它是根据当地多年平均统计的各个方位(一般用 12 个或 16 个罗盘方位表示)上吹风次数的百分率，以端点到中心的距离按一定比例绘制而成。由各方位端

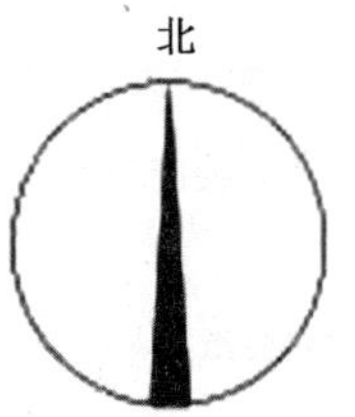

图 10-9　指北针图

点指向中心的方向为吹风方向。有箭头的为北向。实线范围表示全年风向频率；虚线范围表示夏季风向频率，按 6 月、7 月、8 月统计。图 10-10 中该地区全年最大风向频率为北风，夏季为东南风。

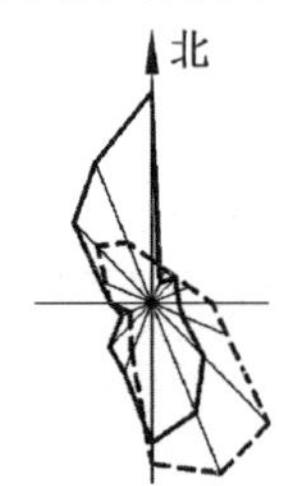

图 10-10　风向频率玫瑰图

10.1.4　园林建筑工程施工图的阅读

施工图是根据投影理论和图示方法及有关专业知识绘制，用以表示园林建筑设计及构造、结构做法的图样。因此，看懂施工图纸的内容，要做到：

(1)必须掌握投影原理和图示方法。

(2)必须熟悉图示图例、符号、线型、尺寸和比例的意义及有关文字说明的含义。

(3)必须善于观察、了解、熟悉园林建筑的组成和基本构造。

(4)必须明确各种工程施工图的图示内容和作用，注意各种图样间的互相配合和联系。

(5)对全套图纸来说，读图时，先看总说明和首面图，后依照建施、结施、设施的顺序阅读，然后再深入看构件图。并按照先整体后局部，先图标、文字后图样，先图形后尺寸，依次有联系地、综合地仔细阅读。先通读以概括了解工程对象的建设区域、周围环境、建筑物的形状、大小、结构形式和建筑关键部位等工程概况。

(6)在通读基础上，了解各类图纸之间的联系，进一步结合专业要求，重点深入地阅读各不同类别的图纸。“建施”图，应先阅读平、立、剖面图，后读详图；“结施”图，应先阅读基础施工图、结构布置平面图，后读构件详图。

10.2　园林建筑施工图

在绘制园林建筑施工图之前，应根据建筑物的复杂程度、施工要求和表达内容的需要，对图样的数量进行全面考虑。并根据各种图样所表达的内容、投影关系、图形大小及其他内容(如图名、尺寸、标高、文字说明及表格等)的表达要求，进行合理的幅面布置。然后，按“平→立(剖)→剖(立)→详图”的顺序进行绘制。

10.2.1　建筑总平面图

10.2.1.1　建筑总平面图的内容和作用

建筑总平面图，简称总平面图，它表示拟建建筑物所在基地一定范围内的总体布置，反映拟建建筑物、构筑物等的平面形状、位置和朝向，室外场地、道路、绿化区域等的平面布置，场地的地形、地貌、标高及其与周围环境(如原有建筑、道路、绿化、地形、地貌)的关系。必要时还要画出该地区的给排水、供热、供气、供电等一系列管线的平面布置。

图 10-11 是某住宅小区的总平面图，该图采用的比例为 1∶500。从图中等高线的变化，可见该地区的地势由东向西逐渐升高，其中西北角坡度较大(等高线较密)，南部为平整后的场地。从图中可见新建工程为住宅 3、4 号楼(四层)两幢。这两幢楼的首层地面设计标高均为 23.05 m。新建楼房的西面、北面为原有综合楼(五层)、住宅 1、2 号楼(六层)等建筑，东面有规划扩建的建筑。

总平面图是拟建建筑物、构筑物定位、施工放线、土方施工以及绘制水、暖、电等管线总平面图和施工总平面图的依据。

10.2.1.2　总平面图的画法

由于总平面图包括的范围较广，一般采用如

1∶500、1∶1000、1∶2000 等较小比例绘制，图 10-11 所采用的比例为 1∶500。由于比例小，所绘图样采用图例表示。其常用图例画法及线型要求见表 10-3 总平面图图例。

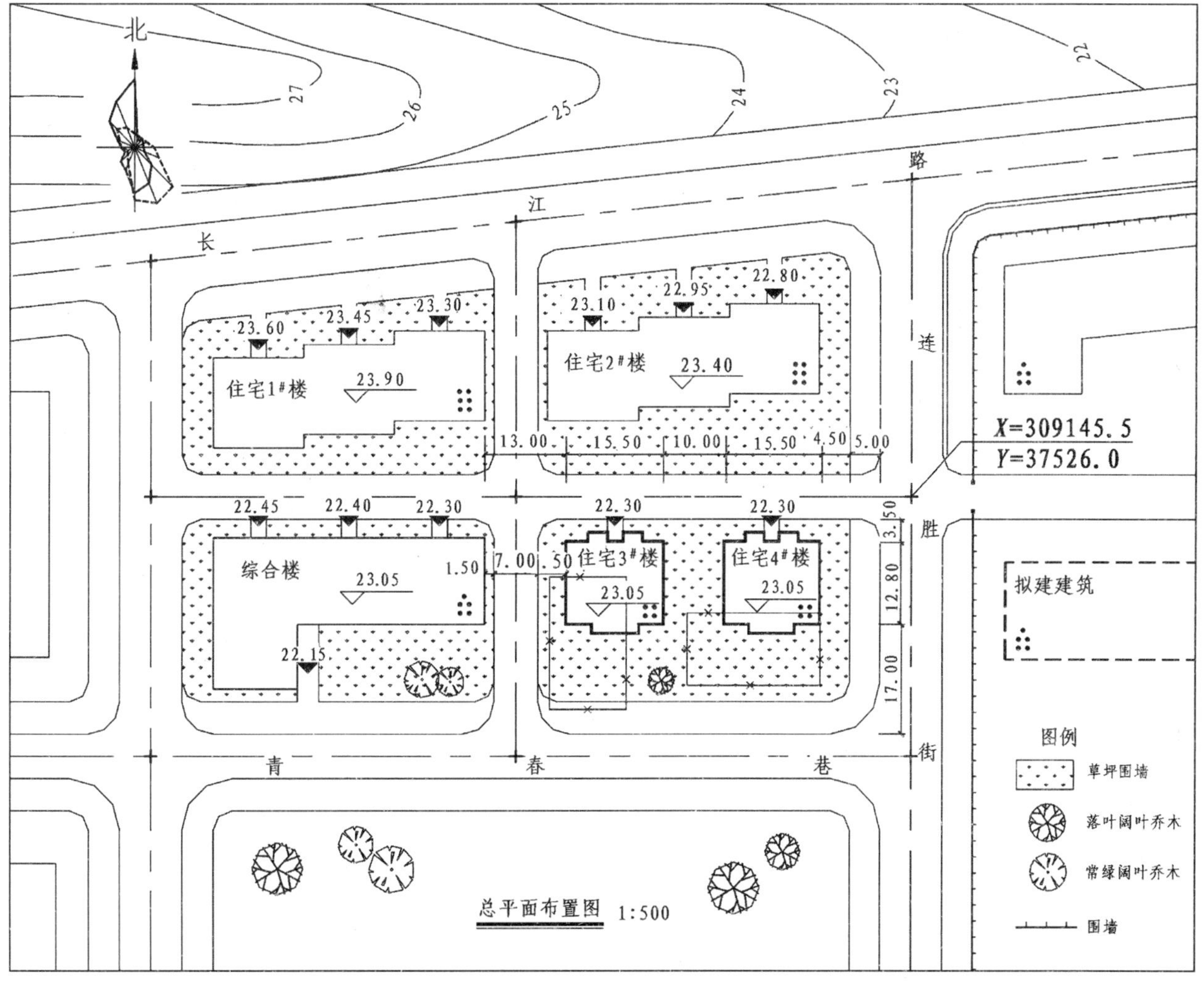

图 10-11　总平面图

表 10-3　总平面图图例

名称	图例	备注	名称	图例	备注
新建建筑物	▼ 8	(1)需要时，可用▲表示出入口，可在图形内右上角用点或数字表示层数 (2)建筑物外形用粗实线表示	新建的道路	0.6 101.00 R9 150.00	“R9”表示道路转弯半径为 9 m，“150.00”为路面中心控制点标高，“0.6”表示 0.6%的纵向坡度，“101.00”表示变坡点间距离
原有建筑物		用细实线表示	原有道路		

续表 10-3

名称	图例	备注	名称	图例	备注
计划扩建的预留地或建筑物		用中粗虚线表示	计划扩建的道路		
拆除的建筑物		用细实线表示	常绿针叶树		
围墙及大门		仅表示围墙时不画大门	落叶阔叶乔木		
填挖边坡		(1)边坡较长时,可在一端或两端局部表示 (2)下边线为虚线时表示填方	常绿阔叶灌木		
护坡			花坛		
室内标高	51.00(±0.00)	"51.00"为绝对标高 "±0.00"为相对标高 数字平行于建筑物书写	草坪		
室外标高	▼143.00 ●143.00	室外标高也可采用等高线表示	植草砖铺地		
坐标	X105.00 Y425.00	上图表示测量坐标 下图表示施工坐标	雨水口		
	A105.00 B425.00		消火栓井		

总平面图中标高和尺寸均以 m 为单位,一般标注到小数点以后第二位,均为绝对标高。

总平面图中常用原有建筑物或道路来定位,也可根据坐标(测量坐标或施工坐标)来定位,特别是工程较大、项目较多时一般都采用直角坐标网格来定位。直角坐标网格用细实线绘制,有测量坐标网格与施工坐标网格两种。测量坐标网格是指在地形图上绘制正方形的坐标网格图,并以竖轴为 x 轴,横轴为 y 轴;施工坐标网格是指将工程区域范围内的某一个点定为 O(称坐标原点),且以竖轴为 A 轴,横轴为 B 轴。在绘图时上述两种坐标网格可以采用与地形图同一比例尺,如 50 m×50 m 或 100 m×100 m 为一方格。放线时根据现场已有点的坐标,用仪器导测出建筑物或构筑物的坐标。总平面图除了一些较为简单的工程外,一般都画在有等高线或画有坐标网格的地形图上。

总平面图应按上北、下南的方向绘制。可根据场地形状与布局,向左或右偏转,但不宜超过 45°。图中应该绘出指北针或风玫瑰图以表示朝向。

10.2.1.3 建筑总平面图的读图

(1)应该先看图标、图名、图例及有关文字说明,对工程图作概括了解;

(2)了解工程性质、用地范围、地形地貌和周围情况;

(3)根据标注的标高和等高线,了解地形高低、雨水排除方向;

(4)根据坐标(标注的坐标或坐标网格)了解拟建建筑物、构筑物、道路、管线和绿化区域。

(5)指北针和风玫瑰图,了解建筑物的朝向及当地常年风向频率和风速。

10.2.2 园林建筑平面图

10.2.2.1 园林建筑平面图的形成和图示方法

在建筑物的门窗洞口处以水平面进行剖切,剖切面以下部分在水平投影面上得到的剖面图，简称平面图。

当建筑物的各层都不一样时，每层都应绘制平面图，且在图的下方中间位置注明相应的图名，并在图名的下方画一粗实线。平面图以所表示的楼层作为图名，如首层平面图(也称底层平面图或一层平面图)、二层平面图等。某些平面布置相同的楼层可用一个平面图表示，该平面图称为标准层平面图。此外，还有表示屋面水平投影的屋面平面图及根据需要绘制的局部平面图。

若房屋平面布置左右对称，绘制平面图时可按对称表示方法，将两层平面合绘在同一图上，左边画出一层的左半，右边画出另一层的右半，中间用对称符号作分界线，并在图的下方左右两边分别注明图名。

10.2.2.2　园林建筑平面图的内容及作用

如图 10-12 底层平面图所示，平面图主要用以反映建筑物的建筑面积、平面形状；房间布置、大小、标高、名称(或编号)及平面交通情况；墙(或柱)的位置、厚度和材料；门、窗的置、类型、大小、开启方向及编号；其他构、配件，如阳台、台阶、花台、雨篷、雨水管、散水等的位置及大小；承重结构的轴线及编号；剖面图的剖切位置线及其编号等。

底层平面图除表示该层的内外形状外，还表示室外的台阶、花池、散水、明沟等形状的位置，还标注出剖面图的剖切位置线、剖面投影方向线与编号，以便与剖面图对照查阅，还需画出指北针，以表示房屋的朝向。

屋面平面图反映屋面部位的设施和建筑构造。屋面平面图一般表示女儿墙、检查孔、天窗、变形缝等设施及屋面排水分区；屋面坡度、檐沟、分水线与落水口的位置、尺寸、用料和构造等；还表示有关设备、设施，如水箱、楼梯间、电梯机房、爬梯等及其他构筑物和索引符号。

在建筑平面图是施工图中，最基本的图样之一是施工放线、砌墙、门窗安装和室内装修以及编制预算的重要依据。

10.2.2.3　园林建筑平面图的绘图方法与步骤

1)画出定位轴线

平面图中用轴线表示各部分的准确位置，轴线间的距离由建筑物的使用功能和结构形式确定。绘图时先画出定位轴线，再画其他结构就有了画图的基准，见图 10-12(a)。

2)画出墙、柱轮廓线

根据墙身的厚度和柱的大小及它们与轴线的有关位置，画出墙身、墙墩及柱子的轮廓线，见图 10-12(b)。

3)画出细部

画出门、窗和其他细部，如门、窗洞、楼梯、台阶、卫生间、阳台、散水、花台等，见图 10-12(c)。

4)检查并加深图线

检查全图，确认无误后擦去多余的作图线，按国标关于图线的有关规定加深图线。对剖切到的墙、柱等的截断面轮廓线采用粗实线；门的开启线(45°斜线)及其他未剖切到的构造可见轮廓线、尺寸起止符号等用中实线；其余如尺寸线、尺寸界线等用细实线，见图 10-12(d)。

5)标注尺寸

尺寸标注应标注出定形尺寸、定位尺寸和总尺寸，以确定房屋的建筑面积(建筑物首层外墙外边线所包围的面积)、房间的净面积、居住面积(居住面积= 居住及厅的净面积)和平面利用系数 K[K =(居住面积/建筑面积)×100%]。因此，标注尺寸应包括建筑物的外部尺寸和内部尺寸。在平面图上所标注的尺寸以 mm 为单位，标高以 m 为单位。

一般在平面图的下方及左侧注出三道尺寸。第一道尺寸(最外一道)为外轮廓的总尺寸，表示建筑物(从一端外墙边到另一端外墙边)的总长或总宽度尺寸。第二道尺寸表示轴线间距，说明房间的开间(相邻横向两轴线之间的距离)及进深(相邻纵向两轴线之间的距离)的尺寸，反映房间的大小及各承重构件的位置。第三道尺寸表示各细部的位置及大小，如表示门、窗洞宽和位置，墙垛、墙柱等的大小和位置，窗间墙宽等的详细尺寸。

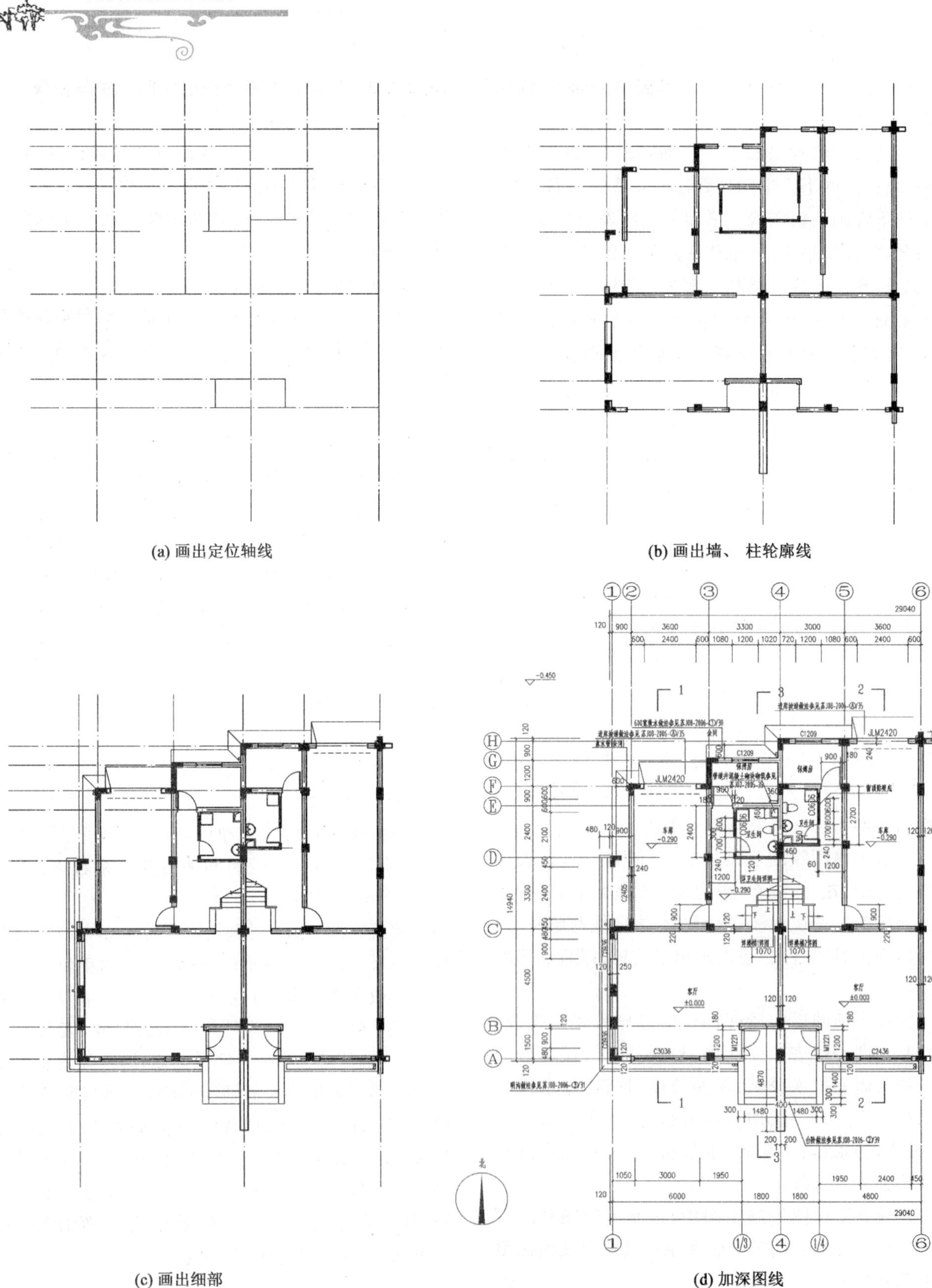

(a) 画出定位轴线

(b) 画出墙、柱轮廓线

(c) 画出细部

(d) 加深图线

图 10-12　园林建筑平面图的绘图方法与步骤

标注三道尺寸时，尺寸线与尺寸线之间应有适当的距离（一般为 7～10 mm，且第三道尺寸应离图形最外轮廓线 10～15 mm），以便标注尺寸数字及剖切位置线。

如建筑物的前后、左右都不对称，则平面图上四边都需标注尺寸，但这时右边和上边可只标注出第二道（轴线尺寸）和第三道（细部尺寸）。在首层平面图中，台阶（或坡道）、花池及散水等细部结构的尺寸可单独标注。

为了说明建筑物室内房间的开间和进深的净尺寸，室内的门窗洞、墙、柱、梁和固定设备的大小、厚度和位置及室内楼、地面的高度，在平面图上应标注出有关的内部尺寸和楼、地面标高。楼、地面标高是标明各房间的楼、地面对标高零点（注写为±0.000）的相对标高。

一般内部尺寸分两道标注：一道尺寸标注内墙厚度及房间的开间和进深的净尺寸（即房间内墙各内表面间的距离）；另一道是标注内墙上门、窗、墙、柱的尺寸，以及墙、柱与轴线的平面位置尺寸关系等尺寸。另外，如需要还应标注出墙上孔洞的大小、位置、洞底标高等。

6）注写文字说明

注写内容有：房间名称、门窗代号、轴线编号、详图索引、剖切位置线、图名、比例及施工说明等其他文字说明。

建筑图中的门窗一般都采用标准配件。在平面图中每一门窗都用代号表示，门窗的图例及其编号反映它的类型、数量及其位置。具体的标注方法，如门用代号 M 表示，窗用代号 C 表示。其类型则在代号右下侧处标注出编号加以区别，如 M_1，M_2…；C_1，C_2，…。同一编号表示同一类型的门窗，其构造和尺寸一样；也可直接用标准图集中的代（编）号。每一工程的门窗编号、规格、型号、数量一般都有汇总表说明。在标注时，也有在门窗代（编）号后面直接用数字表示出门窗洞口的宽度和高度尺寸，如 $M_2$0924，$C_2$1218。其中前两位数字表示宽，即 09 和 12 表示门、窗的宽度分别为 900 mm 和 1200 mm；后两位数字表示高，即 24 和 18 表示门、窗的高度分别为 2400 mm 和 1800 mm。

7）标明朝向

在首层平面图上绘出指北针，表示建筑物的朝向。

8）其他

检查并完成全图。

10.2.2.4　园林建筑平面图的读图

从上述可见，建筑平面图（图 10-13）的内容是以图形、符号、代号、图例、数字及文字来说明。读图就是识读图样上的图示意义，并结合专业知识看懂图示内容。

读图的一般方法和步骤如下：

（1）了解图名、层次、比例，纵、横定位轴线及其编号（图 10-13 和图 10-14）。

（2）明确图示图例、符号、线型、尺寸的意义。

（3）了解图示建筑物的平面布置：如房间的布置、分隔，墙、柱的断面形状和大小，楼梯的梯段走向和级数等，门窗布置、型号和数量，房间其他固定设备的布置，在底层平面图中表示的室外台阶、明沟、散水坡、踏步、雨水管等的布置。

（4）了解平面图中的各部分尺寸和标高。通过外、内各道尺寸标注，了解总尺寸、轴线间尺寸，开间、进深、门窗及室内设备的大小尺寸和定位尺寸，并由标注出的标高了解楼、地面的相对标高。

（5）了解建筑物的朝向。

（6）了解建筑物的结构形式及主要建筑材料。

（7）了解剖面图的剖切位置及其编号、详图索引符号及编号。

（8）了解室内装饰的做法、要求和材料。

（9）了解屋面部分的设施和建筑构造的情况，对屋面排水系统应与屋面做法表和墙身剖面图的檐口部分对照识读。

10.2.3　园林建筑立面图

10.2.3.1　园林建筑立面图的形成和图示方法

建筑物在与其立面平行的投影面上投射得到的投影图，称为建筑立面图，简称立面图（图 10-15）。

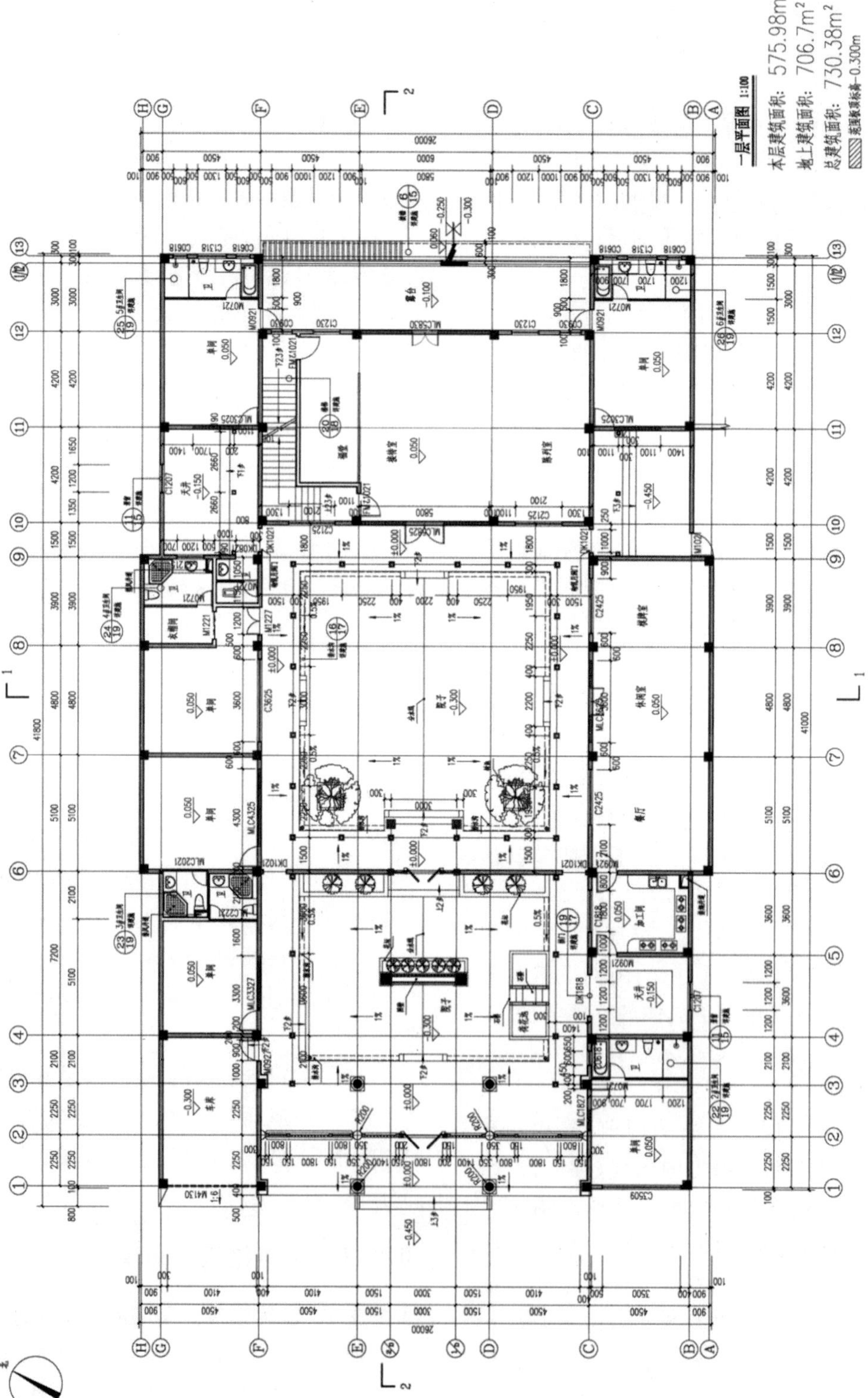

图10-13　园林建筑一层平面图

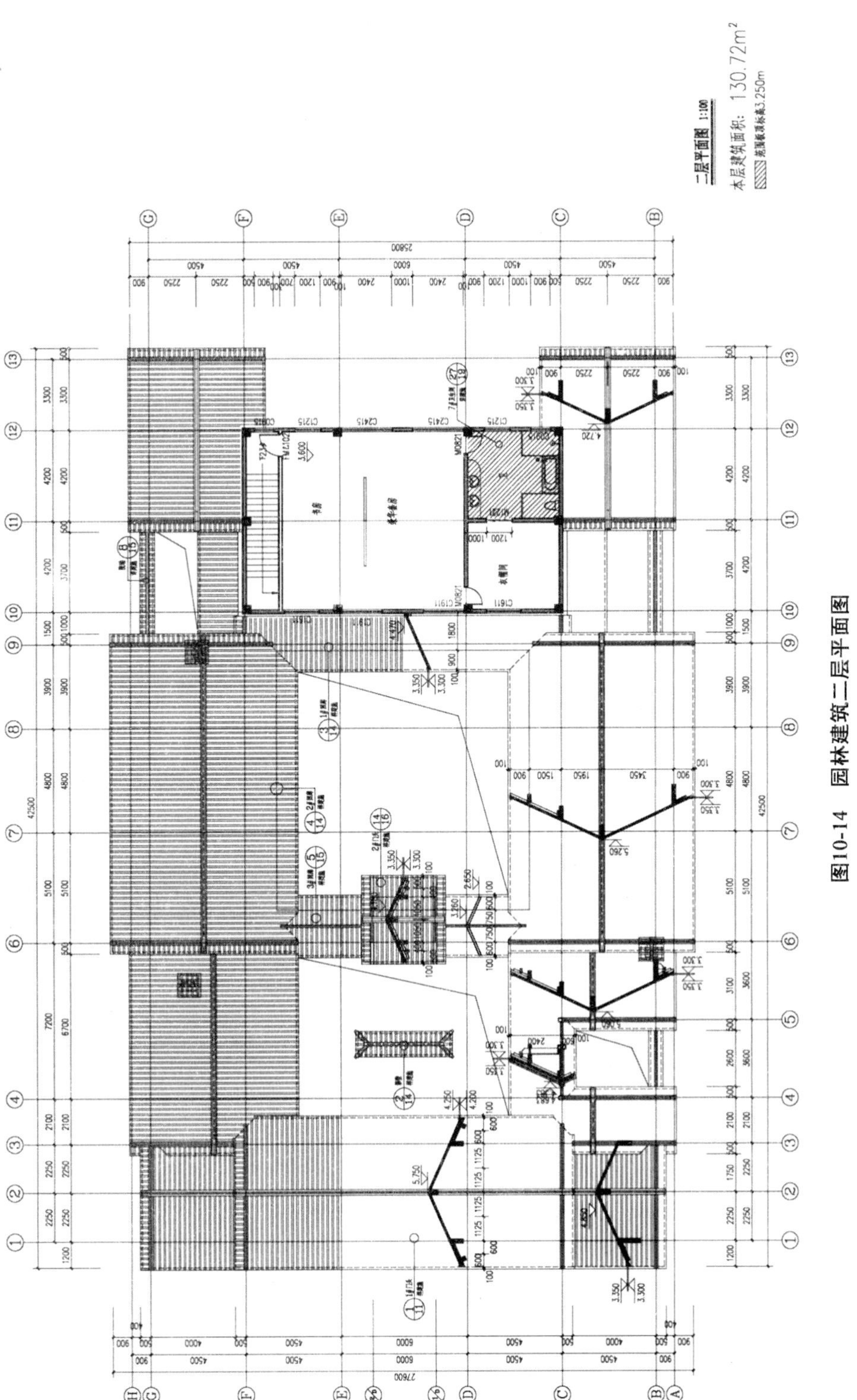

图10-14 园林建筑二层平面图

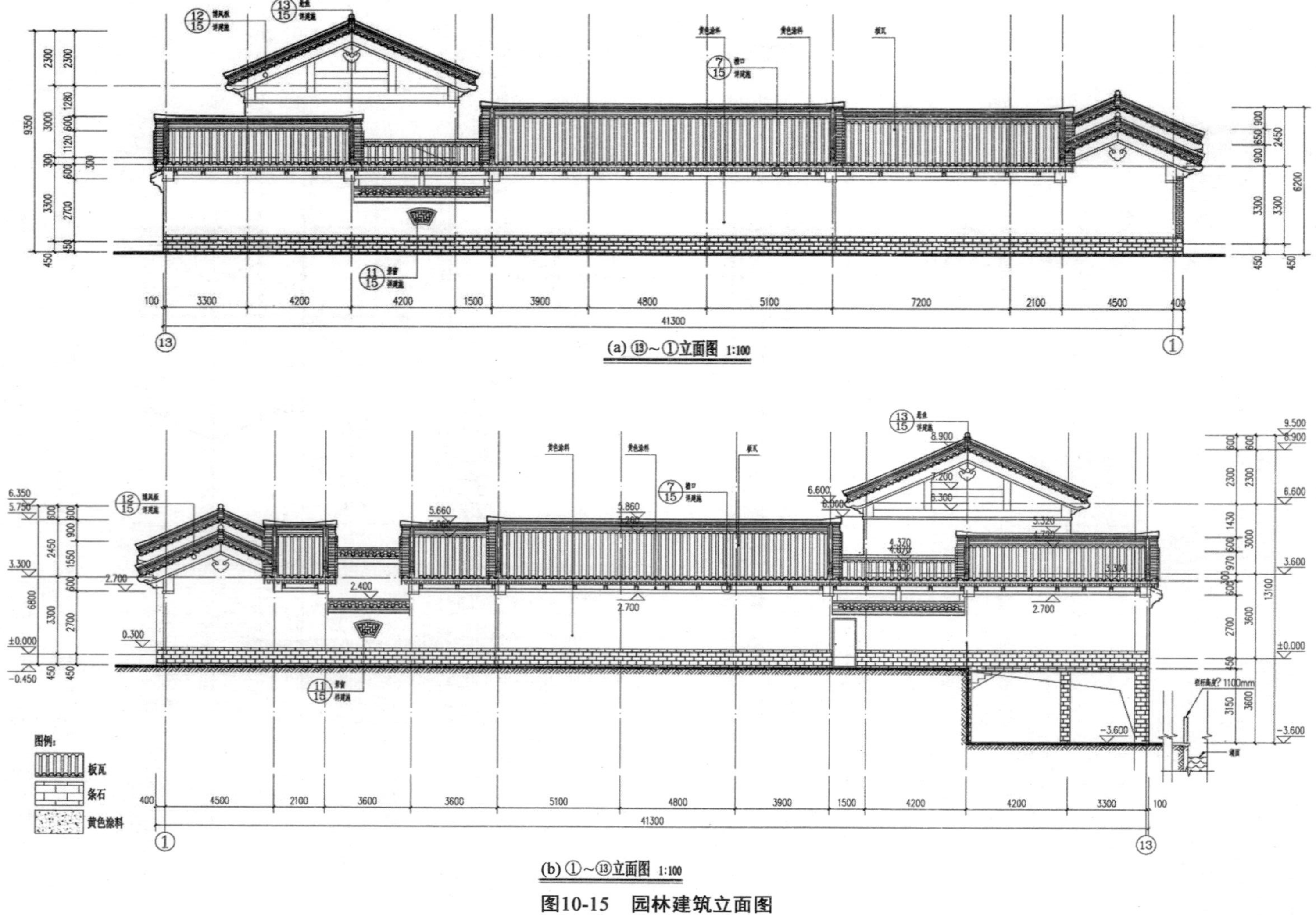

(a) ⑬~①立面图 1:100

(b) ①~⑬立面图 1:100

图10-15 园林建筑立面图

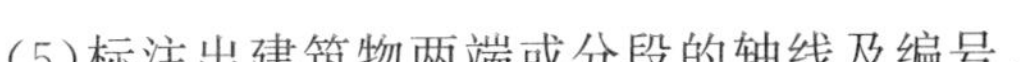

建筑物的立面图可有多个，通常把反映主要出入口或比较显著地反映建筑物的外貌特征的那一个立面图作为正立面图，并相应地确定其背立面图和左、右侧立面图；有定位轴线的建筑物可根据两端定位轴线编号注出名称，如①～⑦立面图等；无定位轴线的立面图也可以平面图各面的朝向来命名，如东立面图、南立面图、西立面图、北立面图等。

建筑物立面图上，相同的门窗、阳台、外檐装修、构造做法等细部只分别画出一两个作为局部重点，绘出其完整图形，其他都可以简化，只需绘出它们的轮廓线。

对称的建筑物可采用对称简化画法。如左右对称的建筑物，可采用正立面图和背立面图合并成一个图形表示，这时在对称轴线处画对称符号。

对于平面为回字形的建筑物，它的局部立面可在相关的剖面图上附带表示。如不能表示，则应单独画出。

立面图上需标注外部材料和做法，如对有花纹、装饰的结构，在立面图上不能表示清楚时，可采用局部剖面的方法表示，另外绘出相应的详图。

10.2.3.2　园林建筑立面图的内容和作用

画图主要反映建筑物的外貌和立面装修的做法，如图 10-15 立面图所示。其基本内容有：

(1)表示建筑物的外形。反映室外的地坪线，房屋的勒脚、台阶、花台、门、窗、雨棚、阳台，室外楼梯、墙、柱，外墙的预留孔洞、檐口，屋顶的女儿墙、隔热层、雨水管及墙面分格线或其他装饰构件等的形式和位置。

(2)注出标高，反映建筑物的总高度和外墙的各主要部位的高度。如室外地面、台阶、窗台、门窗顶、阳台、雨篷、檐口、屋顶的女儿墙等处的完成面，以及墙面分格线等的高度。立面图上一般不标注高度方向的线性尺寸，但对于外墙预留洞口除应标注标高外，还应标注出大小及定位尺寸。

(3)用图例和文字说明外墙面的装修材料及做法。由此可表示建筑物的外墙所用材料及饰面的价格。

(4)标注出各部分构造、装饰节点详图的索引符号及墙身剖面图的位置。

(5)标注出建筑物两端或分段的轴线及编号。

立面图在设计阶段用以表现、研究建筑物的外观造型，在施工阶段为室外装修提供做法要求和依据。

10.2.3.3　园林建筑立面图的绘图方法与步骤

立面图的作图比例，一般取与平面图相同。具体作图方法与步骤如图 10-16 所示。

(1)画出室外地坪线、外墙轮廓线和屋顶轮廓线。其中，外墙轮廓线根据平面图的外部第一道尺寸画出，并根据平面图尺寸画出两端轴线。见图 10-16(a)。

(2)画出门窗位置和大小，根据平面图图示位置和宽度画出，见图 10-16(b)。

(3)画出门窗、窗台、台阶、雨篷、阳台、花池、勒脚、檐口、落水管等细节。对于门窗扇、檐口构造、阳台栏杆和墙面的复杂装修，画出其完整图形，其细部只在局部作重点表示，其余部分只画轮廓线，而详细的构造和做法则用详图或文字或列表说明，见图 10-16(c)。

(4)画出外墙装饰和墙面分格线等。

(5)检查并加深图线。应根据国标的有关规定加深图线，对屋面和外墙等最外的轮廓线采用粗实线；勒脚、窗台、门窗洞、檐口、阳台、雨篷、柱、台阶和花池等细部用中实线；门窗扇、栏杆、雨水管和外墙面分格线采用细实线；地坪线采用加粗实线，见图 10-16(c)。

(6)注写标高。立面图一般不标注线性尺寸，只标注完成面的标高。标高注在引出线上，一般注在图形外的左侧，若建筑物立面左右不对称时，左右两侧均应标注，并做到符号排列整齐、大小一致。标注的标高包括：室内外地坪、台阶、窗台、门窗顶、阳台、雨篷、檐口、屋顶的女儿墙等处的完成面，以及墙面分格线等的高度。如果需要标注线性尺寸，可标注高度方向完成面的两道尺寸：一道是房屋的总高度；另一道是门窗高度和门窗间墙的高度，可为预算工程量和考虑施工方法提供依据。

(7)注写施工说明、图名、比例及各部分构造、装饰及节点详图的索引符号等内容，并注出建筑物两端的轴线及编号。

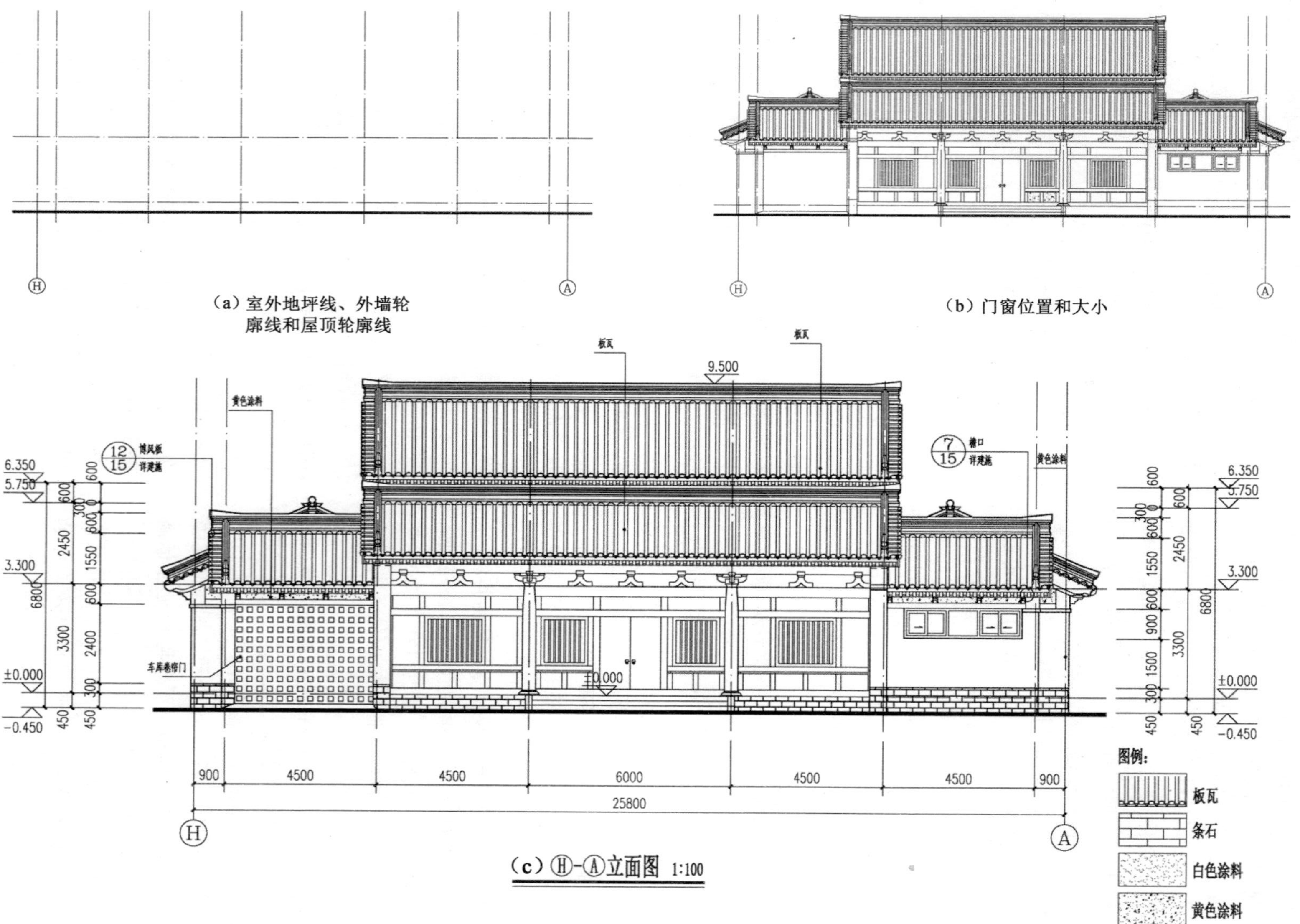

（a）室外地坪线、外墙轮廓线和屋顶轮廓线

（b）门窗位置和大小

（c）Ⓗ-Ⓐ立面图 1:100

图10-16 园林建筑立面图的绘图方法与步骤

10.2.3.4　园林建筑立面图的读图

(1)了解图名、比例和定位轴线编号。

(2)了解建筑物整个外貌形状;了解房屋门窗、窗台、台阶、雨篷、阳台、花池、勒脚、檐口、落水管等细部形式和位置。

(3)从图中标注的标高,了解建筑物的总高度及其他细部标高。

(4)从图上的图例、文字说明或列表,了解建筑物外墙面装修的材料和做法。

10.2.4　园林建筑剖面图

10.2.4.1　园林建筑剖面图的形成

假想用一个或多个适当位置的铅垂剖切平面,将建筑物剖开,将剩余部分与剖切平面平行的投影面进行投射,所得的正投影图称为建筑剖面图,简称剖面图(图 10-17)。

建筑剖面图的数量根据建筑物的具体情况和实际需要决定,可绘制一个或多个剖面图。剖切平面一般选择在内部结构和构造比较复杂和典型的部位,如通过门窗洞的位置、多层建筑的楼梯间或楼层高度不同的部位。剖面图的剖切面既可取横向(即垂直于屋脊线或平行于侧立面方向),也可取纵向(即平行于屋脊线或平行于正立面)。剖面图的图名应与平面图上标注的剖切平面的编号一致,如图 10-17 中 1-1 剖面图等。

剖面图中的截断面的材料图例、线型、粉刷面层线、楼地面的面层线等的表示原则及方法与平面图的处理相同。习惯上剖面图不画出基础,而在基础墙部位用折断线断开。剖面图采用的比例一般也与平面图、立面图一致。

10.2.4.2　园林建筑剖面图的内容和作用

建筑剖面图主要表示建筑内部的空间布置、分层情况,结构、构造的形式和关系,装修要求和做法,使用材料及建筑各部位高度(如房间的高度、室内外高差、屋顶坡度、各段楼梯的位置)等。

剖面图与平面图、立面图相互配合,作为施工的重要依据,是不可缺少的重要图样。

10.2.4.3　园林建筑剖面图的绘制方法与步骤

根据建筑物的具体情况选定剖切平面后,选用适当比例绘图。比例一般选用与平面图相同或适当放大的比例,通常选用 1∶500 或 1∶1000 具体绘图方法与步骤如图 10-18 所示。

(1)画出图形控制线,如地坪线、楼面线、屋面线和定位轴线,见图 10-18(a)。

(2)画出内外墙身、楼板层、地面层、屋面层、各种梁、女儿墙及压顶(或挑檐)的构造高度,见图 10-18(b)。

(3)画出门窗和楼梯的位置及其他细部结构,如门窗、雨篷、檐口、台阶、楼梯、楼梯平台和阳台等的位置、形状及图例。并画出其他未剖切到的可见部分的投影轮廓线,如墙面凹凸,门、窗、踢脚、梁、柱、台阶、阳台、雨篷、水斗、雨水管以及有关装饰等的形状和位置。一般不画出地面以下的基础部分,而在基础墙部位用折断线断开。基础部分由结构图中的基础详图表示。

(4)检查底图,加深图线,画出材料图例。

经检查底图无误后,按照国标规定的线型加深图线。剖面图中的截断面轮廓线采用粗实线表示;未被剖切到的可见部分轮廓线采用中实线表示;室内外的地坪线采用加粗实线表示,见图 10-18(c)。

剖面图上的材料图例及线型应与平面图一致。其粉刷面层线和楼面、地面的面层线,表示原则及方法与平面图的处理相同。

(5)注写尺寸、标高、图名、比例和文字说明。

在剖面图中必须标注高度方向的尺寸。对建筑物外部围护结构的尺寸标注,可标注出三道尺寸;最外侧的第一道为室外地面以上的总尺寸,若为坡屋面则为室外地坪面到檐口底面的尺寸,若为平屋面则为室外地坪面到女儿墙的压顶或檐口的上平面的尺寸;第二道尺寸为楼层高尺寸,即首层地面至二楼楼面和以上各层楼面到上一层楼面,顶层楼面到檐口处屋面等,以及室内外地面高差尺寸;第三道为门、窗洞及洞间墙的高度尺寸。此外,还应标注出某些局部尺寸。

在剖面图中注写出室内地面的建筑标高为相对标高的基准面(±0.000),并标注包括建筑外部,即室外地面、窗台、门窗顶、檐口、雨篷的底面和女儿墙的顶面及建筑轮廓变化部位的标高,以及建筑内部的底层地面、各层楼面和楼梯平台面的标高,室内的门、窗洞和设备等的位置和尺寸。在标注剖面图中的尺寸和标高时应注意与平面图和立面图一致。

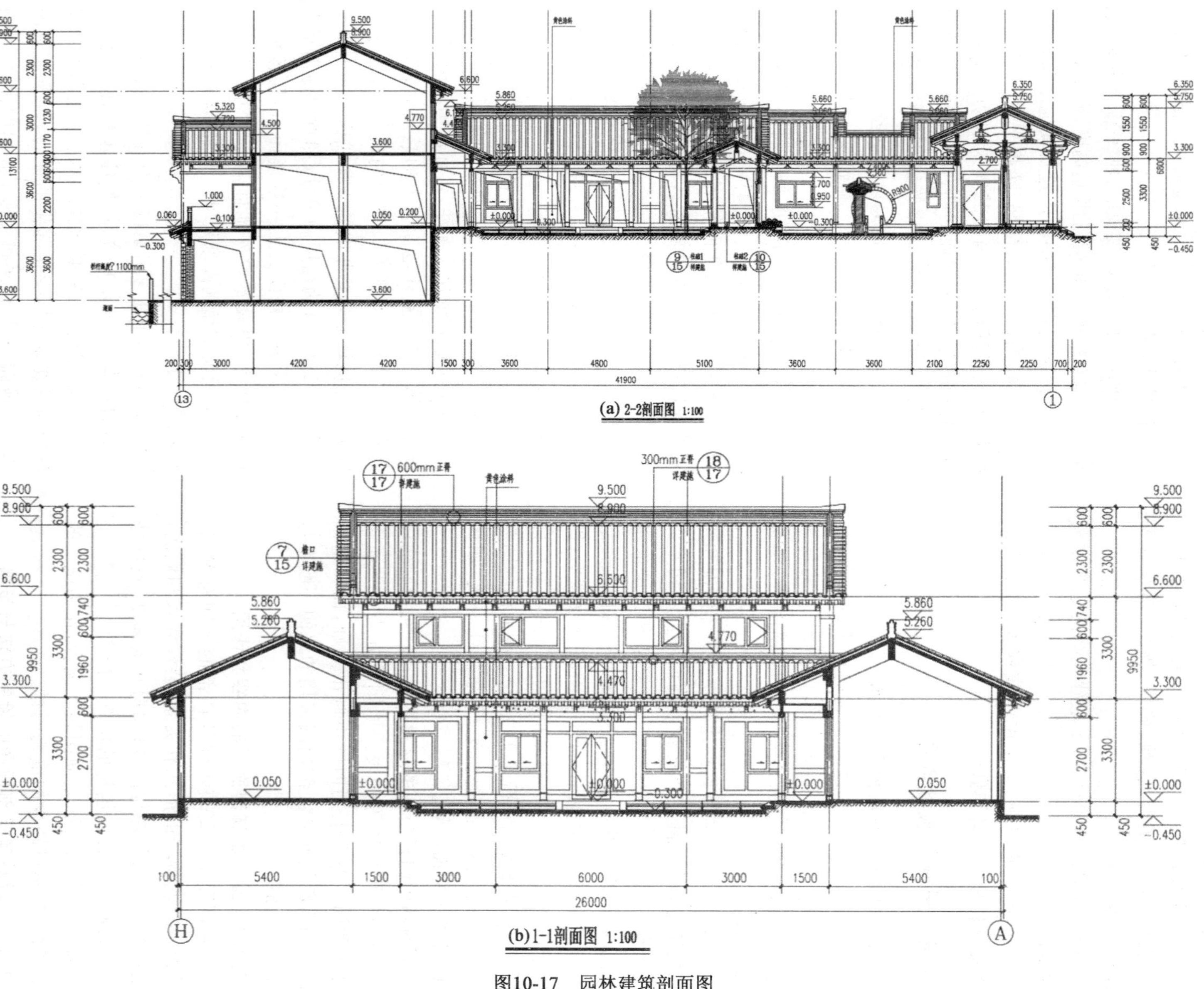

(a) 2-2剖面图 1:100

(b) 1-1剖面图 1:100

图10-17 园林建筑剖面图

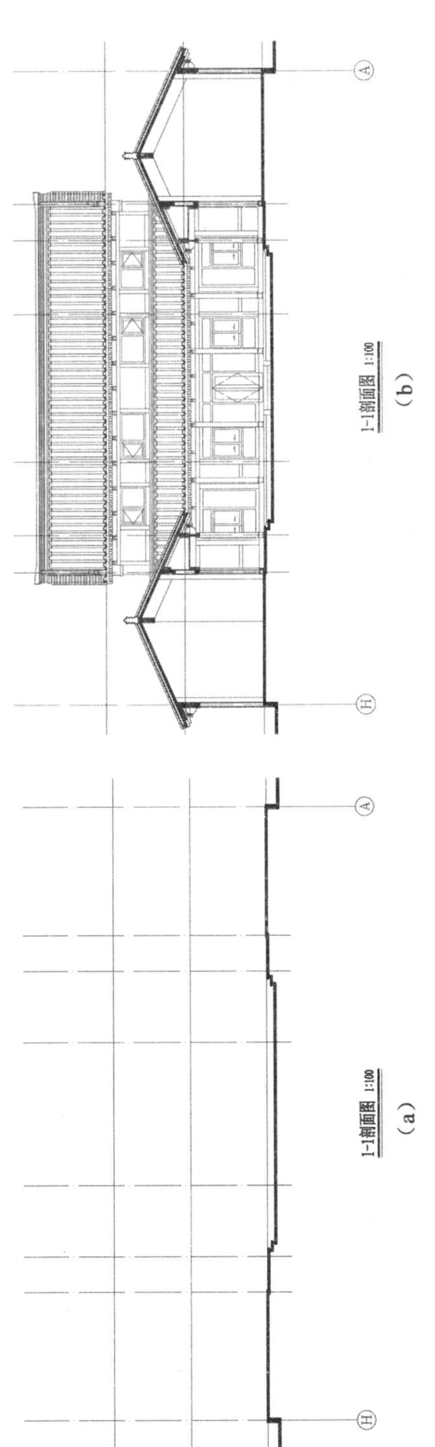

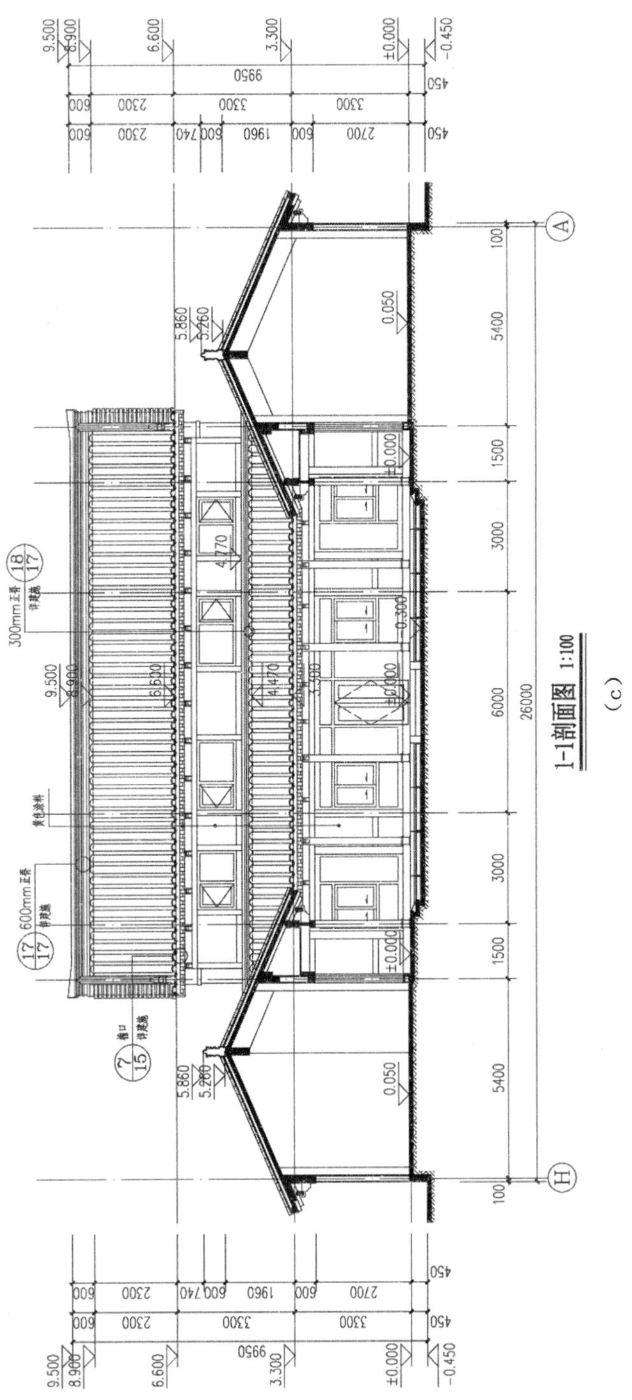

图10-18　园林建筑剖面图的绘图方法与步骤

建筑物的地面、楼面和屋面等是采用多层材料构成的，在剖面图中用多层引出线，按构造的层次顺序，逐层用文字说明其构造、材料和做法。较复杂的装修还应该画出相应的详图（如外墙身详图）。这时在剖面图中应该注出详图的索引符号。为使图面简洁，通常用"构造说明一览表"将有关构造所用材料和做法列表统一说明。

对于建筑的倾斜部位，如屋面、散水、排水沟和出入口的坡道等，应该注写出坡度以表示倾斜的程度。

(6)检查并完成全图。

10.2.4.4 园林建筑剖面图的读图

建筑剖面图的读图可按下列步骤：

(1)将图名、定位轴线编号与平面图上的剖切线及其编号与定位轴线编号相对照，确定剖切位置和投影方向。

(2)从图示建筑物的结构形式和构造内容，了解建筑物的构造和组合，以及建筑物各部分的位置、组成、构造、用料及做法等情况。

(3)从图中标注的标高及尺寸，可了解建筑物的垂直尺寸和标高情况。

10.2.5 园林建筑详图

10.2.5.1 园林建筑详图

园林建筑详图，简称详图，是指在建筑设计过程中，针对某一特定部位或构件，提供详细尺寸、构造做法、材料及施工要求的图纸，它是对平面图、立面图、剖面图的进一步深入和细化补充。建筑详图针对建筑物细部或构配件的形状、材料、尺寸、做法，用较大的比例绘制出的图形，是建筑设计图的重要组成部分，为施工人员提供了精确的指导和参考。

详图的比例一般选用1:20,1:10,1:5,1:2,1:1等，具体根据图样的复杂程度、表达的细部和构配件的大小决定。由于建筑详图的绘图比例较大，因此对建筑细部和构配件的表示要求做到：图形准确清晰，尺寸标注齐全，文字说明详尽。

10.2.5.2 园林建筑详图类型

园林建筑详图可以是建筑平面图、立面图、剖面图中某一局部的放大图或剖视放大图，也可以是某一构造节点或某一构件的放大图。建筑详图可分为局部构造详图和构配件详图。常用的详图有墙身详图、楼梯详图、卫生间详图、门窗详图、屋檐详图等。

凡是表达建筑物某一局部构造做法和材料组成的详图称为节点构造详图（如檐口、窗台、勒脚、明沟等）。凡是表示构配件本身构造的详图，称为构件详图或配件详图（如门、窗、楼梯、花格、雨水管等）。

园林建筑详图包括平面详图、立面详图、剖面详图和断面详图，具体应根据细部结构和构配件的复杂程度选用。对于套用标准图或通用详图的建筑构配件和节点，只要注明所套用图集的名称、型号或页码，不必再绘制详图。

详图索引符号和详图符号，建筑详图所画的节点部分，除了要在平面图、立面图、剖面图中有关部位标注索引标志外，还应在所绘制的详图上标注详图符号和写明详图名称，以便对照查阅。

建筑构配件详图，一般只要在所绘制的详图上写明该构件的名称或型号，不必在平面图、立面图、剖面图中标注索引符号。

详图的基本内容包括：

(1)对有特殊设备的房间，如实验室、浴室、厕所等，应绘制详图标明固定设备的位置、结构、尺寸和安装方法等。

(2)对有特殊装修的房间，如吊平顶、花饰、木装修、大理石贴面等，应绘制装修详图，表示结构、材料、施工方法与装修方法等。

(3)建筑局部构造，如外墙身剖面、屋面坡面、屋面顶面、楼梯、雨篷、台阶、阳台等，应绘制详图，表示结构、尺寸、材料、施工方法与要求等。

(4)园林建筑小品，如花窗、隔断、铺地、汀步、栏杆、坐凳、雕塑、桥和园灯等，应应绘制装修详图表示结构、尺寸、材料、施工方法与要求等。

10.2.5.3 园林建筑详图的识图

园林建筑施工图通常需绘制以下几种详图：外墙剖面详图、楼梯详图、门窗详图及室内外一些构配件的详图（图10-19）。阅读各详图的主要步骤和内容有：

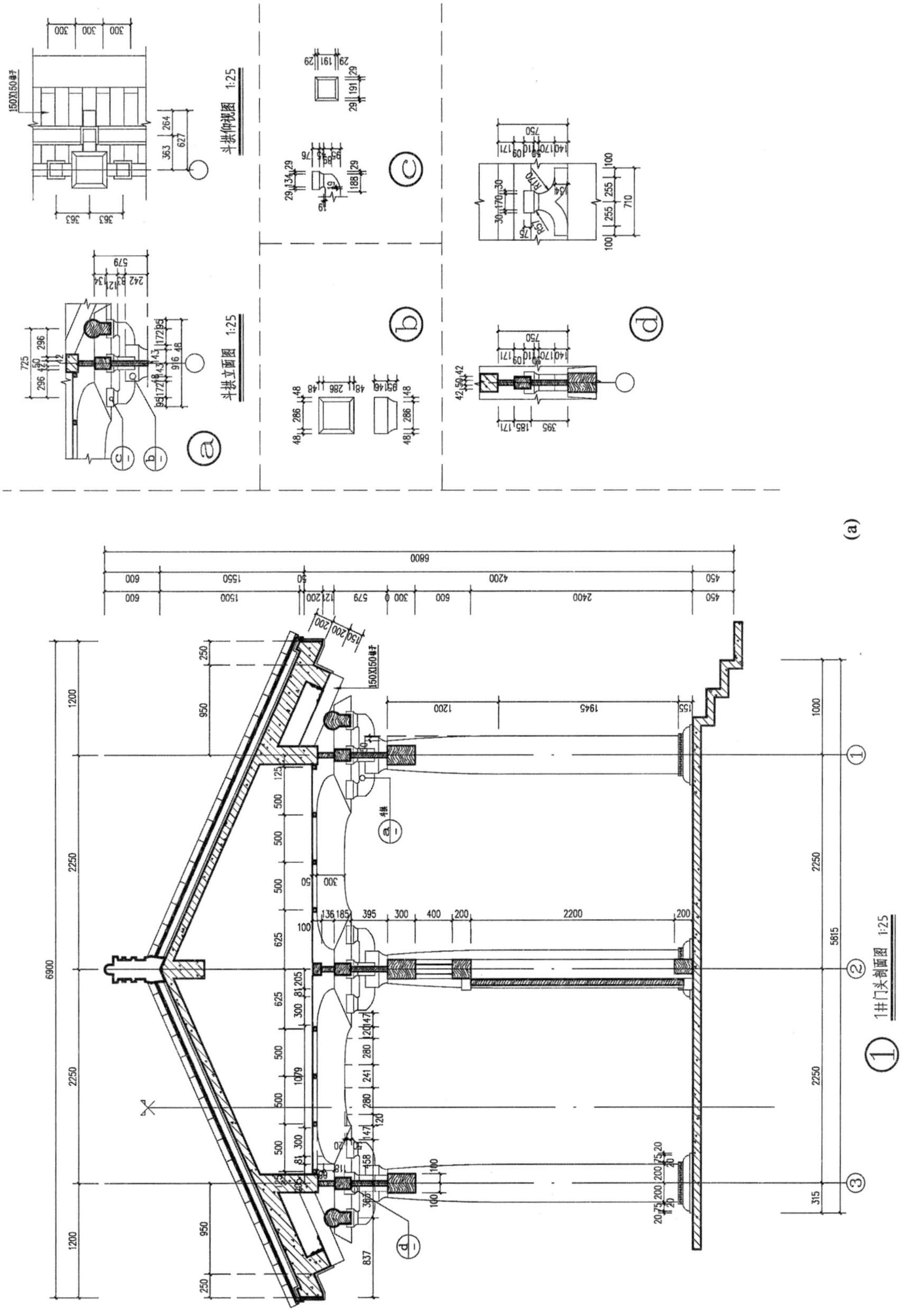

斗拱立面图 1:25

斗拱仰视图 1:25

1#门头剖面图 1:25

(a)

图10-19　门头做法、正脊、阶条石及排水沟详图

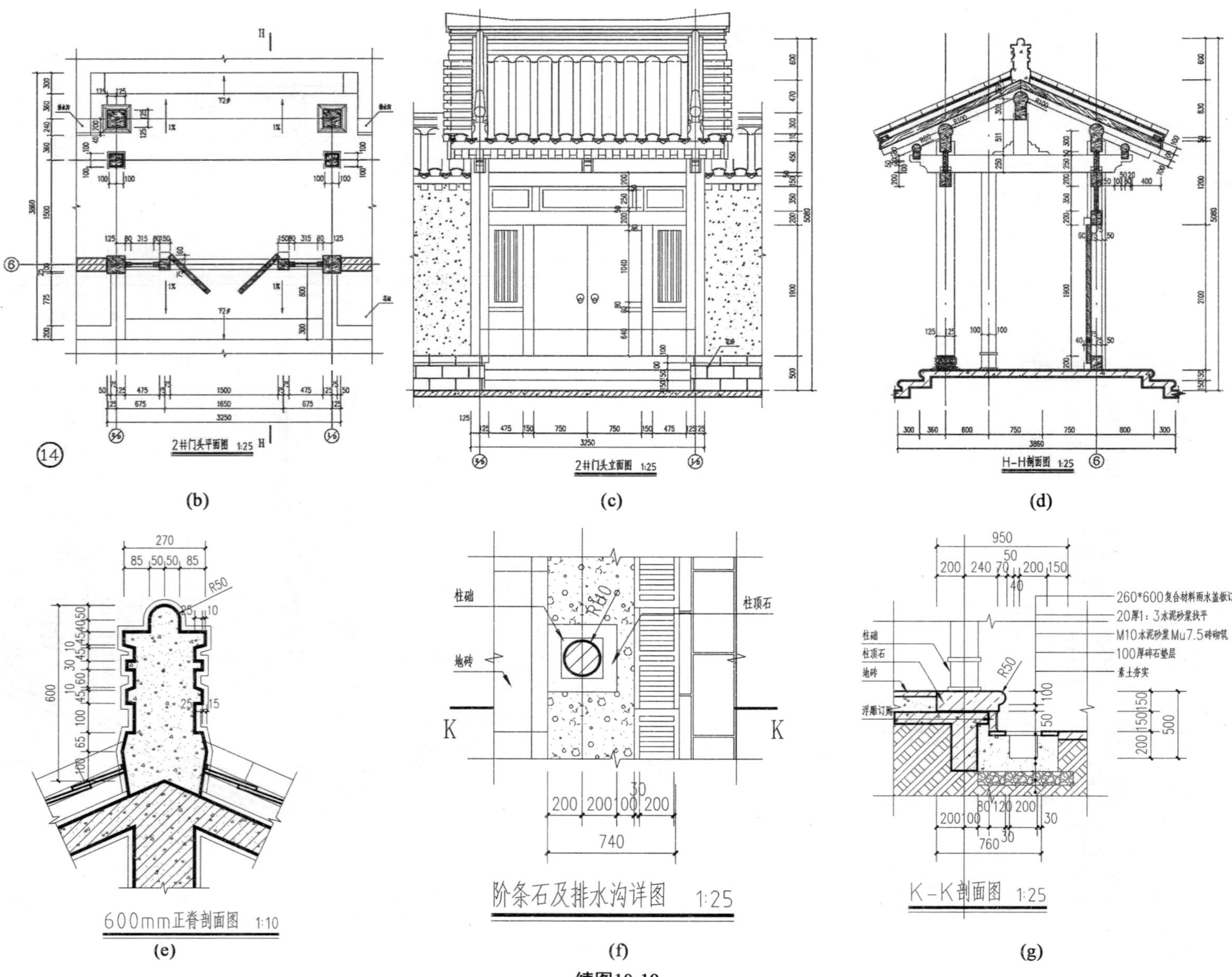
2#门头平面图 1:25
(b)
2#门头立面图 1:25
(c)
H-H剖面图 1:25
(d)
600mm正脊剖面图 1:10
(e)
柱础
地砖
柱顶石
阶条石及排水沟详图 1:25
(f)
260*600复合材料雨水盖板订购
20厚1：3水泥砂浆找平
M10水泥砂浆Mu7.5砖砌筑
100厚碎石垫层
素土夯实
柱础
柱顶石
地砖
浮雕订购
K-K剖面图 1:25
(g)

续图10-19

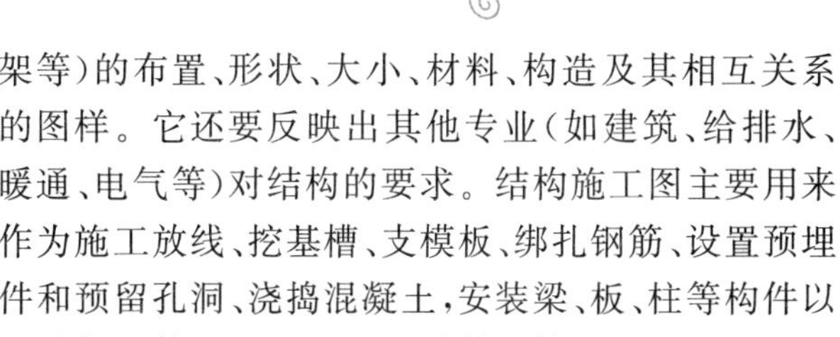

（1）看图名（或详图符号）和比例，弄清详图表达的部位。

（2）看构配件各部分的构造连接方法及相对位置关系。

（3）了解各部位、各细部的详细尺寸。

（4）查看表达构配件或节点所用的各种材料及其规格。

（5）阅读施工要求、构造层次以及制作方法说明等。

10.2.5.4　园林建筑详图的绘制

下面以楼梯详图为例，阐述楼梯平面图和楼梯剖面图的画法。

（1）收集资料和图纸。在绘制楼梯详图之前，需要先收集相关的建筑设计图纸和资料，例如总平面图、立面图、剖面图等。

（2）确定详图范围。根据设计要求和施工需要，确定需要绘制楼梯详图的部分，了解楼梯在建筑的详细位置和数量。

（3）绘制定位轴线。勾画出建筑楼梯的墙体厚度及门窗。

（4）完善细节。画出楼梯平台宽度、梯段长度、踏面宽度、踢面高度，踏步级数、栏杆等。

（5）尺寸标注。平面图标注内外尺寸，轴线编号、楼梯上下方向指示线及箭头，剖面图还需要标注楼层平台、中间平台、各梁或柱的标高等。

10.3　园林建筑结构图

10.3.1　概述

园林建筑施工图表达了园林建筑的外部造型、内部布置、建筑构造和内外装修等内容，而园林建筑的各承重构件（如基础、梁、板、柱以及其他构件等）的布置、结构构造等内容都没有表达出来。因此，在园林建筑设计中，除了进行建筑设计及画出建筑施工图外，还要进行结构设计，绘制出结构施工图，简称“结施”。

结构施工图主要表达结构设计的内容，它是表示建筑物各承重构件（如基础、承重墙、柱、梁、板、屋架等）的布置、形状、大小、材料、构造及其相互关系的图样。它还要反映出其他专业（如建筑、给排水、暖通、电气等）对结构的要求。结构施工图主要用来作为施工放线、挖基槽、支模板、绑扎钢筋、设置预埋件和预留孔洞、浇捣混凝土，安装梁、板、柱等构件以及编制预算和施工组织设计等的依据。

10.3.1.1　园林建筑结构的类型

园林建筑结构的类型可以按材料划分，也可以按空间分布的位置进行划分。

（1）按材料可分为钢结构、钢筋混凝土结构、混合结构、木结构、砖木结构、砖混结构等。

钢结构：主要承重结构使用钢材建造，适用于大型公共建筑如体育馆和厂房。它具有强度高、构件重量轻且平面布局灵活、抗震性能好、施工速度快等特点。

钢筋混凝土结构：主要承重结构使用钢筋混凝土，包括簿壳结构、大模板现浇结构等。由于钢筋混凝土的骨料亦可就地取材，耗钢量少，加之水泥原料丰富，造价较便宜，防火性能和耐久性能好，而且混凝土构件既可现浇，又可预制，为构件生产的工厂化和机械化提供了条件。所以钢筋混凝土结构是发展较广的一种结构形式，也是我国目前园林建筑所采用的主要结构形式。

木结构：主要承重材料为木材，通过传统的榫卯工艺或金属连接件固定，是中国古代园林常采用的类型；现代建筑结构因就近使用木材的供应量受到限制，木材的成本较高，因此现代建筑较少采用。

混合结构：承重结构结合使用钢筋混凝土和砖木，适用于梁是钢筋混凝土制成而墙体使用砖石或木材的结构。

砖木结构：主要承重结构使用砖块和木材，适用于木屋架、砖墙、木柱建造的建筑。

砖混结构：承重结构主要由砖块和混凝土砌筑的梁柱组成，适用于砖墙承受竖向载荷，而混凝土梁柱承受水平载荷的建筑。

（2）按建筑物结构按空间分布位置进行划分，可分为地下结构和上部结构两部分组成。地下结构有基础和地下室，上部结构通常由墙体、柱、梁、板和屋架等构件组成。如图 10-20 建筑物结构组成部分所示。

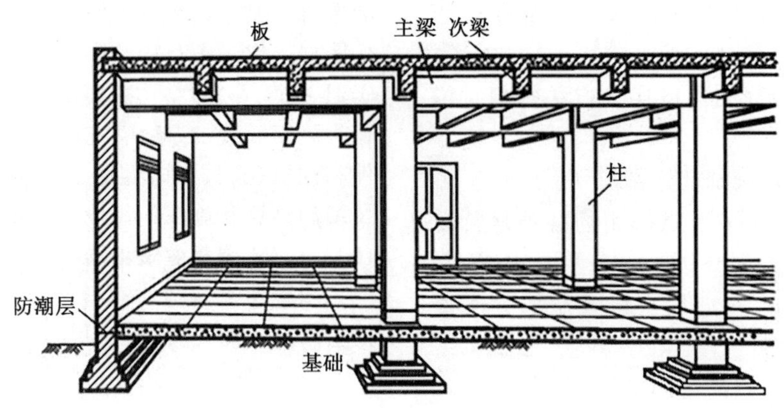

图 10-20　建筑物结构组成部分示意图

10.3.1.2　园林建筑结构施工图的组成

园林建筑结构施工图的内容一般包括如下内容，详见图 10-21。

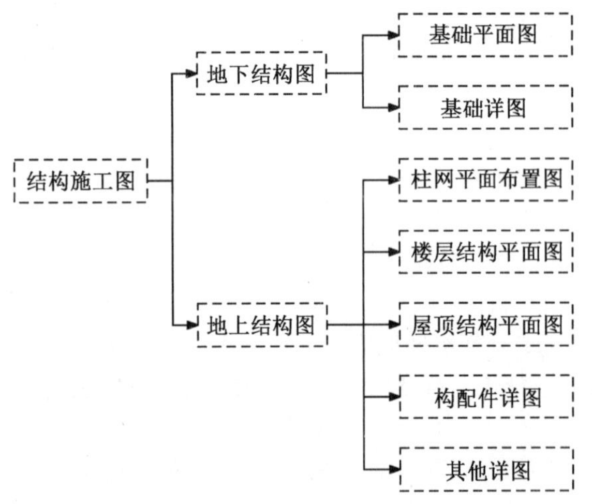

图 10-21　园林建筑结构施工图的组成

园林建筑结构施工图通常包括结构设计总说明(对于较小的房屋一般不必单独编写)、基础平面图及基础详图、柱网平面布置图、楼层结构平面图、屋面结构平面图以及结构构件(如梁、板、柱、楼梯、屋架等)详图、其他详图等。

(1)结构设计说明包括抗震设计与防火要求，地基与基础，地下室，钢筋混凝土各种构件，砖砌体，后交代与施工相关部分选用的材料类型、规格、强度等级，施工注意事项等。

(2)结构平面图

①基础平面图。

②柱网平面布置图

③楼层结构平面布置图。

④屋面结构平面图包括屋面板、天沟板、屋架、天窗架及支撑布置等。

(3)构件详图

①梁、板、柱及基础结构详图；

②楼梯结构详图；

③屋架结构详图。

(4)其他详图如支撑详图等。

10.3.2　基本知识

下面以钢筋混凝土结构为例，介绍结构的基本知识。

1)混凝土

混凝土是一种经人工合成的建筑材料，它是由水泥作胶凝材料，以砂子、石子作骨加水按一定比例配合，经搅拌、成型、养护而成。混凝土抗压性能高于砖材、木材，混凝土有可塑性、耐久性、耐火性、整体性等特点，价格较低，但抗拉性能差，易产生裂缝。因此，为了提高混凝土构件的抗拉能力，常在混凝土构件的受拉区内配置一定数量的钢筋。

混凝土按照其抗压强度的不同分为不同的强度等级。常用的混凝土强度等级有 C15、C20、C25、C30、C35、C40、C45、C50 等。混凝土强度等级应按立方体抗压强度标准值确定，立方体抗压强度标准

值系指按标准方法制作、养护的边长为 150 mm 的立方体试件，在 28 d 或设计规定龄期以标准试验方法测得的具有 95%保证率的抗压强度值。例如，C25 表示立方体强度标准值为 25 N/mm^2 的混凝土强度等级。素混凝土结构的混凝土强度等级不应低于 C15。

2)钢筋混凝土

由混凝土和钢筋两种材料构成整体的构件，叫作钢筋混凝土构件，它们有工地现浇的，也有工厂或现场预制的，分别称为现浇钢筋混凝土构件和预制钢筋混凝土构件。此外，有的构件在制作时通过张拉钢筋对混凝土施加一定的压力，以提高构件的抗拉和抗裂性能，称作预应力钢筋混凝土构件。钢筋混凝土结构的混凝土强度等级不应低于 C20。

3)钢筋

钢筋在混凝土中不是单根游离放置的，而是将各钢筋用铁丝绑扎或焊接成钢筋骨架或网片。根据钢筋的分布位置和使用用途分为受力筋、箍筋、架立筋、分布筋、造构筋等(图 10-22)。

(1)受力筋：构件中承受拉力或压力的主要钢筋。在构件中承受拉力的钢筋，叫作受拉筋；在构件中承受压力的钢筋，叫作受压筋。在梁、板、柱等各种钢筋混凝土构件中都应配置受力筋。在梁中于支座附近弯起的受力筋，也称弯起钢筋。

(2)箍筋：固定纵向钢筋的位置，并承受剪力或扭矩的钢筋，一般用于梁或柱中。

(3)架立筋：它与梁内的受力筋、箍筋一起构成钢筋的骨架。

(4)分布筋：它与板内的受力筋一起构成钢筋的骨架并分散集中荷载给受力钢筋，同时防止混凝土开裂。

(5)构造筋：因构件的构造要求和施工安装需要配置的钢筋。架立筋和分布筋均属于构造筋。

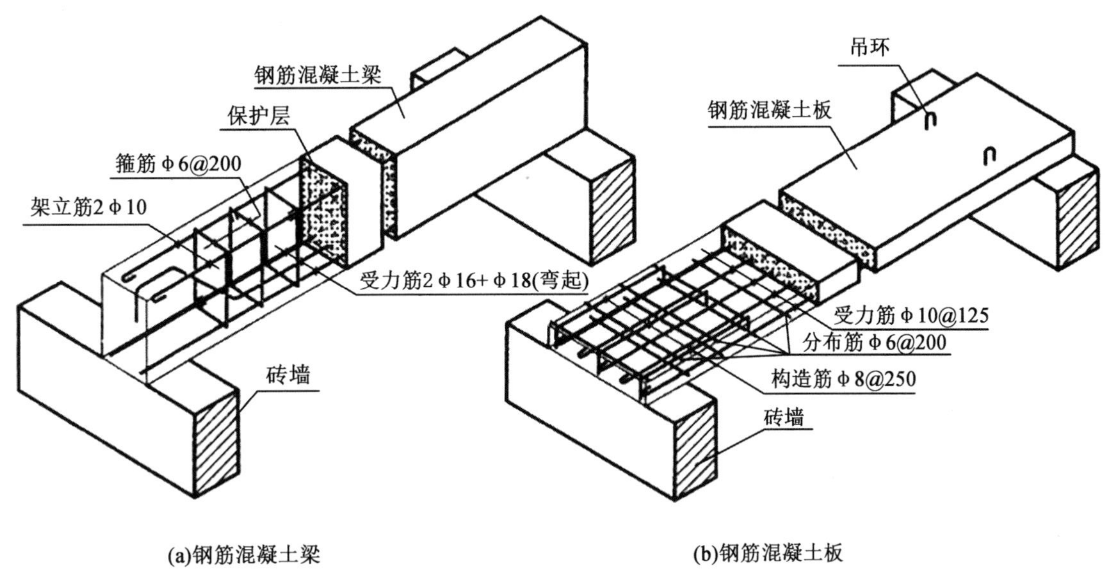

图 10-22　钢筋名称及保护层示意图

10.3.3　图示方法

10.3.3.1　图线

结构图中钢筋不按实际投影绘制，只用单线条表示，在配筋图中，可见的钢筋应用粗实线绘制；钢筋的横断面用涂黑的圆点表示；不可见的钢筋用粗虚线、预应力钢筋用粗双点画线绘制(表 10-4)。

10.3.3.2　比例

根据图样的用途，被绘物体的复杂程度，应选用表 10-5 中的常用比例，特殊情况下也可选用可用比例。

表 10-4　图线的表达

名称		线型	线宽	一般用途
实线	粗		b	螺栓、主钢筋线、结构平面图中的单线结构构件线、钢木支撑及系杆线,图名下横线、剖切线
	中		0.5b	结构平面图及详图中剖到的墙身轮廓线、基础轮廓线、钢、木结构轮廓线、箍筋线、板钢筋线
	细		0.25b	可见的钢筋混凝土构件的轮廓线、尺寸线、标注引出线,标高符号,索引符号
虚线	粗		b	不可见的钢筋、螺栓线,结构平面图中的不可见的单线结构构件线及钢、木支撑线
	中		0.5b	结构平面图中的不可见构件、墙身轮廓线及钢、木构件轮廓线
	细		0.25b	基础平面图中的管沟轮廓线、不可见的钢筋混凝土构件轮廓线
单点长点画线	粗		b	柱间支撑、垂直支撑、设备基础轴线图中的中心线
	细		0.25b	定位轴线、对称线、中心线
双点长点画线	粗		b	预应力钢筋线
	细		0.25b	原有结构轮廓线
折断线			0.25b	断开界线
波浪线			0.25b	断开界线

表 10-5　比例

图名	常用比例	可用比例
结构平面图 基础平面图	1:50、1:100 1:150、1:200	1:60
圈梁平面图、总图中管沟、地下设施等	1:200、1:500	1:300
详图	1:10、1:20	1:5、1:25、1:4

10.3.3.3　一般规定

(1)构件的名称应用代号来表示,代号后应用阿拉伯数字标注该构件的型号或编号,也可为构件的顺序号。构件的顺序号采用不带角标的阿拉伯数字连续编排。常用的构件代号见表 10-6。

(2)结构图应采用正投影法绘制(图 10-23、图 10-24),特殊情况下也可采用仰视投影绘制。

(3)在结构平面图中,构件应采用轮廓线表示,如能用单线表示清楚时,也可用单线表示。定位轴线应与建筑平面图或总平面图一致,并标注结构标高。

(4)在结构平面图中,如若干部分相同时,可只绘制一部分,并用大写的拉丁字母(A、B、C……)外加细实线圆圈表示相同部分的分类符号。分类符号圆圈直径为 8 mm 或 10 mm。其他相同部分仅标注分类符号。

表 10-6 常用构件代号

序号	名称	代号	序号	名称	代号	序号	名称	代号
1	板	B	18	连系梁	LL	35	设备基础	SJ
2	屋面板	WB	19	基础梁	JL	36	桩	ZH
3	空心板	KB	20	楼梯梁	TL	37	挡土墙	DQ
4	槽形板	CB	21	框架梁	KL	38	地沟	DG
5	折板	ZB	22	框支梁	KZL	39	柱间支撑	ZC
6	密肋板	MB	23	屋面框架梁	WKL	40	垂直支撑	CC
7	楼梯板	TB	24	檩条	LT	41	水平支撑	SC
8	盖板或盖沟板	GB	25	屋架	WJ	42	梯	T
9	挡雨板或檐口板	YB	26	托架	TJ	43	雨篷	YP
10	吊车安全走道板	DB	27	天窗架	CJ	44	阳台	YT
11	墙板	QB	28	框架	KJ	45	梁垫	LD
12	天沟板	TGB	29	钢架	GJ	46	预埋件	M—
13	梁	L	30	支架	ZJ	47	钢筋网	W
14	屋面梁	WL	31	柱	Z	48	钢筋骨架	G
15	吊车梁	DL	32	框架柱	KZ	49	基础	J
16	圈梁	QL	33	构造柱	GZ	50	暗柱	AZ
17	过梁	GL	34	承台	CT			

说明：①预制钢筋混凝土构件、现浇钢筋混凝土构件、钢构件和木构件，一般可直接采用表中的构件代号。当需要区别上述构件种类时，应在图样中加以说明。

②预应力钢筋混凝土构件代号，应在构件代号前加注“Y－”，如 Y－DL 表示预应力钢筋混凝土吊车梁。

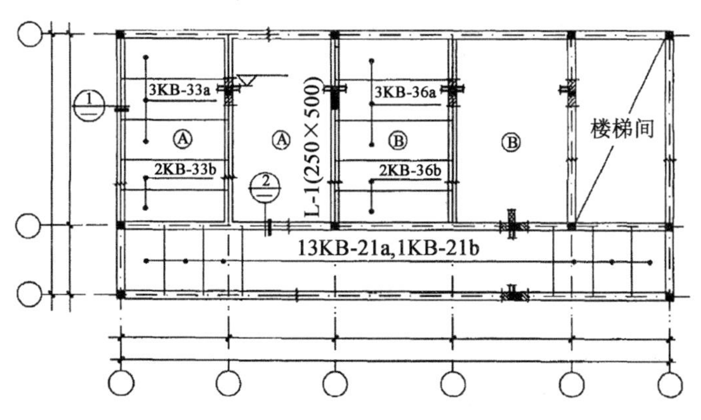

图 10-23 用正投影法绘制预制楼板结构平面图

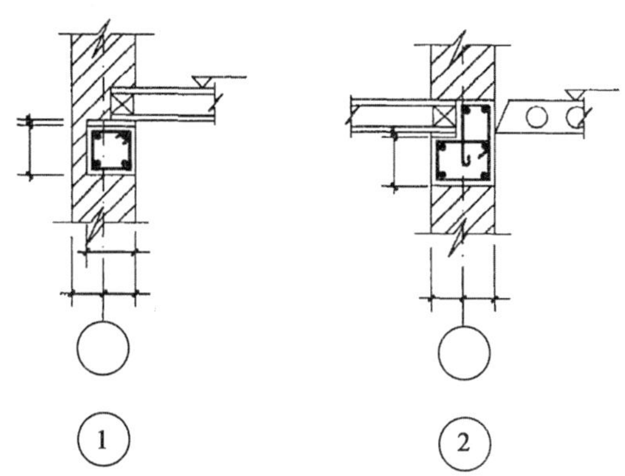

图 10-24 节点详图

(5)桁架式结构的几何尺寸图可用单线图表示。杆件的轴线长度尺寸应标注在构件的上方(图 10-25)。

(6)在杆件布置和受力均对称的桁架单线图中,若需要时可在桁架的左半部分标注杆件的几何轴线尺寸,右半部分标注杆件的内力值和反力值;非对称的桁架单线图,可在上方标注杆件的几何轴线尺寸,下方标注杆件的内力值和反力值。竖杆的几何轴线尺寸可标注在左侧,内力值标注在右侧。

(7)结构平面图中的剖面图、断面详图的编号顺序宜按下列规定编排(图 10-26)。

①外墙按顺时针方向从左下角开始编号;

②内横墙从左至右,从上至下编号;

③内纵墙从上至下,从左至右编号。

(8)构件详图的纵向较长,重复较多时,可用折断线断开,适当省略重复部分。

(9)图样或标题栏内的图名应能准确表达图样、图纸构成的内容,做到简练、明确。

10.3.3.4 钢筋混凝土结构

1)钢筋的牌号和品种符号

构件内的各种钢筋应予以编号,以便于识别。编号采用阿拉伯数字,写在直径为 5～6 mm 的细线圆圈中,如图 10-27 所示。

在编号引出线的文字说明中,应使用钢筋的符号标明该编号钢筋的种类(牌号)。符号由直径符号变化而来,根据《混凝土结构设计标准(2024 年版)》(GB/T 50010—2010)建筑用钢筋的种类、符号和强度标准值见表 10-7。

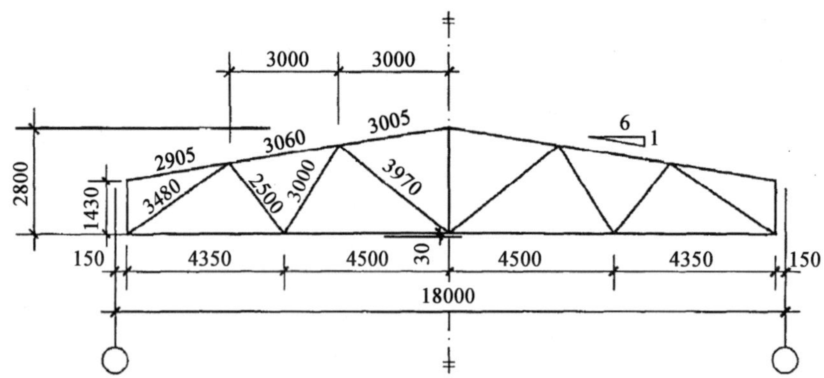

图 10-25 对称桁架几何尺寸标注方法

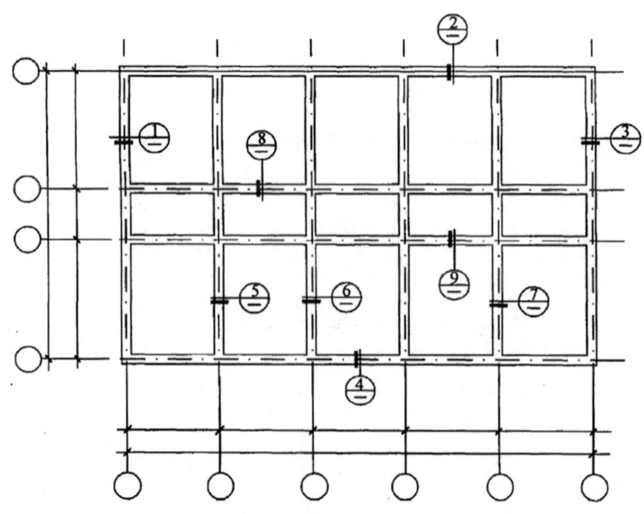

图 10-26 结构平面图中索引剖视详图、断面详图编号顺序表示方法

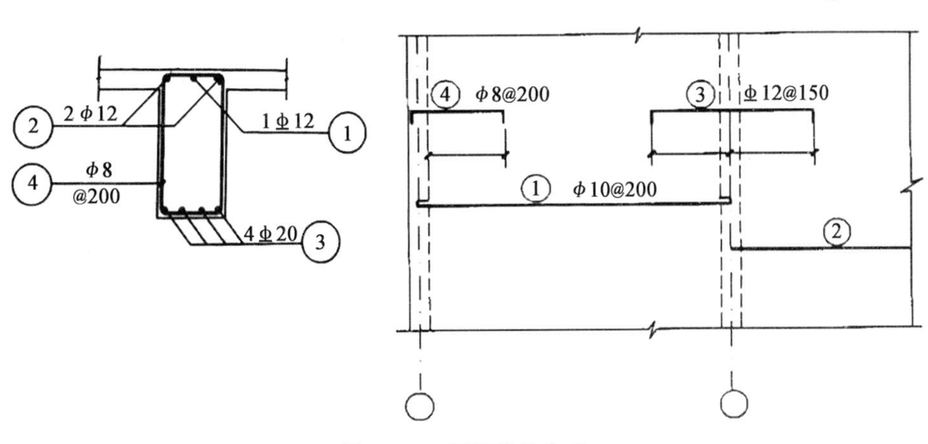

图 10-27　钢筋编号方式

表 10-7　普通钢筋的牌号、符号及强度标准值

名称	牌号	符号	钢筋形状	公称直径/mm	屈服强度标准值 f_{yk}(N/mm^2)
Ⅰ级钢筋	HPB300	Φ	光圆	6～22	300
Ⅱ级钢筋	HRB335	Φ	螺纹	6～50	335
	HRBF335	$Φ^F$			
Ⅲ级钢筋	HRB400	Φ	螺纹	6～50	400
	HRBF400	$Φ^F$			
	RRB400	$Φ^R$			
Ⅳ级钢筋	HRB500	Φ	月牙肋或螺纹	6～50	500
	HRBF500	$Φ^F$			

与钢筋符号写在一起的还有该号钢筋的直径以及在该构件中的根数或间距，例如 4φ20③ 表示：③号钢筋是 4 根直径为 20 mm 的 HRB335 钢筋，又如 $\frac{φ8}{@200}$④ 表示：④号钢筋是 HPB300 钢筋，直径是 8 mm，每 200 mm 放置一根。其中“@”为等间距符号。

2）钢筋的保护层

为保护钢筋不被锈蚀，钢筋不能裸露于构件外，要有一定厚度的混凝土作为保护层。保护层还起防火及增加混凝土对钢筋的握裹力的作用。各种构件混凝土保护层的厚度如表 10-8 所示。

3）钢筋的图例

钢筋的形状有直的、弯的、带钩的、不带钩的，在图中以不同图例表示（表 10-9）。

表 10-8　混凝土保护层的最小厚度　　mm

环境类别	板、墙、壳	梁、柱、杆
一	15	20
二 a	20	25
二 b	25	35
三 a	30	40
三 b	40	50

注：①混凝土等级不大于 C25 时，表中保护层厚度数值应增加 5 mm；

②环境类别的区分见《混凝土结构设计标准》表 8.2.1。大意是：一类包括室内干燥环境；二 a 包括室内潮湿环境；二 b 包括干湿交替环境；三 a 包括寒冷地区冬季水位变动区环境；三 b 指盐渍土环境。

表 10-9　钢筋图例

序号	名称	图例
	普通钢筋	
1	钢筋横断面	
2	无弯钩的钢筋断面	
3	带半圆形弯钩的钢筋端部	
4	带直钩的钢筋端部	
5	无弯钩的钢筋搭接	
6	带半圆弯钩的钢筋搭接	
7	带直钩的钢筋搭接	
	预应力钢筋	
8	预应力钢筋或钢绞线	
9	固定连接件	
10	预应力钢筋断面	+
	钢筋网片	
11	一片钢筋网平面图	W-1
12	一行相同的钢筋平面图	3W-1

4)钢筋的画法

钢筋和箍筋的弯钩表达见图 10-28，钢筋的画法应符合表 10-10。

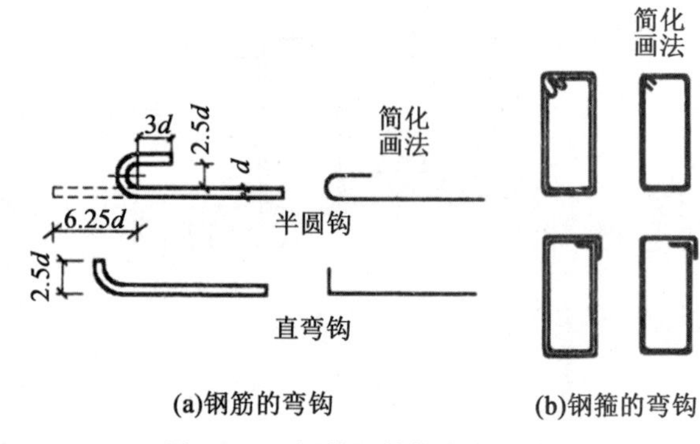

(a)钢筋的弯钩　(b)钢箍的弯钩

图 10-28　钢筋和箍筋的弯钩表达

表 10-10　钢筋的画法

序号	说明	图例
1	在结构平面图中配置双层钢筋时，底层钢筋的弯钩应向上或向左，顶层钢筋的弯钩则向下或向右	(底层)　(顶层)
2	钢筋混凝土墙体配双层钢筋时，在配筋立面图中，远面钢筋的弯钩应向上或向左，而近面钢筋的弯钩向下或向右（JM 近面；YM 远面）	JM　YM　JM　YM　JM　YM　JM　YM
3	若在断面图中不能表达清楚的钢筋布置，应在断面图外增加钢筋大样图（如：钢筋混凝土墙、楼梯等）	
4	图中所表示的箍筋、环筋等若布置复杂时，可加画钢筋大样及说明	
5	每组相同的钢筋、箍筋或环筋，可用一根粗实线表示，同时用一两端带斜短划线的横穿细线，表示其余钢筋及起止范围	

10.3.4　基础施工图

基础施工图主要是表示建筑物在相对标高±0.000以下基础结构的图纸，一般包括基础平面图和基础详图。它是施工时在基地上放灰线、开挖基槽、砌筑基础的依据。

10.3.4.1　基础概念及分类

基础是建筑物地面以下承受房屋全部荷载的构件，承受建筑物的全部荷载，并传递至地基。基础的形式取决于上部承重结构的形式和地基情况。

建筑物的上部结构形式和地质情况相应地决定了基础的形式。常见的形式有条形基础和独立基础，此外还有桩基础、筏形基础和箱形基础等。

在园林建筑中，常见的形式有条形基础(即墙基础)和独立基础(即柱基础)，如图 10-29 所示。

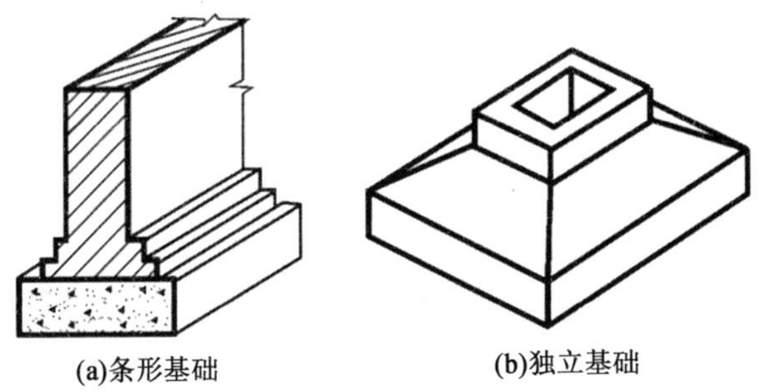

图 10-29　基础的形式

条形基础埋入地下的墙称为基础墙；当采用砖墙和砖基础时，在基础墙和垫层之间做成阶梯形的砌体，称为大放脚；基础底下天然的或经过加固的土壤叫地基；基坑(基槽)是为基础施工而在地面上开挖的土坑；坑底就是基础的底面，基坑边线就是放线的灰线；防潮层是防止地下水对墙体侵蚀而铺设的一层防潮材料，如图 10-30 所示。

独立基础的类型：分为普通独立基础(现浇基础)和杯口独立基础两种，如图 10-31 所示。

杯口独立基础就是当柱采用预制构件时，则将基础做成杯口形，然后将柱子插入并嵌固在杯口内，故称杯口基础。

独立基础的截面形状又分阶形和锥形两种。如图 10-32 所示。独立基础埋深度较大时，会设置短柱。

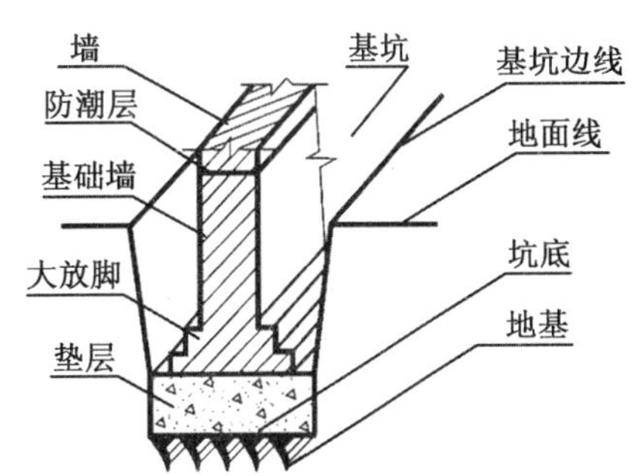

图 10-30　基础墙详图示意

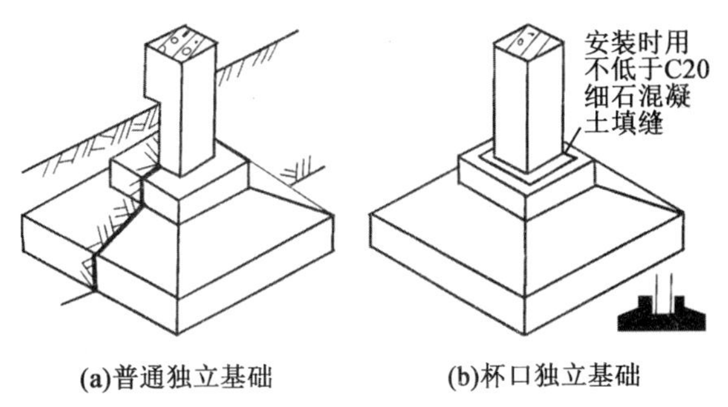

图 10-31　独立基础类型

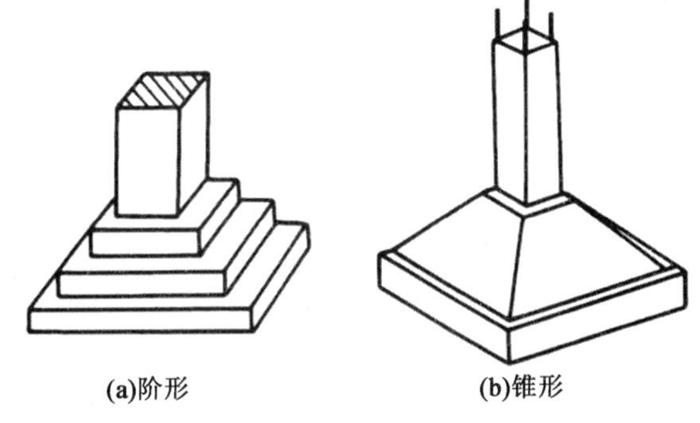

图 10-32　独立基础截面形式

10.3.4.2　园林建筑基础识图

因园林建筑多为单多层小体量建筑，采用独立基础的情况居多，故下面重点介绍独立基础的识图方法。

《混凝土结构施工图平面整体表示方法制图规则和构造详图(独立基础、条形基础、筏形基础、桩基基础)》(22G101-3)对于独立基础有详细的解释。独立基础的平面注写方式有集中标注和原位标注，如图 10-33 所示。

普通独立基础和杯口独立基础的集中标注，是在基础平面图上集中引注：基础编号、截面竖向尺寸、配筋三项必注内容，以及基础底面标高（与基础底面基准标高不同时）和必要的文字注解两项选注内容。

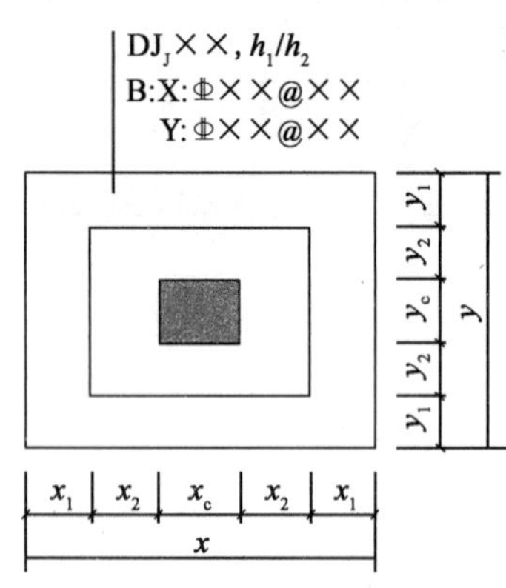

图 10-33　独立基础的标注

1）独立基础的编号

独立基础分为普通独立基础和杯口独立基础两种，截面形状又分阶形和锥形两种。它们编号在图纸上的标注如图 10-34 所示。

2）独立基础的竖向尺寸标注

（1）普通独立基础

普通独立基础标高注写：“h_1/h_2”。

高度是从低往上算，不同阶用“/”隔开，如图 10-33 和图 10-35 所示。

（2）杯口独立基础

杯口独立基础标高注写：“$a_0/a_1, h_1/h_2$”。

竖向尺寸标注是分两组，一组表示杯口内，另一组表示杯口外，a_0 表示杯口的深度，如图 10-36 所示。

3）独立基础的配筋

独立基础标注的第三项就是配筋信息，如图 10-33。其中 B 开头表示独立基础的底部钢筋，X 开头表示 x 方向配筋，Y 开头表示 y 方向配筋。

类　型	基础底板截面形状	代　号	序　号
普通独立基础	阶形	DJ$_J$	××
	锥形	DJ$_Z$	××
杯口独立基础	阶形	BJ$_J$	××
	锥形	BJ$_Z$	××

DJ$_J$	DJ$_Z$	BJ$_J$	BJ$_Z$

图 10-34　独立基础的编号

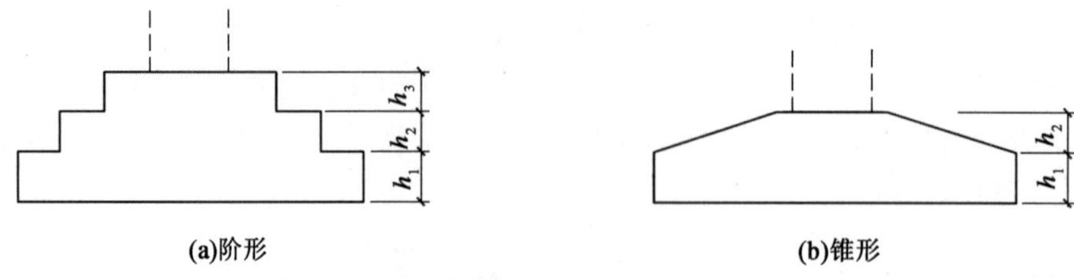

(a)阶形　　(b)锥形

图 10-35　独立基础的竖向尺寸标注

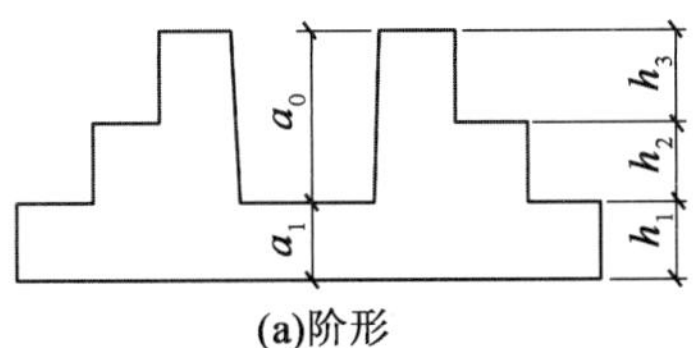

(a)阶形

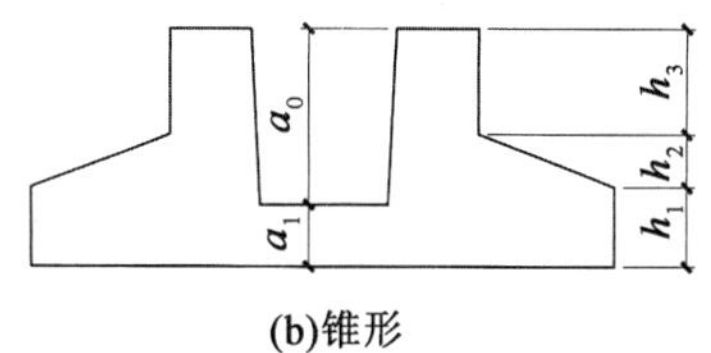

(b)锥形

图 10-36　杯口独立基础竖向尺寸标注

(1)独立基础底配筋:独立基础的底部配筋适用于所有的独立基础,底部钢筋是双向的钢筋网片。如图 10-37 中 B 表示独立基础的底部钢筋,底筋 X、Y 方向布置 3 级钢,直径 16 mm,X 方向间距 150 mm,Y 方向间距 200 mm。

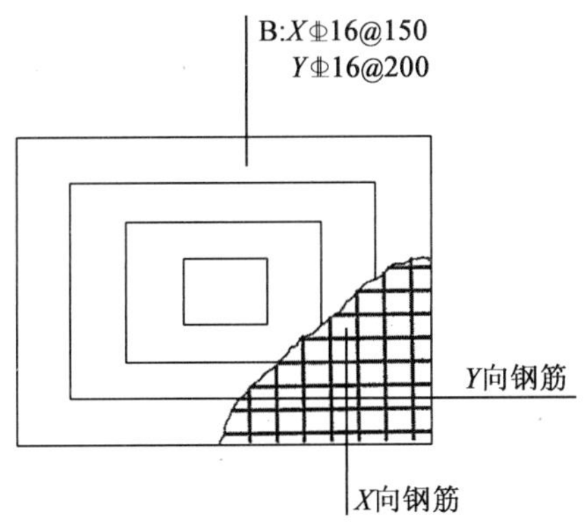

图 10-37　独立基础底配筋示意

(2)独立基础短柱:当独立基础埋深度较大时,会有设置短柱。如图 10-38 所示。

图纸标注从左到右依次为:DZ(普通独立基础短柱);角筋/x 边中部钢筋/y 边中部钢筋;箍筋;短柱的标高范围。

4)原位标注

独立基础的原位标注相对比较简单,就是标注了独立基础的平面尺寸。

X,Y 为独立基础的两边尺寸,Xc,Yc 表示柱子的截面尺寸。可以根据平面绘制判断是阶形还是锥形独立基础,如图 10-39 所示。

10.3.4.3　园林建筑基础平面图

1)基础平面图的形成

基础平面图是假想用一个水平面沿房屋底层室内地面附近将整幢建筑物剖开后,移去上层的房屋和基础周围的泥土向下投影所得到的水平剖面图。

2)基础平面图的表示方法

基础平面图中采用的比例及材料图例与建筑平面图相同。

基础平面图应注出与建筑平面图相一致的定位轴线编号和轴线尺寸。

在基础平面图中,仅绘制基础墙身线和基础底面轮廓线,而条形基础大放脚细部的可见轮廓线省略不画,通过基础详图来表达。凡被剖切到的基础墙、柱轮廓线,应画成中实线,基础底面的轮廓线应画成细实线。

在基础平面图中,用中粗实践绘制剖切到的基础墙身线;用细实线绘制基础底面轮廓线;用单根粗实线绘制可见的基础梁;用单根粗虚线绘制不可见的基础梁;用涂黑的矩形断面表示剖切到的柱断面。当基础墙上留有管洞时,应用虚线表示其位置,具体做法及尺寸另用详图表示。

当基础中设基础梁和地圈梁时,用粗单点长画线表示其中心线的位置。

3)基础平面图的尺寸标注

基础平面图的尺寸标注分内部尺寸和外部尺寸两部分。

外部尺寸只标注定位轴线的间距和总尺寸。

内部尺寸应标注各道墙的厚度、柱的断面尺寸和基础底面的宽度等。

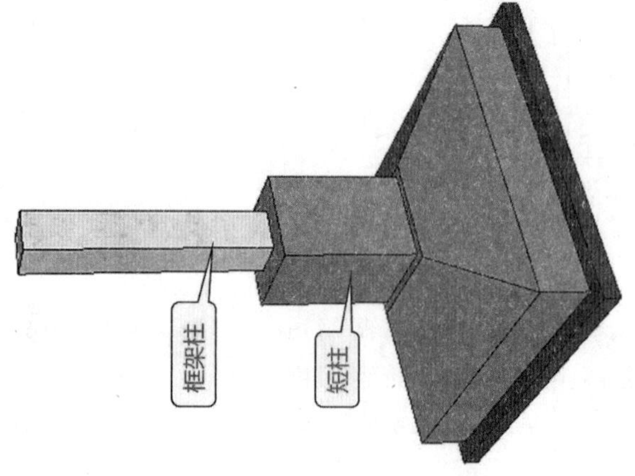

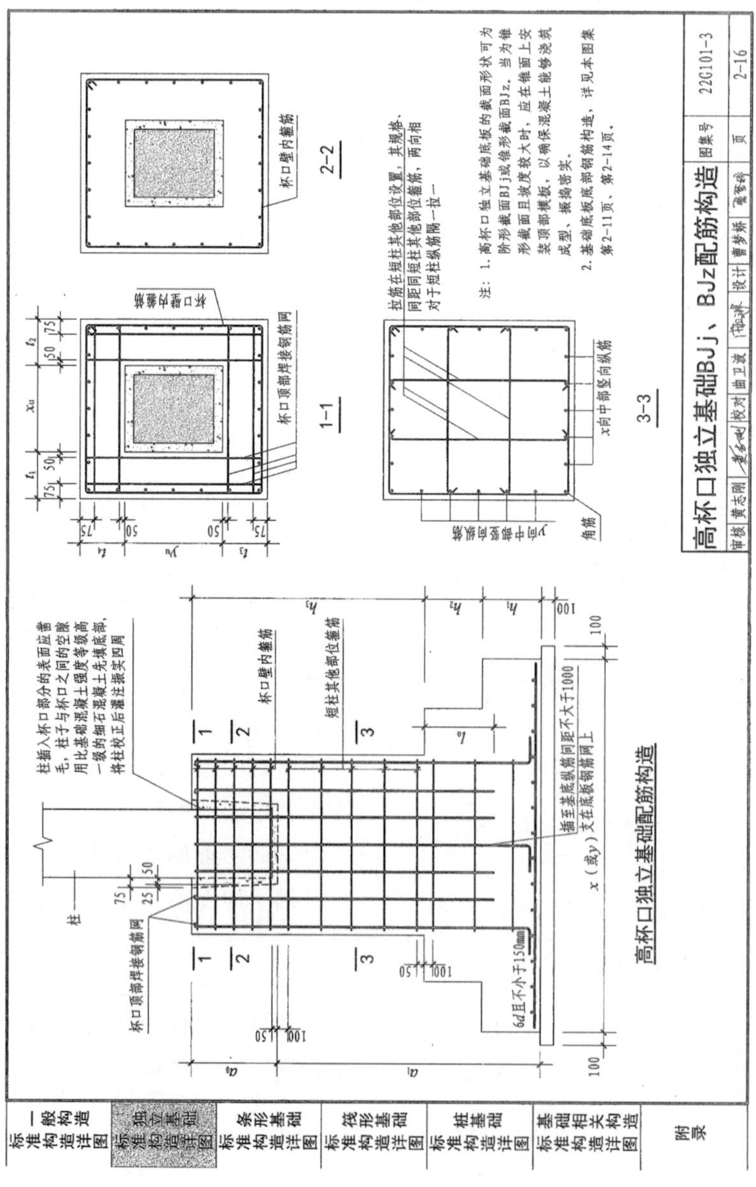

图10-38　独立基础短柱配筋及示意

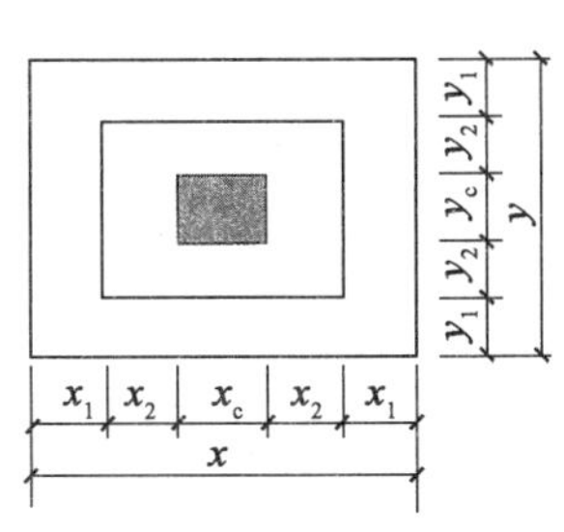

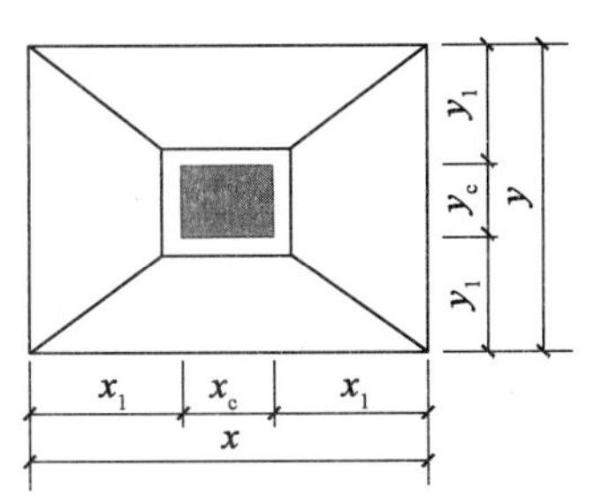

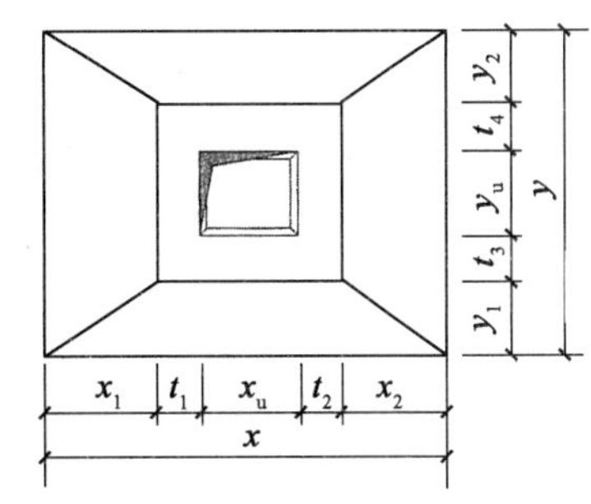

图 10-39 独立基础原位标注

平面图中的轴线编号、轴线尺寸均应与建筑平面图相吻合，如图 10-40、图 10-41 所示。

4)基础平面图的剖切符号

凡基础宽度、墙厚、大放脚、基底标高、管沟做法不同时，均以不同的断面图表示，所以在基础平面图中还应注出各断面图的剖切符号及编号，以便对照查阅。

5)基础平面图的主要内容

基础平面图主要表示基础墙、柱、留洞及构件布置等平面位置关系，包括以下内容：

(1)图名和比例基础平面图的比例应与建筑平面图相同。常用比例为 1:100、1:200。

(2)基础平面图应标出与建筑平面图相一致的定位轴线及其编号和轴线之间的尺寸。

(3)基础的平面布置基础平面图应反映基础墙、柱、基础底面的形状、大小及基础与轴线的尺寸关系。

(4)基础梁的布置与代号不同形式的基础梁用代号 JL1、JL2… 表示。不同类型的基础、柱分别用代号 J1、J2… 和 Z1、Z2… 表示。

(5)基础的编号、基础断面的剖切位置和编号。凡基础截面形状、尺寸不同时，即基础宽度、墙体厚度、大放脚、基底标高及管沟做法等不同，均标有不同编号的断面剖切符号，表示画有不同的基础详图。根据断面剖切符号的编号可以查阅基础详图。

(6)施工说明用文字说明地基承载力及材料强度等级等。

6)建筑结构基础平面图的阅读

主要涵盖了对图纸基本信息的理解、图纸与建筑关系的把握、基础布置与构造特征的解析、与其他专业图纸的协调等多个方面。以下是建筑结构基础平面图的阅读步骤：

(1)图名与比例确认：首先，识别并阅读图纸的标题(图名)，明确该图纸为基础平面图，确定其所属的建筑部位或楼层。查看图纸的比例尺，理解图形与实际尺寸之间的换算关系，以便准确理解图中所示的基础尺寸和布局。

(2)轴线与定位：与建筑平面图对照，了解基础平面图的定位轴线系统，通过轴线可以确定基础的具体位置。注意轴线编号、尺寸标注，以及与建筑平面图中房间、墙体等元素的对应关系，基础平面图与上部结构应匹配。

(3)基础布置与构造识别：分析基础的平面布置形式，以及基础之间的间距、排列方向等。观察结构构件的种类、位置、代号或标记，如基础底板、承台、柱墩、梁垫等，了解其形状、尺寸以及相互之间的连接关系。

(4)阅读设计说明：阅读图纸附带的基础设计说明，获取关于基础施工要求、材料规格、混凝土强度等级、防水措施、抗浮设计、特殊处理等关键信息。

(5)基础与设备管线协调：联合阅读基础平面图与设备施工图(如给排水、电气、暖通等)，查看设备管线穿越基础的位置、方式以及预留孔洞的形状、大小、标高等信息。

综上所述，阅读建筑结构基础平面图应遵循系统与细致的原则，结合相关配套图纸和设计说明，全面理解基础的平面布局、构造特点以及与建筑主体和其他专业工程的配合关系。

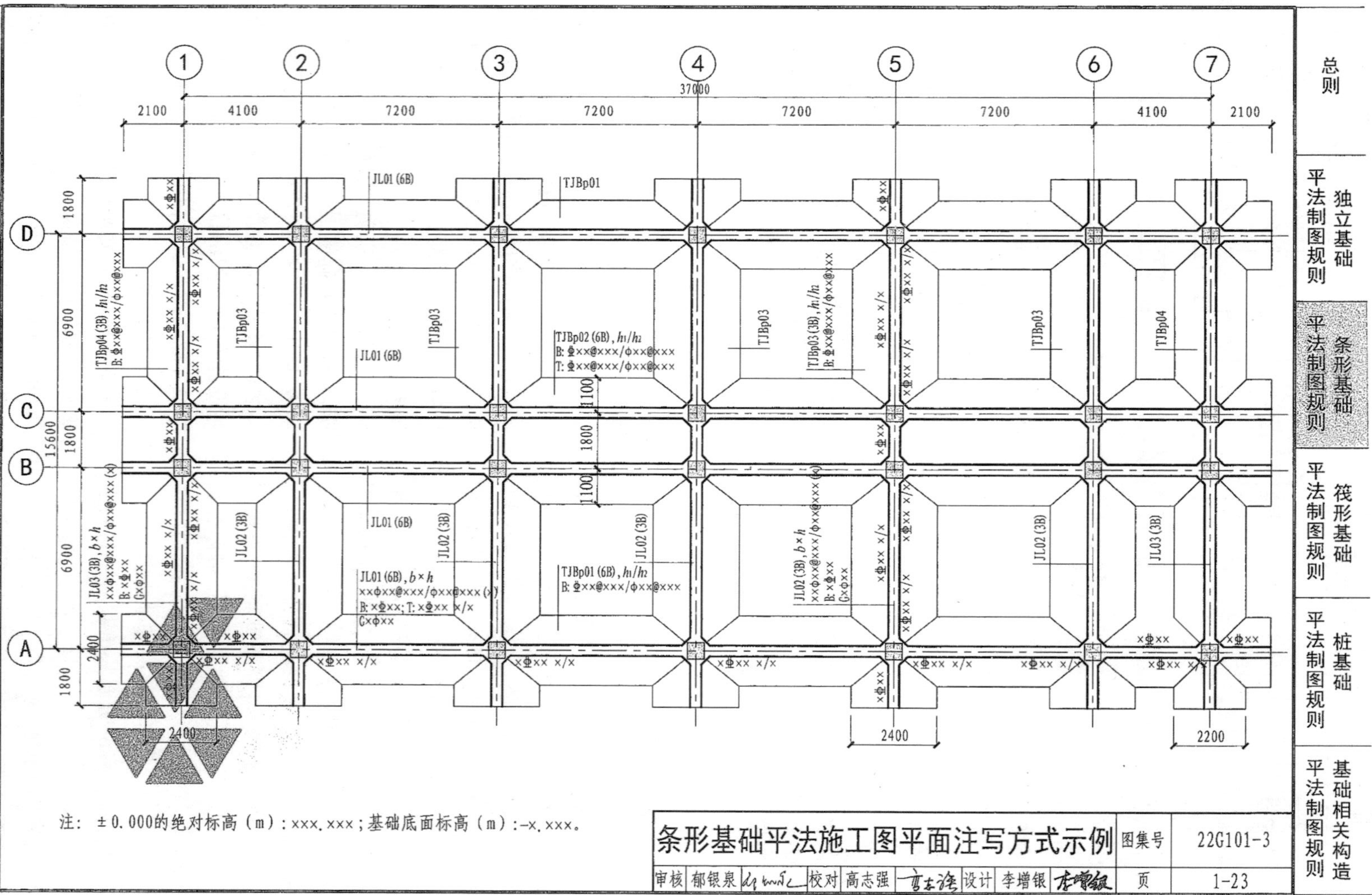

图10-40 独立基础平法施工图平面注写方式示例

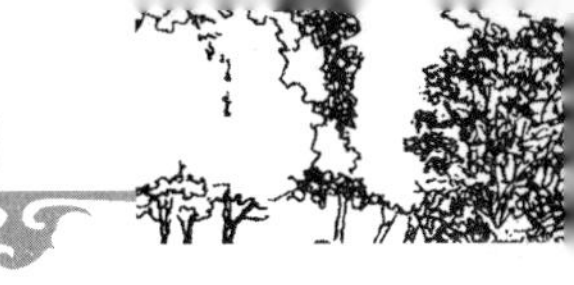

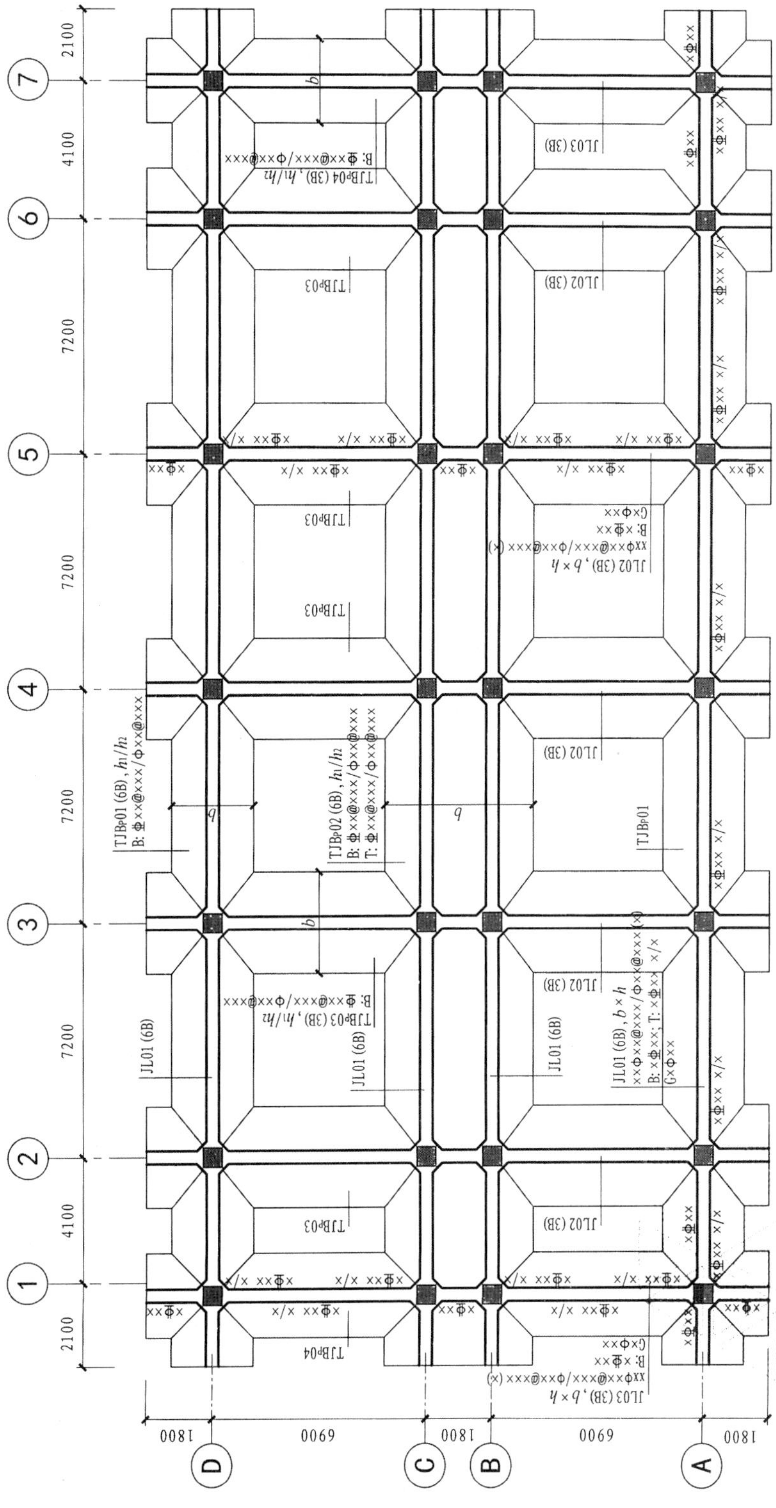

注：±0.000的绝对标高（m）：×××.×××；基础底面标高（m）：-×.×××。

图10-41　条形基础平法施工图平面注写方式示例

10.3.4.4 园林建筑基础详图

1)基础详图的形成

基础详图是用铅垂剖切平面沿垂直于定位轴线方向切开基础所得到的断面图。

常用1:10、1:20、1:50的比例绘制。

基础详图表示了基础的断面形状、大小、材料、构造、埋深及主要部位的标高等,如图10-42所示。

2)基础详图的数量

同一幢房屋,由于各处有不同的荷载和不同的地基承载力,下面就有不同的基础。对于每一种不同的基础,都要画出它的断面图,并在基础平面图上用1-1、2-2、3-3等剖切位置线标明该断面的位置。

3)基础详图的表示方法

基础断面形状的细部构造按正投影法绘制;

基础断面除钢筋混凝土材料外,其他材料宜画出材料图例符号;

钢筋混凝土独立基础除画出基础的断面图外,有时还要画出基础的平面图,并在平面图中采用局部剖面表达底板配筋。基础详图的轮廓线用中实线表示,钢筋符号用粗实线绘制(图10-42)。

4)基础详图的主要内容

(1)不同构造的基础应分别画出其详图。当基础构造相同,而仅部分尺寸不同时,也可用一个详图表示,但需标出不同部分的尺寸。基础断面图的边线一般用粗实线画出,断面内应画出材料图例;若是钢筋混凝土基础,则只画出配筋情况,不画出材料图例。

(2)图名与比例。

(3)轴线及其编号。

(4)基础的详细尺寸,基础墙的厚度,基础的宽、高,垫层的厚度等。

(5)室内外地面标高及基础底面标高。

(6)基础及垫层的材料、强度等级、配筋规格及布置。

(7)防潮层、圈梁的做法和位置。

(8)施工说明等。

5)阅读建筑结构基础详图

建筑结构基础详图提供了基础构造的详细尺寸、材料、配筋及施工要求等信息,是指导现场施工的重要依据。阅读建筑结构基础详图的步骤如下:

(1)图名与比例确认:确认图纸标题(图名),明确详图的类型。查看图纸的比例尺,理解图形与实际尺寸之间的换算关系,以便准确解读图中所有尺寸标注。

(2)基础轴线及其编号识别:查看基础的轴线及其编号,以便与基础平面图及其他相关图纸对应。

(3)基础尺寸与构造分析:阅读基础的总尺寸(长、宽、高)、各部分尺寸(如底板、承台、梁垫等),以及与基础相关的其他结构构件(如柱、墙、梁)的尺寸信息。查看基础的形状、构造层次、配筋形式(如受力筋、构造筋、箍筋等),包括钢筋直径、间距、根数、搭接长度、弯钩角度等详细参数。

(4)设计说明与标注研读:阅读详图附带的设计说明或注释,了解基础材料选用、混凝土等级、防水处理、防腐措施、施工缝留设、预埋件布置等要求。注意查看详图中有关基础与相邻结构、设备、管线的连接细节,以及基础与地基处理、基坑支护等方面的特殊要求。

(5)配筋信息解读:根据详图中的钢筋布置图,识别受力筋、构造筋、箍筋等的布置位置、方向、间距、直径等信息。查看钢筋表(如有),核对钢筋的型号、规格、数量、长度、搭接要求等数据。

10.3.5 楼层结构平面图

10.3.5.1 概念

结构平面图是假想沿着楼板面将建筑物水平剖开所作的水平剖面图,表示各层梁、板、柱、墙、过梁和圈梁等的平面布置情况,以及现浇楼板、梁的构造与配筋情况及构件之间的结构关系。

结构平面图为施工中安装梁、板、柱等各种构件提供依据,同时为现浇构件支模板、绑扎钢筋、浇筑混凝土提供依据。

楼层结构平面图用于表达某一楼层的建筑结构布置、尺寸、材料、标高等信息。它是施工时布置或安放各层承重构件、制作圈梁和浇筑现浇板的依据。

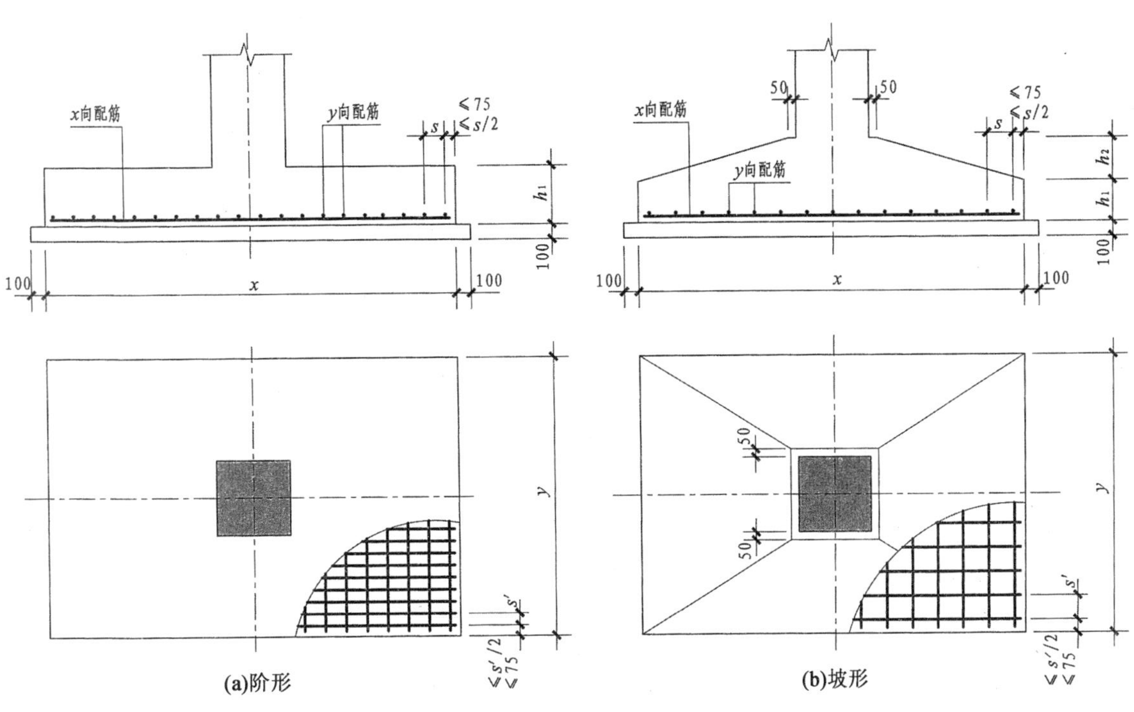

注：1. 独立基础底板配筋构造适用于普通独立基础和杯口独立基础。
2. 几何尺寸和配筋按具体结构设计和本图构造确定。
3. 独立基础底板双向交叉钢筋长向设置在下，短向设置在上。

图 10-42　钢筋混凝土独立基础底板配筋构造详图

通常每层建筑都需表达出它的结构平面布置图，但一般因底层地面直接做在地基上，它的做法、材料等已在建筑详图中标明，无须再画底层结构平面布置图，一般园林建筑为单多层建筑，主要有楼层结构布置图和屋面结构平面布置图等。各构件的名称与型号都用国家标准规定的代号标记。

10.3.5.2　园林建筑楼层结构平面图组成内容

1）常用构件代号

楼层结构平面图上应注明常用构件代号，见表 10-6。

2）钢筋混凝土板代号含义说明

常用的钢筋混凝土板分为预应力空心板、槽形板、平板等，而楼板有预制板和现浇板两种。下面分别介绍预应力空心板、预制板和现浇板的表达。

(1)预应力空心板的代号。由于各地区钢筋混凝土板的材料、加工水平、施工工艺以及加工场地、设备等条件的不同，选用的板型常常有所不同。常用的预应力空心板代号的含义如图 10-43 所示。

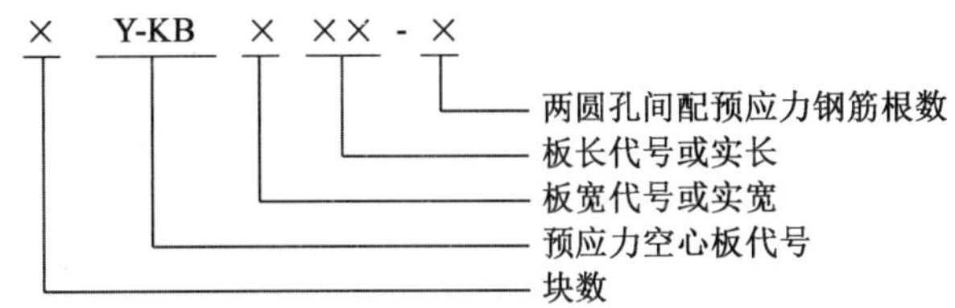

图 10-43　预应力空心板的代号

板宽表示：板宽代号用数字 4、5、6、8、9、12 表示，分别表示板的名义宽度为 400 mm、500 mm、600 mm、800 mm、900 mm、1200 mm，而板的实际宽度比名义宽度小 20 mm。

板长表示：板长代号用板长尺寸的前两位数表示，如板长 4900 mm 为标准尺寸，则代号为 49。

(2)预制板的代号见图 10-44。

(3)现浇板的代号见图 10-45。

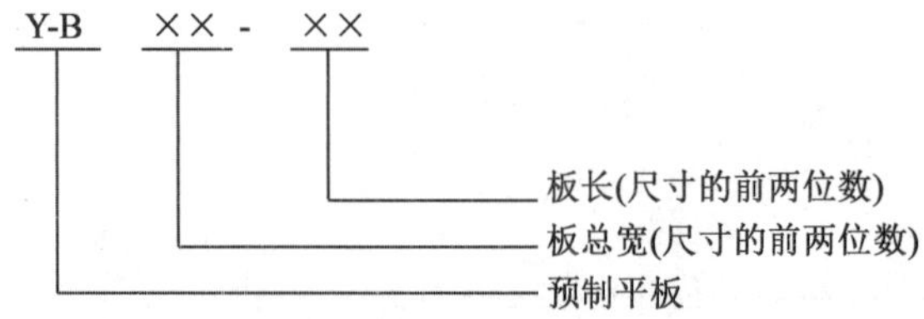

图 10-44 预制板的代号

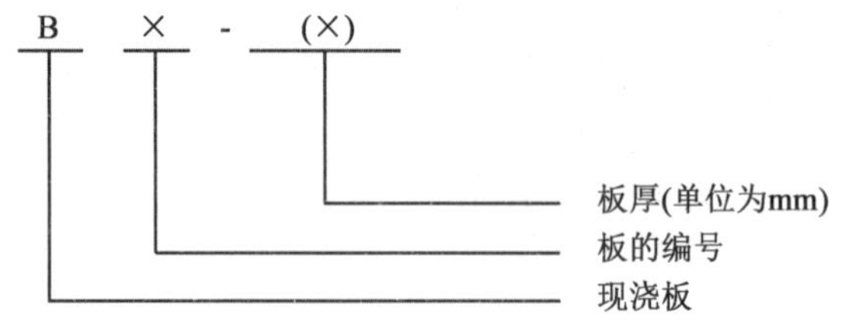

图 10-45 现浇板的代号

3)预制楼板的表达方式

预制楼板用粗实线表示楼层平面轮廓,用细实线表示预制板的铺设,习惯上把楼板下不可见墙体的实线改画为虚线。

预制板的布置有以下两种表达形式:

(1)在结构单元范围内,按实际投影分块画出楼板,并注写数量及型号。对于预制板的铺设方式相同的单元,用相同的编号如甲、乙等表示,而不一一画出每个单元楼板的布置(图 10-46)。

(2)在结构单元范围内,画一条对角线,并沿着对角线方向注明预制板数量及型号(图 10-47)。

4)现浇楼板的表达方式

现浇楼板用粗实线画出板中的钢筋,每一种钢筋只画一根,同时画出一个重合断面,表示板的形状、厚度和标高(图 10-48 至图 10-50)。

10.3.5.3 园林建筑楼层结构图的识图步骤

阅读建筑楼层结构平面图的一般步骤如下:

(1)图纸基本信息:阅读图名与比例,确认图纸是哪一层的结构平面图,了解绘图的比例关系,确保尺寸推算准确。查阅图中的图例和符号说明,了解不同线条、图案和标记所代表的结构构件含义。

(2)整体把握:了解建筑物的整体结构布局,包括梁、柱、剪力墙、支撑体系等主要结构构件的位置。分析定位轴线,理解各结构构件沿轴线的排列方式和尺寸。

(3)详细阅读:详细阅读和记录梁、柱、墙体等结构构件的定位尺寸、截面尺寸、配筋信息等。关注结构层高、楼面板厚度、基础埋深等标高数据,了解建筑物竖向结构的关系。阅读详图索引,结合相关详图进一步了解节点构造、预埋件、洞口等结构细部做法。

(4)对比关联:对照建筑平面图,查看结构平面图上的结构布置与建筑设计需求的匹配情况,如房间开间、进深等尺寸等。结合电气、给排水、暖通等专业图纸,了解管线与结构的关系。

(5)阅读设计说明:阅读设计说明,了解设计依据、材料选用、施工要求等关键信息,以准确理解设计意图。

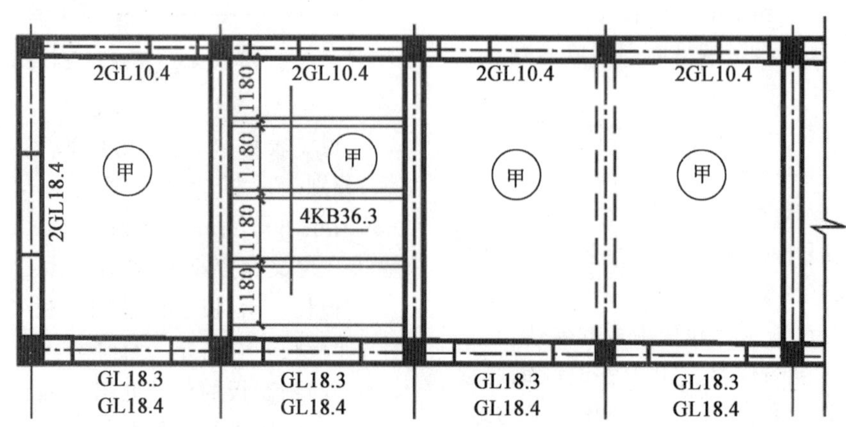

图 10-46 预制板布置(a)

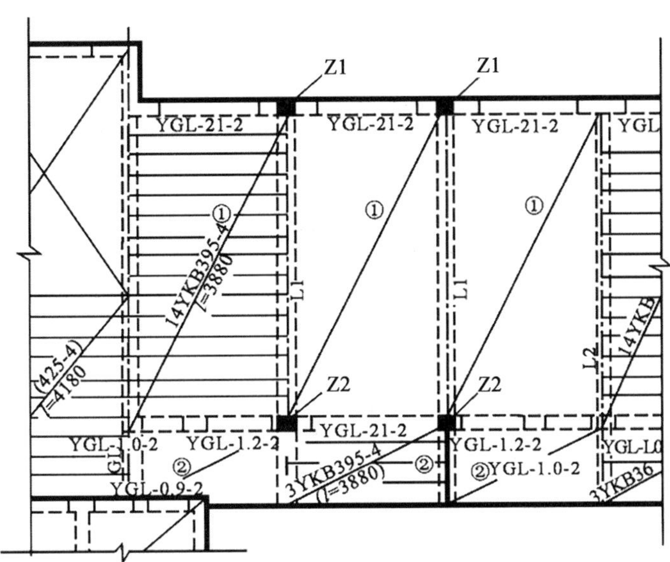

图 10-47　预制板布置(b)

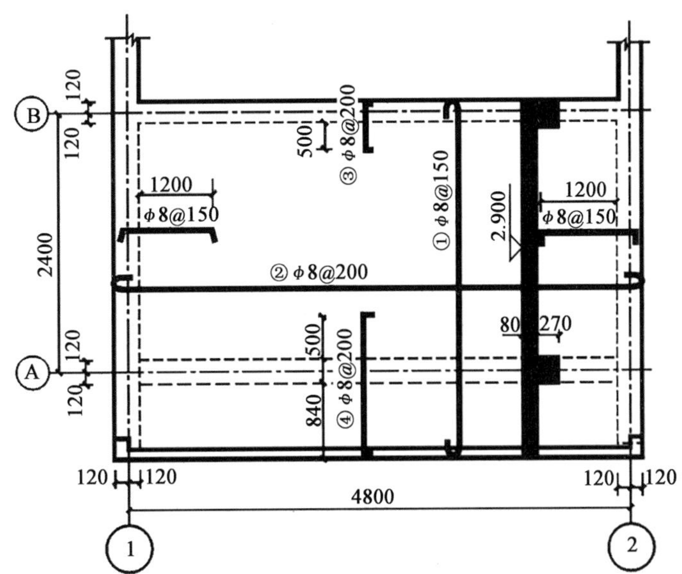

图 10-48　现浇板表达示例

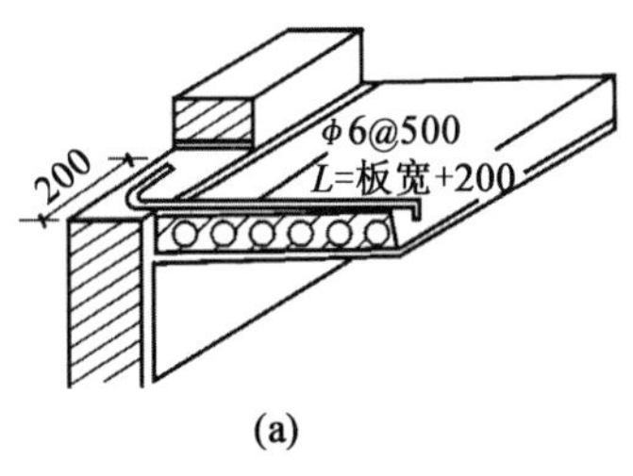

(a)

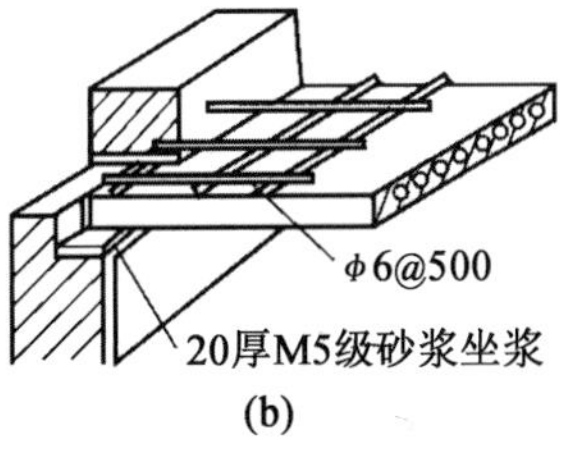

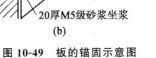

(b)

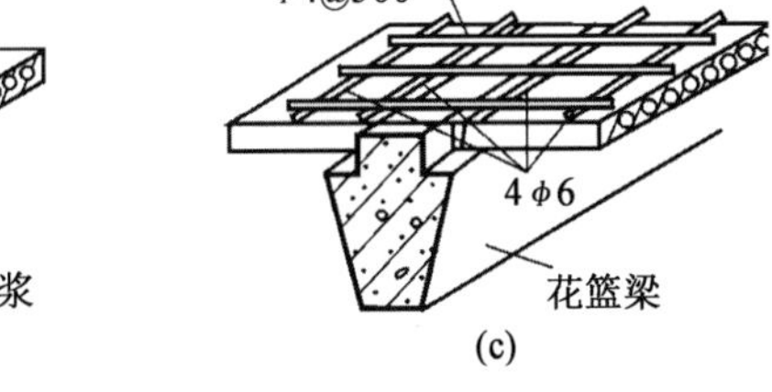

(c)

图 10-49　板的锚固示意图

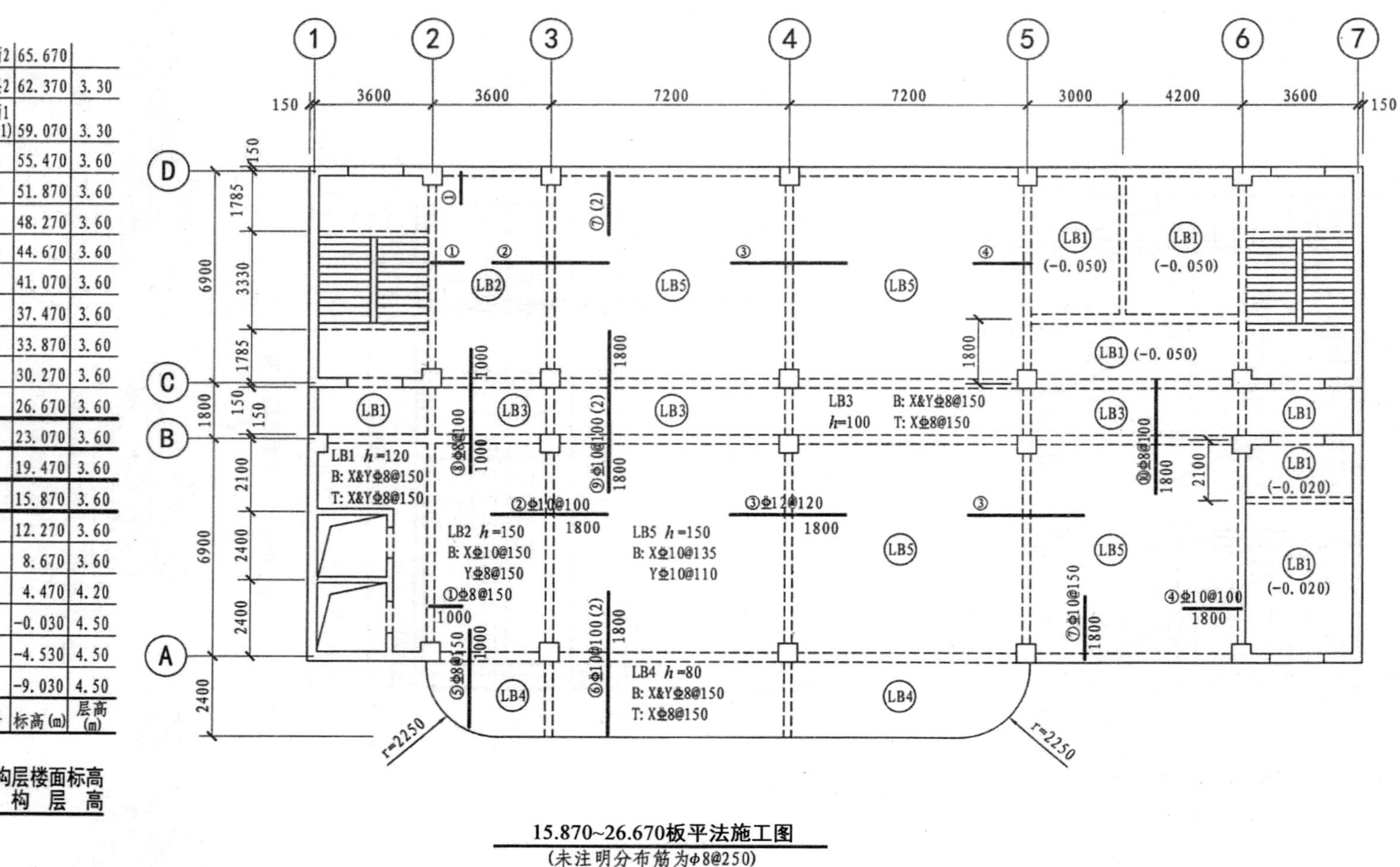

屋面2	65.670	
塔层2	62.370	3.30
屋面1 (塔层1)	59.070	3.30
16	55.470	3.60
15	51.870	3.60
14	48.270	3.60
13	44.670	3.60
12	41.070	3.60
11	37.470	3.60
10	33.870	3.60
9	30.270	3.60
8	26.670	3.60
7	23.070	3.60
6	19.470	3.60
5	15.870	3.60
4	12.270	3.60
3	8.670	3.60
2	4.470	4.20
1	-0.030	4.50
-1	-4.530	4.50
-2	-9.030	4.50
层号	标高(m)	层高(m)

结构层楼面标高
结构层高

15.870~26.670板平法施工图

(未注明分布筋为⏀8@250)

注：可在结构层楼面标高、结构层高表中加设混凝土强度等级等栏目。

图10-50 板平法施工图示例

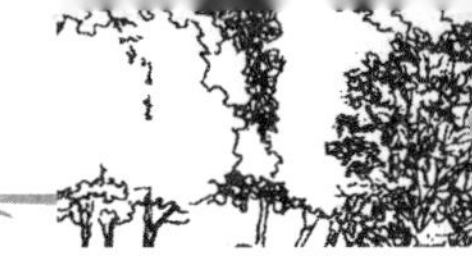

10.3.6　钢筋混凝土构件详图

10.3.6.1　概述

钢筋混凝土构件详图用于详细描述钢筋混凝土结构中各个构件的具体形状、尺寸、配筋方式以及施工要求等内容。这种详图通常包括平面图、立面图、剖面图以及局部放大图等多种形式。

园林建筑物的承重构件主要是钢筋混凝土结构。钢筋混凝土构件有定型构件和非定型构件两种。定型的预制构件或现浇构件可直接引用标准图或本地区的通用图，在图纸上通过引注，便可查到相应的结构详图。自行设计的非定型预制构件或现浇构件，施工图中相应有结构详图。

构件结构详图的比例常采用 1∶(10～50)。

10.3.6.2　详图分类

钢筋混凝土构件的详图一般有钢筋混凝土梁结构详图、钢筋混凝土板结构详图和钢筋混凝土柱结构详图。钢筋混凝土梁的结构详图一般用立面图和断面图表示，钢筋混凝土板结构详图一般用剖面图表示，钢筋混凝土柱的结构详图一般用立面图和断面图表示。图中应表达各种类型钢筋的分布情况、搭接情况、数量及尺寸。

10.3.6.3　钢筋混凝土构件结构详图的主要内容

钢筋混凝土构件结构详图的主要内容概括如下：

(1)构件代号(图名)，比例；

(2)构件定位轴线及其编号；

(3)构件的形状、大小和预埋件代号及布置(模板图)，当构件的外形比较简单且又无预埋件时，可只画配筋图来表示构件的形状和钢筋配置；

(4)梁、柱的结构详图通常由立面图和断面图组成，板的结构详图一般只画它的断面图或剖面图，也可把板的配筋直接画在结构平面图中；

(5)构件外形尺寸、钢筋尺寸和构造尺寸以及构件底面的结构标高；

(6)各构件结构之间的连接详图；

(7)施工说明等。

10.3.6.4　钢筋混凝土构件结构详图的读图步骤

(1)需要熟悉相关的建筑规范和标准，以便理解图纸中的符号和标注。

(2)从整体到局部阅读图纸。先看总平面图，了解建筑物的位置、朝向和布局；再看楼层平面图，了解各层的房间布置和尺寸；最后看立面图和剖面图，了解建筑物的高度、形状和内部结构。

(3)在阅读过程中，注意查看各个部分的详细构造图，如梁、柱、墙、板等。这些详图会给出具体的尺寸、配筋和施工要求。

(4)复杂的节点或连接部位可以参考专门的节点详图或构造详图，以确保理解和施工的准确性。

(5)要注意与其他专业图纸的配合，如电气、给排水、暖通等，确保整个建筑的协调性和完整性。

10.3.6.5　框架柱平法施工图识图

柱的表示方法有两种：列表注写方式和截面注写方式。

在柱平面布置图中，一般用表格注明地下和地上各层的结构层面标高、结构层高及相应的结构层号。结构层楼面标高是指将建筑图中的各层楼地面标高值扣除建筑面层后的标高，结构层号应与建筑楼层号对应一致。

1)柱平面施工图的主要内容

(1)图名和比例。

(2)定位轴线及其编号、间距和尺寸。

(3)柱的编号、平面布置，应反映柱与定位轴线的关系。

(4)每一种编号柱的标高、截面尺寸、纵向受力钢筋和箍筋的配置情况。

(5)必要的设计说明。

2)柱编号

柱编号由类型代号和序号组成，见表 10-11。

表 10-11　柱编号由类型代号和序号组成

柱类型	代号	序号
框架柱	KZ	××
框支柱	KZZ	××
芯柱	XZ	××
梁上柱	LZ	××
剪力墙上柱	QZ	××

框架柱：在框架结构中主要承受竖向压力，将来

自框架梁的荷载向下传递，是框架结构中承力最大构件。

框支柱：一般情况下出现在转换层结构中。下层为框架结构，上层为剪力墙结构时，支撑上层结构的柱定义为框支柱。

芯柱：不是一根独立的柱子，而是隐藏在柱内。

梁上柱：梁上起柱，柱的生根不在基础而在梁上的柱，称之为梁上柱。

剪力墙上柱：柱的生根不在基础而在墙上的柱，称之为墙上柱。

3)柱的表示方法

(1)列表注写方式：列表注写方式是在柱平面布置图上，在同一编号的柱中选择一个截面标注几何参数代号；然后绘制柱表，在柱表中注写柱编号、柱段起止标高、几何尺寸(含柱截面对轴线的偏心情况)与配筋的具体数值，并配以各种柱截面形状及其箍筋类型图。

柱表中注写内容规定如下：

①注写柱编号，一般采用数字表示。

②注写柱的起止标高，自柱根部往上以变截面位置或截面未变但配筋改变处为界分段注写。

③注写截面几何尺寸。

④注写柱纵筋。当柱纵筋直径相同，各边根数也相同时(包括矩形柱、圆柱和芯柱)，可将纵筋注写在'全部纵筋'一栏中；除此之外，柱纵筋分角筋、截面 b 边中部筋和 h 边中部筋三项分别注写(对于采用对称配筋的矩形截面柱，可仅注写一侧中部筋，对称边省略不注)。

⑤在箍筋类型栏内注写箍筋的类型号与肢数。具体工程所设计的各种箍筋类型图以及箍筋复合的具体方式，需画在表的上部或图中的适当位置，并在其上标注与表中相对应的 b、h 和类型号。

例 ϕ10@100/250(2) 表示箍筋直径为 ϕ10，加密区间距 100 mm，非加密区间距 250 mm，全为双肢箍。ϕ10@100/150(4) 表示箍筋直径为 ϕ10，加密区间距 100 mm，非加密区间距 150 mm，全为四肢箍，见图 10-51。

⑥注写柱箍筋，包括箍筋级别、直径与间距。当为抗震设计时，用斜线'/'区分柱端箍筋加密区与柱身非加密区长度范围内箍筋的不同间距。施工人员需根据标准构造详图的规定，在规定的几种长度值中取其最大者作为加密区长度。当框架节点核芯区内箍筋与柱端箍筋设置不同时，应在括号中注明核芯区箍筋直径及间距。例如'ϕ10@100/200'，表示柱中箍筋为 HPB300 级钢筋，直径为 10 mm，加密区间距为 100 mm，非加密区间距为 200 mm。当箍筋沿柱全高均匀等间距配置时，则不使用'/'线，例如'ϕ8 mm 200 mm'，表示沿柱全高范围内箍筋均为 HPB300 级钢筋，直径为 8 mm，间距为 200 mm。当圆柱采用螺旋箍筋时，需在箍筋前加'L'，再如，Lϕ10@100/200，表示采用螺旋箍筋，HPB300 级钢筋，直径 ϕ10，加密区间距为 100 mm，非加密区间距为 200 mm。如图 10-52 所示。

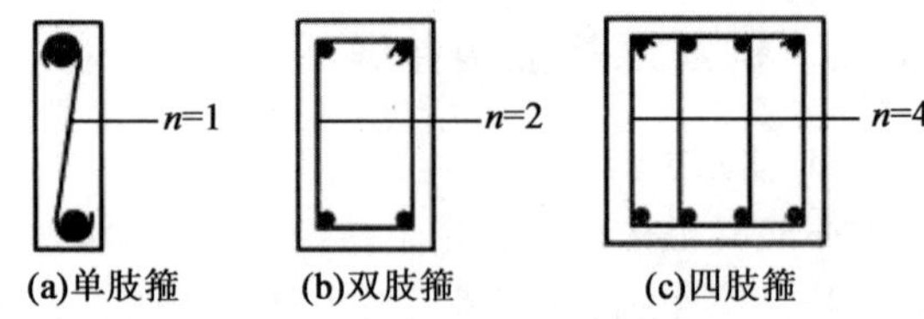

图 10-51　箍筋的肢数

图 10-52 为采用列表注写方式表达的柱平法施工图，从图中可以看出：在柱平面布置图中给出了 KZ1、XZ1 和 LZ1 的编号，标注了确定柱子位置的几何参数代号。在柱表中，列出了 KZ1、XZ1 的相关信息。

框架柱 KZ1 分四段，其中在标高 −0.030～19.470 段，截面尺寸为 750 mm×700 mm，共配置 24 根直径 25 mm 的 HRB400 级钢筋，箍筋为直径 10 mm 的 HPB300 级钢筋，加密区间距 100 mm，非加密区间距 200 mm；在标高 19.470～37.470 段，截面尺寸为 650 mm×600 mm，配置 4 根直径 22 mm 的 HRB400 级角部钢筋，b 边每边配制 5 根直径 22 mm 的 HRB400 级中部筋，h 边每边配制 4 根直径 20 mm 的 HRB400 级中部筋，箍筋为直径 10 mm 的 HPB300 级钢筋，加密区间距 100 mm，非加密区间距 200 mm；其余段可自行分析。

层号	标高(m)	层高(m)
屋面2	65.670	
塔层2	62.370	3.30
屋面1(塔层1)	59.070	3.30
16	55.470	3.60
15	51.870	3.60
14	48.270	3.60
13	44.670	3.60
12	41.070	3.60
11	37.470	3.60
10	33.870	3.60
9	30.270	3.60
8	26.670	3.60
7	23.070	3.60
6	19.470	3.60
5	15.870	3.60
4	12.270	3.60
3	8.670	3.60
2	4.470	4.20
1	-0.030	4.50
-1	-4.530	4.50
-2	-9.030	4.50

结构层楼面标高
结构层高

上部结构嵌固部位：
-4.530

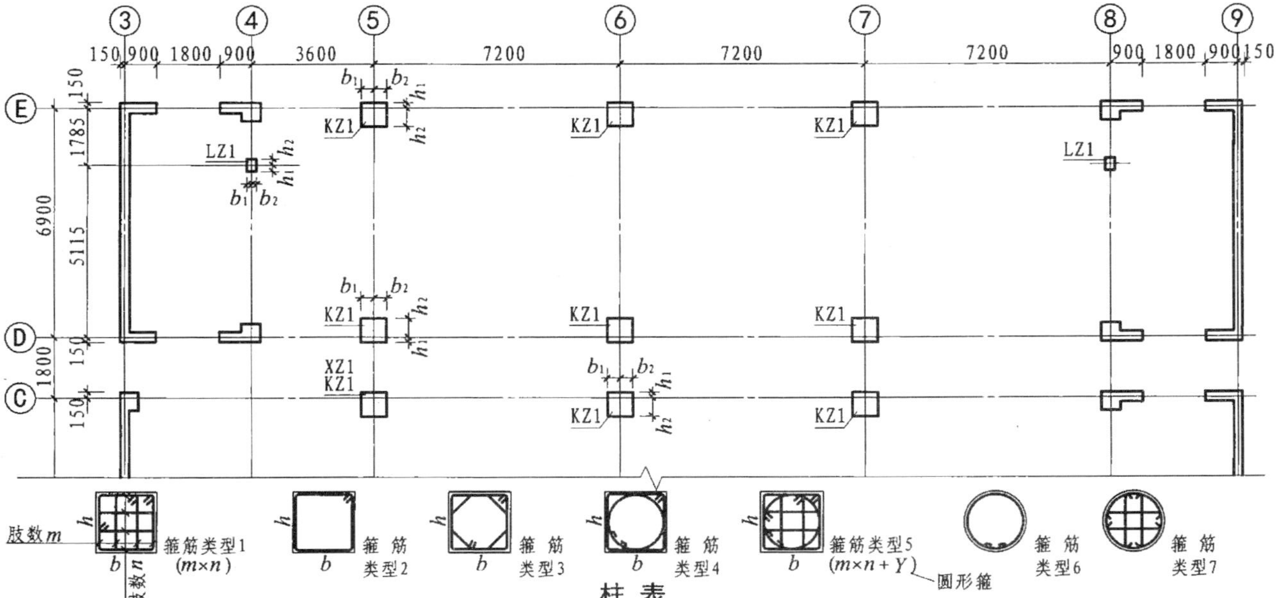

柱表

柱号	标高	b×h（圆柱直径d）	b_1	b_2	h_1	h_2	全部纵筋	角筋	b边一侧中部筋	h边一侧中部筋	箍筋类型号	箍筋	备注
KZ1	-4.530～-0.030	750×700	375	375	150	550	28⌀25				1(6×6)	ϕ10@100/200	—
	-0.030～19.470	750×700	375	375	150	550	24⌀25				1(5×4)	ϕ10@100/200	
	19.470～37.470	650×600	325	325	150	450		4⌀22	5⌀22	4⌀20	1(4×4)	ϕ10@100/200	
	37.470～59.070	550×500	275	275	150	350		4⌀22	5⌀22	4⌀20	1(4×4)	ϕ8@100/200	
XZ1	-4.530～8.670						8⌀25				按标准构造详图	ϕ10@100	③×Ⓑ轴KZ1中设置

注：1. 如采用非对称配筋，需在柱表中增加相应栏目分别表示各边的中部筋。
2. 箍筋对纵筋至少隔一拉一。
3. 类型1、5的箍筋肢数可有多种组合，右图为5×4的组合，其余类型为固定形式，在表中只注类型号即可。
4. 地下一层(-1层)、首层（1层）柱端箍筋加密区长度范围及纵筋连接位置均按嵌固部位要求设置。

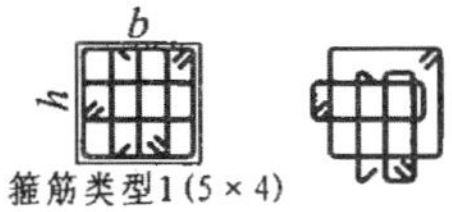

-4.530~59.070柱平法施工图（局部）

箍筋类型1 (m×n)　箍筋类型2　箍筋类型3　箍筋类型4　箍筋类型5 (m×n+Y)　圆形箍　箍筋类型6　箍筋类型7　肢数m　肢数n　箍筋类型1(5×4)

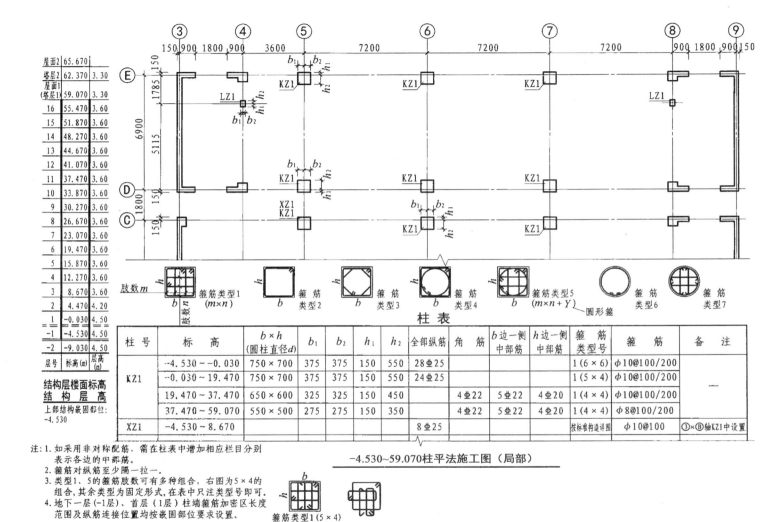

图10-52 柱平法施工图列表注写方式示例

芯柱 XZ1 设置在③×B 轴 KZ1 中－0.030～8.670 标高段，截面尺寸按构造确定，共配置 8 根直径 25 mm 的 HRB400 级钢筋，箍筋为直径 10 mm 的 HPB300 级钢筋，沿芯柱全高范围均匀配置，间距为 100 mm。

图中左侧用表格给出了有关各层的结构层楼(地)面标高、结构层高及相应的结构层号。所示上部结构嵌固部位是指上部结构在基础中生根部位，常取基础顶面、地下室顶板等处，本例取地下一层结构顶部结构标高为－0.030 处。

(2)截面注写方式：将平面注写方式表格里的内容标注至柱体的截面图上。

4)柱平法施工图的识读

柱平法施工图可按如下方法识读(图 10-53)：

(1)首先查看图名、比例。

(2)再校核轴线编号及间距尺寸，必须与建筑图、基础平面图保持一致。

(3)明确各柱的编号、数量及位置。

(4)根据各柱的编号，查对图中截面或柱表，明确柱的标高、截面尺寸和配筋。

(5)阅读结构设计总说明或有关分页专项说明，明确标高范围柱混凝土的强度等级。

10.3.6.6 梁结构施工图

梁结构施工图是采用平面注写方式或截面注写方式表达梁的截面尺寸和配筋的图样。主要说明各结构层的楼面标高、结构层高以及与其相关联的柱、墙、板构件。

1)梁结构施工图主要内容

(1)结构名称和绘制比例。

(2)定位轴线及其编号、间距和尺寸。

(3)梁的平面布置及编号。

(4)不同梁的结构标高、截面尺寸、钢筋配置等情况。

(5)必要的结构设计说明和详图。

2)梁的表示方法

平法制图中，需要对梁进行分类与编号，其编号由梁类型代号、序号、跨数及有无悬挑等几项组成，见表 10-12。

表 10-12 梁编号

梁类型	代号	序号	跨数及是否带有悬挑
楼层框架梁	KL	××	(××)、(××A)或(××B)
屋面框架梁	WKL	××	(××)、(××A)或(××B)
非框架梁	L	××	(××)、(××A)或(××B)
框支架	KZL	××	(××)、(××A)或(××B)
悬挑梁	XL	××	
井字梁	JZL	××	(××)、(××A)或(××B)

注：1.(××A)为一端有悬挑，(××B)为两端有悬挑，悬挑不计入跨数。

2.楼层框架扁梁节点核心区代号 KBH。

3.非框架梁 L、井字梁 JZL 表示端支座为铰接；当非框架梁 L、井字梁 JZL 端支座上部纵筋为充分利用钢筋的抗拉强度时，在梁代号后加“g”。

3)梁平面注写方式

在梁平面布置图上，按照不同编号的梁中各选一根，在其上注写截面尺寸及配筋具体数值的方式来表达梁的类型。平面注写包括集中标注与原位标注，集中标注表达梁的通用数值，原位标注表达梁的特殊数值。当集中标注中的某项数值不适用于梁的某部位时，则将该项数值原位标注，施工时，原位标注取值优先于集中标注值，见图 10-54 和图 10-55。

KL2(2A)300×650 表示 2 号框架梁，两跨，一端有悬挑。梁截面为 300 mm 宽，650 mm 高。

ϕ8@100/200(4)表示箍筋为 HPB300 级钢筋，直径 ϕ8，加密区间距为 100 mm，非加密区间距为 200 mm，均为四肢箍。

2ϕ25 表示通长筋为 2 根二级钢，直径 25 mm。

G4ϕ10 表示梁侧面纵向构造钢筋 4 根一级钢，直径 10 mm。

(－0.100)表示梁顶标高与结构层楼面标高的差值，负号表示低于结构层标高 100 mm。

4)截面注写方式

截面注写方式，是在分标准层绘制的梁平面布置图上，分别在不同编号的梁中各选择一根梁用剖面符号引出配筋图，并在其上注写截面尺寸具体数值的方式来表达梁平法施工图。如图 10-56 所示。

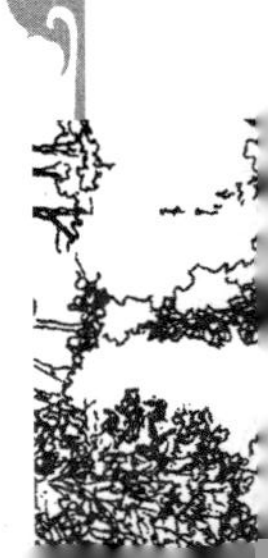

层号	标高(m)	层高(m)
屋面2	65.670	
塔层2	62.370	3.30
屋面1(塔层1)	59.070	3.30
16	55.470	3.60
15	51.870	3.60
14	48.270	3.60
13	44.670	3.60
12	41.070	3.60
11	37.470	3.60
10	33.870	3.60
9	30.270	3.60
8	26.670	3.60
7	23.070	3.60
6	19.470	3.60
5	15.870	3.60
4	12.270	3.60
3	8.670	3.60
2	4.470	4.20
1	-0.030	4.50
-1	-4.530	4.50
-2	-9.030	4.50

结构层楼面标高
结　构　层　高

上部结构嵌固部位:
-4.530

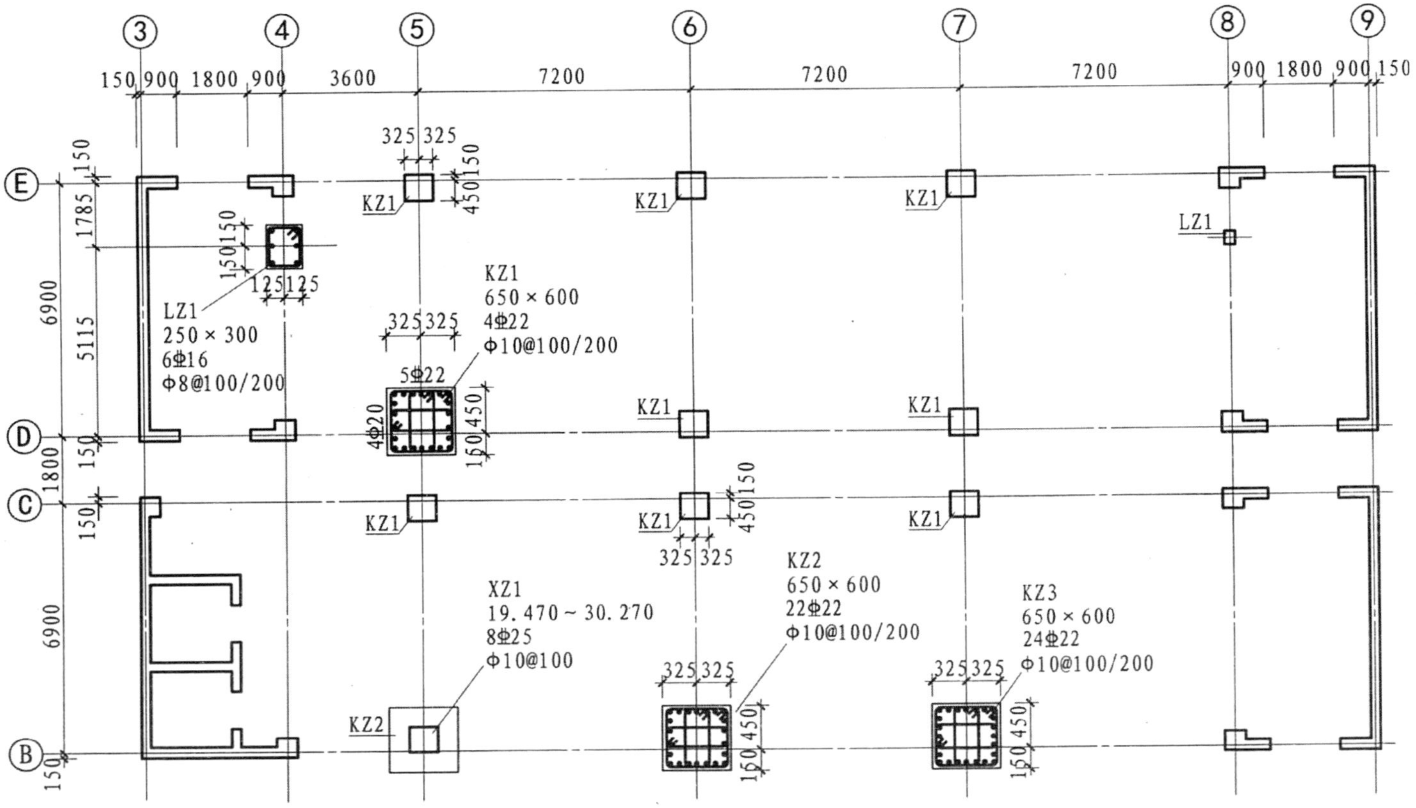

19.470~37.470柱平法施工图（局部）

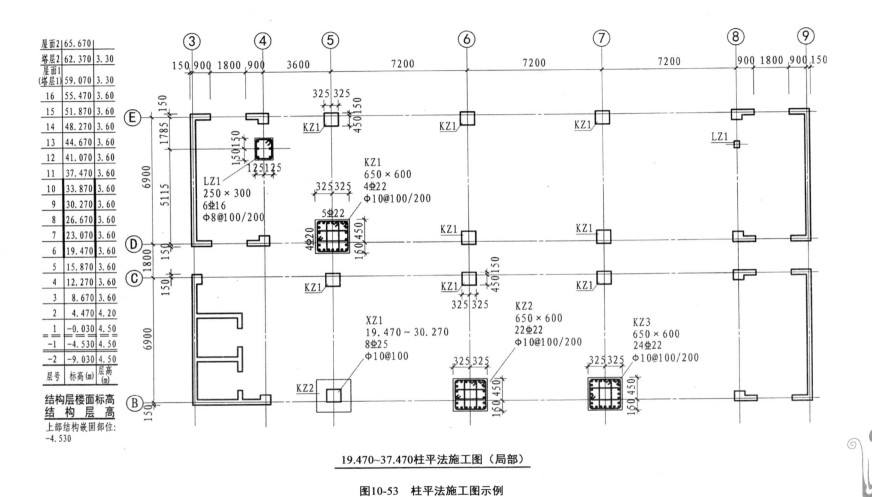

图10-53　柱平法施工图示例

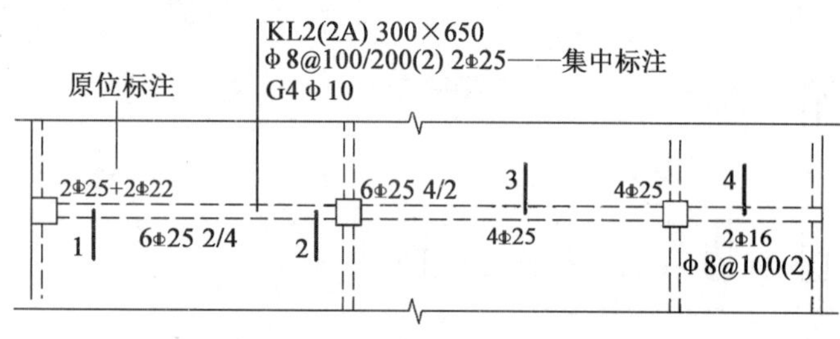

图 10-54 梁平面注写方式

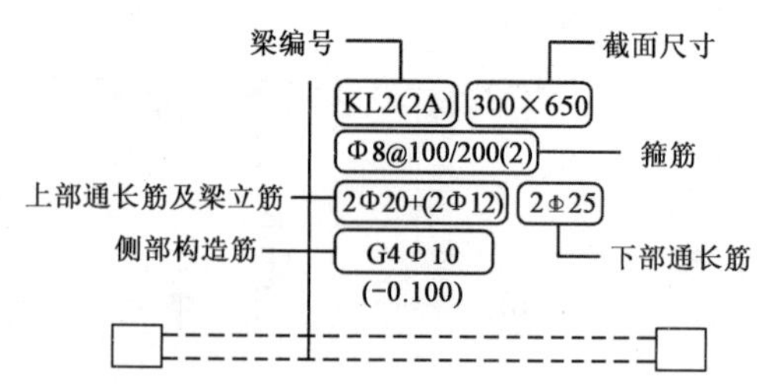

图 10-55 梁构件集中标注示意图

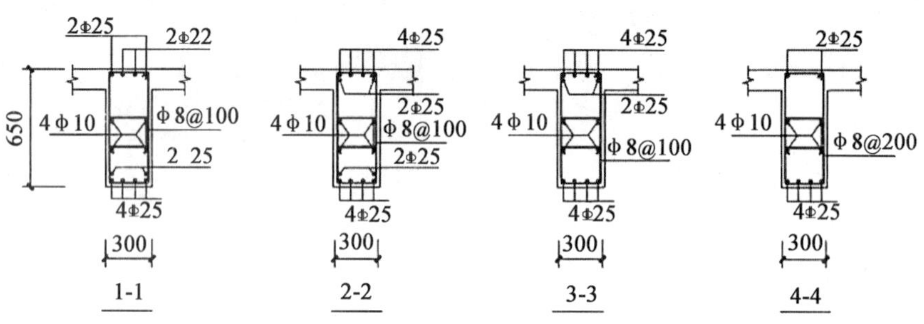

图 10-56 梁构件截面标注示意图

对所有的梁按规定进行编号，从相同编号的梁中选择一根梁，现将“单边截面号”画在该梁上，再将截面配筋详图画在本图或其他图上。当某梁的顶面标高与结构层的楼面标高不同时，应在其梁编号后面注写梁顶面标高差（注写方式与平面注写方式相同）。

截面注写方式既可以单独使用，也可以与平面注写方式结合使用。在梁平法施工图的平面图中，当局部区域的梁布置过密时，除了采用截面注写方式表达外，也可以采用将过密区用虚线框出，适当放大比例后再用平面注写方式表示。当表达异形截面梁的尺寸与配筋时，用截面注写方式比较方便。

5）梁平法施工图识读

梁平法施工图阅读时牢记以下内容，见图 10-57。

(1)查看图名、比例。

(2)校核轴线编号及间距尺寸，必须与建筑图、基础平面图、柱平面图保持一致。

(3)与建筑图配合，明确各梁的编号、数量及位置。

(4)阅读结构设计总说明或有关分页专项说明，明确各标高范围剪力墙混凝土的强度等级。

(5)根据各梁的编号，查对图中标注或截面标注，明确梁的标高、截面尺寸和配筋。再根据抗震等级、标准构造要求确定纵向钢筋、箍筋和吊筋的构造要求（包括纵向钢筋锚固搭接长度、切断位置、连接方式、弯折要求；箍筋加密区范围等），见图 10-58。

10.3.6.7 剪力墙平法施工图识读

(1)查看轴线编号及间距尺寸，是否与建筑图、基础图一致。

(2)确定每道剪力墙边缘构件的编号、数量及位置，墙身的编号、尺寸、洞口位置。是否符合建筑平面图布置。

(3)明确各标高范围剪力墙混凝土的强度等级。

(4)根据剪力墙编号，查看图中截面和墙身表，明确剪力墙的标高、截面尺寸和配筋。

(5)根据抗震等级、图集标准确定水平分布钢筋、竖向分布钢筋和拉筋的构造。

(6)再根据抗震等级、标准构造要求确定纵向钢筋和箍筋的构造要求（包括纵向钢筋连接的方式、位置、锚固搭接长度、弯折要求、柱头节点要求；箍筋加密区长度范围等）。

(7)确定剪力墙梁的标高、截面尺寸和配筋。再根据抗震等级、标准构造要求确定纵向钢筋和箍筋的构造要求（包括纵向钢筋锚固搭接长度、箍筋的摆放位置等）。

(8)剪力墙平法施工图表示方法有两种列表注写方式、截面注写方式，见图 10-59 至图 10-61。

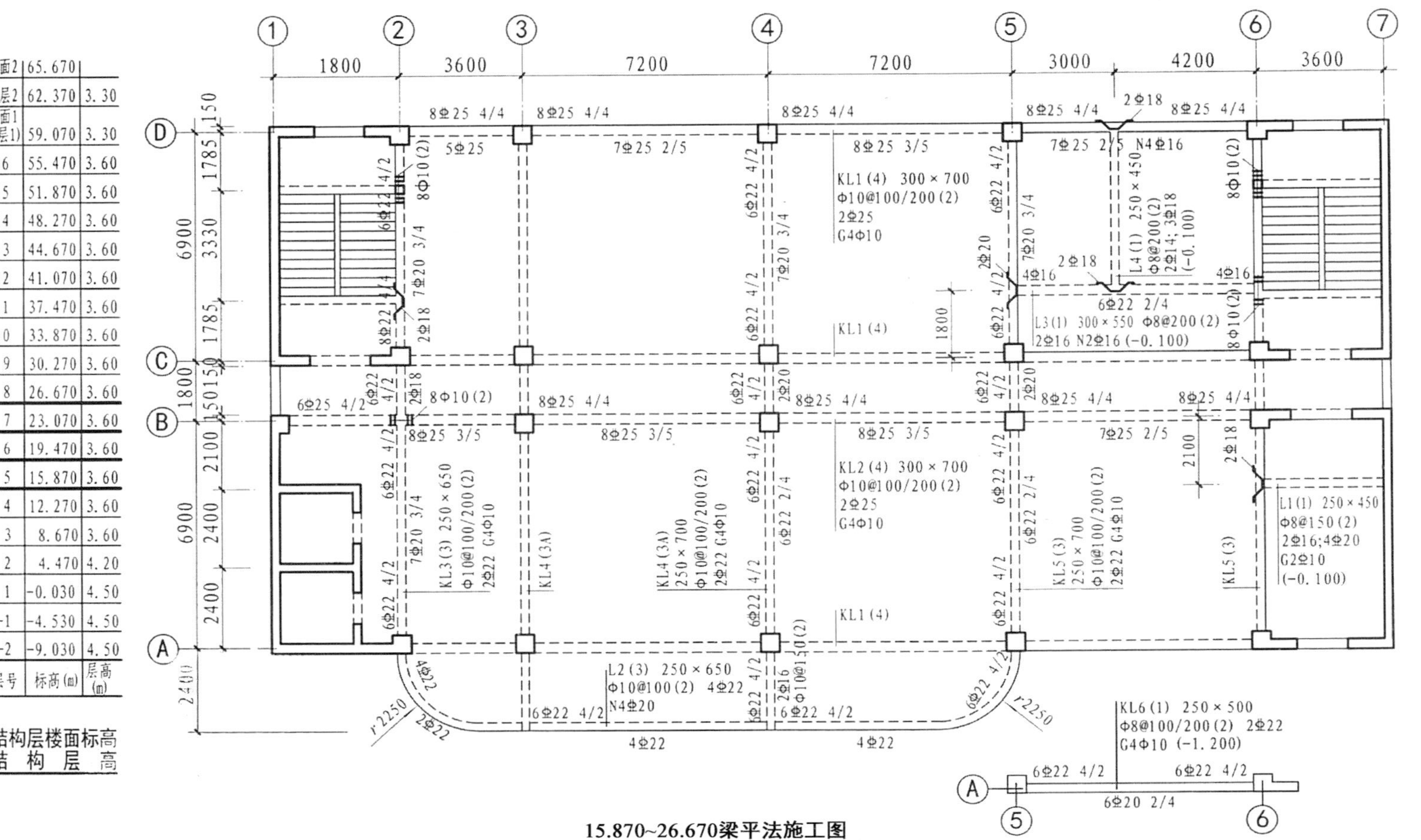

屋面2	65.670	
塔层2	62.370	3.30
屋面1 (塔层1)	59.070	3.30
16	55.470	3.60
15	51.870	3.60
14	48.270	3.60
13	44.670	3.60
12	41.070	3.60
11	37.470	3.60
10	33.870	3.60
9	30.270	3.60
8	26.670	3.60
7	23.070	3.60
6	19.470	3.60
5	15.870	3.60
4	12.270	3.60
3	8.670	3.60
2	4.470	4.20
1	-0.030	4.50
-1	-4.530	4.50
-2	-9.030	4.50
层号	标高(m)	层高(m)

结构层楼面标高
结 构 层 高

15.870~26.670梁平法施工图

注：可在结构层楼面标高、结构层高表中加设混凝土强度等级等栏目。

图10-57　梁平法施工图平面注写方式示例

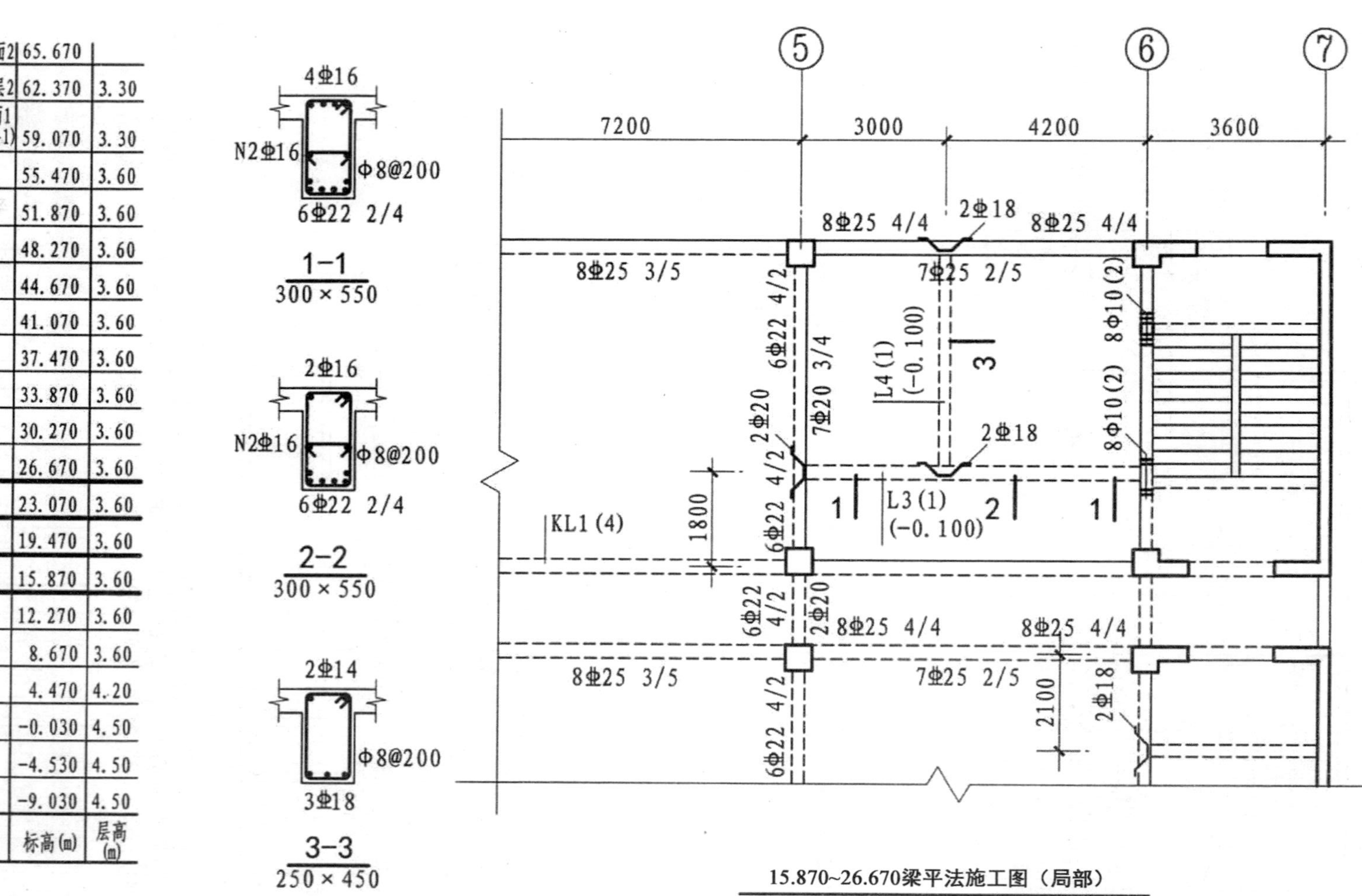

层号	标高(m)	层高(m)
屋面2	65.670	
塔层2	62.370	3.30
屋面1（塔层1）	59.070	3.30
16	55.470	3.60
15	51.870	3.60
14	48.270	3.60
13	44.670	3.60
12	41.070	3.60
11	37.470	3.60
10	33.870	3.60
9	30.270	3.60
8	26.670	3.60
7	23.070	3.60
6	19.470	3.60
5	15.870	3.60
4	12.270	3.60
3	8.670	3.60
2	4.470	4.20
1	-0.030	4.50
-1	-4.530	4.50
-2	-9.030	4.50

结构层楼面标高
结 构 层 高

注：可在结构层楼面标高、结构层高表中加设混凝土强度等级等栏目。

图10-58　梁平法施工图截面注写方式示例

层号	标高(m)	层高(m)
屋面2	65.670	
塔层2	62.370	3.30
屋面1(塔层1)	59.070	3.30
16	55.470	3.60
15	51.870	3.60
14	48.270	3.60
13	44.670	3.60
12	41.070	3.60
11	37.470	3.60
10	33.870	3.60
9	30.270	3.60
8	26.670	3.60
7	23.070	3.60
6	19.470	3.60
5	15.870	3.60
4	12.270	3.60
3	8.670	3.60
2	4.470	4.20
1	-0.030	4.50
-1	-4.530	4.50
-2	-9.030	4.50

底部加强部位

结构层楼面标高
结构层高

上部结构嵌固部位:
-0.030

-0.030~12.270剪力墙平法施工图

(剪力墙柱表见下页)

剪力墙梁表

编号	所在楼层号	梁顶相对标高高差	梁截面 $b \times h$	上部纵筋	下部纵筋	箍筋
LL1	2~9	0.800	300×2000	4⌀25	4⌀25	Φ10@100(2)
	10~16	0.800	250×2000	4⌀22	4⌀22	Φ10@100(2)
	屋面1		250×1200	4⌀20	4⌀20	Φ10@100(2)
LL2	3	-1.200	300×2520	4⌀25	4⌀25	Φ10@150(2)
	4	-0.900	300×2070	4⌀25	4⌀25	Φ10@150(2)
	5~9	-0.900	300×1770	4⌀25	4⌀25	Φ10@150(2)
	10~屋面1	-0.900	250×1770	4⌀22	4⌀22	Φ10@150(2)
LL3	2		300×2070	4⌀25	4⌀25	Φ10@100(2)
	3		300×1770	4⌀25	4⌀25	Φ10@100(2)
	4~9		300×1170	4⌀25	4⌀25	Φ10@100(2)
	10~屋面1		250×1170	4⌀22	4⌀22	Φ10@100(2)
LL4	2		250×2070	4⌀20	4⌀20	Φ10@120(2)
	3		250×1770	4⌀20	4⌀20	Φ10@120(2)
	4~屋面1		250×1170	4⌀20	4⌀20	Φ10@120(2)
AL1	2~9		300×600	3⌀20	3⌀20	Φ8@150(2)
	10~16		250×500	3⌀18	3⌀18	Φ8@150(2)
BKL1	屋面1		500×750	4⌀22	4⌀22	Φ10@150(2)

剪力墙身表

编号	标高	墙厚	水平分布筋	垂直分布筋	拉筋(矩形)
Q1	-0.030~30.270	300	⌀12@200	⌀12@200	Φ6@600@600
	30.270~59.070	250	⌀10@200	⌀10@200	Φ6@600@600
Q2	-0.030~30.270	250	⌀10@200	⌀10@200	Φ6@600@600
	30.270~59.070	200	⌀10@200	⌀10@200	Φ6@600@600

注:1. 可在“结构层楼面标高、结构层高表”中增加混凝土强度等级等栏目。
2. 本示例中 l_c 为约束边缘构件沿墙肢的长度(实际工程中应注明具体值)。

图10-59　剪刀墙平法施工图列表注写方式(a)

层号	标高(m)	层高(m)
屋面2	65.670	
塔层2	62.370	3.30
屋面1(塔层1)	59.070	3.30
16	55.470	3.60
15	51.870	3.60
14	48.270	3.60
13	44.670	3.60
12	41.070	3.60
11	37.470	3.60
10	33.870	3.60
9	30.270	3.60
8	26.670	3.60
7	23.070	3.60
6	19.470	3.60
5	15.870	3.60
4	12.270	3.60
3	8.670	3.60
2	4.470	4.20
1	-0.030	4.50
-1	-4.530	4.50
-2	-9.030	4.50

底部加强部位

结构层楼面标高
结构层高

上部结构嵌固部位:
-0.030

剪力墙柱表

截面	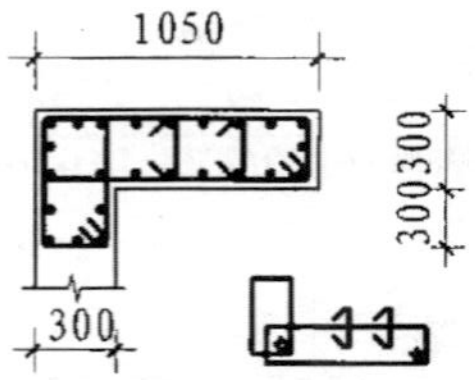 1050 300 300 300	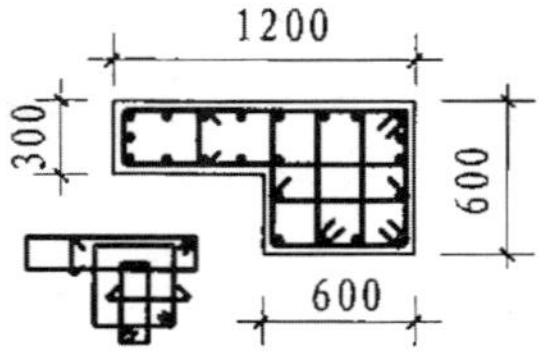 1200 300 600 600	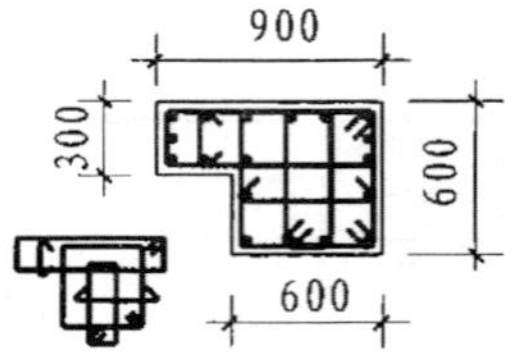 900 300 600 600	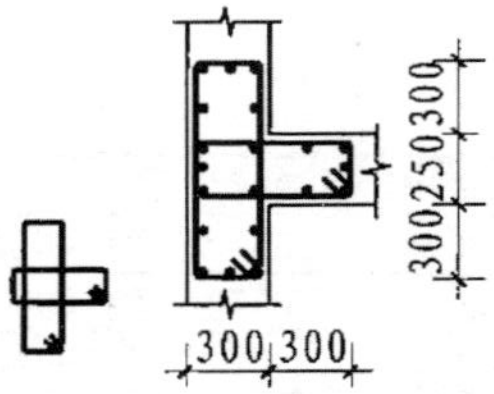 300 250 300 300 300
编号	YBZ1	YBZ2	YBZ3	YBZ4
标高	-0.030~12.270	-0.030~12.270	-0.030~12.270	-0.030~12.270
纵筋	24⌀20	22⌀20	18⌀22	20⌀20
箍筋	Φ10@100	Φ10@100	Φ10@100	Φ10@100

截面	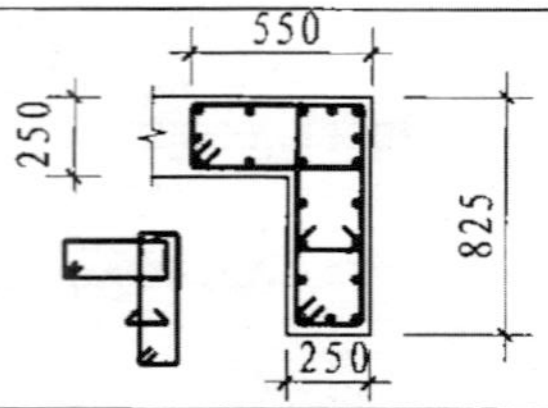 550 250 825 250	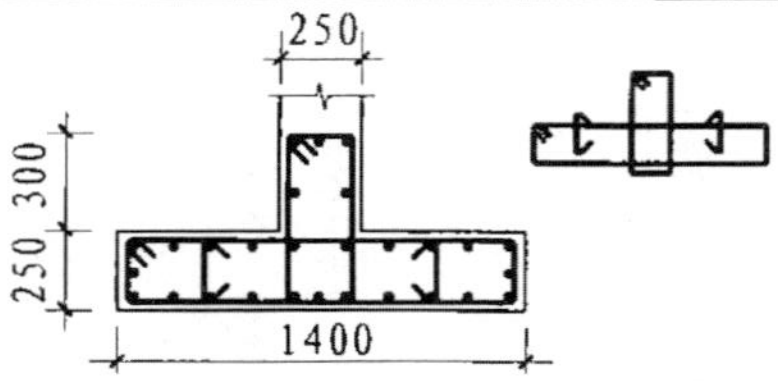 250 300 250 1400	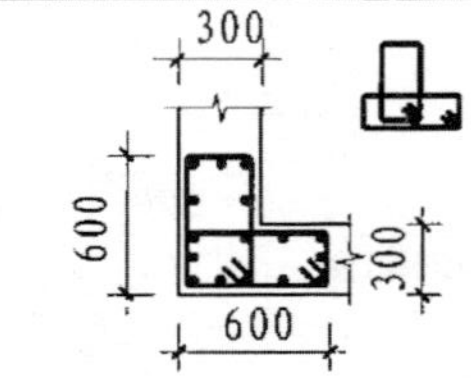 300 600 300 600
编号	YBZ5	YBZ6	YBZ7
标高	-0.030~12.270	-0.030~12.270	-0.030~12.270
纵筋	20⌀20	28⌀20	16⌀20
箍筋	Φ10@100	Φ10@100	Φ10@100

-0.030~12.270剪力墙平法施工图（部分剪力墙柱表）

图10-60　剪刀墙平法施工图列表注写方式(b)

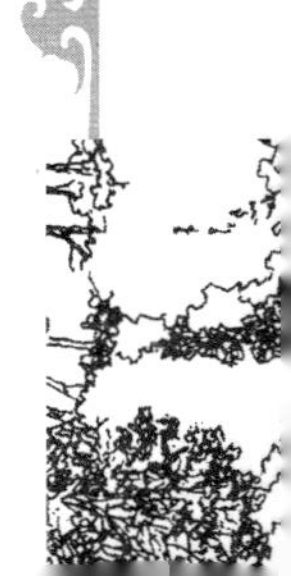

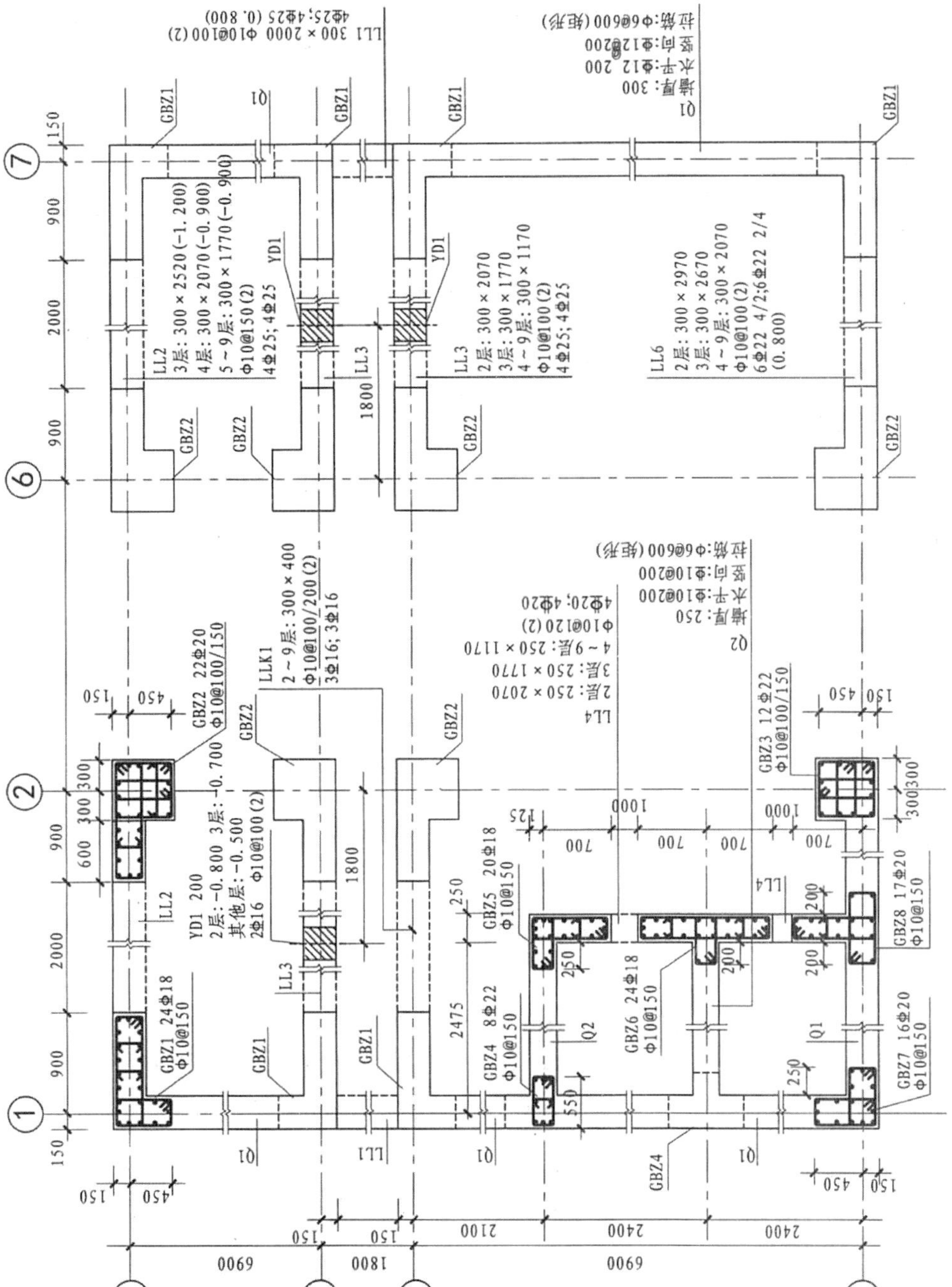

层号	标高(m)	层高(m)
屋面2	65.670	
塔层2	62.370	3.30
屋面1(塔层1)	59.070	3.30
16	55.470	3.60
15	51.870	3.60
14	48.270	3.60
13	44.670	3.60
12	41.070	3.60
11	37.470	3.60
10	33.870	3.60
9	30.270	3.60
8	26.670	3.60
7	23.070	3.60
6	19.470	3.60
5	15.870	3.60
4	12.270	3.60
3	8.670	3.60
2	4.470	4.20
1	-0.030	4.50
-1	-4.530	4.50
-2	-9.030	4.50

底部加强部位

结构层楼面标高
结构层高

上部结构嵌固部位:
-0.030

12.270~30.270剪力墙平法施工图

图10-61　剪刀墙平法施工图截面注写方式

10.3.7 结构施工图识图要点

园林建筑结构施工图识图顺序为先看建筑施工图，再看结构施工图。

(1)看标准层梁配筋图。在梁配筋图中可以看到梁的分布，梁一般都是依轴线来布置的。在每一根梁处都有标注梁的代号。按梁的不同代号从1找到最后的或者说最大的编号。每一个梁的代号都能找到相同的标注的一根梁其配有详细的配筋、梁断面尺寸标注，有的还有跨数和悬挑的标注。

(2)看墙柱标准层位置图。

(3)看标准层板配筋图，将梁、柱、板配筋图中的说明看一遍，包括图上的文字说明和施工图中的各种详图(大样图)代码，结合标识位置看；结合楼梯看标准层的楼梯配筋和与梁、墙、柱的结合。

(4)看桩基施工图、承台、地梁图。

(5)看非标准层的结构施工图和地下室的结构施工图。

(6)看屋面结构施工图。

(7)看水池、坡道、屋顶楼梯间、电梯间等的结构施工图。

(8)看结构施工图总说明，了解各种施工要点。

(9)仔细查看各种大样图，注意钢筋走向，根据标注思考如何布置和支模。

10.4 园林建筑设备图

10.4.1 园林建筑给水排水施工图

建筑给水排水施工图主要是用来表示建筑物内部和外部的给水排水工程设施的结构形状、大小、位置、材料以及有关技术要求等的图样。

建筑给水排水施工图的主要目的是明确建筑物内部的给水排水卫生器具、设备、管道的布局、敷设方式、规格型号等技术参数，以便于施工人员按照图纸进行准确、高效的施工。同时，还能帮助相关人员对建筑给排水系统的运行状态进行监控和维护，保证建筑物内给排水设施的安全可靠运行。

10.4.1.1 园林建筑给水排水施工图包含的主要内容

在施工图设计阶段，建筑给排水施工图一般由图纸目录、主要设备材料表、设计说明、图例、平面图、系统图(轴测图)、详图等组成。其中，平面图、系统图和详图是比较重要的图样。在平面图中，用不同的线条和符号来表示各种管道的走向和连接方式，标注出各个卫生器具、阀门、水表、水泵、水箱等的位置和编号；系统图是一种轴测图，它能够显示出给排水管道在空间的形状和位置关系；详图是对某些关键部位的放大图，如接头、弯头、三通等，以便于施工人员更准确地进行安装。

1)平面图

平面图包括给水平面图、排水平面图、雨水平面图，主要表达给水、排水管线和设备的平面布置情况。根据建筑设计，用水设备的种类、数量、位置，均要作出给水和排水平面布置；各种功能管道、管道附件、卫生器具、用水设备，如消火栓箱、喷头等，均应用各种图例表示；各种横干管、立管、支管的管径、坡度等，均应标出。平面图上管道都用加粗单线绘出，沿墙敷设时不注管道距墙面的距离。

2)系统图

系统图，也称轴测图，取水平、轴测、垂直三个方向的走向表达，完全与平面布置图比例相同。系统图中标明管道走向、管径、仪表及阀门，进出口的(起点、末点)标高或控制点标高和管道坡度，各系统编号，各楼层卫生设备和工艺用水设备的连接位置和标高，标高的±0.000应与建筑图一致。系统图上各种立管的编号应与平面布置图相一致。系统图均应按给水、排水、热水等各系统单独绘制，以便于施工安装和概预算应用。当屋面雨水采用内排水系统时，还应与建筑专业配合布置雨水斗，绘制雨水立管、悬吊管走向、管径、坡度、雨水立管系统图及编号。

3)详图

如果平面布置图、系统图中局部构造因受图面比例限制而表达不完善或无法表达的，为使施工概预算及施工不出现失误，必须绘出施工详图。通用施工详图系列，如卫生器具安装、排水检查井、雨水检查井、阀门井、水表井、局部污水处理构筑物等，均有各种施工标准图，施工详图宜首先采用标准图。详图应尽量详细注明尺寸，不应以比例代替尺寸。

10.4.1.2　图示表达

1)比例

建筑给水排水平面图通常与建筑平面图比例相同，一般为 1∶100、1∶150、1∶200，在卫生设备或管路布置较复杂的房间，用大比例尺 1∶50 来绘制。园林建筑给排水布置通常较为简单，采用 1∶100 的比例绘制即可。

园林建筑给水排水系统图通常采用 1∶50、1∶100、1∶150 的比例尺。

详图因需要放大表达关键部位，采用 2∶1、1∶1、1∶5、1∶10、1∶20、1∶30、1∶50 的比例尺。

2)图纸数量和表达范围

多层建筑的建筑给水排水平面图原则上分层绘制。楼层平面的管道布置相同时，可绘制一个楼层建筑给水排水平面图，但首层建筑给水排水平面图应单独绘制。屋面上的管道系统可附画在顶层建筑给水排水平面图中或另外画屋顶建筑给水排水平面图。

3)常用图示

建筑常用的卫生器具以及各种给排水管道的表达参照《建筑给水排水制图标准》(GB/T 50106—2010)，如表 10-13 所示。

表 10-13　建筑给水排水工程图中常用图例

名称	图例	说明	名称	图例	说明
给水管	J	—	通气帽	成品　蘑菇形	—
污水管	W	—	存水弯	S形　P形	—
废水管	F	—	圆形地漏	平面　系统	—
雨水管	Y	—	截止阀		—
立管	XL-1 平面　XL-1 系统	X 为管道类别； L 为立管； 1 为编号	闸阀		—
阀门井、 检查井	J-XX W-XX Y-XX　J-XX W-XX Y-XX	以代号 区别管道	污水池		—
矩形化粪池	HC	HC 为 化粪池	坐式大便器		—

续表10-13

名称	图例	说明	名称	图例	说明
水嘴	平面 系统	—	立式小便器		—
淋浴喷头		—	蹲式大便器		—
自动冲洗水箱		—	小便槽		—
水表井		—	浴盆		—
立管检查口		—	台式洗脸盆		—
清扫口	平面 系统	—	室内消火栓	平面 系统	—
盥洗槽		—	浮球阀	平面 系统	—

10.4.1.3 园林建筑给排水施工图的读图方法

建筑给排水施工图总的识读基本方法是：先宏观后微观，平面图、系统图、详图多对照。

1)查看标题栏

标题栏包含了该图纸的基本信息，如建筑名称、楼层、比例尺等。

2)阅读图例、设备材料表和设计说明

阅读设计说明，了解工程概况，查看设备材料表和图例，看懂各种符号和线条代表不同的管道、设备和配件等，以便理解平面图的内容。

3)阅读平面图(图 10-62 和图 10-63)

(1)查明卫生器具、用水设备和升压设备的类型、数量、安装位置、定位尺寸。

(2)给水系统：查看图中的卫生器具分布情况和给水管道布置情况，包括供水管、配水管、用水设备的位置和连接方式等。同时要注意查看是否有增压设备、储水设施等。一般从室外引入管开始，按水的流向依次为引入管→水平干管→立管→支管→卫生器具。若有水箱，则要找出水箱的进水管，再从水箱的进水管→水平干管→立管→支管→卫生器具。弄清给水引入管和污水排出管的平面位置、走向、定位尺寸、与室外给排水管网的连接形式、管径及坡度等。

(3)排水系统：查看图中的排水管道布置情况，包括污水管、废水管、雨水管的位置和连接方式等。同时要注意查看是否有污水处理设施、检查井等。先在底层建筑给水排水平面图中找出相应的系统和立管的位置，再找出各楼层建筑给水排水平面图中的立管位置，并以污、废水的排放过程作为联系，依次按卫生器具→连接管→横支管→立管→排出管→检查井的顺序进行识读。查明给排水干管、立管、支管的平面位置与走向、管径尺寸及立管编号。

一层给水平面图 1:50

(a)

图10-62　一层给水平面图和一层排水平面图

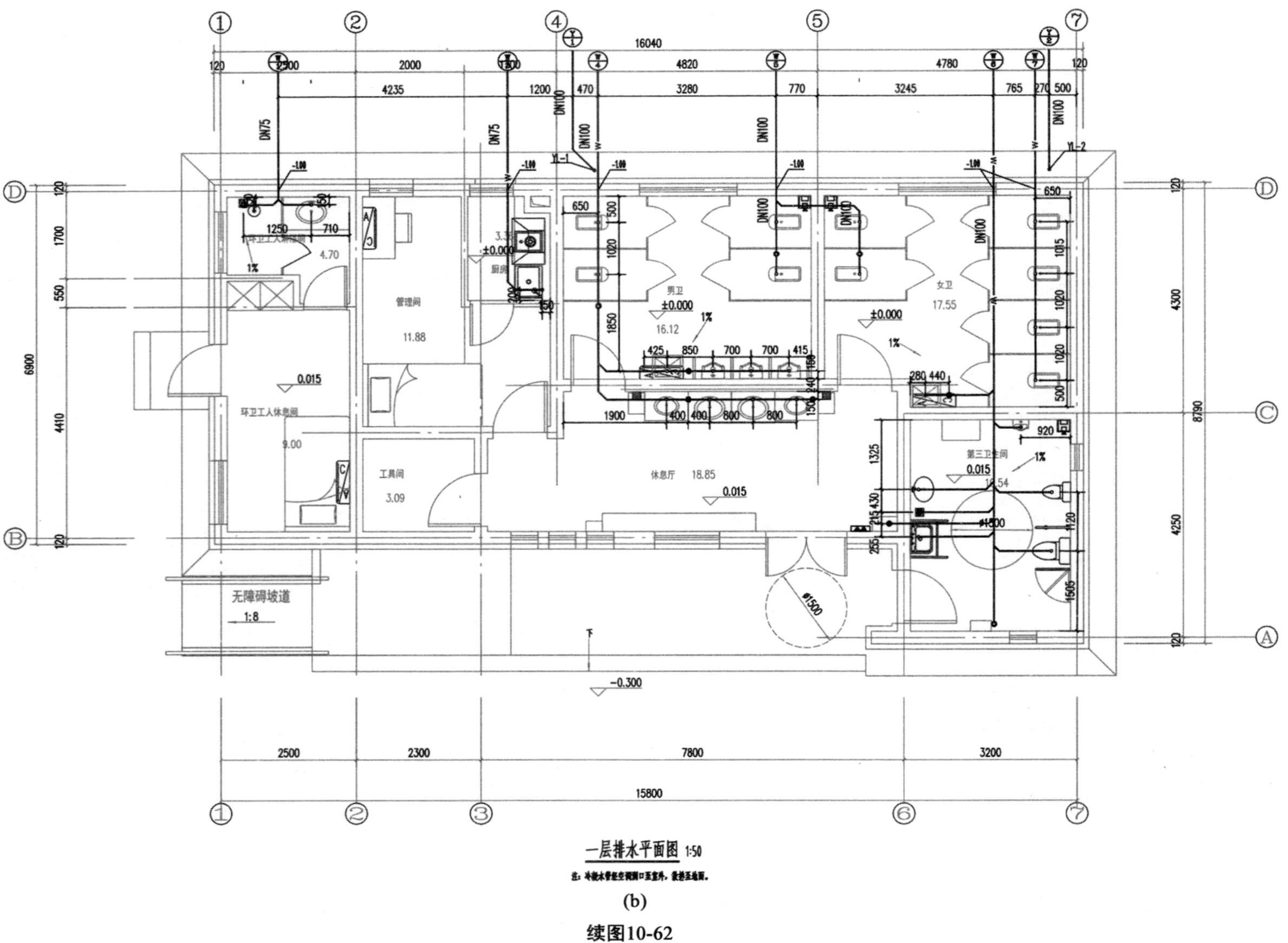

一层排水平面图 1:50

(b)

续图10-62

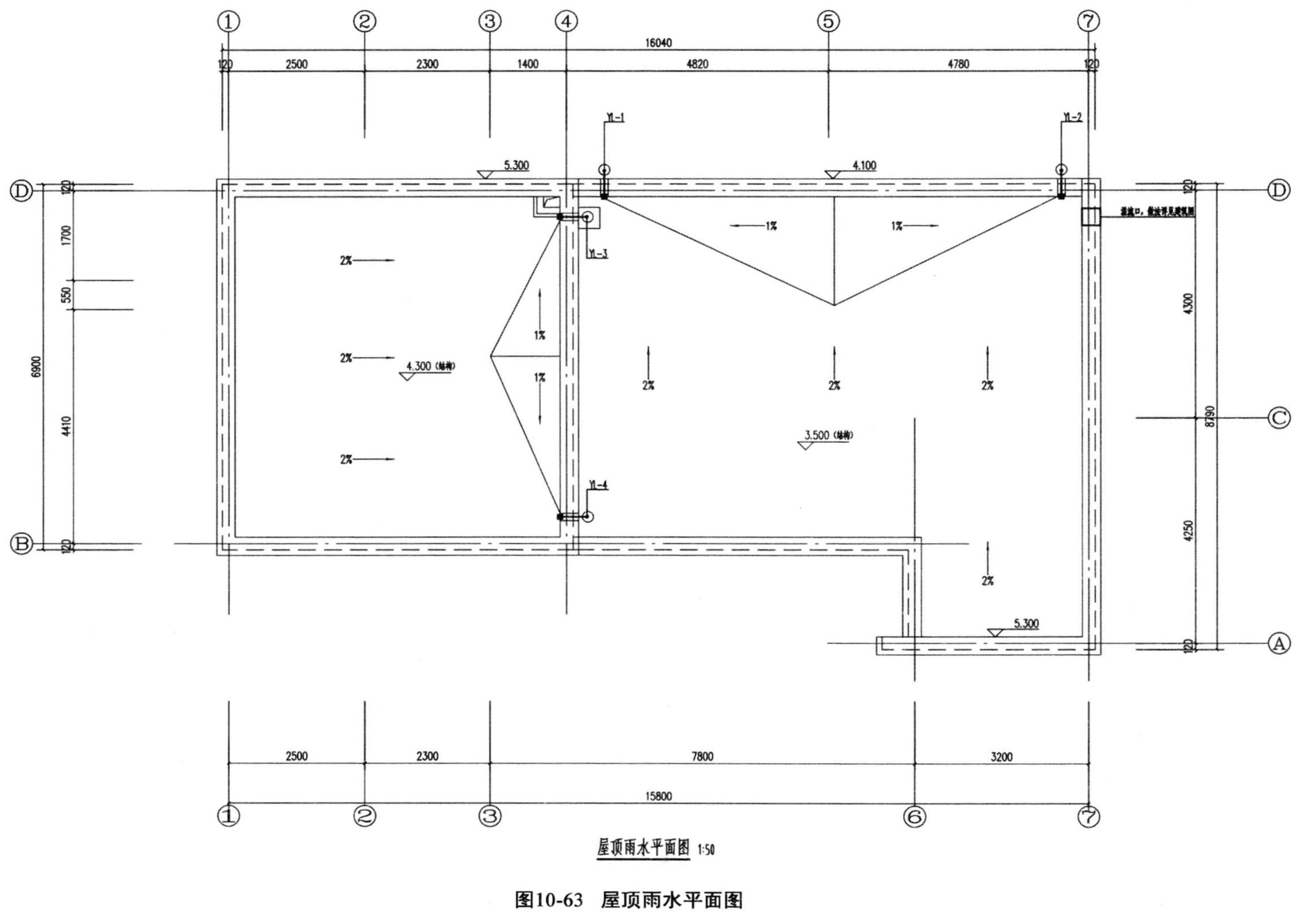

图10-63　屋顶雨水平面图

(4)给水管道上设置了水表的,需了解水表的型号、安装位置以及水表前后阀门的设置情况。

(5)对于建筑排水管道,还要了解清通设备的布置情况,清扫口和检查口的型号和位置。

4)阅读系统图(图 10-64 和图 10-65)

(1)在给排水系统图中找出各个管道系统的立体走向。

(2)给水系统图:查明给水管道系统的具体走向,干管的布置方式,管径尺寸及其变化情况,阀门的设置,引入管、干管及各支管的标高。通过各卫生器具(水龙头、淋浴喷头、冲洗水箱等)图示找出它们所在的楼层及其安装位置。

(3)排水系统图:查明排水管道的具体走向,管路分支情况,管径尺寸与横管坡度,管道各部分标高,存水弯的形式,清通设备的设置情况,弯头及三通的选用等。识读排水管道系统图时,一般按卫生器具或排水设备的存水弯、器具排水管、横支管、立管、排出管的顺序进行。其中的卫生器具仅仅用存水弯或器具排水管图示表示。

(4)系统图上对各楼层标高都有注明,识读时可据此分清管路是属于哪一层的。

5)阅读详图

园林建筑给水排水工程的详图包括节点图、大样图、标准图,主要是管道节点、水表、消火栓、水加热器、开水炉、卫生器具、套管、排水设备、管道支架等的安装图及卫生间大样图等。这些图都是根据实物用正投影法画出来的,图上都有详细尺寸,管道的尺寸、材质、连接方式等信息,需要仔细阅读并理解。对于重要的设备,如水泵、水处理器等,需要了解其工作原理和操作方法。

6)平面图、系统图和节点详图配合阅读

为了更好地理解和设计给排水系统,还需要平面图、系统图和详图配合阅读。例如,识读管道系统图必须与建筑给水排水平面图相配合。在底层建筑给水排水平面图中,可按系统索引符号找出相应的管道系统。在各楼层建筑给水排水平面图中,可根据该立管的代号及位置找出相应的管道系统。

10.4.2 园林建筑电气施工图

建筑电气施工图是在建筑设计阶段用于指导建筑电气工程的施工和安装的图纸,通常包括电力系统图、照明系统图、弱电系统图、配电箱系统图、插座布置图、电缆走向图等内容。

园林建筑电气施工图的主要目的是明确建筑物内部的各种电气设施、设备、线路的布局、敷设方式、规格型号等技术参数,以便于施工人员按照图纸进行准确、高效的施工。同时,施工图还能帮助相关人员对电气系统的运行状态进行监控和维护,保证建筑物内电气设施的安全可靠运行。

10.4.2.1 园林建筑电气施工图包含的主要内容

在施工图设计阶段,电气专业设计文件应包括图纸目录、施工设计说明、设计图纸、主要设备表、计算书(内部归档)。其中建筑电气施工图的设计图纸通常包含以下图纸:

(1)系统图:用来表示电气设备的编号、名称、型号及安装位置、线路的起始点、敷设部位、敷设方式及所用导线型号、规格、根数、管径大小等,系统图主要是由电源电压、总开关、分路开关、导线规格、穿管规格、敷设方式、回路编号、回路容量组成。有电气系统图、照明系统图、弱电系统图和配电箱系统图。它们是描述建筑物的电力供应、分配和消耗情况;照明布置方案;弱电系统的布线和设备配置;每个配电箱的出线回路等情况的图示。系统图表达了各系统基本组成,它与平面图相辅相成,是指导施工的重要部分,如图 10-66。

(2)电气平面图:采用图形和文字符号将电气设备及电气设备之间电气通路的连接线缆、路由、敷设方式等信息绘制在一个以建筑专业平面图为基础的图内,并表达其相对或绝对位置信息的图样,它是电气施工图中的重要图纸之一。平面图通常分为:照明平面、动力平面、消防平面、弱电平面、防雷平面、接地平面等,如图 10-67。

(3)控制原理图:包括系统中各所用电气设备的电气控制原理,用以指导电气设备的安装和控制系统的调试运行工作。

(4)安装接线图:包括电气设备的布置与接线,应与控制原理图对照阅读,进行系统的配线和调校。

(a)

(b)

常用图例

序号	名 称	图 例	序号	名 称	图 例
1	给水管	—J—	16	减压阀	
2	热水供回水管	—R— —RH—	17	水表	
3	重力流污水管	—W—	18	自动排气阀	(平面)　(系统)
4	通气管	—T—	19	排水漏斗	
5	空调凝结水管	—N—	20	地漏	(平面)　(系统)
6	雨水管	—Y—	21	网框地漏	(平面)　(系统)
7	给水立管	JL-xx (xx立管号)	22	通气帽	
8	通气立管	TL-xx (xx立管号)	23	检查口	
9	雨水立管	YL-xx (xx立管号)	24	清扫口	(平面)　(系统)
10	给水引入管	J/xx (xx出户管编号)	25	雨水斗	(平面)　(系统)
11	重力流污水排出管	W/xx (xx出户管编号)	26	柔性防水套管	
12	雨水排出管	Y/xx (xx出户管编号)	27	刚性防水套管(翼环)	
13	截止阀		28	普通钢套管	
14	闸阀		29	磷酸铵盐干粉灭火器	
15	止回阀				

注：其他图例详见《建筑给水排水制图标准》(GB/T 50106—2010)。

(c)

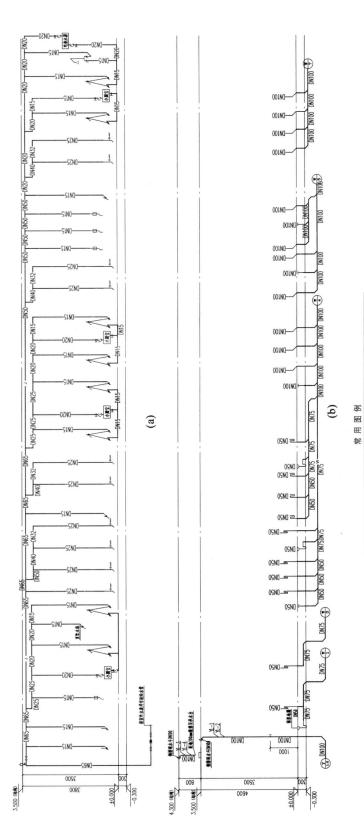

图10-64　给水系统示意图、排水系统示意图和常用图例

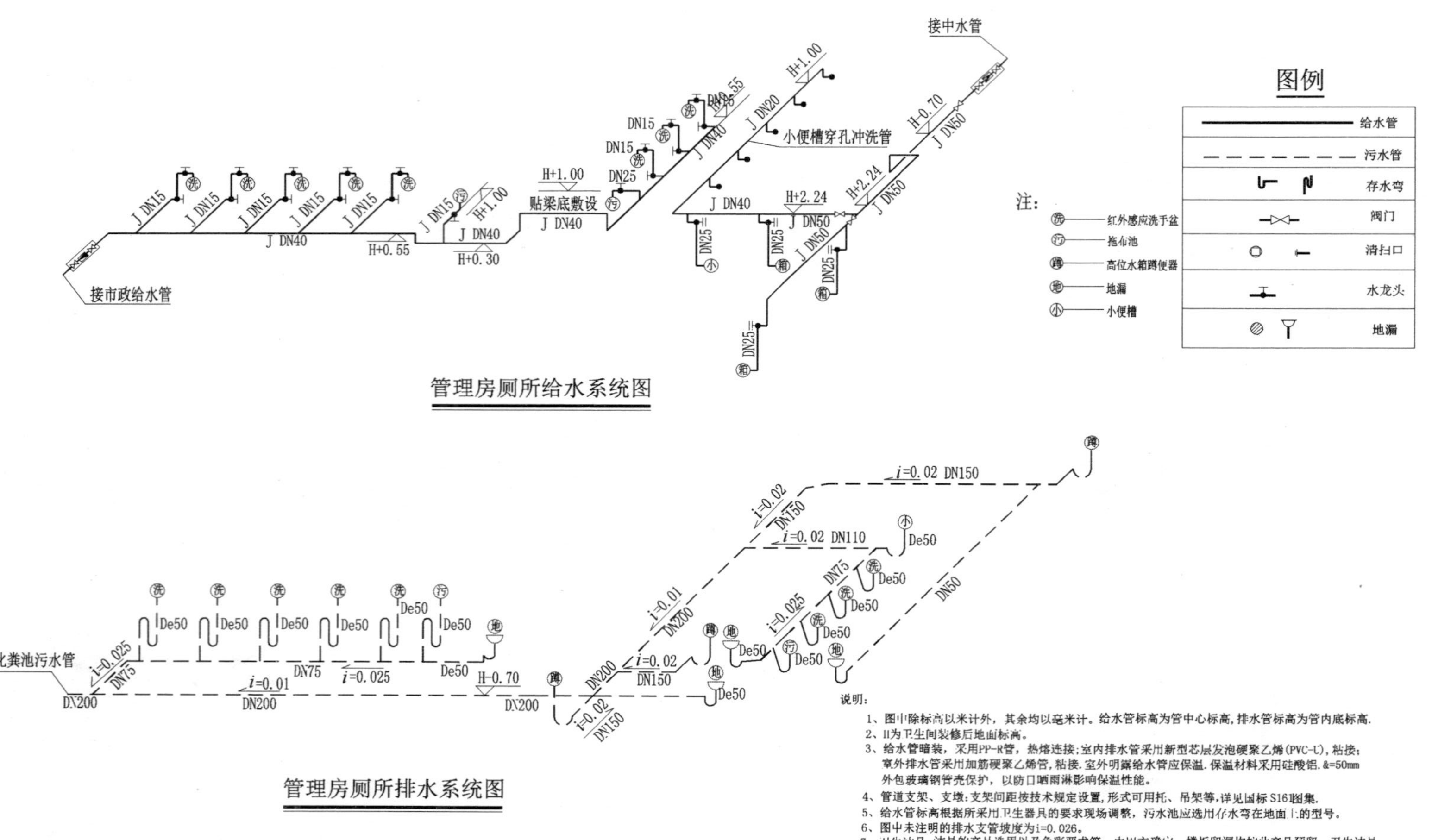

说明：

1、图中除标高以米计外，其余均以毫米计。给水管标高为管中心标高，排水管标高为管内底标高。
2、H为卫生间装修后地面标高。
3、给水管暗装，采用PP-R管，热熔连接；室内排水管采用新型芯层发泡硬聚乙烯(PVC-U)，粘接；室外排水管采用加筋硬聚乙烯管，粘接。室外明露给水管应保温。保温材料采用硅酸铝，&=50mm 外包玻璃钢管壳保护，以防日晒雨淋影响保温性能。
4、管道支架、支墩：支架间距按技术规定设置，形式可用托、吊架等，详见国标 S161图集。
5、给水管标高根据所采用卫生器具的要求现场调整，污水池应选用存水弯在地面上的型号。
6、图中未注明的排水支管坡度为i=0.026。
7、卫生洁具：洁具的产品选用以及色彩要求等，由甲方确定，楼板留洞均按此产品预留。卫生洁具的做法见(09S304)的有关各项。
8、本工程除上述总说明及各单体图中说明外，尚应遵照国家有关施工、技术验收规范、规程执行，施工中做好隐蔽工程记录以及各种水压试验记录等。

图10-65 给水系统轴测图、排水系统轴测图

(5)电气详图及大样图：一般指用 1∶(20～50)比例绘制出的电气设备或电气设备及其连接线缆等与周边建筑构、配件联系的详细图样，清楚地表达细部形状、尺寸、材料和做法，是进行安装施工和编制工程材料计划时的重要参考。

10.4.2.2　图示表达

1)比例

根据《建筑电气制图标准》(GB/T 50786—2012)，常用的比例如表 10-14 所示。

表 10-14　建筑电气常用比例

图纸内容	常用比例	可用比例
电气平面图	1∶50、1∶100、1∶150	1∶200
电气竖井、设备间、电信间、变配电室等平、剖面图	1∶20、1∶50、1∶100	1∶25、1∶150
电气详图、电气大样图	10∶1、5∶1、2∶1、1∶1、1∶2、1∶5、1∶10、1∶20	4∶1、1∶25、1∶50

2)常用图示

建筑电气常用图形符号见表 10-15。

表 10-15　建筑电气常用图形符号(部分)

序号	常用图形符号		说明	应用类别
	形式 1	形式 2		
1			导线组(示出导线数)，如示出三根导线	电路图、接线图、平面图、系统图
2			软连接	
3			端子	
4			端子板	电路图
5			T 型连接	电路图、接线图、平面图、系统图
6			导线的双 T 连接	
7			跨接连接	
8			阴接触件(连接器的)、插座	电路图、接线图、系统图
9			阳接触件(连接器的)、插座	
10			电阻器	电路图、接线图、平面图、系统图
11			电容器	
12			半导体二极管	电路图
13			发光二极管	
14			电机	电路图、接线图、平面图、系统图
15			双绕组变压器，一般符号，(形式 2 可表示瞬时电压的极性)	电路图、接线图、平面图、系统图形式 2 只适用电路图

续表 10-15

序号	常用图形符号		说明	应用类别
	形式 1	形式 2		
16			音响信号装置	平面图
17			电源插座、插孔	
18			开关	
19			按钮	
20			灯	
21			风扇，风机	
22	MDF		总配电架、柜	系统图、平面图
23	SW		交换机	
24	TD	TD	数据插座	
25	——S——		信号线路	—
26	——C——		控制线路	—
27	——E——		接地线	—
28	——TD——		数据线路	—

10.4.2.3 园林建筑电气平面图和系统图的读图方法

(1)熟悉电气图例符号，弄清图例、符号所代表的内容。常用的电气工程图例及文字符号可参见《建筑电气制图标准》(GB/T 50786—2012)。

(2)针对一套电气施工图，一般应先按以下顺序阅读，然后再对某部分内容进行重点识读。

①看标题栏及图纸目录：了解工程名称、项目内容、设计日期及图纸内容、数量等。

②看设计说明：了解工程概况、设计依据等，了解图纸中未能表达清楚的各有关事项。

③看设备材料表：了解工程中所使用的设备、材料的型号、规格和数量。

④看系统图：了解系统基本组成，主要电气设备、元件之间的连接关系以及它们的规格、型号、参数等，掌握该系统的组成概况。

⑤看平面布置图：如照明平面图、防雷接地平面图等。了解电气设备的规格、型号、数量及线路的起始点、敷设部位、敷设方式和导线根数等。平面图的阅读可按照以下顺序进行：电源进线→总配电箱→干线→支线→分配电箱→电气设备。

⑥看控制原理图：了解系统中电气设备的电气自动控制原理。

⑦看安装接线图：了解电气设备的布置与接线。

⑧看安装大样图：了解电气设备的具体安装方法、安装部件的具体尺寸等(图 10-66 和图 10-67)。

(3)抓住电气施工图要点进行识读。在识图时，应抓住如下要点：

①在明确负荷等级的基础上，了解供电电源的来源、引入方式及路数；

②了解电源的进户方式是由室外低压架空引入还是电缆直埋引入；

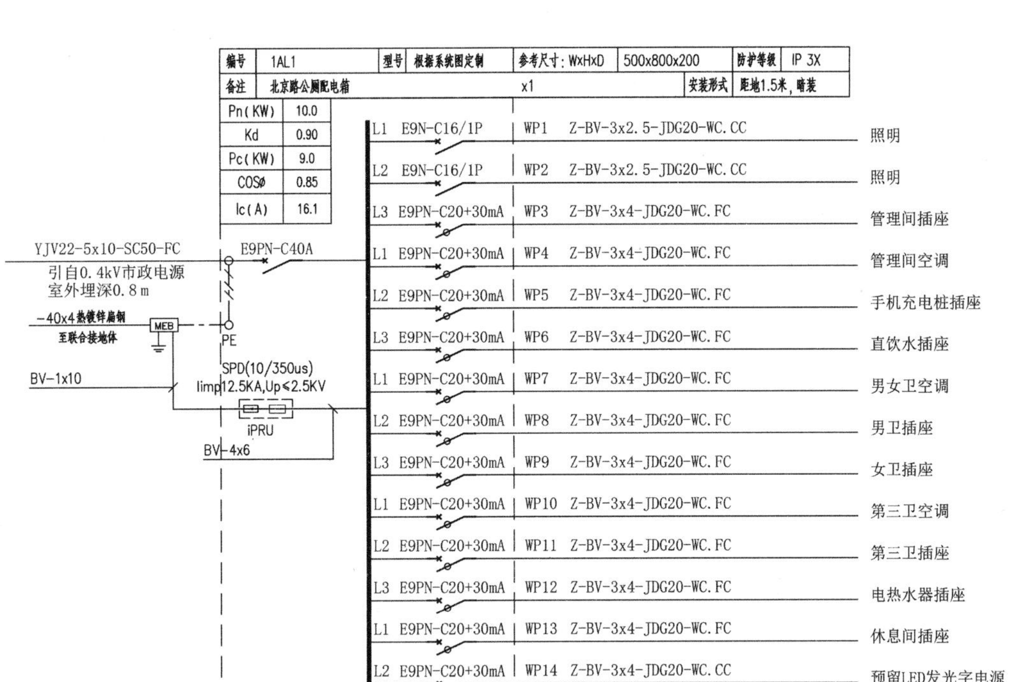

(a)

图例	名称	规格	安装
	单相二、三极插座　安全型	10A,86系列	距地0.3m暗装
EN	单相二、三极密闭插座　安全型	10A,86系列	距地1.6m暗装(IP54)
K	壁挂式空调插座　安全型	16A,86系列(带开关)	距地2m暗装
R	防水三孔插座(热水器)　安全型	16A,86系列(带开关)	距地2.3m暗装(IP54)
P	三孔插座(排油烟机)　安全型	10A,86系列	距地2m暗装(IP54)
HS	烘手机插座　安全型	10A,86系列	距地1.6m暗装(IP54)
CB	小厨宝插座　安全型	10A,86系列	距地0.3m暗装(IP54)
	格栅灯	型号由现场确定	吸顶或嵌顶安装
	室外壁灯	型号由现场确定	距地2.6m壁装(IP65)
	洁具或水龙头感应电源预留	型号由现场确定	安装高度根据卫生洁具确定

(b)

图 10-66　配电箱系统图和图例

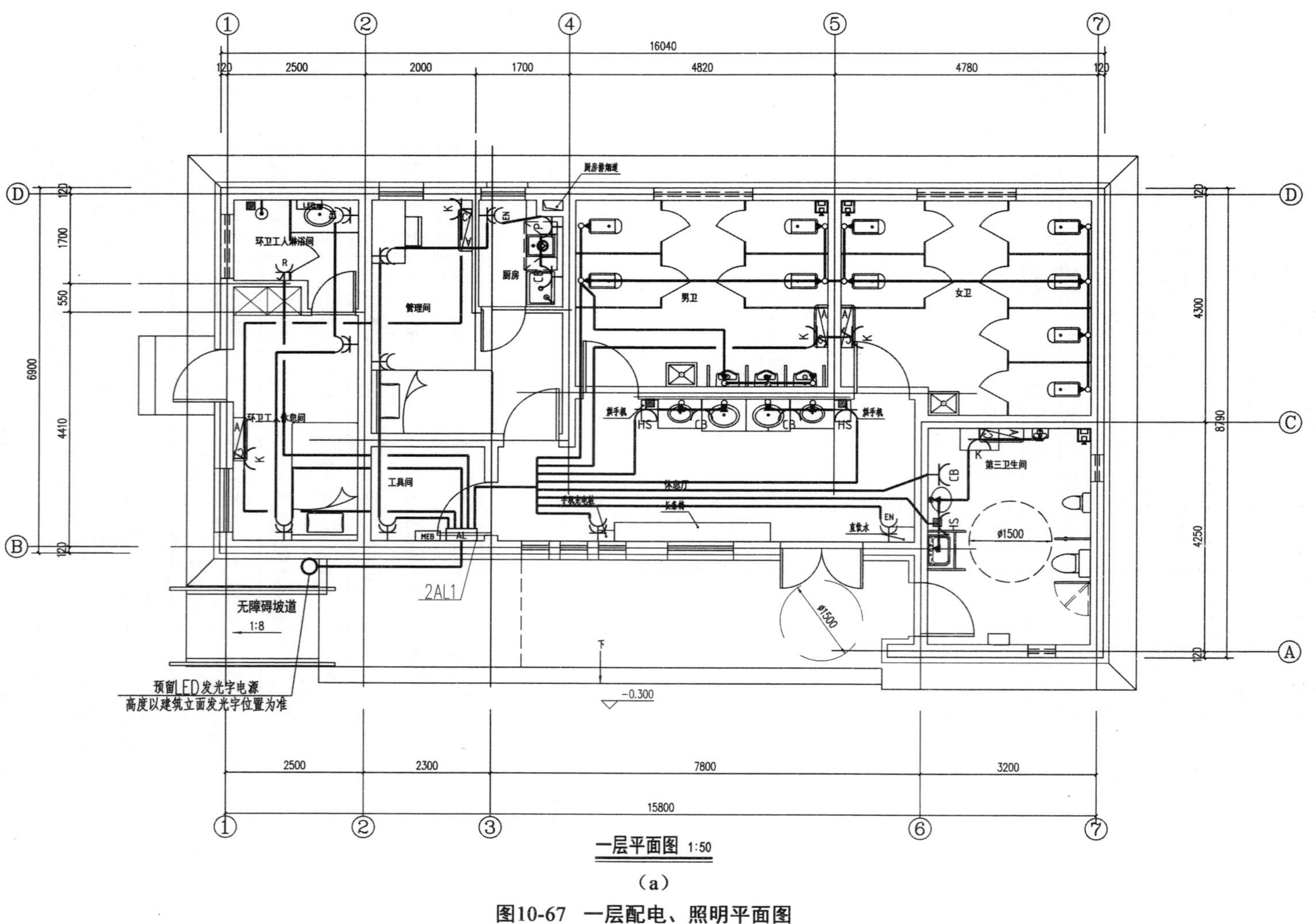

一层平面图 1:50

（a）

图10-67　一层配电、照明平面图

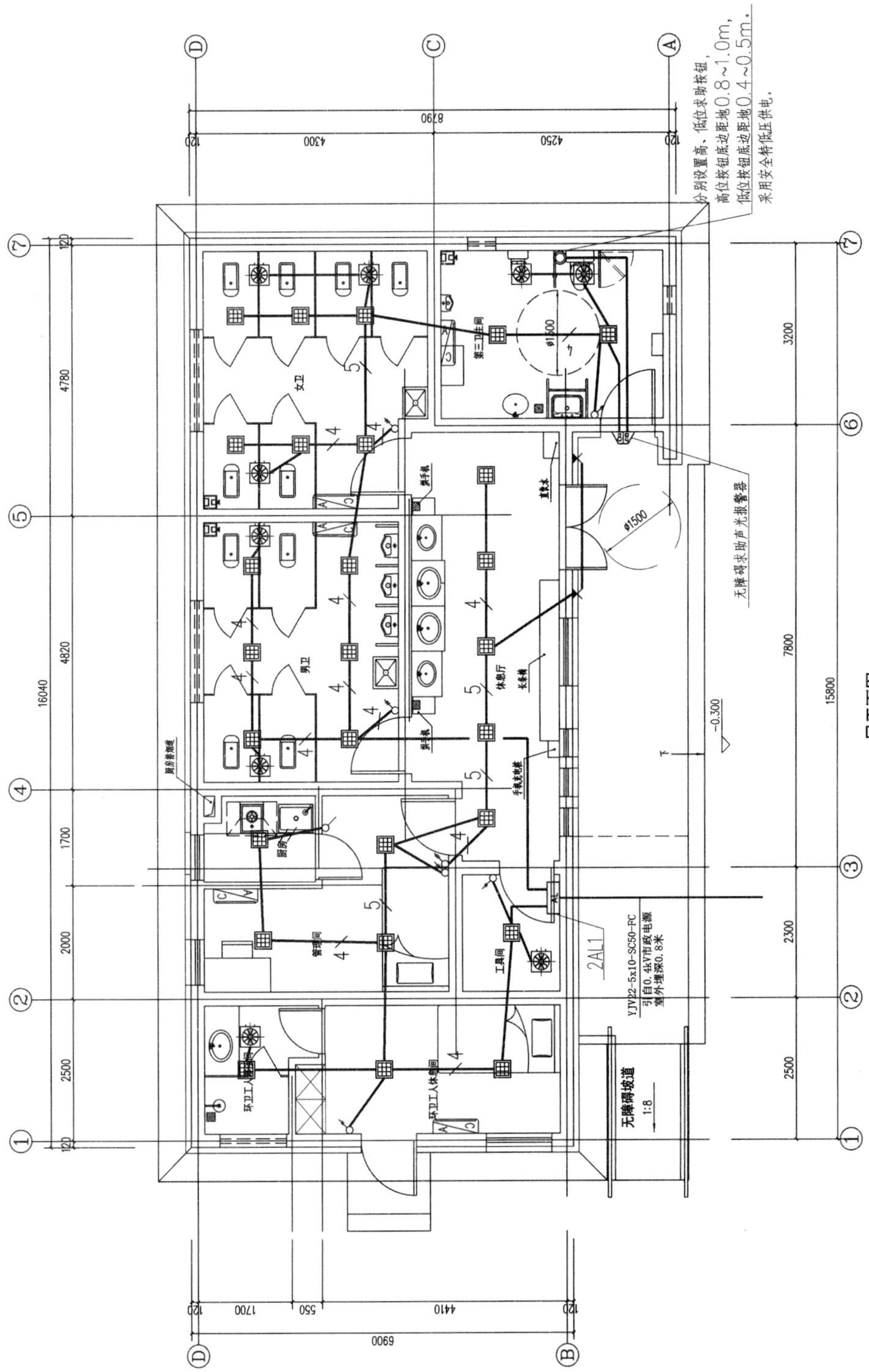

一层平面图 1:50

（b）

续图10-67

③明确各配电回路的相序、路径、管线敷设部位、敷设方式以及导线的型号和根数；

④明确电气设备、器件的平面安装位置。

(4)结合土建施工图进行阅读。电气施工与土建施工结合得非常紧密，施工中常常涉及各工种之间的配合问题。电气施工平面图只反映了电气设备的平面布置情况，结合土建施工图的阅读还可以了解电气设备的立体布设情况。

(5)熟悉施工顺序，便于阅读电气施工图。如识读配电系统图、照明与插座平面图时，就应首先了解室内配线的施工顺序。

①根据电气施工图确定设备安装位置、导线敷设方式、敷设路径及导线穿墙或楼板的位置；

②结合土建施工进行各种预埋件、线管、接线盒、保护管的预埋；

③装设绝缘支持物、线夹等，敷设导线；

④安装灯具、开关、插座及电气设备；

⑤进行导线绝缘测试、检查及通电试验；

⑥工程验收。

(6)识读时，施工图中各图纸应协调配合阅读：对于具体工程来说，为说明配电关系时需要有配电系统图；为说明电气设备、器件的具体安装位置时需要有平面布置图；为说明设备工作原理时需要有控制原理图；为表示元件连接关系时需要有安装接线图；为说明设备、材料的特性、参数时需要有设备材料表等。这些图纸各自的用途不同，但相互之间是有联系并协调一致的。在识读时应根据需要，将各图纸结合起来识读，以达到对整个工程或分部项目全面了解的目的。

参考文献

[1] 张淑英,吴艳华.园林工程制图.北京:高等教育出版社,2011.

[2] 谷康.园林制图与识图.南京:东南大学出版社,2002.

[3] 马晓燕.园林制图.北京:气象出版社,2005.

[4] 吴机际.园林工程制图.广州:华南理工大学出版社,2016.

[5] 穆亚平,张远群.园林工程制图.北京:中国林业出版社,2009.

[6] 中华人民共和国住房与城乡建设部.建筑制图标准:GB/T 50104—2010.北京:中国建筑工业出版社,2011.

[7] 中华人民共和国住房与城乡建设部.总图制图标准:GB/T 50103—2010.北京:中国计划出版社,2011.

[8] 建设部城市建设研究院.园林基本术语标准:GJJ/T 91—2002.北京:中国建筑工业出版社,2002.

[9] 中国城市建设研究院有限公司,同济大学.CJJ/T 67—2015 风景园林制图标准.北京:中国建筑工业出版社,2015.

[10] 段大娟.园林制图.北京:化学工业出版社,2015.

[11] 何培斌.建筑制图与识图(含实训任务书).2 版.北京:北京理工大学出版社,2018.

[12] 何斌,陈锦昌,王枫红.建筑制图.7 版.北京:高等教育出版社,2014.

[13] 马光红,伍培.建筑制图与识图.2 版.北京:中国电力出版社,2008.

[14] 钟训正,建筑画环境表现与技法.北京:中国建筑工业出版社,2004.

[15] 辽宁林校,南京林校.园林制图.北京:中国林业出版社,1992.

[16] 王晓俊.风景园林设计.南京:江苏科学技术出版社, 2000.

[17] 中国建筑标准设计研究院.建筑场地园林景观设计深度及图样:06SJ805.北京:中国计划出版社,2006.

[18] 贾洪斌,雷光明,王德芳.土木工程制图.北京:高等教育出版社,2015.

[19] 杜春玲,张江波.画法几何与土木工程制图.北京:中国建筑工业出版社,2019.

[20] 邓学雄,江晓红,梁圣复,等.建筑图学.北京: 高等教育出版社,2015.

[21] 中国建筑标准设计研究院.国家建筑标准设计图集:22G101.北京:中国计划出版社,2022.

[22] 中华人民共和国住房和城乡建设部,中华人民共和国国家质量监督检验检疫总局,建筑给水排水制图标准:GBT50106—2010,北京:中国建筑工业出版社,2011.

[23] 中华人民共和国住房和城乡建设部,建筑电气制图标准:GB/T 50786—2012.北京:中国建筑工业出版社,2011.